“十四五”时期国家重点出版物出版专项规划项目

干旱半干旱区陆面与大气水分相互作用

张　强　蒲金涌　岳　平　张　良　王　胜　著

内容简介

本书系统介绍了干旱半干旱地区陆面与大气水分相互作用过程的相关科学问题，内容涵盖气象、农业、水文、生态、地理等多个专业领域，具有很突出的学科交叉性和科学前沿性。

全书共分12章，分别介绍了干旱半干旱地区陆面与大气水分相互作用的内涵和主要研究进展、干旱荒漠区大气边界层和近地面层的水汽分布特征、干旱半干旱区陆面水分特征、作物水分适宜性和陆面水分开发利用技术、干旱半干旱区陆面与大气水分相互作用过程的未来研究方向展望。

本书可作为气象、水文、农业、林业、生态和地理等相关行业从事科研、技术和业务方面的专业人员以及政府部门管理人员的参考书，也可作为大专院校师生教学与学习的参考教材。

图书在版编目（CIP）数据

干旱半干旱区陆面与大气水分相互作用 / 张强等著
. -- 北京 : 气象出版社, 2022.4
ISBN 978-7-5029-7643-9

Ⅰ. ①干… Ⅱ. ①张… Ⅲ. ①干旱区－陆地－大气－水分状况－相互作用－研究 Ⅳ. ①P339

中国版本图书馆CIP数据核字(2022)第016788号

干旱半干旱区陆面与大气水分相互作用

Ganhan Banganhan Qu Lumian yu Daqi Shuifen Xianghu Zuoyong

出版发行：气象出版社
地　　址：北京市海淀区中关村南大街46号　　**邮政编码**：100081
电　　话：010-68407112(总编室)　010-68408042(发行部)
网　　址：http://www.qxcbs.com　　**E-mail**：qxcbs@cma.gov.cn
责任编辑：王　迪　　**终　　审**：吴晓鹏
特邀编辑：黄小燕
责任校对：张硕杰　　**责任技编**：赵相宁
封面设计：博雅锦
印　　刷：北京建宏印刷有限公司
开　　本：787 mm×1092 mm　1/16　　**印　　张**：14
字　　数：358千字
版　　次：2022年4月第1版　　**印　　次**：2022年4月第1次印刷
定　　价：120.00元

序

地球各圈层间水分的传输与交换过程早已与地球万物的繁衍生息、迭代进化形成了和谐而统一的有机整体。陆地表面和大气间的水分相互作用过程与人类社会活动、天气气候形成和生态环境演化紧密联系，在水资源匮乏的干旱半干旱区，这一过程的作用显得尤为突出和重要。

干旱半干旱区占全球40%以上的陆地面积，如此广大范围的陆面与大气水分相互作用过程，不仅关系着区域水分与能量分配，还关系着该区域生态体系中碳的收支与排放，更与全球水循环格局和气候变暖进程休戚相关。因此，深入认识陆面与大气水分相互作用过程，揭示干旱半干旱区特有的水分传输与分配规律，已不仅仅是气象、水文、生态、农业和地理等学科领域的专业问题，更是提升干旱半干旱区节水型社会建设、实施生态系统保护的必要途径和重要举措，也是事关如何合理应对气候变化、科学开发利用水资源、提高水资源利用效率、加强灾害风险和供给侧管理、促进国家治理能力提升和需求侧发展的重要科学问题。因此，《干旱半干旱区陆面与大气水分相互作用》这本书的出版正逢其时。

本书作者作为长期活跃在一线的科学家和科技工作管理者，一直专注陆面与大气水分相互作用过程研究的同时，积极探索该领域研究成果的转化，不断努力拓展该领域研究成果服务经济社会的途径。为了系统呈现和介绍他们在干旱半干旱区陆面与大气水分相互作用过程方面的科学研究成果，帮助广大读者全面了解干旱半干旱区陆面与大气水分相互作用方面的最新科学知识，作者对过去三十多年该领域研究成果进行了归纳总结和梳理凝练，编撰成了这本专著。

该书主题突出，内容丰富，既涵盖了干旱半干旱区陆面与大气水分相互作用的基本规律、干旱荒漠区独特的大气边界层湿度结构特征、露水和土壤吸附水等非降水性水分特征及其形成机制、陆面水热特征及其参数化关系等一些重要基础科学问题，也包括了绿洲大气边界层的"湿岛效应"、干旱荒漠区近地层大气逆湿、负水汽通量和水汽负梯度输送、土壤水分的"呼吸"现象以及半干旱区土壤"水库"和"干层"特征等一些使人读起来兴趣盎然的科学话题，还介绍了作物水势遥感反演方法、土壤水文参数和陆面蒸散估算方法、半干旱区作物关键生长期水分适宜性评估、露水观测技术和收集方法、陆面水分资源潜力及其开发利用技术和高效利用策略等一些有助于提升业务技术与管理水平的实用技术。应该说，该书很适合各类不同层次的读者了解和认识陆面与大气水分相互作用过程的科学知识。

总体来看，这是一本比较系统、兼具扎实理论基础和鲜明专业特色的专著。这本专著不仅有作者对陆面与大气水分相互作用过程最新系列成果的专业性介绍，而且还为了解陆面与大气水分作用过程提供了比较生动形象、通俗易懂的一些科普知识，并且对该领域研究成果转化及其面向社会推广应用也具有很好的宣传推介作用。

这本专著有望在促进陆面与大气水分相互作用研究领域科学认识水平的同时，能够对干旱灾害风险评估、干旱半干旱区水资源承载力论证、水资源规划与发展、水资源开发利用、水资源管理与保障、生态系统保护与修复等热点问题提供科学思路和基础科学依据，为减轻水资源短缺引起的灾害问题发挥科技支撑作用。因此，我很愿意推荐气象、水文、生态、农业和地理等领域的广大技术和管理人员去了解这本书的内容。我相信，感兴趣的读者一定能够从中会获得很多收益。

张建云

中国工程院院士、英国皇家工程院外籍院士

2021年8月

前　言

陆面与大气水分相互作用过程是气候系统最敏感、最活跃、最重要的环节之一，更是气候系统各圈层相互作用的关键纽带，直接关系到天气气候形成发展、生态环境演替进化和水资源格局调整变化等重要问题，尤其在气象灾害防御及粮食安全、生态安全和水资源安全等方面扮演着十分重要的角色。

全球干旱半干旱区约占陆地总面积的40%，是地球上十分重要的地貌类型，水资源短缺是该地区最为突出的资源环境问题，也是制约该地区社会发展和进步的关键因素。而且，由于干旱半干旱区特殊的气候环境背景，该地区陆面与大气水分相互作用过程以及水资源分布格局和水循环特征也十分独特。如何针对该地区水资源分布及不同空间小尺度水循环特点，深入揭示与人类活动紧密联系的陆面与大气之间的水分作用过程，探讨科学配置和高效利用各种水资源要素的技术途径，寻求解决水资源供需矛盾的对策措施，既是事关该地区社会经济发展的重大科学问题，更是自然科学界长期以来一直努力探究的重要方向。

在干旱半干旱区，陆面与大气水分相互作用过程既直接决定着该地区陆面水分循环和水分收支特征，也可通过陆面局地水分相变、交换和传输等过程来控制陆面微小尺度水分过程。所以，干旱半干旱区陆面与大气水分过程不仅在很大程度上影响着该地区水资源承载能力和脆弱性，还对区域农业种植格局、植被生长条件、生态环境风险和人类活动基础等具有重要作用。

在干旱半干旱区，大气边界层下部的近地面层受人类活动和植被覆盖影响十分明显，大气水汽主要来源于地面与植被的蒸散发作用。而从大气水分的垂直分布来看，陆面以上绝大部分水汽则主要分布在大气对流层中低部，它既有来自区域外远距离输送，也有来自局地蒸散发过程的贡献，这两种途径共同提供了该地区形成降水的主要水汽来源，并且区域外水汽输送和局地蒸散发贡献的比例也会因时因地具有很大的动态变化性和空间变异性。

同时，作为陆面与大气水分交换的主要途径，陆面水分蒸散量既是对陆地土壤内部水分传递到大气部分的定量表征，也能够反映作物水分散失对其生长的潜在影响。然而，在干旱半干旱区，局地水分循环和陆面蒸散发是一个十分复杂的过程，它们不仅受气候变暖和降水量限制的影响，还与地表和土壤水分储存及地表能量分配比例有关，也与决定地表水分与能量分配关系的地表反照率、土壤热传导率、粗糙度长度和波文比(Bowenratio)等多种陆面参数密切相关。另外，在干旱半干旱区，由于植被对干旱的耐旱性和适应性，陆面蒸散造成的水分损失往往并不能够准确反映植被缺水状况，而定量遥感反演的作物水势能够较好综合评估植被缺水程度，并为采取科学定量的补水灌溉措施提供科学依据。

更要强调的是，在干旱半干旱区，露水和土壤吸附水等非降水性水分在陆面水分平衡中具有更加重要的贡献，有时甚至会超过降水的作用，是该地区植被和微生物生长的重要水分来源，它也是该地区非常重要而特殊的陆面水分过程。不仅如此，在干旱地区，荒漠土壤水分存在独特的日尺度“呼吸”过程及近地层“逆湿”和负水汽通量等特殊现象。半干旱区黄土高原土壤水分的“水库”作用和“干层”分布等主要特征的气候演变趋势也会影响到陆面与近地层大气水分交换过程及农业和生态环境的水热生长条件。

另外，为了适应和应对陆面与大气水分相互作用过程的区域特征及其气候演变趋势，更加合理高效地开发利用好水资源，本书还对典型半干旱区作物的水分适宜性及陆面水分的开发利用技术及其效益等进行了分析评估，并提出了针对性的适应与应对的技术对策和方法措施。

本书主要内容来自著者及其科研团队以往三十多年的研究成果，有些地方也少量引用了该领域其他学者的一些最新研究成果，该书有关青土湖湿地的资料和素材均由武威市气象局提供。

同时，本书的出版幸蒙中国工程院院士张建云的支持和关心，为本书撰写了序。本书得到了国家自然科学基金重点项目(No. 41630426)和国家“973”计划项目课题(2013CB430206)的资助以及气象出版社的支持和帮助。本书在编写过程中，邓振镛高级工程师和王劲松研究员等提供了宝贵的建议，天水市气象局王小龙、吴丽在文字输入、绘图方面给予全力帮助，武威市气象局提供了青土湖有关的气象与环境数据，作者在此一并表示衷心感谢！

干旱半干旱区陆面与大气水分相互作用过程是一个多学科交叉、十分复杂的科学问题，并且随着现代观测试验技术的不断发展和完善，有许多问题有待在未来研究中进行更加深入的探讨。同时，由于作者水平有限，本书难免存在一些不足和纰漏之处，还请各位读者不吝赐教，在此表示感谢！

作者

2021 年 6 月于兰州

目　录

第 1 章　陆面与大气水分相互作用的内涵与意义

1.1　干旱半干旱区陆面与大气水分相互作用的内涵

一般而言，水分循环大致有 3 种尺度，即全球循环、区域或局地循环和微循环(图 1.1)。陆面与大气水分相互作用属于地表局地和微水分循环，它主要指陆地表面各水分循环分量的时间变化和相变过程以及在浅层土壤和近地层大气中的水分传输、输送和相变过程。既包括自然降水、表面露水、土壤蒸馏水、植物水、土壤水和地下水等水分分量的变化和循环特征及其相互转化过程，同时也包括陆面的土壤蒸发和植被蒸腾、表层水汽凝结、液态水冻结、冰雪消融、雪冰转化、土壤水分渗漏、毛管抽吸、根系输送、气态扩散等相变和水分输送过程。在陆地表面，气候系统主要通过陆面与大气水分相互作用过程来联系，气候系统响应外部强迫和调整内部变化也主要通过陆面与大气水分相互作用过程来实现。陆面与大气水分相互作用过程不仅是控制浅层土壤水分含量的最主要的物理过程，也是植被状况和农业生产条件的直接决定因素，而且还是影响地表宏观水分循环的重要环节，左右着区域生态格局和人类生活基础。

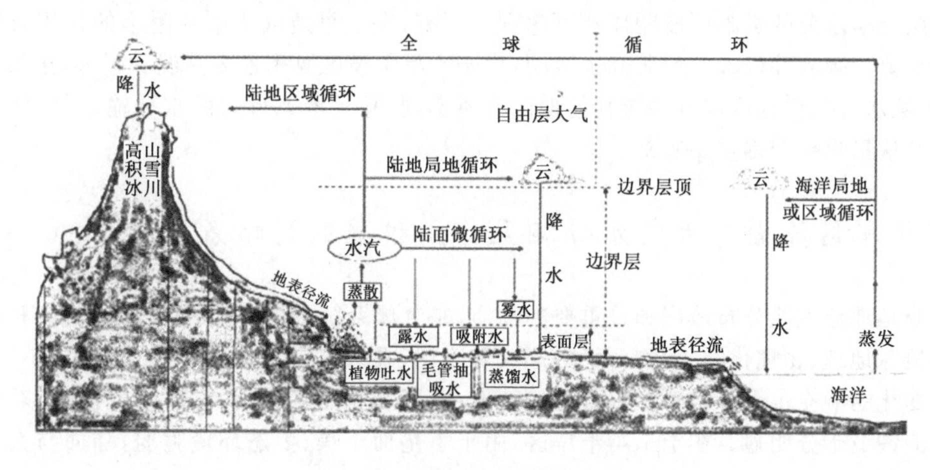

图 1.1　不同尺度水分循环示意

在无灌溉条件的干旱半干旱农业区，降水是土壤水分的主要来源，其中一部分水分通过土壤暂时储存，在后期被植物蒸腾利用或转化，另一部分通过蒸散直接加入陆气水分循环过程，它们各自量级的大小，不但随时间、空间变化，还要受到地面植被及地表作物利用影响。土壤水分的增减正是反映了陆面与大气水分相互作用的这部分水分的变化。

影响干旱半干旱区陆面与大气水分相互作用过程的因素比较复杂。譬如，就露水的形成而言，气候背景、地表性质、近地层大气湿度、水平风速、大气温度层结、地表温度等与水汽分布、水分输送、凝结过程等有关的因素都可能会对其产生影响。干旱半干旱地区特殊的气候环境和生态格局对降露和蒸馏等水分过程也会有一定影响。在西北干旱区，荒漠和绿洲总是相伴而生，由于受绿洲的影响，邻近绿洲的荒漠往往与远离绿洲的一般荒漠地表水分输送过程不同。这些都表明干旱半干旱区陆面水分过程有其独特性和复杂性。

从垂直分布来看，水分主要分布于近地面层、边界层及陆面土壤之中。已有研究表明，无论是气候变化还是大气环流异常都与陆面与大气水分相互作用的贡献密不可分，尤其是暴雨、沙尘暴和冰雹等突发性气象灾害和极端天气气候事件更是与陆面与大气水分相互作用存在着许多内在必然联系。

就干旱半干旱区陆面与大气水分相互作用过程的科学特征而言，正是由于干旱半干旱区特有的气候和土壤条件，其陆面水分过程无疑会有许多比较特殊的表现。首先，由于干旱半干旱区土壤干燥、植被稀少、土壤粒隙大、结构松散，水分在土壤中的分布会比较特殊。一般在植被根系活动范围内，往往会存在着一个对生态系统维持极其关键的土壤水分相对丰富层。其次，由于表面降水和蒸散均很微弱，使得以往在其他地区不被重视的某些水分输送方式会显得重要起来。譬如，近地层大气水汽在夜间冷却凝结后被表面土壤吸收的部分即露水对陆面水分平衡的贡献可能会比较大。陈满祥(2002)根据水分平衡结果初步推算表明：在年平均降水为 100 mm 的甘肃民勤，其表面土壤获得的露水可能要在 100～200 mm，超过了自然降水的贡献，这是相当可观的水分贡献量。德国和以色列科学家一直在尝试发展干旱地区的露水利用技术(Kidron，2000)，并且已经取得了很不错的进展。这表明在干旱半干旱区露水是表层土壤比较重要的水分来源。另外，土壤较深层液态水加热蒸发后会以气态形式向表层或大气输送，在适当的条件下往往会在地表由于冷却凝结而被表面土壤吸收，这部分水分通常称为蒸馏水，它对表层土壤水分的贡献可能同样不可忽视。还有，在干旱地区土壤吸附水的作用有时候也会比较重要。孙菽芬(2005)的研究也表明：由于干旱荒漠区夏季地表高温和干燥，土壤透气性较好，土壤水分的输送机理也会与其他地区有所不同，除了液态形式的水分输送外，气态的水分输送在这里也会变得重要起来。

1.2　干旱区陆面与大气水分相互作用过程的科学意义

水分是地球表面分布最广和最重要的物质，是气候系统中最活跃的因子，它以各种不同形态参与地球地理、物理化学、生物环境的形成和变化，在很多自然地理、生物过程中不可或缺，对全球变化的响应也十分敏感。水分通过蒸发、蒸腾和相变等过程，参与大气循环，对全球变化过程的调节十分明显。在干旱半干旱区，由于下垫面干燥、生态环境脆弱，陆面与大气水分相互作用过程对整个区域的生态、气候和土壤特性以及人类活动的影响都要明显比其他地区更加显著，该区域生态环境格局的演化和气候变化大多都与陆面与大气水分相互作用过程有关，人类活动对生态和气候的许多影响也主要体现在对陆面和大气水分过程的调整和改变上。因此，干旱半干旱区陆面与大气的水分相互作用过程研究是一个事关区域长远发展的重要的科学问题。

干旱半干旱区陆面与大气水分相互作用过程是整个气候系统水分过程的关键环节，也是控制和影响区域水分循环和水资源分布的主要过程。随着以了解生态环境和社会发展问题为目的的水分循环问题研究逐渐得到重视,人们开始更加注重追求对陆面与大气水分相互作用过程特别是大气降水和蒸散的模拟能力的改进,并着力于研究数值模式中影响降水和蒸散估算的陆面和大气水分过程的参数化问题。所以,陆面与大气水分相互作用过程研究在气候、天气及生态环境科学领域已经显得越来越重要。

从生态与水分的相互耦合的角度来讲,正是由于干旱少雨,陆面与大气水分相互作用过程就成了制约生态系统维持和发展的主要因素。陆面与大气水分相互作用过程的细微变化都可能引起干旱半干旱区气候状态和生态系统的剧烈改变。同时,干旱区陆面能量和植物生理过程对陆面与大气水分相互作用过程的响应也十分敏感,陆面和大气水分过程的变化会引起表面能量循环的剧烈调整和植物生理的明显反应。在很多情况下,由于陆面水分过程的某些改变(譬如一次降水过程)会造成地表能量输送和植物生理特征的巨大波动。这使得陆面与大气水分相互作用过程在干旱半干旱区显得尤为重要。同时,干旱半干旱区陆面与大气水分过程对表层土壤的物理特性也有显著影响,它会直接影响到土壤的粘连性、表层结构特征和表面色度,从而会在一定程度上控制荒漠表面起沙和沙尘传输过程以及植被生长状态和表面热量特征。因此,干旱半干旱区陆面与大气水分相互作用过程研究对发展农业生产、保护生态环境、抑制沙尘暴发生等方面均具有比较明显的现实意义。

干旱半干旱区陆面与水分相互作用过程在整个气候系统中也扮演着十分特殊的角色。在干旱和半干旱区,由于土壤干燥、植被稀少,陆面与大气水分相互作用过程对气候系统温度变化的有效调节能力会显得十分有限,这使得该地区气候系统对全球变暖的响应可能要更敏感一些。与湿润地区相比,干旱半干旱区陆面与大气水分相互作用过程在一定程度上扮演着使气候变暖效应极端化的特殊角色。

1.3 干旱半干旱区陆面与大气水分相互作用研究新进展

20世纪后期以来,随着对干旱半干旱区陆面与大气水分相互作用研究的深入,尤其是比较新型观测试验方法和手段的应用,人们对干旱半干旱区陆面与大气间水分输送和循环过程有了一些新的认识,目前已经在几个方面有了比较突出的进展。

第一,通过野外观测和数值模拟相结合,发现了绿洲"冷岛效应"特征,并揭示了绿洲和沙漠过渡地区大气内边界层的垂直结构和时空分布特征,发现了西北干旱区邻近绿洲的荒漠地区普遍存在大气逆湿和负水汽输送特征;并且得出大气逆湿和负水汽通量的出现是不完全一致的结论。解释了"冷岛效应"、大气逆湿和负水汽通量等一些特殊内边界层现象的形成机制(张强 等,2007d)。

干旱荒漠下垫面地表反照率高、蒸发量小、对太阳辐射响应迅速,而绿洲或湖泊下垫面的特性正好与之相反,这种下垫面特性的反差致使绿洲或湖泊大气边界层的动力、热力和水汽结构特征与其周围干旱荒漠背景明显不同,导致其陆—气水分交换过程比较独特,并与周围干旱荒漠下垫面大气边界层发生相互作用。这类非均匀下垫面在干旱荒漠区比较普遍和典型。近年来,我国针对干旱荒漠非均匀下垫面开展了长期的观测试验研究(王介民,1999),分析了绿洲引起的干旱荒漠非均匀下垫面的陆—气交换特征,揭示了其大气边界层的非均匀机理,发展了其陆面过程和边界层参数化方案。其中,"黑河地区地—气相互作用观测试验研究(HEIFI)"(Hu et al.,1992;胡隐樵 等,1994a,1994b)不仅发现了绿洲的"冷岛效应"现象及其内边界层特征，还发展了绿洲引起的干旱荒漠非均匀下垫面的边界层参数化关系，揭示了绿洲与沙漠陆面过程的相互影响特征。随后，“西北干旱区陆－气相互作用试验研究（NWC－ALIEX)”对非均匀干旱荒漠区陆－气相互作用机理有了更深入的理解（张强，2003，2005；张强 等，2005，2008；黄荣辉 等，2013），发现了邻近绿洲的荒漠大气边界层逆湿和负水汽通量现象，揭示了绿洲引起的非均匀干旱荒漠下垫面的负梯度输送问题（赵建华 等，2011），给出了该类下垫面的部分陆面过程物理量的参数化方案（乔娟 等，2008）。此外，近年开展的“绿洲系统非均匀下垫面能量水分交换和边界层过程观测与理论研究”和“稀疏植被下垫面与大气相互作用研究”等工作（胡隐樵 等，2004；黄荣辉，2006）还揭示了绿洲和沙漠过渡带大气边界层垂直结构和时空分布特征，发现了绿洲大气边界层内部复杂的内边界层结构，解释了“冷岛效应”及湿度属性的内边界层分布规律和形成机制。

第二，诠释了绿洲的“湿岛”效应及从绿洲到荒漠区的非均匀引起的大气湿度的变性过程。改进了该类非均匀下垫面的陆面过程参数化方案。在黑河流域开展的“黑河综合遥感联合试验（WATER)”(Li et al. ，2009）和“黑河生态水文遥感试验（HIWATER)”(Li et al. ，2013），不仅为流域生态－水文研究提供了更具有代表性的参数及驱动数据，并且为实现寒区和旱区非均匀下垫面地表蒸散发模型提供基础数据，加深了对流域尺度和更大尺度上水循环和水资源转化规律的认识，对水资源的利用及可持续发展提供了重要技术支撑。模拟了绿洲对邻近荒漠陆面能量和水分输送的影响规律，揭示了绿洲地－气之间水分和能量交换特征及其与周围荒漠的相互作用特征，发现绿洲对其下游荒漠陆面过程影响范围大致与绿洲空间尺度同量级，对净辐射和潜热的影响程度约为自身值的 1/4。

第三，对非均匀下垫面大气近地面层通量－廓线关系进行了改进。在理论推导的基础上，利用试验观测资料修正了莫宁-奥布霍夫（Monin-Obukhov）相似性理论的通量廓线关系，建立了绿洲内热平流影响下的通量廓线关系，拓展了通量廓线关系的适用性。使近地面层通量—廓线关系可部分适用于类似于绿洲这种特殊非均匀下垫面。为分析绿洲小气候及绿洲能量和物质输送提供了理论帮助。

第四，建立了陆面过程参数与水分因素的关系。用观测资料计算了陆面过程主要物理参数，并通过分析揭示了部分陆面参数与太阳高度角和土壤湿度等因子之间的定量关系，且用长时间观测资料给出了部分陆面参数的参数化公式。同时，还依靠观测试验资料，用涡旋相关法、空气动力学法和组合法三种近地面层分析方法，比较系统地确定出了西北干旱区的动量、感热和潜热总体输送系数，并分析了干旱荒漠地区动量、感热和潜热总体输送系数的主要特征及随梯度里查森（Richardson）数的变化关系。为西北干旱区陆面过程参数化方案的建立提供了必要的试验依据，为气候模式提供了一套可供参考的总体输送系数的经验公式。为发展适合西北地区的区域气候模式奠定了一定基础。

第五，用获得的干旱区陆面参数或参数化公式部分改进了陆面过程模式；并用改进的陆面过程模式模拟了干旱荒漠陆面过程的年变化特征，发现模拟效果比改进前大大提高，特别是较成功地模拟了降水期及其前后时段的地表通量特征；并且有效弥补了某些陆面物理量缺乏全年观测的不足。为大气数值模式中干旱区荒漠下垫面陆面过程参数化的改进提供了宝贵经验。

第六，系统揭示了干旱半干旱区非降水性水分的重要贡献，建立了蒸渗计结合微气象观测系统识别陆面水分平衡分量的科学方法，揭示了干旱区陆面露水、吸附水等非降水性水分对水分循环规律，发现了陆面非降水性水分分布的互补特征，改进了干旱半干旱区陆面水分平衡关系，发展了考虑完全水热耦合过程模式。

第七，揭示了荒漠土壤水分“呼吸”过程。通过对荒漠地区小气候和土壤水分的观测分析，发现了夜间大气中露水对土壤湿度的贡献很大，并且露水的形成与地表温度、近地层大气层结、绿洲分布和水平风速均密切有关。这种土壤夜间对露水的吸收过程与白天蒸发释放水分过程一起构成一个完整的土壤水分“呼吸”过程。诠释了荒漠表面土壤水分输送的特殊物理机制及对研究荒漠生态的维持机理的生态学意义。

第八，揭示了旱区农田水分变化规律及其生态意义。发现了农田土壤水分的基本变化规律，模拟了农田土壤水分、蒸散量时空变化及降水量与农田土壤水分交换过程，认识了作物生长季土壤水分及冬季土壤水分变化规律。揭示了地面植被尤其是作物对水分的利用及其转化基本特征。通过长期试验、观测，发现生态环境改善对水分内循环的影响事实。开发了旱区覆膜保墒、集雨补灌、垄沟栽培、适宜播期等应对气候变化的减灾技术，为西北实施种植制度、农业布局及结构调整、农业气候资源高效利用提供了科技支撑。

当然，干旱区陆面与大气水分相互作用过程是一个比较复杂的物理过程，需要更加广泛深入的野外试验和数值模拟工作，对观测仪器水平和数值模式能力都提出了更高的要求。目前的研究进展只是该领域的冰山一角，随着以后相关支撑技术的不断发展和该领域研究的持续深入，将会不断在核心技术和前沿研究领域有更深入广泛的新突破。

第2章　干旱荒漠区大气边界层水汽分布

2.1　大气边界层基本特征

一般将处在大气最底层，靠近地球表面、受地球表面摩擦以及热过程和蒸发显著影响的大气层范围称为大气边界层。地表提供的物质和能量主要消耗和扩散在大气边界层内。大气边界层是地球与大气之间物质和能量交换的主要桥梁，全球变化的区域响应以及地表变化和人类活动对气候的影响均是通过大气边界层过程来实现的。大气边界层厚度总是随气象条件、地形、地面粗糙度而变化，一般大气边界厚度白天约为 1.0 km，夜间大约在 0.2 km。通常，将大气边界层分为两层：近地层和摩擦上层(即埃克曼层)。也有将其分为三层：底层数毫米厚为黏性副层；再往上为近地面层，厚度为 100 m 左右，该层内以湍流运动为主导，风速随高度对数增加；100 m 以上为埃克曼层，地球自转形成的科里奥利力在该层中起重要作用。

大气边界层的空气运动明显受地面摩擦力和地表热力作用的影响，其性质主要取决于地表面的热力和动力作用。边界层外的气流特征和下垫面状况(如地形、地貌，建筑物、植被等)及边界层内大气热力和动力结构均能影响边界层厚度。边界层大气有 5 个基本特征：①风速随高度增加而逐渐增大；②大气以湍流运动为主；③在北半球边界层内风向随高度偏右转，边界层外风向与地转风的风向结合，风向偏转角度因时因地而异；④温度层结复杂多变；⑤边界层内水汽和气溶胶浓度高。

在干旱荒漠区，由于特殊的气候环境，其大气边界层结构也比较独特。极端干旱区敦煌荒漠戈壁的观测试验表明，在典型的夏季晴天，从 06 时开始大气对流边界层就开始缓慢发展，到 09 时左右大气边界层对流冲破了上面的稳定边界层，达到了有利于对流发展的残余层范围，这时候对流边界层发展加快，最厚发展到 4150 m 左右；到 19 时左右由于贴地逆温发展对流边界层消失(图 2.1)。与此同时，稳定边界层开始发展，到 06 时左右发展到 1000 m 左右的厚度，达到最厚。这样的边界层厚度特征在天气晴好时具有相当普遍性(张强 等，2009)，明显比以往研究在中低纬度其他地区夏季晴天大气边界层更加深厚(张强，2007；张强 等，2007b)。

观测研究表明，白天的深厚对流边界层是维持夜间深厚残余混合层的先决条件。同时，夜间深厚残余混合层又为白天深厚对流边界层的发展提供了有利的热力环境条件。而西北地区极端干旱区长时间的晴空天气使得大气残余层的累积效应得以充分发挥，为白天对流边界层的生长创造了有利的热力条件。同时，该地区地表热力过程和表层内大气运动也为形成特定的热大气边界层结构提供了有益的支持。高表面温度显然是深对流边界层的强大外力，表层强烈的感热通量提供了所需的能量，低空大气急流和强风切变提供了必要的动力条件，残余层的累积效应提供了良好的热力环境(图 2.1)。

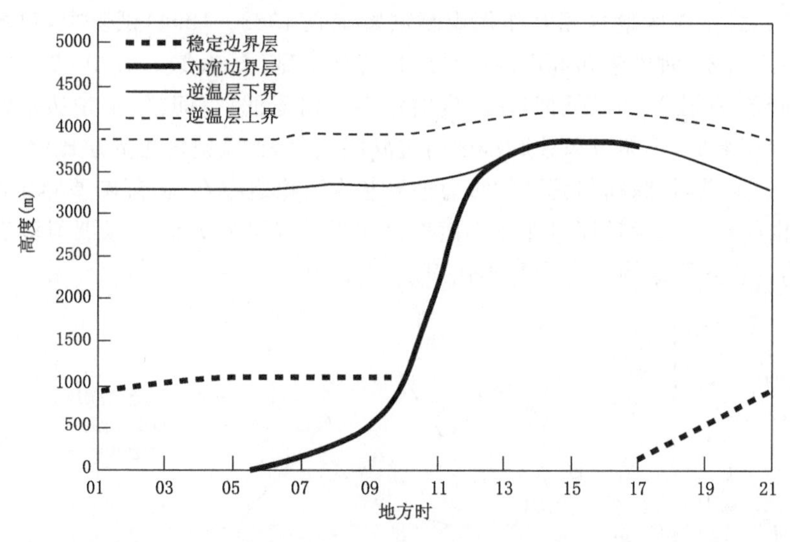

图 2.1　敦煌荒漠区 2000 年 5 月 29 日—6 月 9 日 01—21 时晴天平均大气边界层厚度变化

荒漠地区白天大气对流边界层形成的多种影响因素之间的物理联系可以简单归纳为:强太阳辐射、弱地表蒸发量和小土壤热容量共同创造了该地区产生强近地层浮力通量的一切有利条件,强浮力通量又进一步奠定了发展超厚对流边界层的能量基础;同时,强风速和风向切变则增加了浮力通量的对流效率,创造了该地区有利于边界层热对流发展的良好动力环境(图 2.2)。

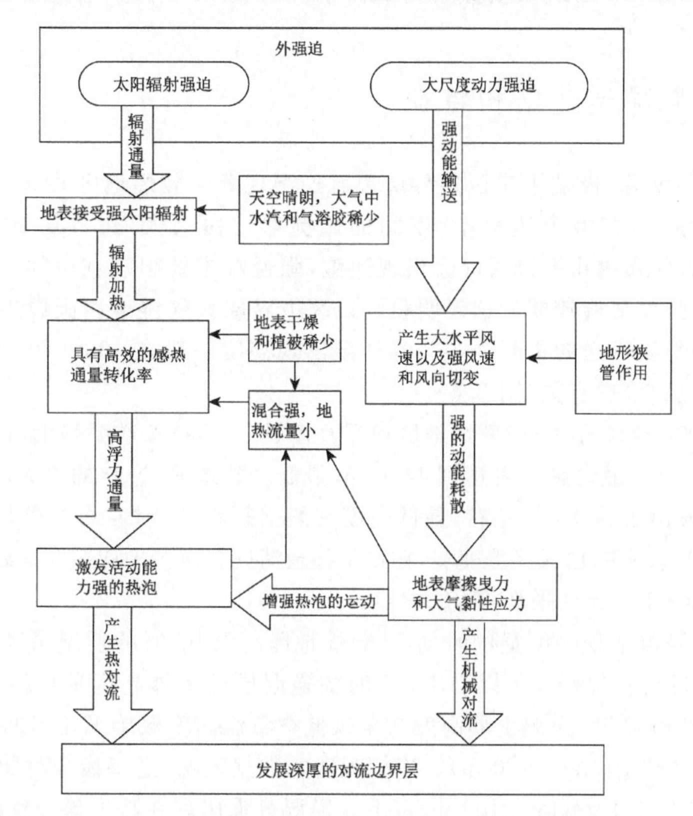

图 2.2　白天超厚大气对流边界层形成和发展的物理概念模型

在 HEIFE(黑河地区地气相互作用观测试验研究 1988—1994)试验中,观测到温度内边界层日变化并不明显,而风速和湿度内边界层日变化明显(图 2.3)。其中 06—24 时风速内边界白天高,夜间低,午夜达到最低值;而湿度内边界层白天低,夜间高,正午达最低值。比较来看,温度内边界层最低,不超过风速和湿度内边界层。白天,风速内边界层比湿度内边界层高,而夜间则相反。这说明,绿洲与荒漠的热力差异基本上稳定存在,而湿度差异在夜间会明显减弱,动力差异由于在白天背景场风速较小而得以加强。这可使人们对绿洲与沙漠间下垫面特征变化引起的内边界层结构有一个基本认识。

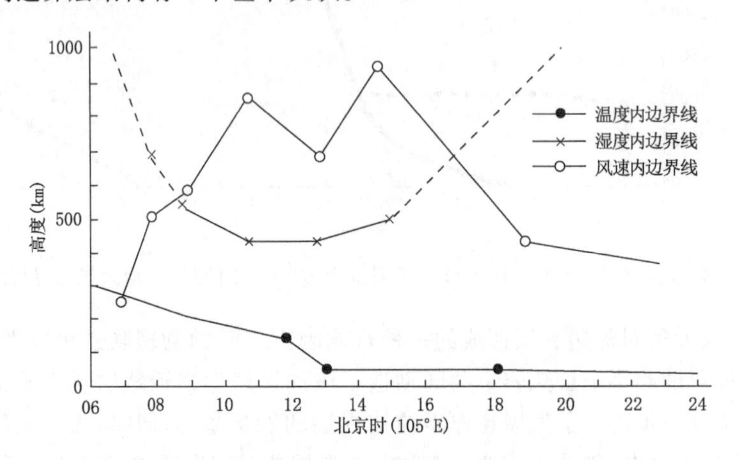

图 2.3　HEIFE 实验观测的绿洲与周围沙漠之间内边界层的变化

2.2　大气边界层湿度结构特征

在试验观测中发现,极端干旱区边界层都有逆湿现象。敦煌地区共 9 d 的大气边界层比湿廓线观测资料显示,在整个边界层,夜间的比湿都比白天大,边界层日最大比湿能达到 8 g/kg。边界层比湿廓线几乎每天都会出现逆湿,强逆湿主要出现在夜间。白天虽然有时也出现逆湿,但逆湿强度普遍较弱。这说明敦煌地区边界层大气湿度白天以地表蒸发的贡献为主,而夜间以水平平流输送的贡献为主。强逆湿出现高度一般在 400～700 m,这很可能与低空东风急流对水汽的输送有关(图 2.4)。

典型晴天(2000 年 6 月 3 日)敦煌地区逆湿高度(图 2.5a)和逆湿强度(图 2.5b)的日变化(03—23 时)表明,逆湿最大高度可达到 1400 m,最低可到地面,逆湿的最大厚度为 250 m。逆湿的最大高度一般出现在 12 时左右,最低高度一般出现在 03 时左右。逆湿强度一般夜间较强,最强出现在 07 时左右,白天逆湿变弱,在正午甚至消失。逆湿平均在 0.4 g/(kg · 100 m),最大可达 0.6 g/(kg · 100 m)(张强 等,2004a)。

每天 07 时是逆湿表现最明显的时刻,从敦煌地区每天 07 时的逆湿高度(图 2.6a)和逆湿强度(图 2.6b)的日际变化特征可以看出,07 时的逆湿层的下界高度平均约为 100 m,逆湿上界高度多数在 500 m 高度,逆湿上界高度与东风低空急流高度保持了较好的一致性。07 时的逆湿强度平均在 0.27 g/(kg · 100 m)。连续观测的数据表明,逆湿最强时能达到 0.45 g/(kg · 100 m),最弱也在 0.1 g/(kg · 100 m)以上。逆湿最强出现在沙尘暴爆发前的 6 月 4 日,最弱出现在 5 月 31 日(一个阴天)。在观测期间,无一例外都有明显的逆湿层出现。

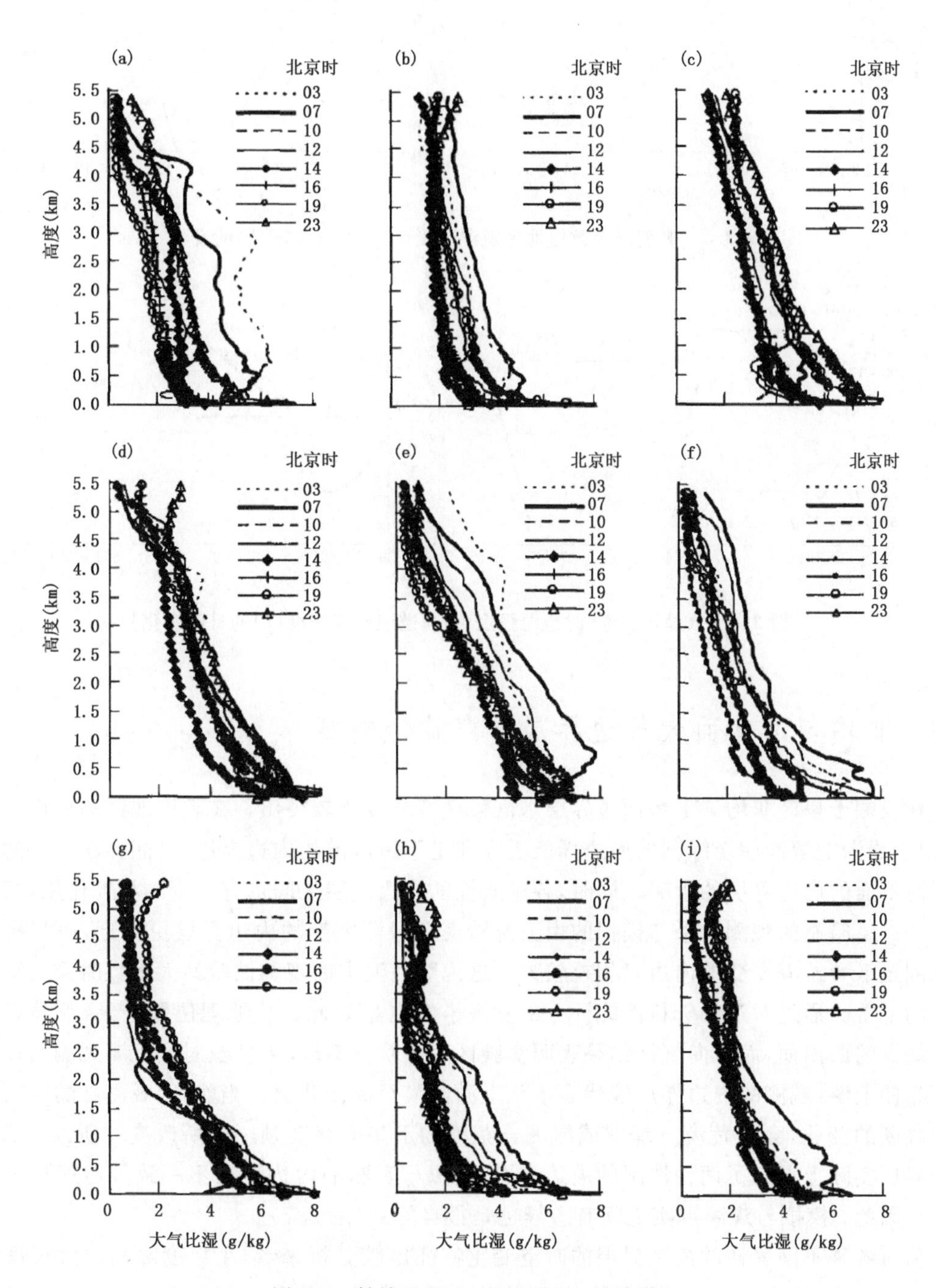

图 2.4　敦煌地区 9 d 的边界层比湿廓线

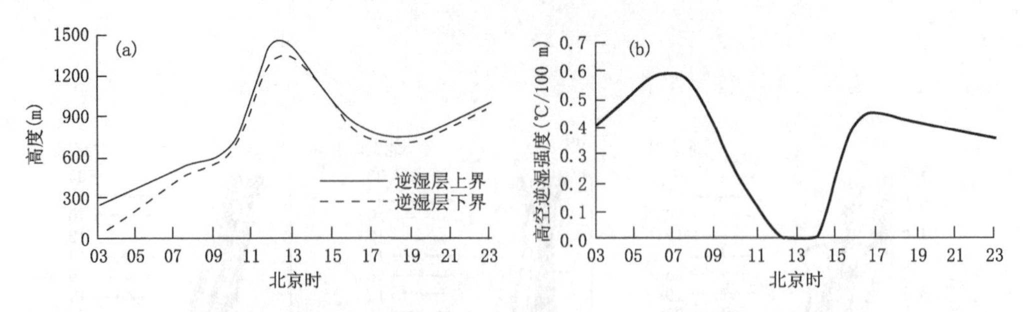

图 2.5　典型晴天敦煌地区逆湿高度(a)和逆湿强度(b)的变化

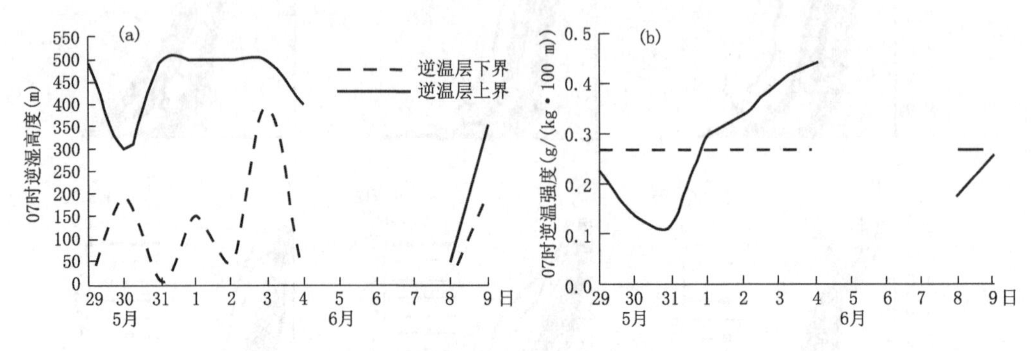

图 2.6　敦煌地区 07 时逆湿强度(a)和逆湿出现高度(b)的日际变化

2.3　非均匀下垫面大气边界层水汽输送特征

在极端干旱区非均匀下垫面边界层水汽输送特征也比较突出。在敦煌地区的模拟试验表明，由于绿洲上游沙漠至绿洲的内边界低于绿洲至下游沙漠的内边界层，可能存在上面的内边界层对下面的内边界层的影响。同时，各种属性的内边界层之间也有一定的相互作用，情况比较复杂。试验站的观测结果与模拟的由上游沙漠至绿洲突变的内边界层更相近，而与模拟的由绿洲至下游沙漠突变的内边界相差较大。这说明荒漠中的观测试验站大多数时候在绿洲观测站的上游。通过对观测资料的统计分析发现事实也是如此。从地理位置上看，荒漠观测站处在绿洲的西南面，而风向统计结果表明实验区多数吹西南风，大多数时候荒漠观测站在绿洲观测站的上游，观测的内边界层度代表了从上游沙漠至绿洲状况。当然，因观测站的风向有一定大幅度的变化，会使荒漠－绿洲或绿洲－荒漠的下垫面突变顺序有所改变。所以，观测的内边界层实际上混合了两种情况的内边界层，模拟与实测的内边界层不一致可能就是由此造成的。因此，模拟与观测事实之间有差异也是很自然的(图 2.7)。

从对各种不同属性的内边界层的时空变化特征比较分析来看，小尺度绿洲对大尺度大气背景场的动力、热力及湿度的影响高度和影响过程是截然不同的。绿洲大气仅在内边界层中保持了凉湿地表上的特性，在内边界层以外则与周围干旱的荒漠大气特征保持了一致。

从上游沙漠向绿洲过渡和绿洲向下游沙漠过渡的湿度内边界层高度的空间变化可以看出(图 2.8)，当上游沙漠至绿洲的下垫面不均匀突变引起的内边界层达到最高时，绿洲至下游沙漠突变引起的高度变化还达不到最高，前者随水平距离抬升的速度明显比后者要快。夜间，内

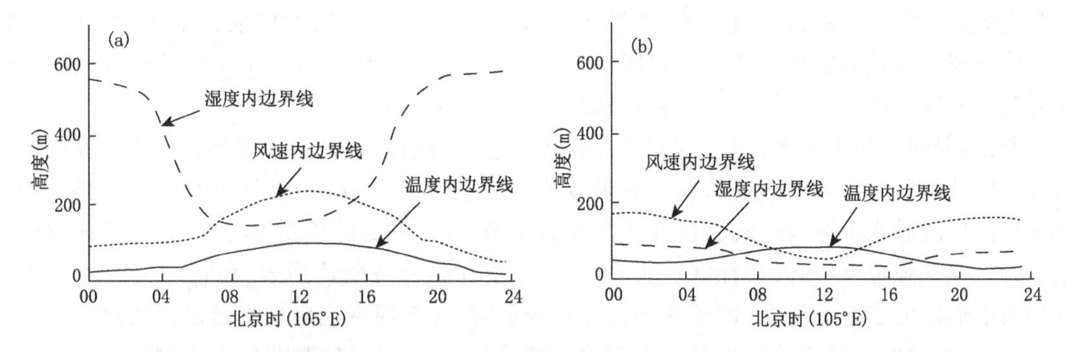

图 2.7　模拟的上游沙漠至绿洲(a)和绿洲至下游沙漠(b)的内边界层日变化

边界层随水平距离的抬升速度明显比白天要快得多,并且沙漠至绿洲突变引起的湿度内边界层特别高,而绿洲至沙漠突变引起的内边界层虽比白天要稍高一些,仍远不及沙漠至绿洲突变引起的内边界层高度。各种内边界层之间存在一定的相互依赖和制约、两次下垫面突变引起的内边界层嵌套以及绿洲与荒漠之间热力局地环流的综合作用使得内边界层的空间分布并不完全与以往的理想情况相符,尤其是由绿洲至沙漠突变引起的内边界层。

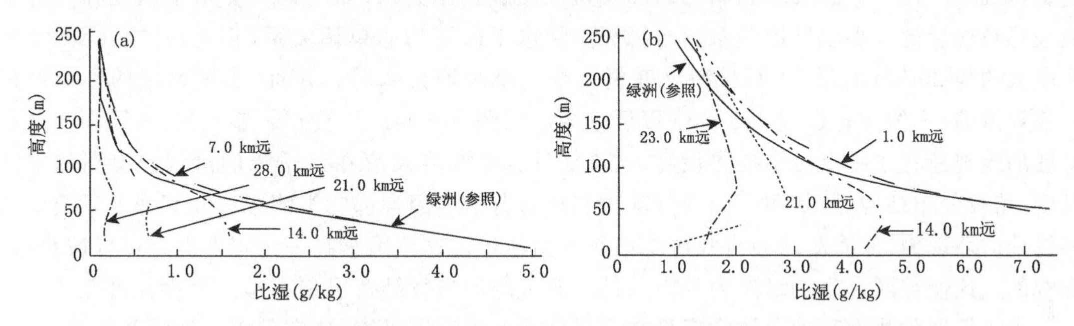

图 2.8　白天(a)和夜间(b)绿洲与其下游距离沙漠不同地点处比湿廓线的比较

2.4　绿洲大气“冷岛效应”及其对水循环的影响

绿洲是在大尺度荒漠背景基质上,以小尺度范围、但具有相当规模的生物群落为基础,构成能够相对稳定维持的、具有明显小气候效应的异质生态景观。相当规模的生物群落可以保证绿洲在空间和时间上的稳定性以及结构上的系统性,其小气候效应则保证了绿洲能够具有人类和其他生物种群活动的适宜气候环境,有利于形成景观生态健康成长的生物链结构(张强 等,2003b,2001b)。我国西北及中亚的绿洲主要分布在我国西北及与中亚连成片的大范围干旱气候区之中。这片干旱区在全球比较独特,相较全球性的副热带干旱气候带系统性北移,这主要归因于青藏高原地形产生的热力和动力作用使高原北部出现大范围下沉气流以及周围高大山脉对水汽的阻挡和截流的综合结果。由于这些绿洲分布在30～40°N之间的中纬度中温带区域,所以通常称之为温带绿洲。

由于绿洲和周围荒漠之间地表热容量和地表热量平衡的巨大差异,白天绿洲地表受太阳辐射的加热远不如周围荒漠显著。在加热最强时,绿洲地表温度一般要低于荒漠地表温度10 ℃以上。绿洲地表湍流感热通量也要小得多,夏季平均日峰值大约为100 W/m^2,还不到邻近荒漠的三分之一。通过湍流交换，荒漠地表热量能够更多、更快地扩散到荒漠大气中，所以会形成绿洲大气被周围荒漠热空气包围的“冷岛”结构。已观测到，1 m 高处绿洲大气温度比邻近荒漠大气温度低 5.4 ℃，甚至还观测到能低 8 ℃的个例。

所以，绿洲效应最显著的特征是“冷岛效应”，它是指前面所描述的绿洲在大气边界层形成的“冷岛”结构所产生的小气候效应。这种冷岛效应主要表现为：绿洲周围大尺度的热空气通过水平热平流和水平湍流运动会源源不断地自干旱荒漠向绿洲“冷岛”输送。在这种来自周围环境的热空气强迫下，白天会在绿洲上空 200 m 左右形成一个较强的、稳定维持的大气逆温层和向下输送的感热通量层；即使在地表加热较强时，大气温度也仅在近地层靠近地表的薄层出现超绝热递减，维持不稳定层结和向上输送的感热通量。已经观测到，在大气逆温和向下感热通量较强时，大气逆温强度能达到 0.8 ℃/100 m，负感热通量的贡献可达净辐射的一半左右。由此，在时空剖面上，白天大气边界层下部大约 200～300 m 高处大气往往会临空出现一个“映像热中心”。白天绿洲边界层下部大气的这种逆温结构。能够有效抑制绿洲近地层凉空气向高层大气扩散，从而反过来也使得绿洲大气的“冷岛”结构得以加强和维持。

绿洲“冷岛效应”和其边界层大气逆温层及邻近荒漠区边界层大气逆湿等，有利于绿洲自我维持机制的发挥。其表现强弱与绿洲茂盛程度成正比关系；而与大尺度水平风速和大尺度地表感热通量的大小成反比关系。与绿洲空间水平尺度为非单调关系，它表现为在绿洲水平尺度大约为 20 km 时最强，而绿洲尺度更大或更小时均会减弱。并且，水平风速的影响也是有临界值的，大约在它超过 2.5 m/s 以后才会对绿洲小气候产生真正影响。另外，绿洲小气候特征的表现还存在一个最小临界尺度，初步估计这个临界尺度在几千米的量级。绿洲的空间尺度、植被分布结构、形状和走向及其动力和热力背景等因素都能影响绿洲和其邻近荒漠小气候特征的表现力，从而对绿洲自我维持机制发生作用。这些因素在一定程度上是可以被改造、影响的。这使得通过改变绿洲内外因条件来改进绿洲自我维持机制在理论上存在可能性。

由于绿洲的热力和动力效应容易在干旱区诱发中尺度对流，这有利于该地区降水的产生，从而起到增雨的效果。一般比较大的绿洲才能有这种增雨效应。根据统计，新疆库车地区总云量和低云量均明显少于我国北方地区，但其积雨云出现次数却几乎高出北京地区一倍，这也许就是绿洲诱发的对流运动的贡献。并且，由于水平风速吹斜了对流体，增雨效应主要出现在绿洲的下风区。在阿克苏绿洲，处于绿洲上风方向的阿瓦提地区降水很少，而其下游则明显多雨。

第 3 章　干旱区荒漠与绿洲非均匀下垫面近地面层水汽特征

3.1　陆面与近地层大气水分交换特征

大气近地面层又称常应力层或常通量层，是大气边界层最接近地表面的部分，湍流动量通量（湍流切应力）、热通量和水汽通量近似不随高度变化的气层。按照稳定度性质区分为不稳定近地面层、中性近地面层和稳定近地面层。厚度一般在 100 m 左右，不稳定或地面粗糙度大的情形下厚度较大，稳定或地面粗糙度小的时候较浅薄。近地面层中温度、湿度、风速等气象要素随高度的变化很大，湍流运动对该层的性质起着决定性的作用，进而又决定了整个大气边界层的特征。近地面层是人类和生物直接接触的气层和地一气水分交换最主要场所。

在一般的均匀下垫面上，近地面层的水汽几乎全部来源于地表和植被的蒸散，因此水汽总是向上输送，比湿廓线也总是从下向上递减。如果近地面层的比湿廓线出现从下向上的递增即逆湿。

黑河实验（HEIFE）化音（戈壁）站夏季晴天时的湿度梯度观测结果表明（表 3.1）：化音站夜间有 41.5％的时次为逆湿，58.5％的时次为非逆湿。白天，有 91.4％的时次为逆湿，仅有少量的时次为非逆湿。无论白天还是夜间晴天时邻近绿洲的荒漠大气既可以是逆湿又可以是非逆湿。不过值得注意的是夜间逆湿相对较少而白天逆湿出现的概率要大得多，似乎白天更有利于逆湿的形成。这暗示太阳加热与逆湿形成有某种联系，而在上述几种水汽输送方式中，与太阳加热可以直接联系在一起的有局地热力环流输送和水平湍流输送，因为局地热力环流产生于地表对太阳加热的不均匀响应，湍流运动主要产生于太阳对地表加热提供的浮力能。

表 3.1　HEIFE 实验化音站夏季晴天近地层温度廓线和湿度廓线分布概率

昼夜	时间	温度递减率（℃/100 m）				2～4 m 相对湿度差（％）			
		方差贡献		累计方差贡献		方差贡献		累计方差贡献	
白天	07—21	稳定	19.8％	不稳定	80.2％	非逆湿	8.6％	逆湿	91.4％
夜间	22—06	强稳定	65.6％	弱稳定	33.4％	非逆湿	58.5％	逆湿	41.5％

白天，绿洲与附近荒漠之间水汽交换过程与夜间有很大不同。对于白天绿洲与荒漠之间由于下垫面热力不均匀产生的局地环流不仅已有研究由观测资料推测出了一个物理模型（图 3.1a），而且苗曼倩等（1993）的工作也很好地模拟了该局地环流的结构（图 3.1b）。

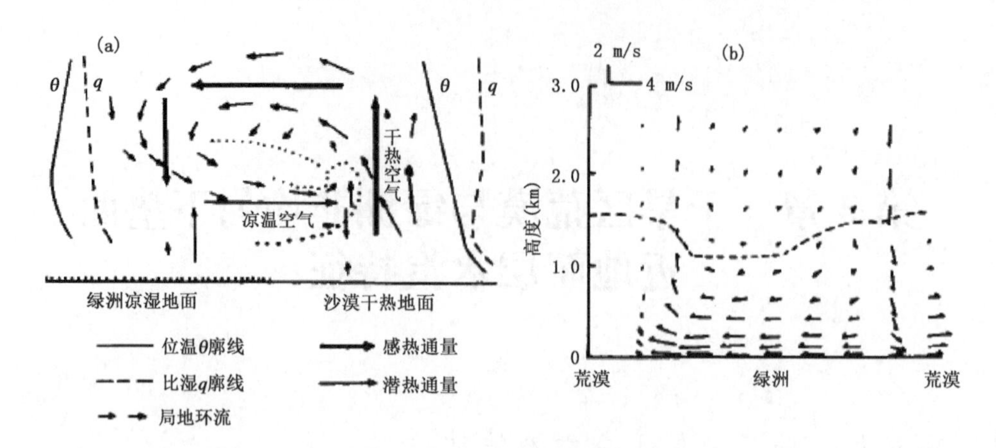

图 3.1　荒漠与绿洲之间的局地环流

模拟的白天绿洲中心和其上、下游 10.5 km 处荒漠的垂直速度(图 3.2),它在一定程度上反映了这种热力环流的存在:白天邻近绿洲的荒漠大气逆湿与背景流场的平流输送和绿洲与荒漠之间下垫面热力不均匀产生的局地热力环流输送都有关。正是由于叠加效果,下游的逆湿往往要比上游的强一些。

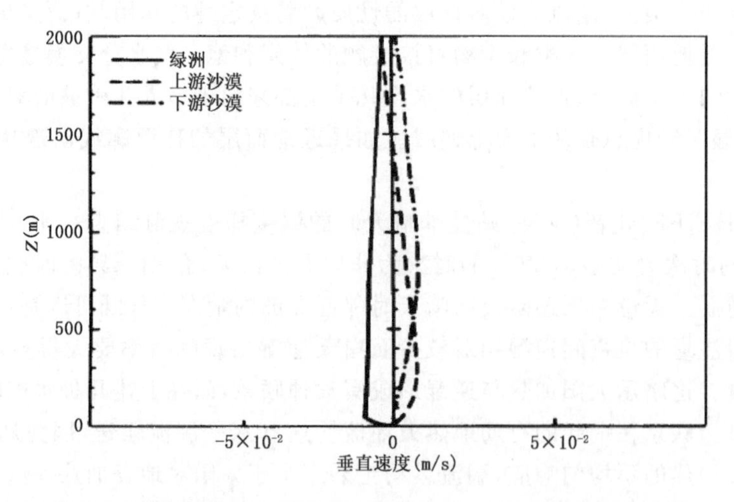

图 3.2　模拟绿洲中心和其上、下游 10.5 km 处荒漠的垂直速度

由于白天荒漠地表有很强的蒸发率,逆湿不能到达地面,所以表现为离地逆湿。另外,与观测结果一样,模拟的白天的逆湿普遍要比夜间的弱得多。

绿洲与其附近相当于半荒漠的过渡带之间虽然也应存在上述的各种水汽水平输送,但半荒漠过渡区大气并不出现逆湿。其原因一方面是由于热力对比不太强使得局地热力环流较弱,另一方面可能是半荒漠过渡带蒸散较大使得平流输送的贡献相对下降,可能不足以造成逆湿。

进而可以得出:白天,邻近绿洲的荒漠地表向大气输送水汽,它与从绿洲水平输送来的水汽一起影响大气中水分的分布结构。夜间,邻近绿洲的荒漠大气源源不断地接收自绿洲平流来的水汽,并一直向下输送至地表,有一部分可能相变后被表层土壤吸收。邻近绿洲的荒漠地表这种白天“出”夜间“入”的水分“呼吸”过程正是邻近绿洲的荒漠水分循环的特别之处。绿洲上、下游荒漠大气的逆湿是绿洲与荒漠相互作用的直接结果之一。它对形成绿洲与荒漠之间的过渡带以及保护绿洲的生态环境稳定，具有相当重要的作用（张强 等，2002c，2003d；张强，2002）。

3.2　水汽输送的通量-廓线关系修正

湍流是流体在特定条件下表现出的一种特殊的运动现象，迄今已发现湍流广泛地存在于固壁附近的流体之中，尤其在人类日常活动的大气边界层之中，湍流扮演着极其重要的角色，地一气之间的能量和物质交换主要就是通过大气边界层中的湍流活动来实现的。也正因为如此，才使得地球表面的物理特征可以影响到地球大气运动状态，从而造就了今天地球大气所特有的复杂环流形式。否则，地球大气的运动也许要简单得多。湍流通量在近地面的能量收支中占有相当重要的地位。在涡旋相关法直接求湍流通量尚未实现之前，不少科学家的目标是如何用风、温、湿要素的平均廓线去间接地确定湍流通量。早在20世纪40年代Obukhov、Lettau等就开始了这方面的研究。但一直到1954年Monin和Obukhov共同创立了Monin-Obukhov相似性理论以后，才真正为近地面层的研究奠定了理论基础。后又由Businge、Swinbank等人对这一理论进行了不断完善（张强 等，1995）。

Monin-Obukhov相似性理论认为在均匀、定常假定条件下，近地面层湍流主要依赖于高度Z，地面切应力，地面感热通量，浮力参数4个物理量。在此基础上可以以简洁的形式得到近地面层通量—廓线关系。

$$\frac{kZ}{u_*}\frac{\partial \overline{u}}{\partial Z}=\Phi_{\mathrm{M}}(\zeta) \tag{3.1}$$

$$\frac{kZ}{\theta_*}\frac{\partial \overline{\theta}}{\partial Z}=\Phi_{\mathrm{H}}(\zeta) \tag{3.2}$$

式中，$\Phi_{\mathrm{M}}(\zeta)$、$\Phi_{\mathrm{H}}(\zeta)$分别是风(u)和温度(θ)的M-O相似函数，ζ是大气稳定度参数。

至今，水汽的通量—廓线关系很少被人们认真讨论，事实上在很多研究中一直默认这样一个假定

$$\Phi_{\mathrm{H}}=\Phi_{\mathrm{V}} \tag{3.3}$$

因此就有了

$$\frac{kZ}{q_*}\frac{\partial \overline{q}}{\partial Z}=\Phi_{\mathrm{V}}=\Phi_{\mathrm{H}} \tag{3.4}$$

式中，$q_*(=-\overline{w'q'}/u_*)$是湿度特征尺度，单位：%；$\Phi_{\mathrm{V}}$是湿度的M-O相似函数。

事实上，在通常情况下，Φ_{H}与Φ_{V}的关系应该表示为：

$$\alpha_{\mathrm{V}}=\Phi_{\mathrm{V}}/\Phi_{\mathrm{H}}=K_{\mathrm{H}}/K_{\mathrm{V}} \tag{3.5}$$

式中，K_{H}是热量涡旋系数，K_{V}是湿度涡旋系数。如果在定常、水平均匀的情况下一般可以假定$\alpha_{\mathrm{V}}=1$，这一假定在均匀下垫面环境中应该是成立的。

但现实中的下垫面大多都是非均匀下垫面，前面的均匀下垫面假定会具有明显的局限性，因为它忽略了平流条件下的大气非线性作用。在20世纪70年代末曾有不少人致力于平流条件下湍流输送的研究。并对K_{V}进行了不少理论和实践探讨。但由于观测精度问题使有些观

测结果受到了怀疑。理论研究也未能得到真正较实用的表达式。因此这项工作自 20 世纪 70 年代以后实际上几乎一直处于停止状态。

在 HEIFE 观测研究中,发现在较复杂下垫面尤其在大沙漠包围的小面积绿洲中,由于来自沙漠水平感热平流强迫作用造成的非线性作用是不可忽略的,图 3.3 中给出的在临泽绿洲中的观测结果表明,经典通量一廓线法估算的潜热通量明显低于涡旋相关法测量到的潜热通量。

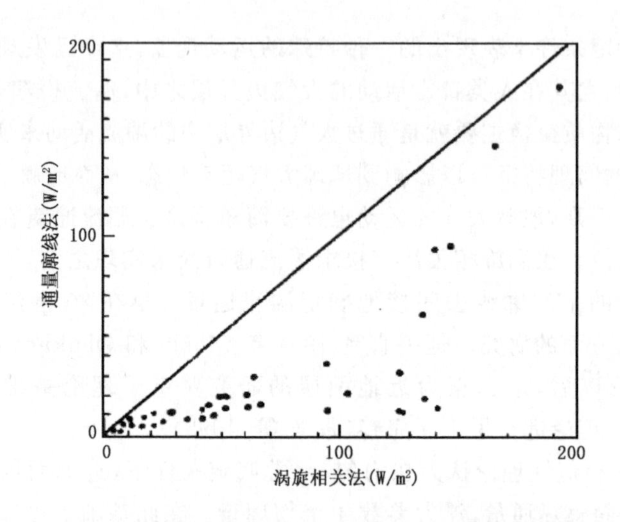

图 3.3　HEIFE 中涡旋相关法和通量一廓线关系法得到的潜热通量(稳定层结)

这说明在平流条件下由于大气中的非线性效应,热量输送与物质输送特征一般是不相似的,$\alpha_V=1$ 的假定将不再成立,比较具有普遍性的通量一廓线关系可以表示如下:

$$\frac{kZ}{q_*}\frac{\partial \bar{q}}{\partial Z}=\Phi_V=\alpha_V\Phi_H \tag{3.6}$$

如果再考虑到水汽对位温的作用,(3.2)式应该改写成:

$$\frac{kZ}{\theta_{*V}}\frac{\partial \bar{\theta}_V}{\partial Z}=\Phi'_H \tag{3.7}$$

上式中 Φ'_H 是考虑虚位温后的温度 M-O 相似函数,虚位温($\bar{\theta}_V$)被定义为:

$$\bar{\theta}_V=\bar{\theta}(1+0.61\,\bar{q}) \tag{3.8}$$

考虑水汽影响后,根据文献 Monin-Obukhov 长度 L_V 在二阶近似下修正为:

$$L_V=\frac{u_*^3}{k\beta(\overline{w'\theta'}+0.61\,\bar{\theta}\,\overline{w'q'})} \tag{3.9}$$

(3.9)式中已引入了湍流二阶近似(忽略了高阶矩)

$$\overline{w'\theta'}_V=0.61\,\bar{\theta}\,\overline{w'q'}+\overline{\theta'w'} \tag{3.10}$$

其中的 θ'_V 定义为:

$$\theta'_V=\theta'(1+0.61\,\bar{q})+0.61q'\,\bar{\theta}\approx\theta'+0.61q'\,\bar{\theta} \tag{3.11}$$

从(3.10)式中可以得到:

$$\theta_{*V}=\theta_*+0.61\,\bar{\theta}q_* \tag{3.12}$$

如果再令

$$\beta_0 = \frac{C_P \partial \bar{\theta} / \partial Z}{\lambda \partial \bar{q} / \partial Z} \tag{3.13}$$

式中，C_p 是定压比热，λ 是水汽潜热，这两个参数一般看做常值。可看出 β_0 实际上就是 $\alpha_V = 1$ 时的波文(Bowen)比。把方程(3.8)和(3.12)代入方程(3.7)，然后再利用方程(3.13)可以很容易得到：

$$\Phi'_H = \Phi_H \left(\frac{1 + 0.61 \bar{\theta} \dfrac{C_P}{\lambda \beta_0} + 0.61 \bar{q}}{1 + 0.61 \bar{\theta} \dfrac{C_P}{\lambda \beta_0 \alpha_V}} \right) \tag{3.14}$$

令 $\gamma = (\bar{\theta}_{C_p})/\lambda$，对上式再做变换，并取近似可写为：

$$\Phi'_H = \Phi_H \alpha_V \left(\frac{\beta_0 + 0.61\gamma}{\alpha_V \beta_0 + 0.61\gamma} \right) \tag{3.15}$$

从(3.15)式可见，Φ'_H 主要与 ζ,β_0 和 α_V 三个非独立因子有关，水汽对热量输送即平均温度无因次函数的影响通过 β_0 和 α_V 而发生作用，这说明除 β_0 而外。非线性因子 α_V 对热量输送也有影响。Φ'_H/Φ_H 随 β_0 和 α_V 的变化在(3.15)式中可看出，$|\beta_0|$较小时其与 1.0 偏差较大；但随 α_V 和$|\beta_0|$的增大而减小且逐渐向 1.0 靠近，并在 $\beta_0 < -1.0$ 时，Φ'_H 与 Φ_H 接近于 1.0。这意味着干燥大气中水汽对热量输送的影响可以不考虑。由(3.15)式，方程(3.7)可进一步写成：

$$\frac{kZ}{\theta_{*V}} \frac{\partial \overline{\theta_V}}{\partial Z} = \Phi_H \alpha_V \left(\frac{\beta_0 + 0.61\gamma}{\alpha_V \beta_0 + 0.61\gamma} \right) \tag{3.16}$$

事实上，在微分方程(3.1)、(3.6)和(3.16)中 $\bar{u}$、$\bar{\theta}_V$、$\bar{q}$、β_0、Φ_M 和 Φ_H 都可直接由梯度观测得到。但这三个方程中共有 u_*、θ_{*V}、q_* 和 α_V 四个未知量，方程组本身是无法闭合的。因此要求解上面方程中的 u_*、θ_{*V}、q_* 和 α_V 四个特征量的数值解，还必须另外引入一个方程，这需要通过对 α_V 的讨论来解决。

对非线性作用的大气而言，依据最基本的热量和水汽输送方程，在略去科里奥利力项、气压扩散项、分子扩散项和分子耗散项后，热量和水汽通量方程总可以写成：

$$\frac{\partial \overline{\theta'_V u'_i}}{\partial t} + \bar{u}_j \frac{\partial \overline{\theta'_V u'_i}}{\partial x_j} = -\overline{\theta'_V u'_j} \frac{\partial \overline{u_i}}{\partial x_j} + \overline{u'_i u'_j} \frac{\partial \overline{\theta_V}}{\partial x_j} - \frac{\partial (\overline{\theta'_V u'_j u'_i})}{\partial x_j}$$
$$\delta_{i3} \frac{\overline{\theta'^2_V}}{\overline{\theta_V}} g + \frac{1}{\rho} (\overline{p' \frac{\partial \theta'_V}{\partial x_i}}) \tag{3.17}$$

$$\frac{\partial \overline{q' u_i}}{\partial t} + \bar{u}_j \frac{\partial \overline{q' u'_i}}{\partial x_j} = -\overline{q' u'_j} \frac{\partial \overline{u_i}}{\partial x_j} + \overline{u'_i u'_j} \frac{\partial \bar{q}}{\partial x_j} - \frac{\partial (\overline{q' u'_j u'_i})}{\partial x_j}$$
$$+ \delta_{i3} \frac{\overline{q'\theta'}}{\overline{\theta_V}} g + \frac{1}{\rho} (\overline{p' \frac{\partial q'}{\partial x_i}}) \tag{3.18}$$

式中，δ_{i3}时 Kronesker 符号；x_j 是通用坐标系；u'_i，u'_j 是速度脉动分量；$\bar{u}_j$ 是平均风速分量。作为垂直($i=3$)热量通量和水汽通量的特例，并忽略系统的垂直运动，则方程(3.17)和(3.18)可以简写成：

$$\frac{\partial \overline{\theta'_V w'}}{\partial t} = -\bar{u} \frac{\partial \overline{w' \theta'_V}}{\partial x} - \frac{\partial \overline{\theta'_V w'^2}}{\partial Z} - \overline{w'^2} \frac{\partial \overline{\theta_V}}{\partial Z} + \overline{\theta'^2_V} \frac{g}{\bar{\theta}} + \frac{1}{\rho} (\overline{p' \frac{\partial \theta'_V}{\partial Z}}) \tag{3.19}$$

$$\frac{\partial' \overline{q'w'}}{\partial t} = -\bar{u}\frac{\partial \overline{w'q'}}{\partial x} - \frac{\partial \overline{q'w'^2}}{\partial Z} - \overline{w'^2}\frac{\partial \bar{q}}{\partial Z} + \overline{\theta'_V q'}\frac{g}{\bar{\theta}} + \frac{1}{\rho}(\overline{p'\frac{\partial q'}{\partial Z}}) \tag{3.20}$$

其中,方程(3.19)和(3.20)左边是湍流流通量时变项,左边第一项是水平平流项,第二项是湍流输送项,第三项是产生项,第四项是浮力项,第五项是再分配项。

为了着重考虑水平平流的影响,对热量和水汽输送方程(3.19)和(3.20)仅保留水平平流项、产生项和再分配项,而忽略其他项,有

$$\bar{u}\frac{\partial \overline{w'\theta'_V}}{\partial x} = -\overline{w'^2}\frac{\partial \bar{\theta}_V}{\partial Z} + \frac{1}{\rho}(\overline{p'\frac{\partial \theta'_V}{\partial Z}}) \tag{3.21}$$

$$\bar{u}\frac{\partial \overline{w'q'}}{\partial x} = -\overline{w'^2}\frac{\partial \bar{q}}{\partial Z} + \frac{1}{\rho}(\overline{p'\frac{\partial q'}{\partial Z}}) \tag{3.22}$$

利用方程(3.6)和(3.7)并对再分配项进行参数化(3.13),有

$$\bar{u}\frac{\partial \overline{w'\theta'_V}}{\partial x} = \frac{-\overline{w'^2}\theta_{*V}}{kZ}(\Phi'_H - 0.74) \tag{3.23}$$

$$\bar{u}\frac{\partial \overline{w'q'}}{\partial x} = \frac{-\overline{w'^2}q_*}{kZ}(\Phi_V - 0.74) \tag{3.24}$$

由(3.23)和(3.24)式经推导,有

$$\alpha'_V = \frac{\Phi_V}{\Phi'_H} = \frac{0.74 - (\bar{u}\frac{\partial w'q'}{\partial x})/(\frac{\overline{w'^2}q_*}{kZ})}{0.74 - (\bar{u}\frac{\partial \overline{w'\theta'_V}}{\partial x})/(\frac{\overline{w'^2}\theta_{*V}}{kZ})} \tag{3.25}$$

如果仅考虑感热平流 $\bar{u}\frac{\partial \overline{w'\theta'_V}}{\partial x}$,而忽略水汽平流 $\bar{u}\frac{\partial \overline{w'q'}}{\partial x}$,则(3.25)式简化成:

$$\alpha'_V = \frac{0.74\frac{\overline{w'^2}\theta_{*V}}{kZ}}{0.74\frac{\overline{w'^2}\theta_{*V}}{kZ} - \bar{u}\frac{\partial \overline{\theta'_V w'}}{\partial x}} \tag{3.26}$$

从(3.6)和(3.15)知 α'_V 与 α_V 有如下关系:

$$\alpha'_V = \frac{(\alpha_V\beta_0 + 0.61\gamma)}{(\beta_0 + 0.61\gamma)} \tag{3.27}$$

由(3.26)式可见在没有水平感热平流 $\bar{u}\frac{\partial(\overline{\theta'_V w'})}{\partial x}$ 的影响时,$\alpha'_V = 1.0$,这与前面的假定是一致的。不过 Rao 认为当感热 $\overline{w'\theta_V}$ 由强烈的向上输送转为适中的向下是输送即大气从极不稳定层结转到适当的稳定层结时。水平感热平流在热通量输送方程中是较重要的。此时,不仅有 $\theta_{*V} > 0$,而且 $\bar{u}\frac{\partial \overline{w'\theta'_V}}{\partial x}$ 也总是小于零。在此种情况下,从方程(3.26)中不难推导出 $\alpha'_V <$ 1.0,而且 $-\bar{u}\frac{\partial \overline{w'\theta'_V}}{\partial x}$ 的值越大,α'_V 越小。在大沙漠包围的绿洲中边界层大气的水平感热平流总是非常显著,因此,这一结论对研究绿洲下垫面大气是极具有重要启发意义的。

上面简化的理论模式虽然能够从物理机制上对 α'_V 做较客观的分析,并能定性地得到在有感热平流影响时湿润地区的 $\alpha'_V < 1$。但由于没有合适的途径对其进行参数化,要想定量讨论非线性作用对大气的影响还是无能为力的。因此还得试图利用另一简化的理论模式来进行分析讨论。

假定在定常，水平均匀条件下，热量和水汽湍流通量方程可由(3.19)和(3.20)式写成：

$$\frac{\partial \overline{w'^2\theta'_V}}{\partial Z}+\overline{w'^2}\frac{\partial \bar{\theta}_V}{\partial Z}=g(\frac{\overline{\theta'^2}_V}{\bar{\theta}})+\frac{1}{\rho}(\overline{p'\frac{\partial \theta'_V}{\partial Z}}) \tag{3.28}$$

$$\frac{\partial \overline{w'^2q'}}{\partial Z}+\overline{w'^2}\frac{\partial \bar{q}}{\partial Z}=g(\frac{\overline{\theta'_Vq'}}{\bar{\theta}})+\frac{1}{\rho}(\overline{p'\frac{\partial q'}{\partial Z}}) \tag{3.29}$$

Wyngaard 等(1971)的结果表明湍流通常输送项(方程(3.28)和(3.29)左边第一项)接近零，因此这项可以忽略。Warhaft 认为对稳定层结而言，在较复杂的因子影响下，保留再分配项即气压应变项的热量和水汽输送方程对描述边界层大气更合适。这也许正好说明气压应变项也对大气中的非线性效应有一定的调节作用。因此，方程(3.28)和(3.29)可写成：

$$\overline{w'^2}\frac{\partial \bar{\theta}_V}{\partial Z}=g\frac{\overline{\theta'^2_V}}{\bar{\theta}}+\frac{1}{\rho}(\overline{p'\frac{\partial \theta'_V}{\partial Z}}) \tag{3.30}$$

$$\overline{w'^2}\frac{\partial \bar{q}}{\partial Z}=g\frac{\overline{\theta'_Vq'}}{\bar{\theta}}+\frac{1}{\rho}(\overline{p'\frac{\partial q'}{\partial Z}}) \tag{3.31}$$

Deardorff(1970)对气压应变项采用了如下形式：

$$\frac{1}{\rho}(\overline{p'\frac{\partial \theta'_V}{\partial Z}})=-\frac{\bar{e}^{1/2}}{\Lambda}\overline{w'\theta'}_V \tag{3.32}$$

式中，$\bar{e}=\frac{1}{2}(\overline{w'^2}+\overline{u'^2}+\overline{v'^2})$ 是湍流动能，Λ 是一个依赖于湍流尺度的标量长度。类似于(3.32)式还可写出：

$$\frac{1}{\rho}(\overline{p'\frac{\partial q'}{\partial Z}})=-\frac{\bar{e}^{1/2}}{\Lambda}\overline{w'q'} \tag{3.33}$$

将方程(3.32)、(3.33)代入(3.30)和(3.31)式中，并令 $K=\overline{w'^2}\times\Lambda/\bar{e}^{1/2}$，可得到热量和水汽通量的表达式为：

$$\overline{w'\theta'}_V=-K\left(\frac{\partial \bar{\theta}_V}{\partial Z}-\frac{g}{\overline{w'^2}}\frac{\overline{\theta'^2_V}}{\bar{\theta}}\right) \tag{3.34}$$

$$\overline{w'q'}=-K\left(\frac{\partial \bar{q}}{\partial Z}-\frac{g}{\overline{w'^2}}\frac{\overline{q'\theta_V}}{\bar{\theta}}\right) \tag{3.35}$$

将(3.34)和(3.35)两式相除并利用方程(3.6)和(3.7)，以及 q_*，θ_{*V} 的定义，有

$$\alpha'_V=\frac{\Phi_V}{\Phi'_H}=\frac{1-\frac{g}{\overline{w'^2}}\frac{\overline{\theta'^2_V}}{\bar{\theta}}(\frac{\partial \overline{\theta_V}}{\partial Z})^{-1}}{1-\frac{g}{\overline{w'^2}}\frac{\theta'_Vq'}{\bar{\theta}}(\frac{\partial \bar{q}}{\partial Z})^{-1}} \tag{3.36}$$

在不考虑水汽对感热输送影响的情况下 $\alpha'_V=\alpha_V$。从(3.36)式看出，假如热量和水汽是被动变化的，即忽略该式中的浮力项，则 $\alpha'_V=1$。但在许多情况下浮力项是不能被忽视的，特别对一些特殊大气条件更值得注意。一种情况，在湿润表面之上的逆温大气中 $(\frac{\partial \overline{\theta_V}}{\partial Z})>0$，$\frac{\partial \bar{q}}{\partial Z}<0)$，很显然 $\alpha'_V<1$，这时 1 是 α'_V 可能出现的最大值。这隐含了用 Monin-Obukhow 相似性理论估计的潜热通量要比实际值偏小这样的一个推论。在河西绿洲中进行的观测研究中已发现了这个现象。还有一种特殊情况，在逆湿的不稳定大气中，α'_V 大于 1，这意味着此时用 Monin-Obukhow 相似性理论过高的估计了水汽通量，胡隐樵(1993)研究工作中也注意到这一

点，但这一种情况下大气以受水平水汽平流影响为主。另外，在湿润下垫面的不稳定的大气中，α'_V 表现的较为复杂，但一般偏离 1 不会太大，这一情况在有较强感热平流影响的大气中较少出现。

如果与水汽有关的热力层结是被动变化的，即水汽方程中的浮力项可以忽略，并且假若完全不考虑水汽的影响，则做一点变化后(3.36)式可写成：

$$\alpha'_V = 1 - \frac{g}{\overline{w'^2}} \frac{\overline{\theta'^2}}{\overline{\theta}} \left(\frac{\partial \overline{\theta}}{\partial Z}\right)^{-1} \tag{3.37}$$

对(3.37)式用下列形式进行参数化

$$\frac{\overline{w'^2}}{u_*^2} = \Phi_{w^2} \tag{3.38}$$

$$\frac{\overline{\theta'^2}}{\theta_*^2} = \Phi_{\theta^2} \tag{3.39}$$

Panofsky 等(1977)很早以前就认为垂直湍流主要受小尺度涡旋控制，对各种原因引起的速度切变容易调整，所以在大多数情况下 Φ_{w^2} 都有较一致的形式。在较早的工作中也用近地面层局地相似性理论在复杂下垫面上得到了关于 Φ_{θ^2} 较好的经验表达式。研究表明水平平流对二阶矩的影响是较小的。综合以往的结果，有

$$\begin{cases} \Phi_{w^2} = 1.4(1-14\zeta)^{\frac{2}{3}} & \zeta < 0 \\ \Phi_{w^2} = 1.4(1-0.43\zeta)^{\frac{2}{3}} & \zeta > 0 \\ \Phi_{\theta^2} = 6.0(1-16\zeta)^{\frac{2}{3}} & \zeta < 0 \\ \Phi_{\theta^2} = 6.0(1-1.5\zeta)^{\frac{2}{3}} & \zeta > 0 \end{cases} \tag{3.40}$$

把方程(3.38)和(3.39)代入(3.37)式可得到：

$$\alpha'_V = 1 - \frac{\Phi_{\theta^2}}{\Phi_{w^2}} \frac{\theta_*}{u_*^2} \theta_* \left(\frac{\partial \overline{\theta}}{\partial Z}\right)^{-1} \frac{g}{\overline{\theta}} \tag{3.41}$$

把(3.2)式和 L 表示式代入上面的方程，有

$$\alpha'_V = 1 - \frac{\Phi_{\theta^2}}{\Phi_{w^2}} \frac{Z}{L} \frac{1}{\Phi_H} \tag{3.42}$$

并把 $\zeta = Z/L$ 代入上式，有

$$\alpha'_V = 1 - \zeta \frac{\Phi_{\theta^2}}{\Phi_{w^2} \Phi_H} \tag{3.43}$$

上式就是经过一系列简化后得到的 α'_V 的表达式。事实上，从(3.27)式看出，在不考虑水汽对感热影响时，α'_V 等于 α_V。从(3.42)式可见，α'_V 仅与 ζ 有关，且当 $\zeta=0$ 时，$\alpha'_V = 1$。如果稍作分析也会发现，在稳定情况下 α'_V 总是小于 1.0，且 α'_V 总随 ζ 的增加而减小，其变化趋势在图 3.4 中能够看出。

方程(3.43)在推导过程中为了抽象出 ζ 对 α'_V 的影响，作了大量简化，因此它在实际应用中可能会一定有局限性。

事实上，用方程(3.36)来描述大气边界层是较为客观的，把(3.1)和(3.8)式代入(3.36)式，再利用(3.10)式做一点近似，得

$$\alpha'_V = \frac{\Phi_V}{\Phi'_H} = \frac{1 - \frac{g}{\overline{w'^2}}\left(\frac{\overline{\theta'^2}}{\overline{\theta}} + 1.22\,\overline{\theta' q'}\right)\left(\frac{\partial \overline{\theta_V}}{\partial Z}\right)^{-1}}{1 - \frac{g}{\overline{w'^2}}\left(0.61\,\overline{q'^2} + \frac{\overline{\theta' q'}}{\overline{\theta}}\right)\left(\frac{\partial \overline{q}}{\partial Z}\right)^{-1}} \tag{3.44}$$

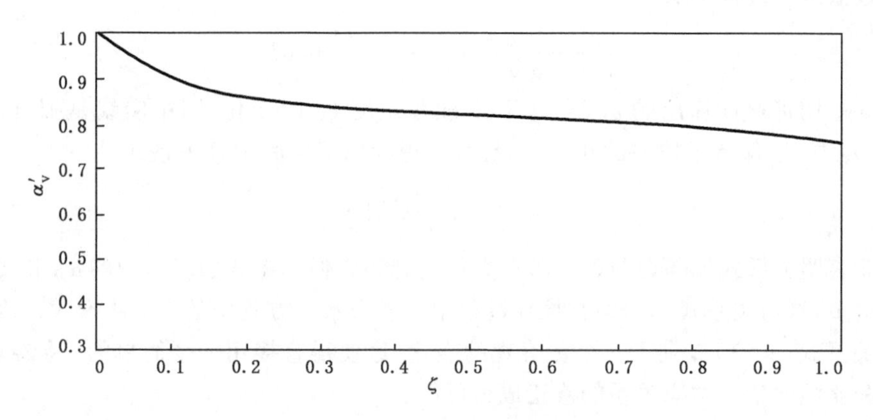

图 3.4　稳定层结中 α'_V 的理论曲线

除引入(3.38)和(3.39)式外，再在湿润下垫面上的逆温大气中假定下列参数化形式

$$\frac{\overline{\theta' q'}}{\theta_* q_*} = \Phi_{\theta q} = -1 \tag{3.45}$$

$$\frac{\overline{q'^2}}{q_*^2} = \Phi_{q^2} = \Phi_{\theta^2} \tag{3.46}$$

(3.44)式就可变成：

$$\alpha'_V = \frac{1 - \frac{g\theta_*}{\Phi_{w^2} u_*^2}\left(\frac{\Phi_{\theta^2}}{\overline{\theta}}\theta_* - 1.22q_*\right)\left(\frac{\partial \overline{\theta_V}}{\partial Z}\right)^{-1}}{1 - \frac{gq_*}{\Phi_{w^2} u_*^2}\left(0.61\Phi_{q^2} q_* - \frac{\theta_*}{\overline{\theta}}\right)\left(\frac{\partial \overline{q}}{\partial Z}\right)^{-1}} \tag{3.47}$$

如果类似于 Monin-Obukhov 长度 L 再引入一个水汽长度 L_V

$$L_V = \frac{\overline{q}}{g}\frac{u_*^2}{(kq_*)} \tag{3.48}$$

相应就有

$$\zeta_V = \frac{Z}{L_V} \tag{3.49}$$

把 ζ 的表达式和(3.49)代入方程(3.47)，得

$$\alpha'_V = \frac{1 - \frac{g\overline{\theta}\zeta}{k\Phi_{w^2}}\left(\frac{\Phi_{\theta^2}}{\overline{\theta}}\theta_* - 1.22q_*\right)\left(\frac{\partial \overline{\theta_V}}{\partial Z}\right)^{-1}}{1 - \frac{g\overline{q}\zeta_q}{k\Phi_{w^2}}\left(0.61\Phi_{q^2} q_* - \frac{\theta_*}{\overline{\theta}}\right)\left(\frac{\partial \overline{q}}{\partial Z}\right)^{-1}} \tag{3.50}$$

方程(3.50)是经参数化后的 α'_V 的表达式。

事实上，在有风、温、湿梯度观测的情况下，方程(3.1)、(3.6)、(3.16)和(3.50)以及表达式(3.27)构成的是一个闭合方程组，可以直接求出 u_*，θ_*，q_* 和 α_V 等量的数值解。

HEIFE 实验结果也表明(胡隐樵，1994a，b)，河西走廊的黑河地区沙漠中的绿洲具有较明显的感热平流作用。用 HEIFE 实验中的绿洲资料来讨论 α'_V 的特性，其精度是有保障的。这里，仅选用符合 $\frac{\partial \overline{\theta}}{\partial Z} < 0$ 且 $\frac{\partial \overline{q}}{\partial Z} < 0$ 条件的资料进行计算。

在求数值解的过程中取

$$\left|\frac{\alpha'_{Vn}-\alpha'_{Vn-1}}{\alpha'_{Vn}}\right|<\varepsilon=0.01 \tag{3.51}$$

图 3.5 是用资料计算出的 $\alpha_V(=Z/L_V)$ 随稳定度 ζ_V 的变化，图中实线是拟合曲线。图 3.5 表明，α_V 与 ζ_V 保持了较好的相关性，且可以得到以下经验拟合关系式：

$$\alpha'_V=\frac{1+2\zeta_V}{1+5.4\zeta_V} \tag{3.52}$$

图 3.5 表明关系式(3.51)与(3.42)有类似的趋势。但关系式(3.51)中的 α'_V 随 ζ_V 增大而递减要快得多，这与关系式(3.42)在推导过程中未考虑水汽方程中的浮力项有关。因此，相比之下经验关系式(3.51)提供了一个更客观的表达，这使得直接用一个简单的 α'_V 经验关系式对虚位温和比湿通量一廓线关系的修正成为可能。

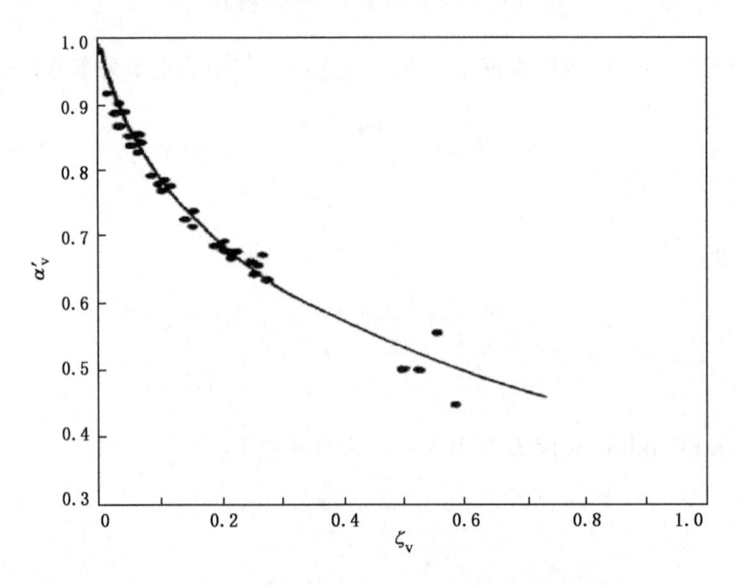

图 3.5 计算出的 α'_V 随稳定度 ζ_V 的关系

在这里再引入一个地表热力参数 F

$$F=\frac{H_0+\lambda E_0}{\Omega} \tag{3.53}$$

式中，Ω 是地面可利用能量，H_0 和 λE_0 是未考虑层结时的感热和潜热通量。这个物理量 F 能表征地表的热力状态，由微气象观测资料很容易得到。

图 3.6 给出了 α'_V 随地表热力参数 F 的变化曲线，并可以拟合出 α'_V 与 F 的关系式

$$\alpha'_V=0.98(1+0.1F)^{-\frac{1}{5}} \tag{3.54}$$

这一拟合关系可以作为对 α'_V 比较适用的参数公式。

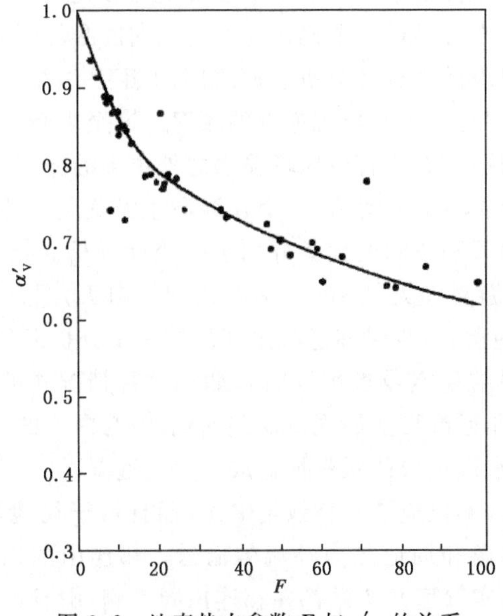

图 3.6　地表热力参数 F 与 α'_V 的关系

3.3　近地面层大气湿度垂直结构

干旱区的绿洲水分循环机制也比较特殊(图 3.7)。垂直湍流水汽通量白天维持比较大的值,夜间非常小,峰值出现在 09 时左右,可达 0.16 mm/h;其日积分值为 1.374 mm/d。对均匀下垫面而言,水平湍流通量是可以忽略的。但敦煌绿洲造成的干旱区非均匀下垫面的水平湍流水汽通量几乎达到与垂直通量同样的量级,u 向(水平)湍流水汽通量大多时候为正值,v 向(垂直)湍流水汽通量大多时候为负值。但它们均没有规律性的日变化,其日积分值分别为 2.512 mm 和－1.545 mm。这说明对这种被干旱荒漠包围的绿洲生态系统来说,水平湍流水汽通量是比较重要的,至少在内边界层以内是不容被忽视的。

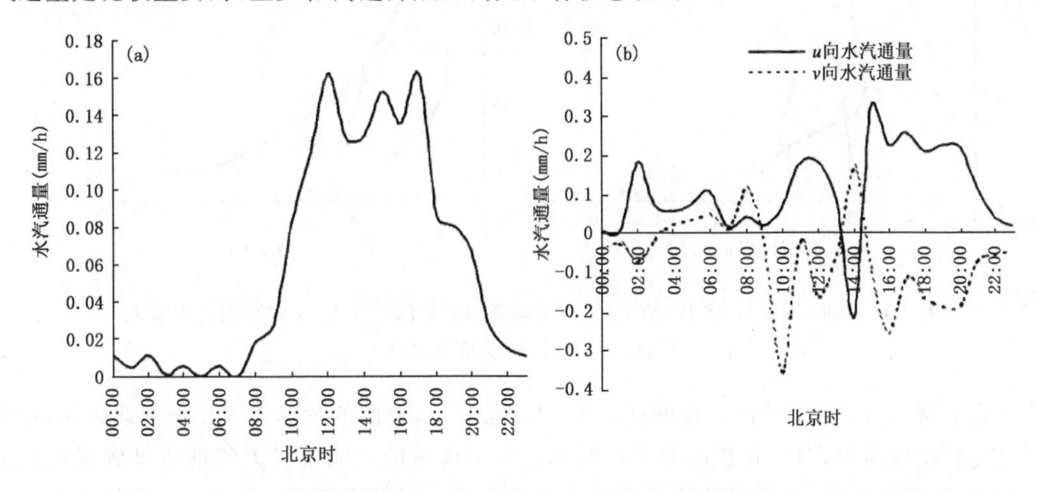

图 3.7　敦煌绿洲夏季典型晴天(5 月 29 日)垂直(a)和水平(b)湍流水汽通量的变化

试验资料的统计表明，绿洲的下游效应能够在邻近荒漠地区产生大气逆湿。但这种统计反映的仅是必要条件，而非充分条件。要确定逆湿与风向的必然联系必须对逆湿和风向(分上游和下游两种情况)一一对应地去统计分析它们之间的相互关系。另外，在白天，荒漠大气处于绿洲下游风向的统计频率远小于其出现逆湿的频率。这至少暗示白天上游荒漠也可以出现逆湿，说明白天逆湿的成因还存在除背景风场输送之外更多的原因。

HEIFE 实验中曾设置了两个荒漠站，一个在绿洲上游而另一个在绿洲下游，在典型晴天背景下，把观测资料分成白天和夜间两大类分别进行统计分析。结果表明：夜间，绿洲下游荒漠大气 100％为逆湿，而上游荒漠大气 100％为非逆湿。白天，绿洲下游荒漠大气 100％为逆湿，上游荒漠大气 92％为逆湿，有少量非逆湿出现。进一步分析还发现，非逆湿基本出现在刚日升或将要日落时(大气层结稳定或近中性时)，如把这种情况排除在外，白天上游荒漠大气 99％为逆湿。还有极少的非逆湿可能属观测误差问题，因为白天的上游逆湿是很弱的。当然，也有可能是土壤吸附大气水汽形成的水汽汇造成的大气逆湿。

从图 3.8 看出，在白天，不仅应该有背景场输送，而且由于局地热力环流和湍流活动相对活跃，还应该有水平湍流输送和局地热力环流的输送。祁连山的山谷风一方面对 HEIFE 实验区影响不明显，另一方面实验区几个站都在祁连山同一侧，山谷风对各站风向的影响基本一致，相对绿洲与荒漠之间的环流而言还可以把它划归为背景场气流，因此，局地热力环流主要指绿洲与荒漠之间的环流。这种局地热力环流和水平湍流输送对绿洲上游和下游同时有作用，所以在上游和下游荒漠都会出现逆湿。但由于刚日升或将要日落前后，大气层结相对稳定或近中性，局地热力环流和湍流运动均未发展起来，水汽水平输送以背景场为主，因此此时上游荒漠并不出现逆湿。夜间，由于局地热力环流和湍流活动不明显，从绿洲到荒漠的水汽主要靠背景场的气流输送，所以仅在绿洲下游出现逆湿。

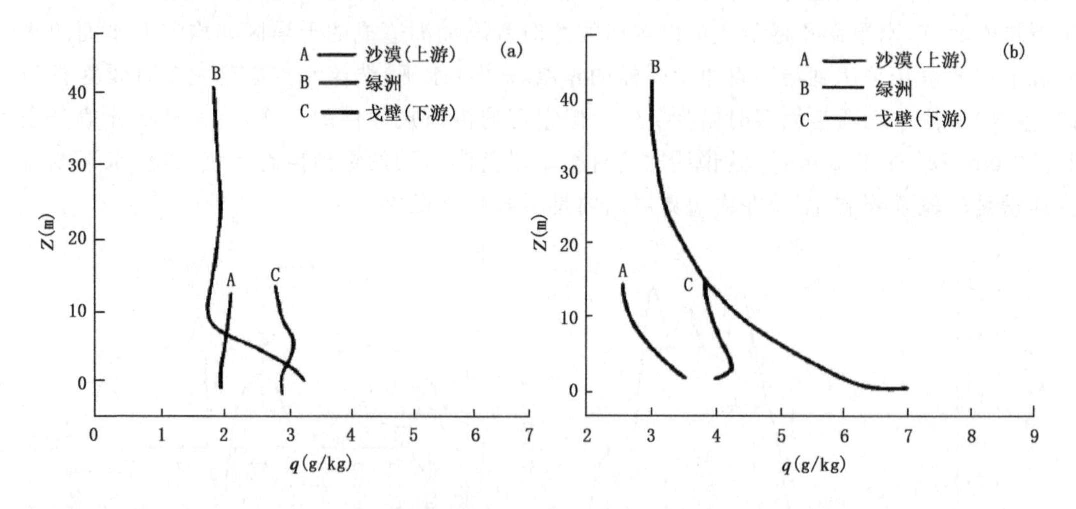

图 3.8　1990 年 8 月 18 日(晴天)黑河实验观测的绿洲与其上、下游荒漠比湿廓线
(a：白天 12 时；b：夜间 00 时)

在夏季晴天，白天(12 时)和夜间(00 时)绿洲与其上、下游的荒漠大气比湿廓线表明，绿洲大气湿度廓线较简单，白天和夜间湿度廓线都是向上递减的。而荒漠大气的湿度廓线比较复杂，且变化多端。白天，无论绿洲的上游还是下游荒漠比湿廓线都在 30～70 m 高处出现一逆

湿层，逆湿层以下或以上仍为湿度递减状态，说明在靠近地表仍有蒸散的水汽向上输送，但下游逆湿比上游的要强一些。夜间，绿洲上游荒漠的湿度廓线整层为向上递减；而绿洲下游荒漠的湿度廓线则从地表到大约70 m的厚度内却向上递增即为逆湿，且逆湿直达地表。总的来看，夜间由于大气逆湿有稳定的维持机制，逆湿较强；白天由于强的湍流交换具有破坏逆湿维持的物理机制，大气逆湿要弱得多。

模拟(图3.9)与观测(图3.8)结果对比表明，模拟的比湿廓线在量级和形态上都与黑河实验观测很接近，这说明对大气湿度特征的模拟基本上是成功和可靠的。至于逆湿层出现高度的不一致，则主要与模式的垂直网格分辨率有关。观测的绿洲白天大气湿度廓线之所以比模拟的要更曲折一些，这主要是由于实际的绿洲植被分布要比模式给定的复杂得多，在实际绿洲内可能还有次尺度下垫面分布不均匀引起的大气变性存在。

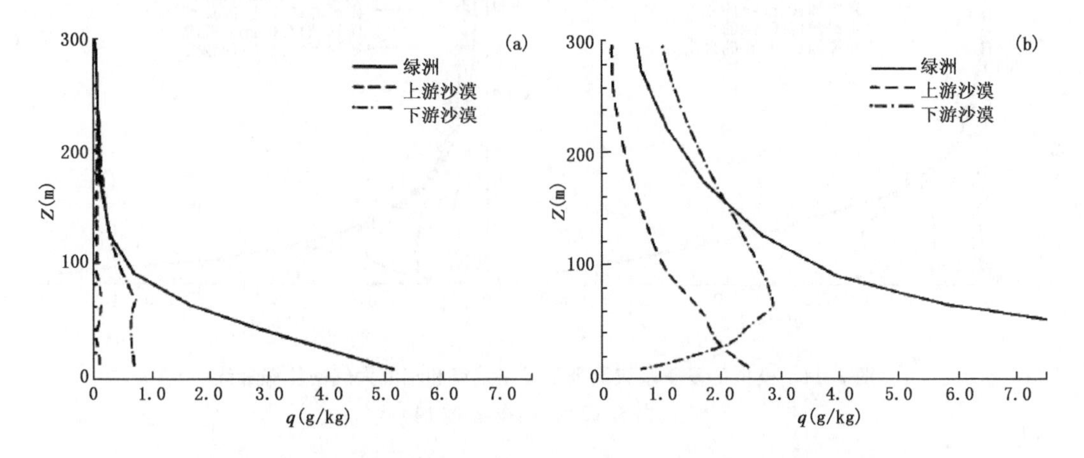

图3.9　模拟的夏季绿洲及距其17.5 km处上、下游荒漠比湿廓线

(a:白天12时；b:夜间00时)

半荒漠是绿洲与荒漠之间的过渡带，用数值模式模拟了夏季晴天时绿洲上游半荒漠和荒漠大气白天(12时)(图3.10a)与夜间(00时)(图3.10b)的比湿廓线。夜间，所有格点上湿度

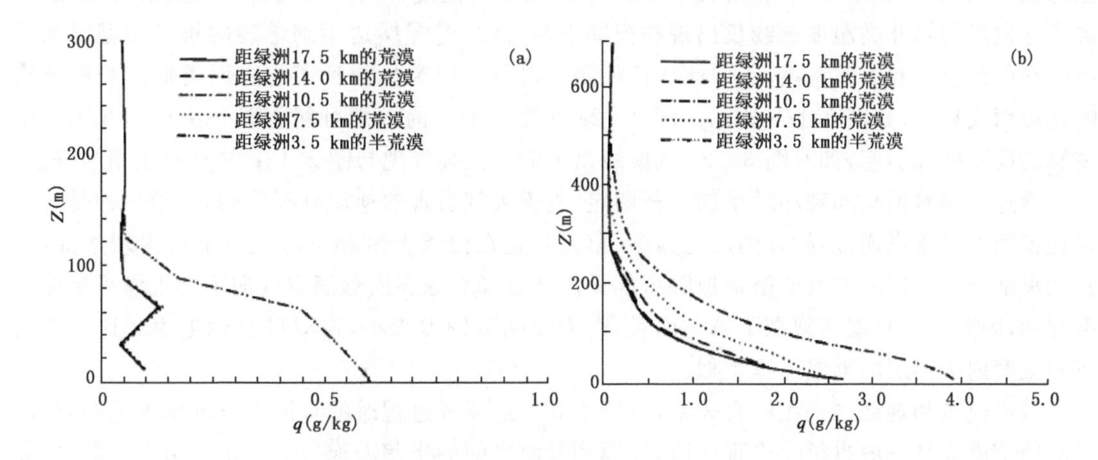

图3.10　模拟的夏季晴天绿洲上游半荒漠和荒漠大气的比湿线

(a:白天12时；b:夜间00时)

廓线均没有逆湿出现,且除半荒漠大气比湿廓线的湿度较大以外,其余更远处荒漠大气廓线湿度较小且相互较接近。在白天,除半荒漠处大气廓线为非逆湿外,其余较远处荒漠格点上比湿廓线全为逆湿,且几乎重合。

数值模拟的夏季晴天时绿洲下游半荒漠和荒漠大气白天(12 时)(图 3.11a)与夜间(00 时)(图 3.11b)的比湿廓线表明,除半荒漠处大气比湿廓线同样没有出现逆湿外,较远处荒漠格点上无论白天还是夜间大气均为逆湿,且逆湿出现的高度也随距离略有变化。同时,距绿洲越远的荒漠大气廓线的湿度很明显地变得越来越小,在较远处荒漠大气邻近格点间的廓线相互越来越接近,这说明绿洲对下游荒漠的影响也越来越小。

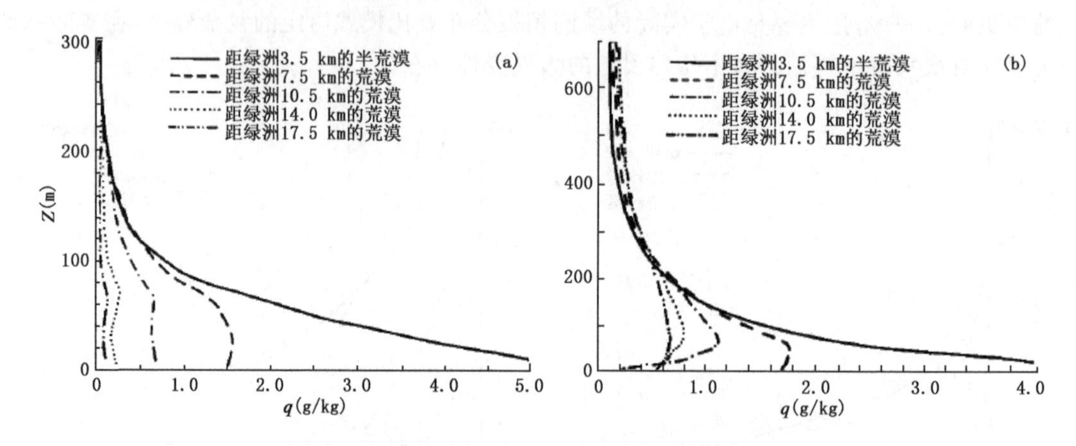

图 3.11 模拟的夏季晴天绿洲下游半荒漠和荒漠大气的比湿廓线
(a:白天 12 时;b:夜间 00 时)

图 3.10 和图 3.11 除了发现与观测同样的规律以外,还表明,无论绿洲上游还是下游,半荒漠大气比湿廓线特征与荒漠处是完全不同的。而且荒漠大气逆湿层出现的强度和高度随水平空间有所变化。绿洲对不同距离处荒漠大气的影响程度是明显不同的。

数值模拟表明,绿洲附近的荒漠仅出现 3 种形式的大气比湿廓线(图 3.12)。从这 3 种比湿廓线的典型个例(第Ⅰ、Ⅱ和Ⅲ类)可以看出,第Ⅰ类湿度廓线仅出现在夜间上游荒漠;逆湿层直达地表的第Ⅱ类湿度廓线仅出现在夜间下游荒漠;逆湿层达不到地表的第Ⅲ类湿度廓线出现在白天上游和下游荒漠上。HEIFE 观测资料分析研究也得到了与上面类似的 3 种典型的比湿廓线形式,如图 3.12b 所示。图 3.12a 和图 3.12b 的差别可能主要是由于图 3.12b 中观测高度不够高引起,如对图 3.12a 从虚线以上截去便会发现与图 3.12b 的对应还相当好。

通过上面对模拟和观测结果的分析断定,荒漠大气出现的逆湿廓线有两种,第一种是只出现在夜间下游荒漠逆湿,称其为触地逆湿;第二种是在白天上游和下游荒漠都可出现逆湿,称其为离地逆湿。夜间逆湿即触地逆湿可能是由背景场对绿洲内湿润空气向下游荒漠平流输送引起的,因此逆湿只能出现在下游。而且,由于夜间蒸发力很小,逆湿可直达地表。这一般与夜间湿度内边界层的形成过程类似。

数值模拟和观测结果相结合表明,有降水和其他天气过程时的荒漠大气不出现逆湿,远离绿洲的荒漠大气一般也很少出现逆湿,绿洲和荒漠之间的半荒漠地带大气也不出现逆湿,主要在晴天邻近绿洲的荒漠大气出现逆湿。而且,晴天大气逆湿的出现有一定的规律,白天,无论绿洲上游还是下游荒漠大气大多为逆湿,且下游大气的逆湿程度明显比上游大气的强。夜间,

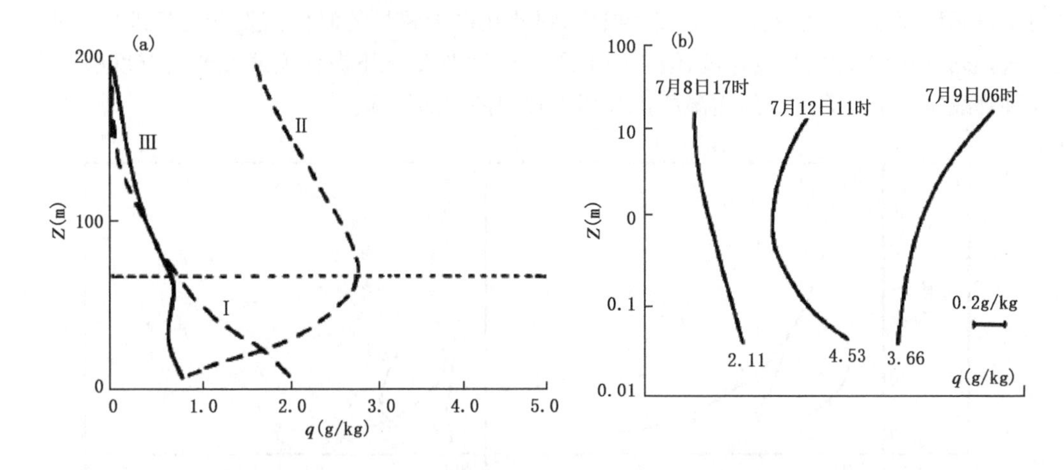

图 3.12　不同研究时间 3 类典型湿度廓线形式

绿洲上游荒漠大气基本上为非逆湿,而仅下游荒漠大气为逆湿。由于白天荒漠大气剧烈的湍流混合具有破坏逆湿维持的机制,所以白天的逆湿总比夜间的弱得多。

就这两种典型逆湿型的形成原因看,夜间下游荒漠的触地逆湿主要是背景流场对绿洲湿润空气的平流输送造成的;而出现在白天的离地逆湿在绿洲上游荒漠主要是局地热力环流和水平湍流输送的结果,而如出现在绿洲下游荒漠则是由背景流场与局地热力环流和水平湍流输送的叠加作用。正是由于叠加效果,绿洲下游荒漠大气的逆湿要比上游强一些。绿洲与荒漠之间的半荒漠过渡带大气比湿廓线特征则与荒漠大气的是完全不同的。荒漠大气逆湿层出现的强度和高度也随水平空间会有所变化。说明绿洲对不同距离处荒漠大气的影响程度和范围是明显不同的。

3.4　近地层大气湿度变性过程

下垫面的不均匀必然会引起大气在运动过程中不同程度的变性。如果地形过于复杂往往会涉及多个层次的变性问题,需要对资料的天气背景进行分类分析。把在 HEIFE 实验中微气象塔的梯度观测资料按照盛行风向分成三类情况。将风向在 315°～360°范围内的梯度资料称为Ⅰ类,这类情况 A 站(沙漠)在上游,B 站(绿洲)在中间,C 站(戈壁)在下游;把风向在 195°～275°范围内的称为Ⅱ类,这时 C 站在上游,B 站在中间,A 站在下游;把其余所有风向范围内的称为Ⅲ类,这类风向大多数与祁连山脉和绿洲走向近于平行。

图 3.13 反映出了荒漠—绿洲非均匀下垫面基本的湿度变性过程。绿洲上游沙漠或戈壁大气湿度较小,进入绿洲后变湿。湿空气从绿洲再进入下游沙漠或戈壁则湿度又减小,但比绿洲上游的沙漠或戈壁的湿度要大些。这里有一个平常少见的现象,即在白天最不稳定时(14 时)绿洲下游的戈壁稍高处大气的湿度比同高度绿洲的湿度还大。这可能是因为此时绿洲大气比其下游戈壁大气的湍流交换强度要小得多。在图 3.12 中沙漠或戈壁总共出现 5 种湿度廓线类型。在Ⅰ类和Ⅱ类左图(21 时)中出现的两种廓线类型仅是由于其分别处于绿洲上游或下游,这很好理解。Ⅱ类右图(19 时)湿度廓线本质上与前两种廓线类似,只不过逆湿高度抬得更高而已,可惜的是在更高处没有观测,所以呈现出第 3 种廓线类型。Ⅲ类中出现了第 4 种和第 5 种廓线类型。第 4 种

是由于夜间沙漠或戈壁地表有一定水汽积累，因此在白天较早的时候蒸发会使近地层有水汽向上输送，形成向上递减的湿度梯度，但它的上层仍与14时绿洲下游沙漠或戈壁的湿度廓线类似。第5种廓线实质上是第4种的逆湿层抬升超出观测高度的情况。

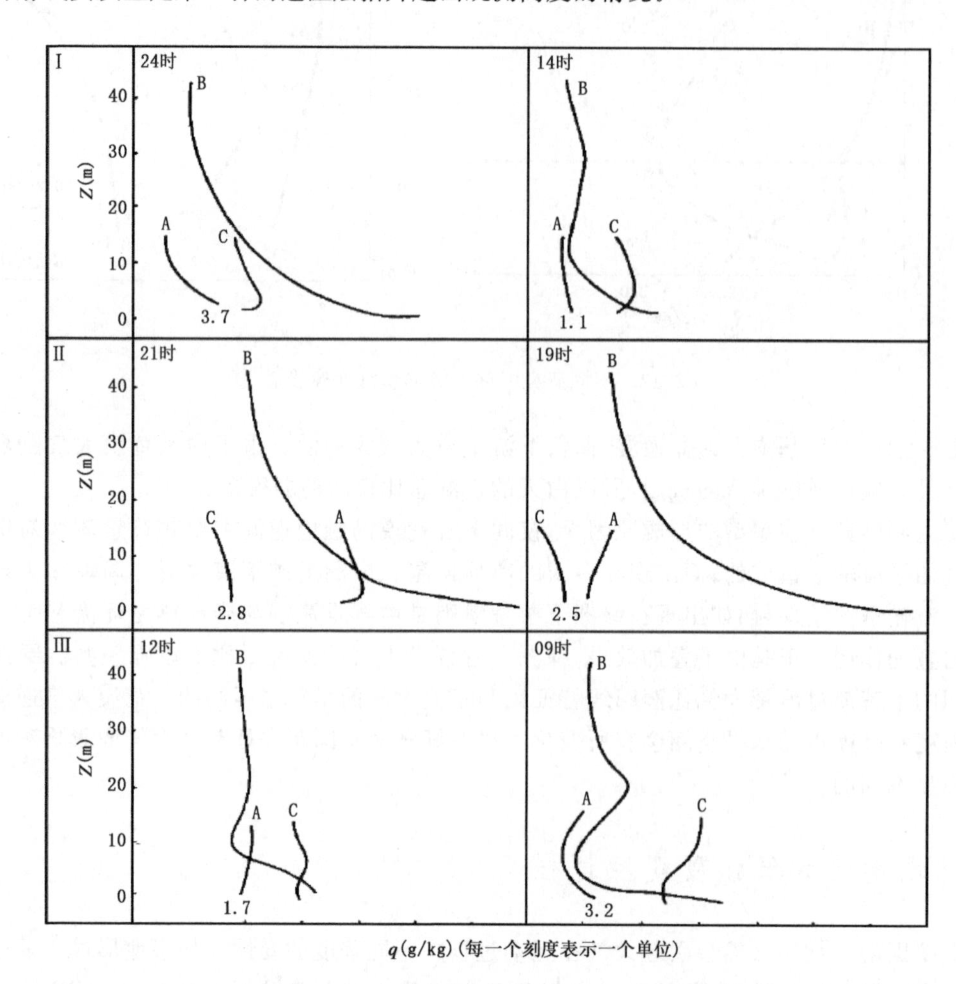

图 3.13 1990年9月18日不同梯度资料 A(沙漠)、B(绿洲)、C(戈壁)比湿变化

3.5 荒漠大气逆湿与水汽负梯度输送

邻近绿洲的荒漠戈壁近地面层常常会出现的大气逆湿现象，也会影响到地表水汽的输送特征。其夏季平均1～18 m大气比湿梯度（图3.14a）和3 m水汽通量（图3.14b）日变化表明：由于受绿洲影响，晚上戈壁大气基本上为逆湿，即负梯度（大气湿度随高度递减），并且水汽通量向地表输送；白天大气比湿基本上随高度增加而递减，并且水汽由地表向大气输送。在邻近绿洲的荒漠戈壁，大气湿度同时受大气与地表土壤之间水分交换以及与绿洲之间水汽交换的影响（湿平流和水汽扩散）。可见，白天由于绿洲湿平流和水汽扩散对其邻近荒漠戈壁大气湿度的影响很容易被强湍流涡动向高层大气混合，地表蒸发仍占主导地位，所以并不会因为绿洲的影响而形成逆湿或向下的水汽通量。但夜间由于大气比较稳定，绿洲对其邻近荒漠

戈壁大气湿度的影响容易保持，所以形成了大气逆湿和向地表的水汽通量。

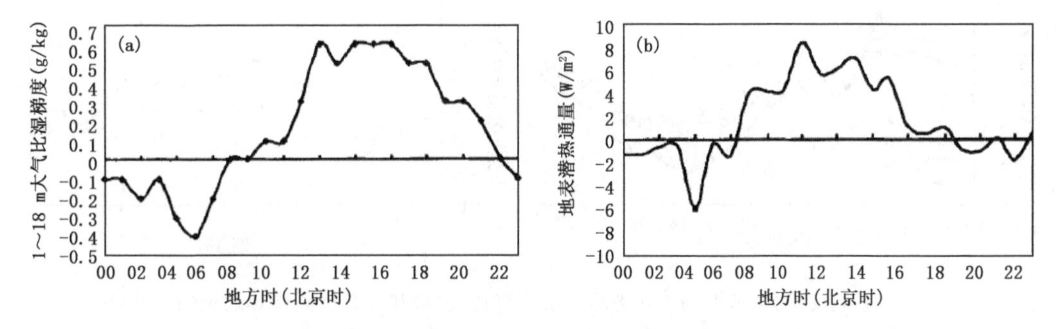

图 3.14　邻近敦煌绿洲的荒漠戈壁夏季平均的 1～18 m 大气比湿梯度(a)和 3 m 的水汽通量(b)日变化

对夏季资料统计发现(图 3.15)，白天出现负水汽通量即水汽向下输送的概率非常小，基本在 10%左右，最大不超过 20%，这意味着白天水汽主要是从地表向大气输送；而夜间出现负水汽通量很频繁，即水汽向下输送的概率非常大，平均在 70%，甚至可以达到 80%，这意味着夜间水汽主要从大气向地表输送。有降水或其他天气过程时，邻近绿洲的戈壁的比湿廓线并不出现逆湿，近地面层的水汽几乎全部来源于地表和植被的蒸散发。在远离绿洲的荒漠大气中也很少出现逆湿。表明在荒漠区天气条件和距绿洲的距离远近是逆湿发生的重要因素。

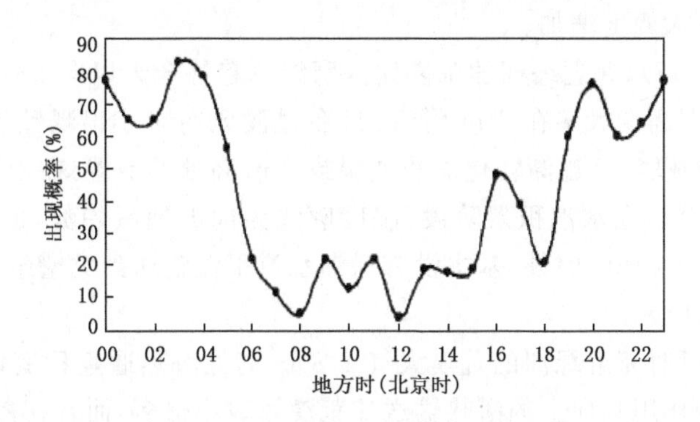

图 3.15　夏季邻近敦煌绿洲的荒漠戈壁近地层负水汽通量的出现概率

观测试验资料还表明(张强 等，2002a)，5—6 月份期间敦煌戈壁 4 层大气比湿(图 3.16a)和 2.9 m 潜热通量（图 3.16b)由于受绿洲影响，晚上戈壁大气的比湿在 00 时后基本上为逆湿；白天大气湿度总趋势虽随高度增加而递减，但 14 时后在 2 m 出现逆湿。晚上基本上为负水汽输送，白天水汽基本上向上输送。从总的日变化特征来看，还可把全天的比湿总体变化分成 4 个阶段，00—05 时为水汽稳定维持阶段即湿维持阶段，06—11 时为水汽锐减阶段或损失阶段，12—18 时为干维持阶段，而 19—23 时为水汽积累阶段。06—11 时的水汽损失阶段与白天的湍流混合不断发展有关；12—18 时的干维持阶段是湍流混合使近地层大气比湿均匀化的结果；而在 19—23 时的水汽积累阶段和 00—05 时的湿维持阶段，由于大气是逆湿和负水汽通量，水汽不可能来源于地表蒸发的贡献，所以只能是绿洲湿平流和水汽湍流扩散的作用。对图 3.16b 的潜热通量进行全天积分得出，1 d 的潜热输送为 0.117 MJ/m^2，而感热通量 1 d 的积分为 8.692 MJ/m^2，相差达 2 个量级。气候意义上的 Bowen 比高达 74.5，属极端干旱的气候指标。

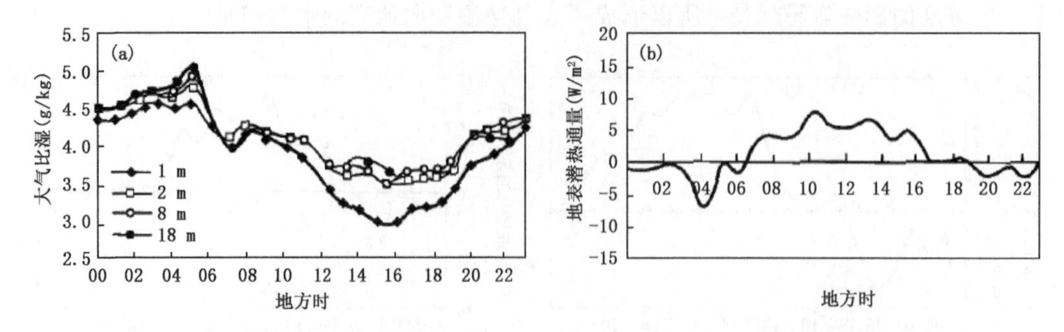

图 3.16　敦煌戈壁 5—6 月份 9 d 平均 4 层大气比湿(a)和 2.9 m 处潜热通量的变化(b)

事实上，绿洲对邻近荒漠的影响是动态的，随时间和天气背景会有很大不同，尤其是风向起着至关重要的作用。风向基本上为绿洲风(来自绿洲)(6 月 16 日)和风向基本上是荒漠风(6 月 14 日)的湿度变化过程是不同的。

图 3.17 是绿洲风时邻近绿洲的荒漠比湿廓线在湿度维持阶段、水汽损失阶段、干维持阶段和水汽积累阶段的日变化特征。在湿维持阶段，全天湿度廓线趋势以逆湿为主，18 m 以下全为逆湿；在水汽损失阶段，2 m 和 18 m 处分别出现逆湿，但逆湿逐渐减弱，且幅度变化较大；在干维持阶段，逆湿基本上只出现在 2 m，且在逐渐减弱，甚至加热较强的个别时次转成非逆湿，但整体湿度幅度变化较小；在水汽积累阶段，逆湿逐渐加强并向上发展。最终，18 m 内全为逆湿，整体湿度也有大幅度增加。

在荒漠风时(图 3.18)，邻近绿洲的荒漠比湿廓线总趋势全天以向上递减为主。在湿维持阶段，逆湿较弱，且逆湿高度大多在 2 m 附近，只在过渡风向时才出现整层逆湿；在水汽损失阶段，2 m 高处的逆湿减弱，且逐渐转化成非逆湿或 8 m 高处的逆湿；在干维持阶段，逆湿出现在 8 m 高度，且逐渐变湿；在水汽积累阶段，湿度廓线为向上递减趋势，但逐渐随水汽增加向等湿转变。特别是，除 04—06 时外，基本没有绿洲水汽平流输送到戈壁站，这时在干维持阶段仍有较长时间出现弱逆湿。

从绿洲风和荒漠风时邻近绿洲的荒漠大气 2.9 m 高处潜热通量日变化对比表明，在绿洲风时，由于大气逆湿的作用其向上的潜热输送比荒漠风时小得多，而且在夜间还总表现为负水汽通量(图 3.19)。但在荒漠风时，不仅潜热通量较大，而且即使在夜间也基本上是向上输送的水汽通量。从全天积分来看，绿洲风时的潜热通量积分值为－0.051 MJ/m²，而荒漠风时的积分值为 0.443 MJ/m²。在不同风向时潜热对表面热量平衡表现出截然相反的贡献。如换算成水汽通量，绿洲风时的全天积分值为－0.0155 mm，荒漠风时为 0.1355 mm。可见，如果在完全不受绿洲影响的情况下，荒漠戈壁全年一般天气时的实际蒸发量要明显比实际的气候平均的蒸发量大。这一结论意味着在降水很少的邻近绿洲的荒漠区有可能支撑较大蒸发量的气候状态和植被生态类型，这实际上是逆湿的气候效应。敦煌绿洲相对较小，对于更茂盛和较大的绿洲，这种气候效应可能会更显著。

绿洲风出现的概率与 1～2 m 以内大气逆湿和负水汽通量出现概率的在时间及量级上均有较大差异(图 3.20)，绿洲风出现的概率在全天差不多总维持在 50%左右，但大气逆湿在夜间要比在白天出现的概率大得多。在晚上大气逆湿出现概率远比绿洲风出现的概率大，而在白天的中午和下午，大气逆湿出现概率却比绿洲风出现的概率小。对于这一特征，一方面是因

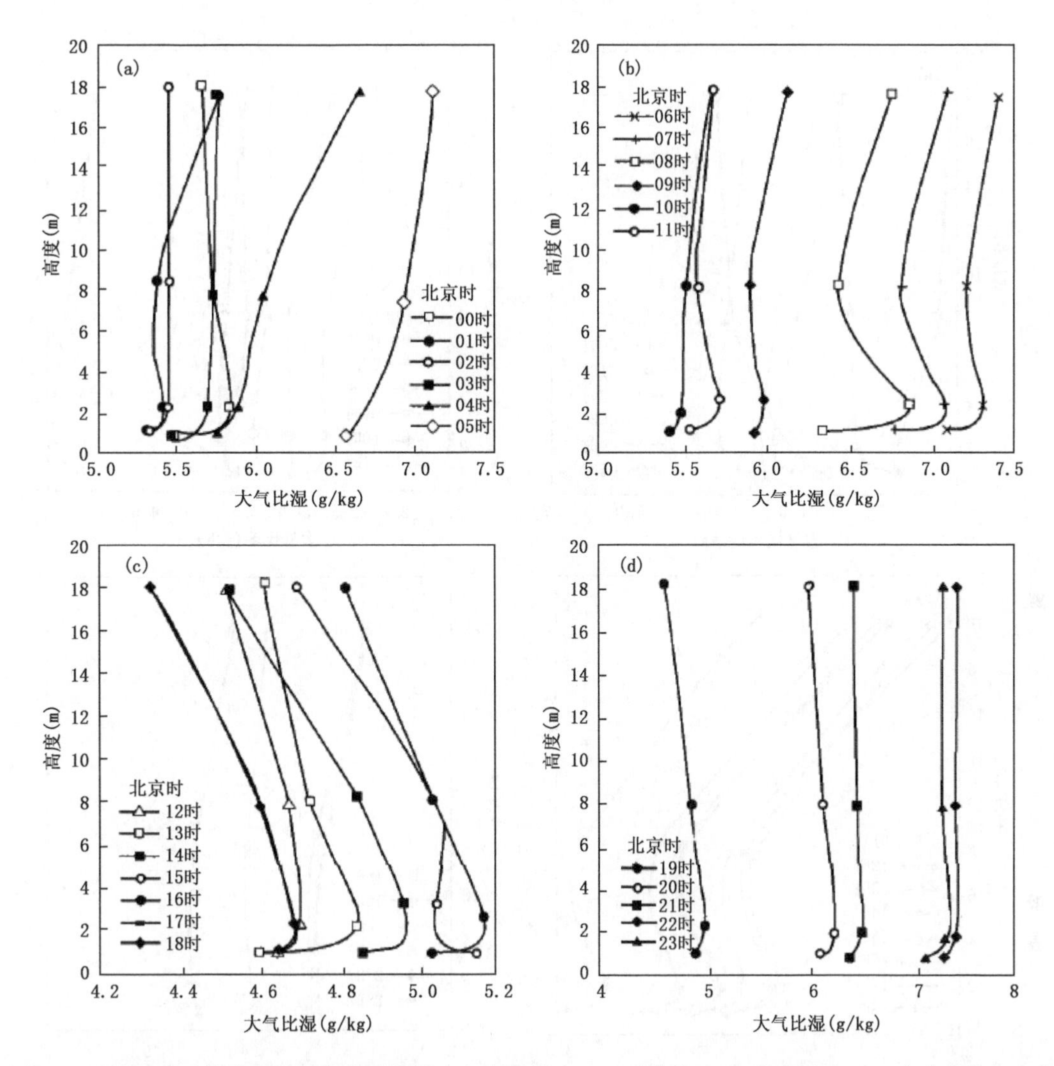

图 3.17　绿洲风时荒漠比湿廓线在湿维持(a)、水汽损失(b)、干维持(c)和水汽累计(d)4 个阶段的日变化

为白天湍流混合很强,对逆湿结构具有较大破坏性,致使大气逆湿不易维持;同时由于白天地表有一定的蒸发也会有一定对抗水汽平流的作用。所以,如果水汽平流不是足够强,在白天不会形成逆湿结构。而夜间湍流较弱,并且蒸发也很少,大气具有较强的广义保守性(指大气运动和交换不活跃),大气逆湿结构的惯性较大。所以即使没有绿洲风输送的水汽平流,大气也可延续和维持之前的逆湿形态。

一般水汽通量的正或负是由比湿梯度来决定,如大气比湿向上递减,水汽通量向上输送即为正水汽通量,而大气比湿廓线为逆湿,水汽通量向下输送即为负水汽通量。但在非均匀下垫面则情况会有所不同。观测试验表明(图 3.20),虽然在夜间邻近敦煌绿洲的荒漠戈壁负水汽通量与大气逆湿出现概率基本保持了一致,但在白天却出现了不少不相一致的个例。白天负水汽通量出现的概率很小,多在 20%以下,它比大气逆湿出现的概率低得多,这表明在绿洲的非均匀影响下其邻近荒漠大气有时候会出现负梯度输送情况。

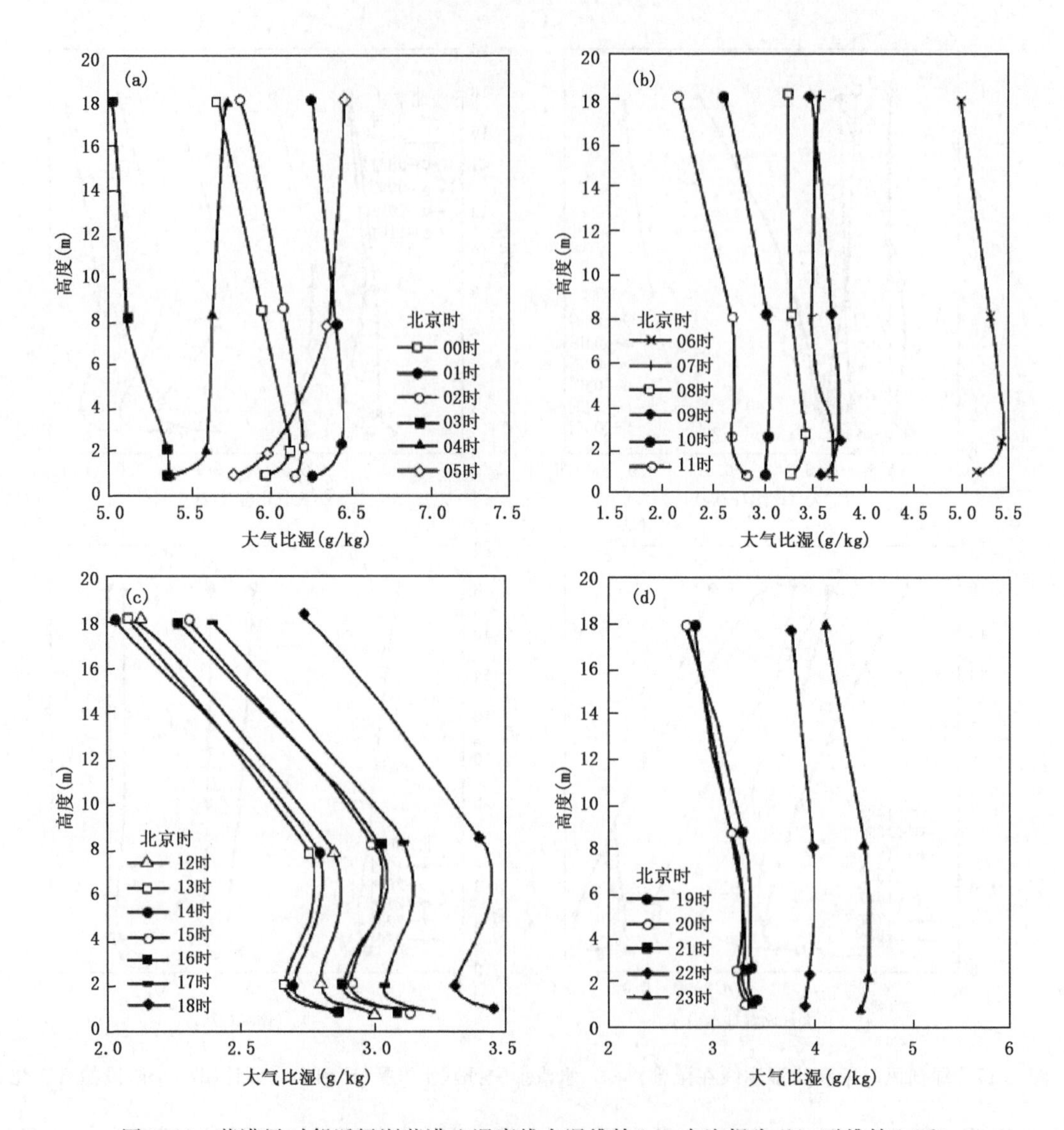

图 3.18　荒漠风时邻近绿洲荒漠比湿廓线在湿维持(a)、水汽损失(b)、干维持(c)和水汽累计(d)4 个阶段的日变化

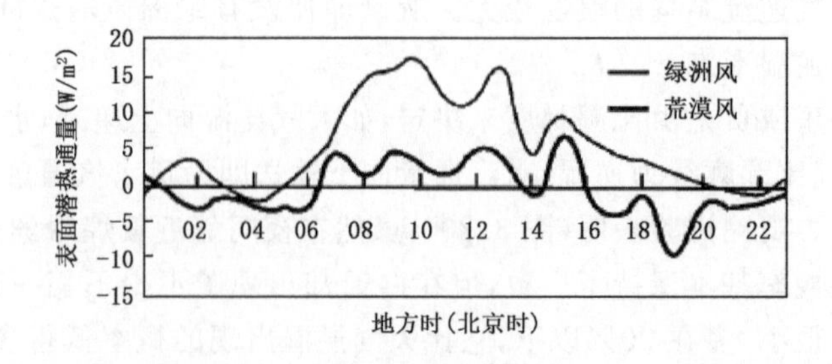

图 3.19　绿洲风和荒漠风时邻近绿洲的荒漠大气 2.9 m 高处潜热通量变化特征

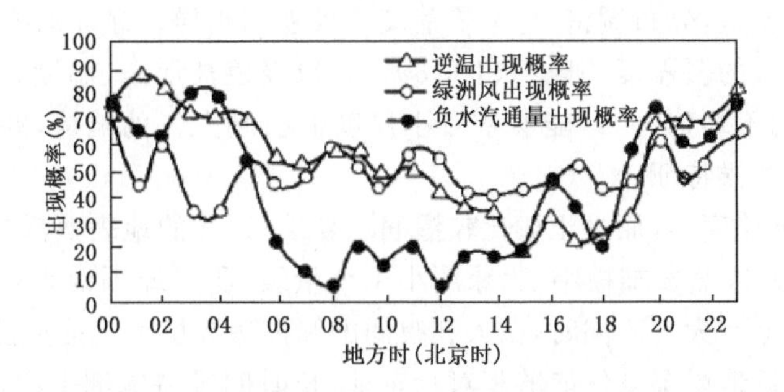

图 3.20　绿洲风出现的概率与 1～2 m 以内逆湿和负水汽通量出现概率对比

通过负梯度输送出现概率(图 3.21a)与总体 Richardson 数(图 3.21b)的日变化特征的比较显示,邻近绿洲的荒漠戈壁大气负梯度输送出现的概率白天比夜间大,最大概率出现在上午 09 时左右,大约可超过 60%,夜间 02 时左右最小,几乎接近 20%,平时基本上维持在 40%左右。负梯度输送出现概率的这种日变化特征很可能与大气稳定度有关。比较图 3.21a 与图 3.21b 可发现,负梯度输送出现的概率与总体里查森数的日变化有很好的对应,基本上在大气不稳定时负梯度输送出现的概率就较大,反之,在大气比较稳定时负梯度输送出现的概率相对就较小。

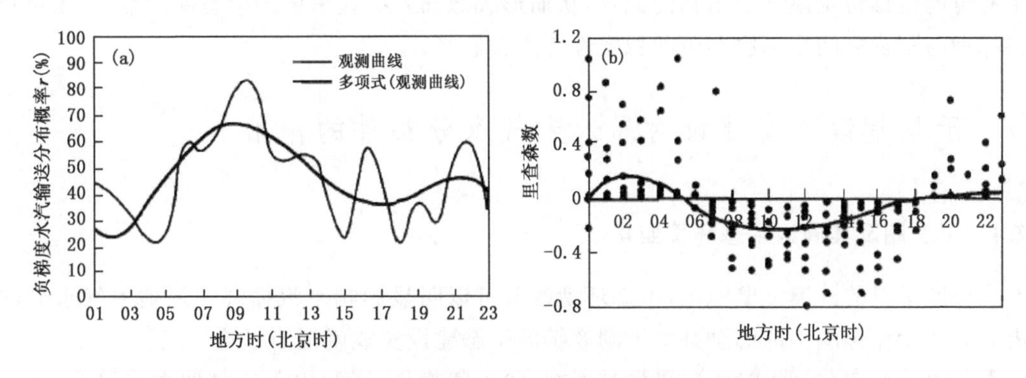

图 3.21　负梯度输送出现概率(a)与总体里查森数(b)变化特征比较

大气稳定度对负梯度输送的影响很可能是通过对绿洲效应的间接影响发生作用。一般而言,水平非均匀性越强,时间平均造成的负梯度输送就越明显。在稳定的夜间,绿洲大气相对不活跃,绿洲效应受到一定制约,其对邻近荒漠影响程度较小,所以负梯度输送概率较小。白天,较大的不稳定性使绿洲大气变得比较活跃,绿洲效应会比较突出,对其邻近荒漠大气的影响也就较大,所以负梯度输送概率也就大一些。但当白天绿洲和邻近荒漠要经过一段时间较强交换之后,它们之间的大气湿度会逐渐趋于均匀化,因此绿洲对荒漠的影响又会变弱。所以水汽负梯度输送一般并不会出现在正午或下午,而是主要出现在 09 时左右。

3.6　绿洲大气"湿岛"效应

绿洲作为干旱荒漠基质上的异质,与干旱荒漠区在空间尺度和表面性质等方面均表现出巨大的反差。绿洲与干旱荒漠背景在空间尺度上一般至少要相差一个量级。在表面性质方面，绿洲的植被生长茂盛，分布稠密，与干旱荒漠背景极端相异。绿洲的覆盖度一般要在80%以上，而干旱荒漠背景的覆盖度一般不超过30%。地表植被形态、温度、湿度、粗糙度等性质在空间上有系统性的不均匀分布，能够在较小尺度上引起大气的响应，并影响大气的运动过程，形成一些特殊的气候特征。

绿洲不仅植被覆盖度大，而且土壤比较湿润。夏季，平均的地表蒸散的日峰值能达到400 W/m^2 左右；而荒漠地表蒸发却极小，比绿洲小一个量级，所以绿洲地表相当于区域大气的水汽源，不断加湿绿洲上空大气。同时，白天和夜间的绿洲边界层大气的逆温层又抑制了绿洲湿空气向上层扩散，使近地层湿空气能够相对稳定地、长时间维持绿洲上空，看上去绿洲的湿润大气在干旱荒漠干燥大气中如同“湿岛”一样。观测表明：在1 m高处绿洲大气比湿最大能达到10 g/kg以上，是同高度临近荒漠大气的4倍左右，即使在白天也是荒漠大气的2倍左右。

聚积在绿洲低层的湿润空气在大气逆温层的强迫下会通过水平平流和水平湍流输送给周围邻近荒漠近地层大气，使邻近荒漠大气湿度也相对增大。由于荒漠本身地表蒸发提供的水汽极少，来自绿洲较强的水汽水平输送就成了邻近荒漠大气最主要的水汽源。所以，邻近绿洲的荒漠近地面层大气时常会出现一个逆湿层和一个向下输送的水汽通量层。并且，一般白天由于地表有一定蒸发，大气为临空逆湿；而夜间地表蒸发忽略不计，大气为贴地逆湿。

这种局地水分循环机制实际上是对绿洲表面蒸发的水汽再利用。在这种水循环特征的支持下有可能会维持荒漠沙生植物的成长，从而形成绿洲外围很重要的生态保护带，这无疑对于维持绿洲与荒漠之间生态脆弱带的稳定性有积极意义。

3.7 干旱荒漠生态建设对局地大气水分条件的作用

3.7.1 青土湖及其周边生态环境变化

在极度干旱的沙漠戈壁地区，生态环境改善可以明显影响水汽循环及局地大气水分的再分配。处在沙漠包围中的民勤县青土湖8年的生态建设实践就证明了这一点。

石羊河从南向北，经武威，向民勤县流淌，深入腾格里沙漠、巴丹吉林两大沙漠戈壁之中，浇灌出一片长140 km、最宽处约40 km的湿地水体，汉代被称为潴野泽，水草茂盛，林木葱郁。青土湖曾是这片湿地中最大的湖泊，在历史上面积较大时达1.5万 km^2，波光粼粼，碧波荡漾。后因绿洲内地表水急剧减少，地下水位大幅下降，于1957年前后完全干涸沙化，腾格里和巴丹吉林两大沙漠即将在此“握手”。为了使青土湖重现生机，从2010年9月开始每年向青土湖注入约1290万 m^3 生态用水，除了沿途蒸发和渗漏补给地下水消耗400多万 m^3 以外，最终入湖水量约860万 m^3。根据HJ-1B/CCD卫星资料，2016年10月青土湖水域面积已经重新达25.16 km^2（连片水体面积约为13.41 km^2，水体沙丘相间面积约为11.75 km^2）。根据每年8月HJ-1B/CCD卫星资料分析，青土湖及周边植被指数和植被覆盖度呈波动增大（图3.22）。近8年来，青土湖及周边植被覆盖面积平均每年增大约1.09 km^2。

2009—2016年青土湖地下水位也在稳定回升（图3.23）。地下水位埋深从2009年的3.88 m回升到2016年的3.04 m，地下水位埋深回升了0.84 m。7年以来，青土湖地下水位埋深平均每年回升0.12 m。

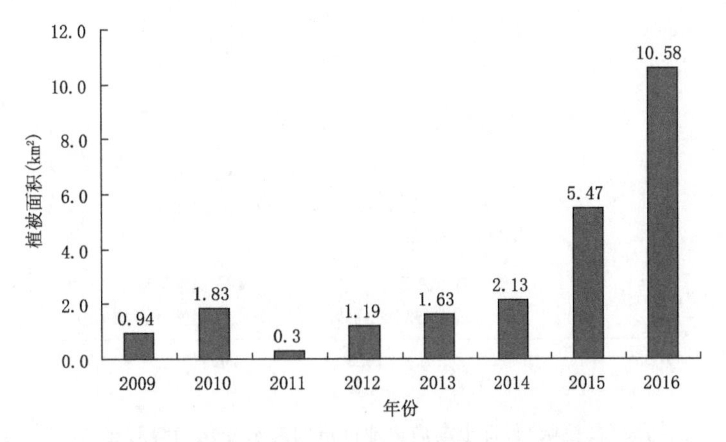

图 3.22　2009—2016 年青土湖及周边植被面积变化

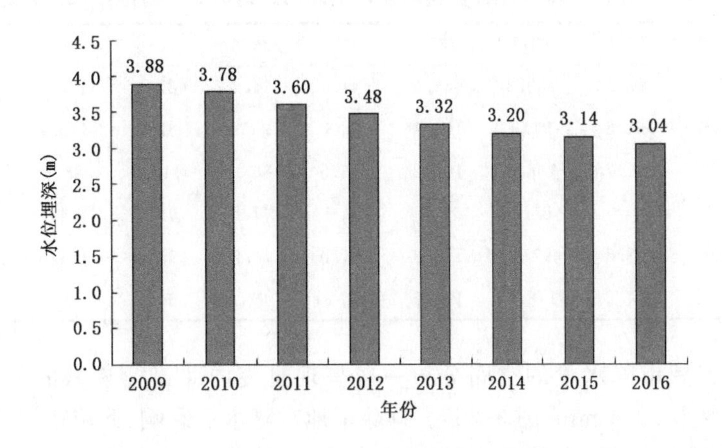

图 3.23　2009—2016 年青土湖地下水位埋深变化

3.7.2　青土湖周边生态环境改善对降水的影响特征

从观测资料分析看，民勤 5—9 月降水占全年降水的 84%，年降水量主要贡献为汛期降水。分析发现，与青土湖处于同一气候背景区但气候环境相对更湿润的民勤绿洲（县城）2009—2018 年汛期（5—9 月）平均降水量为 99.4 mm，并且呈现逐年微弱增加趋势，其线性倾向率为 0.93 mm/a；而青土湖周边地区 2009—2018 年汛期（5—9 月）平均降水量为 94.0 mm，并且呈现逐年明显增加趋势，其线性倾向率为 4.4 mm/a，其增加趋势高于民勤绿洲区（图 3.24），其年降水量已由明显小于民勤绿洲逐渐增加到与民勤绿洲相当。

近 10 年汛期降水变化表明（表 3.2），民勤绿洲、青土湖周边地区平均降水量 2010 年前分别为 87.4 mm、64.8 mm，而 2010 年之后分别为 102.5 mm、101.4 mm，平均降水量分别比 2010 年前增加了 15.1 mm、36.6 mm。汛期平均降水量 2010 年前青土湖周边地区较民勤绿洲偏少 22.6 mm，2010 年后只较民勤绿洲偏少 1.1 mm。2010 年前青土湖周边地区降水量均少于县城，而 2010 年后 8 年中有 3 年汛期降水量多于县城，其中 2013 年多 16.9 mm、2015 年多 8.9 mm、2016 年多 54.4 mm。

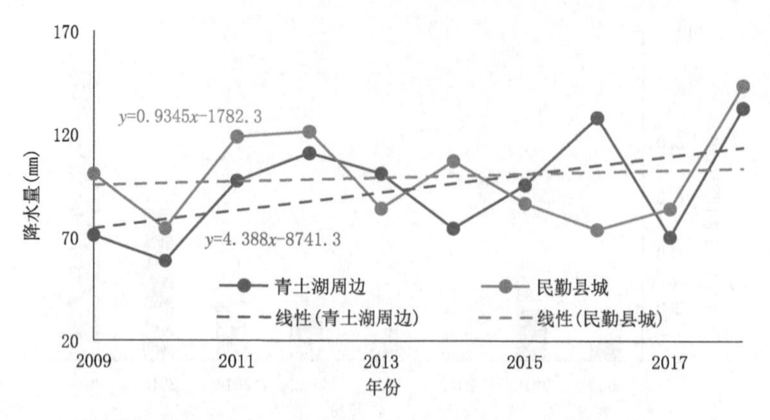

图 3.24　民勤绿洲(县城)和青土湖周边地区汛期降水变化趋势对比(2009—2018 年)

表 3.2　2009－2018 年民勤县城及青土湖周边地区 5—9 月降水量(mm)

地名	2009	2010	2011	2012	2013	2014	2015	2016	2017	2018
东镇	56.1	62.1	109.3	155.6	141.7	94.4	87.4	133.4	106.4	116.8
西渠	85.9	61.8	91.9	106.8	69.3	70.2	82.0	156.7	60.1	191.8
收成		51.7	106.8	108.2	116.6	85.9	112.9	88.8	70.6	113.6
青土湖			81.4	72.7	76.2	47.5	99.6	134.1	44.6	110.0
青土湖周边	71.0	58.5	97.4	110.8	101.0	74.5	95.5	128.3	70.4	133.1
民勤县城	100.6	74.2	118.7	121.2	84.1	107.1	86.6	73.9	84.1	143.9

民勤所在的武威市降水量的空间分布一般呈现自南向北迅速递减的趋势，纬度每升高 0.1°降水量递减率为 22.6 mm(图 3.25)。排除山地对降水的影响，武威市川区汛期(5—9 月)自南向北纬度每升高 0.1°降水量递减率为 5.9 mm。由此推断，比民勤绿洲更偏北数十千米的青土湖周边地区的汛期降水量应该比民勤绿洲少 20 mm，这与 2010 年前的观测数据是基本符的。而 2010 年之后，青土湖周边地区汛期降水量已基本与民勤绿洲很相近。这在一定程度上表明，青土湖及其周边水域、湿地和植被面积的增加，有效改善了青土湖周边地区的局地小气候，使该区域降水量有了显著增加。

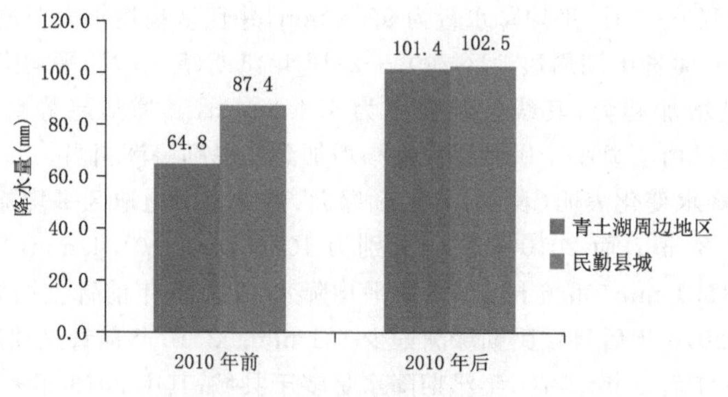

图 3.25　2010 年前后降水量变化

对降水过程的统计分析也表明，近年来青土湖周边地区短时强降水过程明显增多，该地区2013—2016 年基本无≥30 mm 的局地暴雨，而之后基本每年都会出现 1 次以上局地暴雨天气(表 3.3)，实地调查也了解到，2013 年 5 月 15 日青土湖周边的东镇出现突发性暴雨，过程降水量达 80.2 mm，小时最大雨强达 42.8 mm/h，这是有气象记录以来整个武威市范围降雨量和雨强最大的暴雨过程，仅一场暴雨的降水量就占青土湖当年汛期降水的 56.6%。还有，2014 年 7 月 2 日青土湖周边的东镇又出现突发性暴雨，过程降水量达 31.1 mm，小时最大雨强达 22.8 mm/h，这场暴雨的降水量占青土湖当年汛期降水的 32.9%。2015 年 7 月 21 日青土湖出现突发性暴雨，过程降水量达 51.3 mm，小时最大雨强达 34.3 mm/h，这场暴雨的降水量占青土湖当年汛期降水的 51.5%。2016 年 8 月 13 日、21 日青土湖及其周边西渠一个月中两次出现局地暴雨，过程降水量分别达 72.6 和 49.0 mm，这两次局地暴雨过程的降水量分别占青土湖周边地区汛期降水量的 62.0%、58.5%。2018 年 6 月 25 日西渠出现局地大雨，过程降水量达 25.6 mm，小时最大雨强达 22.8 mm/h；8 月 20—21 日西渠再次出现局地暴雨，过程降水量达 68.0 mm，小时最大雨强达 36.5 mm/h，这两次局地暴雨过程的降水量占西渠当年汛期降水量的 48.8%。近些年在青土湖周边地区接连不断发生的强降水或暴雨事件在历史上是很罕见的。这很可能与处在干旱荒漠背景中的青土湖周边地区的生态环境显著改善和湿地面积明显扩大所诱发的局地强对流有关。

表 3.3　近 6 年民勤青土湖周边地区短时强降水过程统计(mm)

过程时间	东镇	西渠	收成	青土湖	最大雨强(mm/h)
2013 年 5 月 15 日	80.2	5.8	47.4	15.7	42.8
2014 年 7 月 2 日	31.1		2.9		22.8
2015 年 7 月 21 日	11.2	26.3	3.0	51.3	34.3
2016 年 8 月 13 日	33.3	42.6	13.4	72.6	18.9
2016 年 8 月 21 日	22.8	49.0	11.4	10.6	20.0
2018 年 6 月 25 日	3.6	25.6		13.8	22.8
2018 年 8 月 20—21 日	28.6	68.0	37.1	18.0	36.5

3.7.3　青土湖降水量变化的机制

关于近些年青土湖周边地区汛期降水增加的原因，可能会有如下几个方面：

(1)青土湖水域和湿地增加了青土湖周边地区近地面湿度。湿地有巨大的环境调节功能，湿地水汽蒸发在青土湖及其附近区域近地面形成高湿区，为降雨提供了一定水汽来源。这种局地水分的内循环也进一步促进了东青湖生态转变。

(2)下垫面变化引起的局地环流作用。由于湿地和水域与周围沙漠地带地表热力性质不同，白天周围沙漠较湿地和水域升温快，沙漠区域的暖空气上升，湿地和水域的冷空气下沉；夜晚周围沙漠较湿地和水域降温快，沙漠区域的冷空气下沉，湿地和水域的暖空气上升。形成了相对稳定的局地环流(图 3.26)，加强了空气上升运动，使青土湖周边地区易产生强对流天气。当遇有适宜降水的大尺度背景，加上该区有利于对流产生的局地环流运动及本地较好水汽条件，将会使降雨强度显著增大。因此，青土湖生态环境趋好与强降水增多具有一定的正反馈机制。

这种局地水分循环机制实际上还是对湿地表面蒸发水汽的再利用过程。在这种局地水循环特征支持下有可能维持其周围荒漠沙生植物的成长，从而形成湿地外围很重要的生态保护带，这无疑对于维持湿地与荒漠之间生态脆弱带的稳定性也有一定积极意义。

(3)青土湖及周边地区的湿地和生态植被覆盖区已经具有了一定规模效应。在广袤的干旱荒漠地区，植被或湿地分布的空间尺度、植被分布结构、形状和走向及其动力和热力背景等因素都能影响湿地和植被区及其邻近荒漠小气候特征的表现力。其中，湿地和植被区域的规模大小是这种类似绿洲区域自我维持机制发生作用的最关键因素(张强，2003)。正是因为青土湖及周边地区的湿地和生态植被覆盖区已经具有了一定规模，才得以形成该地区小气候状态可以自我维持的相对稳定机制，并且其热力和动力效应容易在干旱区诱发中尺度对流，有利于该地区降水产生，从而起到增雨效果。

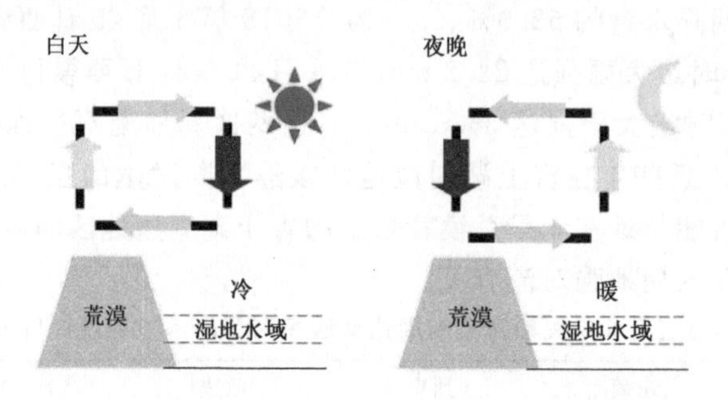

图 3.26　湿地与干旱荒漠背景形成的非均匀下垫面造成的局地热力环流

第 4 章　干旱半干旱区陆面水分及其对陆面参数的影响

4.1　土壤水热特征

4.1.1　干旱区

干旱荒漠地区土壤热力和湿度特征比较特殊，它们会引起地表辐射平衡不同寻常的表现。敦煌荒漠地区日平均地表温度(图 4.1a)与土壤热通量(图 4.1b)的年循环特征表明，地表全年日最高温度 65.1 ℃，日最低温度－21.8 ℃，气候极端性特征明显。日最高温度变幅 55 ℃，日最低温度变幅接近 30 ℃，温度起伏很大，日较差特别突出，全年日较差平均 45 ℃左右，最大日较差高达 61.2 ℃。月平均最高温度为 34.6 ℃，出现在 7 月份，最低温度为－7.8 ℃，出现在 1 月份，全年变幅为 42 ℃。大致 10 月至来年 4 月地表最低温度基本在 0 ℃以下，时段长达 6 个半月多。月平均地表温度在 12、1 月和 2 月这 3 个月份在 0 ℃以下，冻土时段长达 4 个月。由于干旱荒漠区土壤干燥，风速较大，冷空气频发，其地表温度对太阳加热依赖性比湿润地区的更强，响应也更迅速，在太阳辐射强时温度迅速上升，而太阳加热消失或变弱时温度又迅速下降。地表温度随太阳辐射周期变化往往表现得比较明显，而且日、年较差也非常大。

地表日平均土壤热通量(图 4.1b)变化表明，9 月至来年 2 月基本为负值，即土壤热通量向上输出，2.5 cm 和 7.5 cm 深度土壤的最大值分别为 4.88 W/m^2 和 6.62 W/m^2，都出现在冬季的 12 月份。这意味着这段时间土壤向大气输送热量。而其他时段月平均的土壤热通量为正值，即土壤热通量向下输入，两层土壤热通量的最大值分别为 7.97 W/m^2 和 7.85 W/m^2，都出

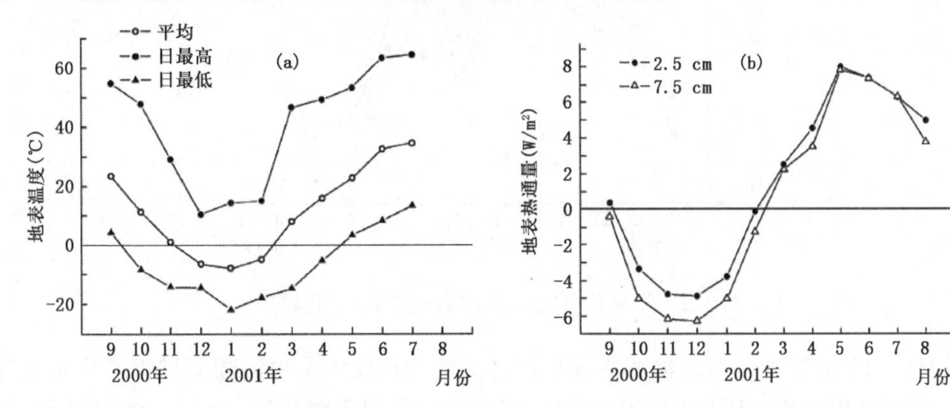

图 4.1　日平均地表温度(a)和土壤热通量(b)的年循环特征

现在夏季的 5 月份，这意味着在这段时间大气向土壤输送热量。土壤夏季输入热量而冬季输出热量，从而完成了一个完整的地热通量的年循环过程。

2.5 cm 与 7.5 cm 深度的土壤月平均热通量差别不明显，都具有明显的年循环特征。通过估算发现，在 7.5 cm 深度处输出与输入热量基本相当，热量全年基本处于平衡状态。而在 2.5 cm 深度处，输入的热量要比输出的热量明显多一些。由此可以推断出，在 7.5 cm 以下的较深层土壤年平均温度基本维持稳定，年际变化较小。而 7.5 cm 以上的较浅层土壤，年收支的多余热量会作为土壤热储存量加热该层土壤，引起该层土壤温度逐年增加，这正好与全球气候变暖的大背景相一致(图 4.1)。

从土壤湿度的年变化中可以看出(图 4.2)，在 5、10 和 20 cm 这 3 个浅层的土壤湿度起伏很大，全年(体积分数 φ))变幅达 8%以上，表层土壤有时十分干燥，ϕ(湿度)在 1%以下。这表明了该地区具有降水少和蒸发力强的气候特点。在夏天土壤湿度基本与降水过程同步，但在冬季土壤湿度变化对降水的响应要迟 1～2 个月。这主要是由于冬天固态降水有一个消融过程，而且冻土也不利于水分下渗。20 cm 土壤湿度对 5 月份之前的降水反应不明显，这与降水强度较小而蒸发力又非常大有关，降水还未下渗到 20 cm 就已被蒸发消耗殆尽。总体上，浅层土壤湿度变化与降水变化趋势比较一致，在降水时段土壤较湿，在无降水时段土壤较干。这说明干旱荒漠地区土壤干燥，虽然蒸发力很强，但全年实际蒸发量却很弱。该地区土壤湿度主要受降水控制，受蒸发力因子影响不大，这是蒸散水分约束性区域的普遍特点。所以它对降水的反应更敏感一些。而不像湿润地区那样土壤本身有一定的水分调节能力，浅层土壤湿度一般表现为与蒸发量同步的年循环特征。

与浅层土壤相比，较深层的 80 cm 的土壤比较湿，全年基本维持在 10%。其年变化幅度也不大，大约在 2%，已经基本不参与同大气之间的交换，这一方面说明戈壁土壤有很好的保墒性，表面蒸发过程很难影响较深层土壤水分状态，另一方面说明该地区降水量小，蒸发力强，降水下渗到 80 cm 土壤的机会也很少。

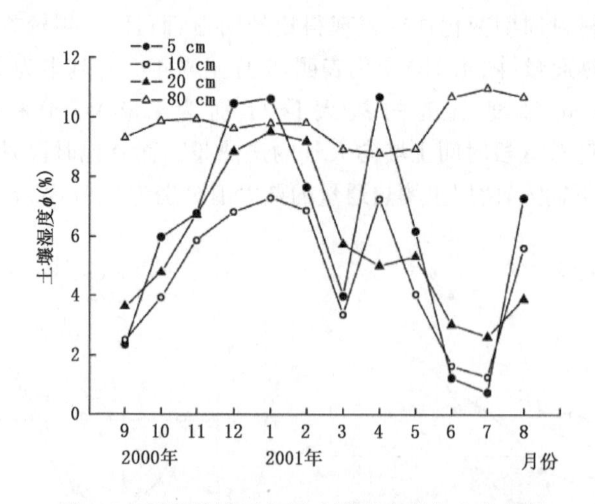

图 4.2 干旱荒漠区各层土壤湿度的年变化特征

在 1988—1994 年中国西北河西走廊地区进行的大规模干旱地区陆面过程观测实验“黑河地区地气相互作用实验(HEIFE) ”中，张强等(1998a)利用观测资料，运用二维中尺度土壤—植被—大气连续体数值模式，对干旱荒漠区不同下垫面土壤水热变化过程进行了模拟。观测资料取自当地绿洲的常年盛行风向的上游、下游及绿洲。

数值模拟结果表明(图 4.3),土壤水分是影响地温变化的主要因子之一。白天绿洲地表温度远低于上、下游沙漠,这与绿洲表层土壤湿度较大、比热较小相一致。在夜间绿洲表层温度则高于上、下游沙漠。绿洲和沙漠下层土壤温度的差别很小,并均只有极其微弱的日变化,最大值出现在下午 17 时左右,其峰值滞后于表层土壤温度达几个小时。但沙漠下层土壤的日变化略比绿洲的明显一些,这说明沙漠与绿洲相比,太阳辐射强迫可以影响到更深层的土壤。而且沙漠上、下层土壤之间的温度差也总是比绿洲的大得多,这意味着沙漠土壤热通量可能较绿洲的大。

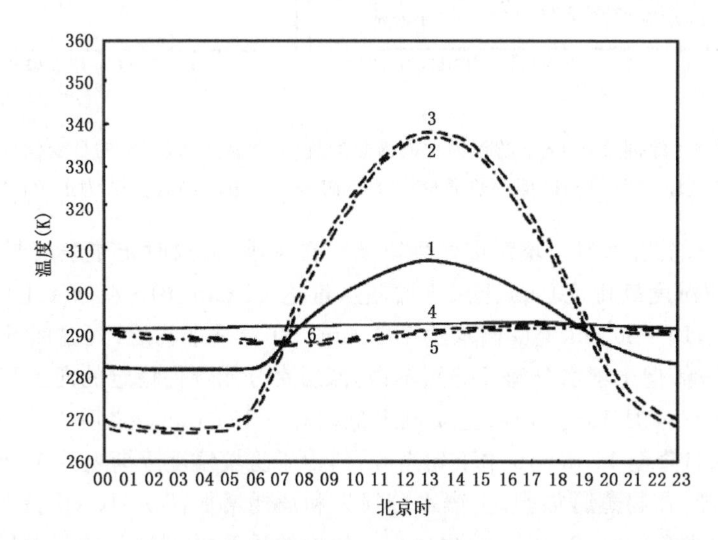

图 4.3 绿洲及其上、下游沙漠表层和下层土壤温度日变化特征的比较

(1 绿洲表层土壤温度;2 下游荒漠表层土壤温度;3 上游荒漠表层土壤温度;4 绿洲下层土壤温度;5 下游荒漠下层土壤温度;6 上游荒漠下层土壤温度)

绿洲及其上、下游沙漠地表潜热通量(图 4.4a)和感热通量(图 4.4b)的日变化表明,沙漠近地面层感热通量比绿洲大得多,而潜热通量则相反。土壤蒸发和植被蒸腾的总蒸散潜热通量峰值在绿洲为 300 W/m^2 左右,而在其上、下游沙漠地表的潜热都非常小,近乎为零。这一结论与该地区夏季的观测结果基本相吻合。图 4.4 还表明下游沙漠的潜热比上游要略大一点。另外,白天绿洲的地表感热通量主要是叶面感热通量的贡献,而土壤的贡献则较少。地表潜热通量却以土壤蒸发贡献为主。夜间绿洲下游沙漠地表潜热通量为负,这一结论正好与观测发现的绿洲下游大气逆湿及负水汽通量的情况相吻合,可能与来自绿洲的水汽平流及在干旱胁迫之下叶孔阻尼的剧增影响了叶面潜热输送有关。

4.1.2 黄土高原区

黄土高原区土壤温度对土壤水分含量的响应比较敏感。温度会引起蒸发的变化,由于蒸发对热量的消耗,又必然会引起土壤温度和湿度的变化,而土壤温度也可进一步导致蒸发和土壤湿度的响应。由于 50 cm 以下土温已大致接近恒温层,这里主要集中分析 50 cm 以内的土壤湿度与土壤温度变化及其相互影响。

从黄土高原天水地区一年各季 50 cm 层内土壤水分变化中可以看出(图 4.5),土壤温度

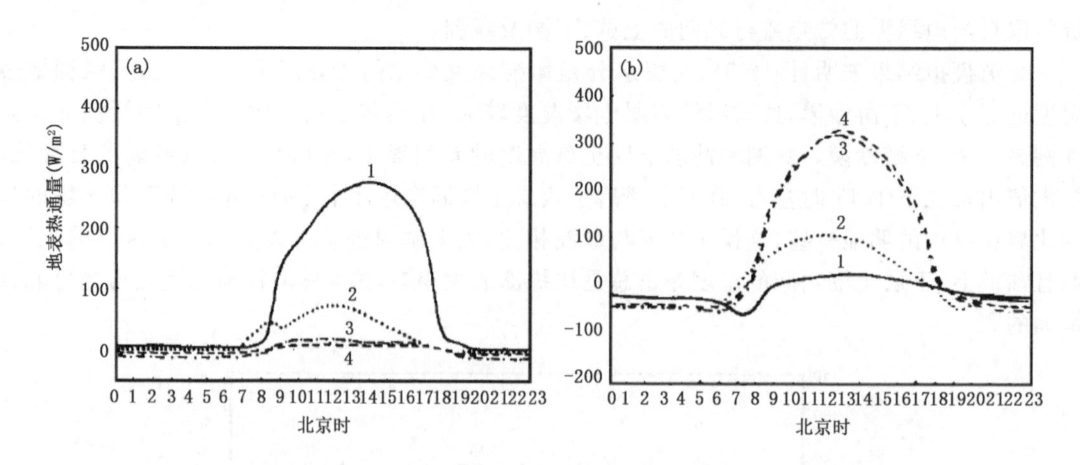

图 4.4　绿洲及其上、下游沙漠地表潜热通量(a)和感热通量(b)的日变化特征

(1 为绿洲土壤的热通量；2 为绿洲叶面的热通量；3 为下游沙漠土壤的热通量；4 为上游沙漠土壤的热通量)

通过影响土壤水分的蒸发，对土壤湿度产生影响。在冬季，低温时土壤表层封冻，土壤失墒较为缓慢，12 月土壤湿度最高，10 cm 土层土壤储水量达 22 mm，10～40 cm 土层土壤储水量也均在 20 mm 以上，10～50 cm 土壤储水达 104 mm。在春季来临后，气温回升，土壤温度也逐渐升高，冻土层消融，但土壤水分蒸发仍然不强，深层水分能保持稳定的向上移动的状况，此时作物需水也不大，3—4 月 10～50 cm 土壤储水量在 64～101 mm。之后，5 月份由于春旱的影响，表层土壤储水量降至 14 mm，6 中下旬至 8 月，由于土壤温度逐渐上升至全年中的最高值，土壤水分蒸发强烈，作物蒸腾加剧，土壤水分损失和消耗增加，8 月 10 cm 土壤储水量出现一年中的最低值，仅为 8 mm；20～50 cm 也出现一年中的最低值，为 33 mm。到仲秋 10 月，气温日渐下降，蒸发减弱，又有连绵的降水补充，土壤储水量升至 18mm。从 10 cm、50 cm 土壤储水量变化趋势中可以清楚地看到，10 cm 储水量最低值出现在 6 月中下旬至 8 月上中旬；50 cm 贮水量最低值出现在 7 月上旬至 8 月中下旬。土层中水热年变化表明，降水量与地表和 5 cm 地温变化呈现较好的一致性，而土壤湿度变化则与之相反，这说明黄土高原地区虽然气候总体表现为水热同季，但夏半年的季节性干旱也很明显(图 4.6)。

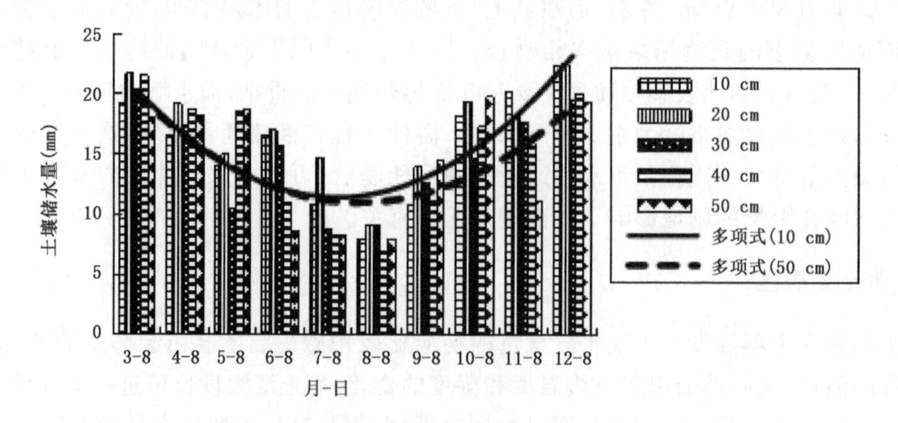

图 4.5　黄土高原天水地区土壤湿度(mm)年变化(0～50 cm)

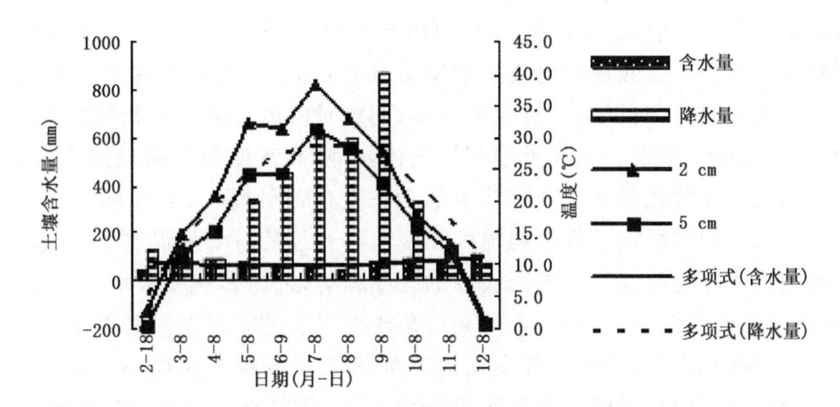

图 4.6　黄土高原天水地区土壤储水量与地温变化

从玉米田的水热年变化曲线图中可以更明显看出(图 4.7),大气降水与 0 cm 地温及 10～40 cm 平均地温变化呈现较好的一致性,7—8 月均达到最高值,而土壤湿度变化则与之相反,此时段土壤储水量达到最低值(变化趋势用多项式拟合)。

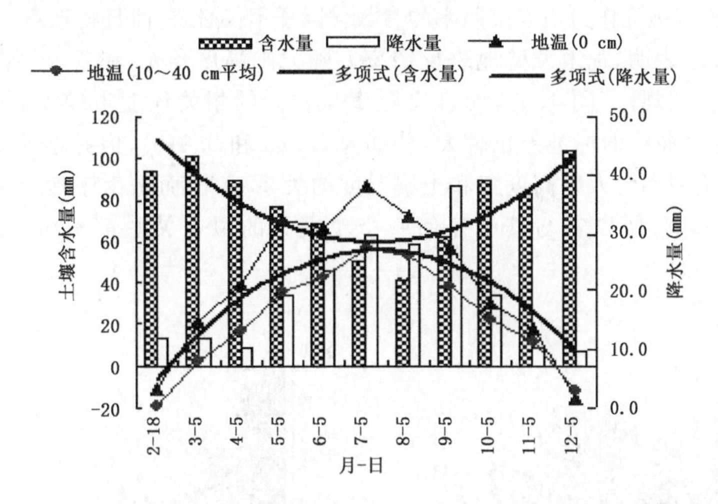

图 4.7　黄土高原天水地区 2005 年 100 cm 土壤储水量与地温变化

4.2　陆面参数的水分影响特征

4.2.1　地表反照率

通常将地表反射的辐射能量所占太阳总辐射能量的百分比称为地表反照率。地球表面能获得多少太阳辐射能,在很大程度上依赖于地表反照率。地表反照率由下式决定:

$$\alpha = \frac{R}{Q} \tag{4.1}$$

这里,α 表示反照率,单位:%;Q 为总辐射,是到达地面的散射太阳辐射和直接太阳辐射之和,单位:W/m^2,在一个固定的地点及时间段总辐射一般变化不大;R 为反射辐射,单位:W/m^2,

大小与太阳总辐射量和地面的物理性质等均有关。反照率 α 的大小，主要取决于地面的物理性质和太阳高度角等。一般，α 由地表土壤颜色、土壤粒径、粗糙度长度、土壤湿度和太阳高度角等多种因素来决定。土壤颜色对地表反照率影响非常大，因为绝对黑色土壤几乎能吸收所有可见光波段的太阳辐射，所以它的反照率最小；而绝对白色土壤几乎能反射所有可见光波段的太阳辐射，所以反照率最大。一般土壤都为灰体，会随其灰度的不同反照率会有明显变化。所幸的是土壤的灰度和粒径基本不会有明显的动态变化，所以在局地区域地表反照率参数化公式中可以不考虑它们的影响。表面粗糙度长度能够通过其对太阳辐射所形成的阴影面积和太阳达到表面的角度等的改变而影响所吸收的太阳辐射，进而影响反照率。一般来说，粗糙度长度越大，地表反照率就越小。当然，太阳高度角改变引起的太阳光入射角度的变化对反照率的影响也很大。对陆地表面，特别是荒漠戈壁表面，粗糙度长度不仅很小，而且基本是不变的，所以反照率的变化过程中粗糙度长度的作用不太明显，且主要通过太阳高度角的变化来发挥作用。由于水的反射率非常小，并且包裹在土壤粒子外围的水分增加了对太阳光的吸收路径，所以土壤湿度越大反照率越小。因此，对荒漠戈壁地表反照率变化起作用的主要因子是太阳高度角和土壤湿度两个因素。同时，土壤湿度和太阳高度角不仅从气候角度来看变化较大，而且还有较明显的日循环特征。所以，无论是气候模式还是模拟日变化过程的中小尺度数值模式，把太阳高度角和土壤湿度作为地表反照率的参数化因子不仅必要，而且物理意义也比较明确。

不过，观测试验表明，荒漠戈壁地表反照率 α 随太阳高度角 h_θ 和 5 cm 深度土壤湿度 w_s 的变化均没有明显的规律(图 4.8)，而且反照率与它们的相关程度也较差，相关系数分别为 0.17 和 0.448；拟合曲线的标准差也较大，分别为 0.020 和 0.018。但并不能因此就认为干旱荒漠地区的地表反照率与太阳高度角和土壤湿度的关系不大，而是由于地表反照率受这两个参数同时变化的影响，所以它与其中任何一个单因子的拟合关系都不可能很好(张强 等，2003a，d；张强，2003)。

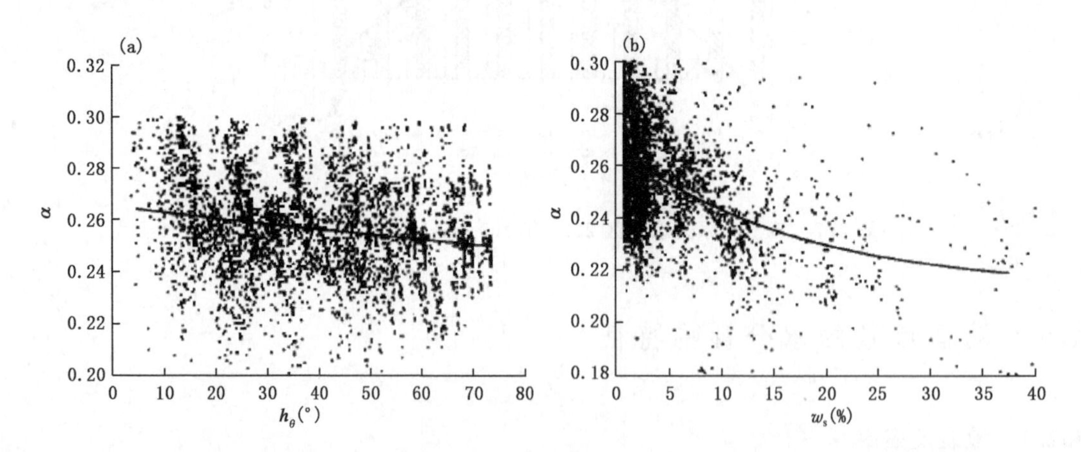

图 4.8 敦煌地区荒漠戈壁地表反照率随太阳高度角(a)和 5 cm 深度土壤湿度(b)的变化

如果考虑到地表反照率同时受土壤湿度和太阳高度角的影响，地表反照率的数学表达式 α 可以表示为：

$$\alpha = f(h_\theta, w_s) \tag{4.2}$$

其中，h_θ 为太阳高度角；w_s 为土壤湿度。利用试验观测资料，经过一系列的迭代计算和多因子拟合，确定了敦煌地区干旱荒漠戈壁的地表反射率的参数化关系式：

$$\alpha = (1 - 0.0074 w_s) \times (0.20 + 0.090 e^{-0.01 \times h_\theta}) \tag{4.3}$$

如果对降水量和 5 cm 土壤湿度取旬平均，然后讨论地表反照率与旬土壤湿度和旬降水量的相关关系，它们之间的指数拟合结果表明，地表反照率同旬降水量的对应关系还是比较好的(图 4.9a)，两者相关系数 R^2 达到 0.53。随着降水量的增大，土壤湿度随之升高，造成地表反照率减小。地表反照率随土壤湿度的增大也是减小的，且表层的响应更强(图 4.9b)，反照率与土壤湿度的相关系数 R^2 达到 0.54。可以推测当降水量大到使土壤湿度饱和时，反照率应不会再减小。通过试验研究确定出的干旱荒漠地表反照率与土壤湿度比较可靠的关系式，它可以在数值模式的陆面过程的描述中更加准确地表示反照率，从而更客观地反映出干旱区陆面与大气的相互作用过程。

当然，这里没有考虑冬季发生降雪对反照率的影响。如果降水过程是降雪，则情况会大不相同，因为有积雪覆盖和冻结的地表反射作用会使地表反照率显著增大。

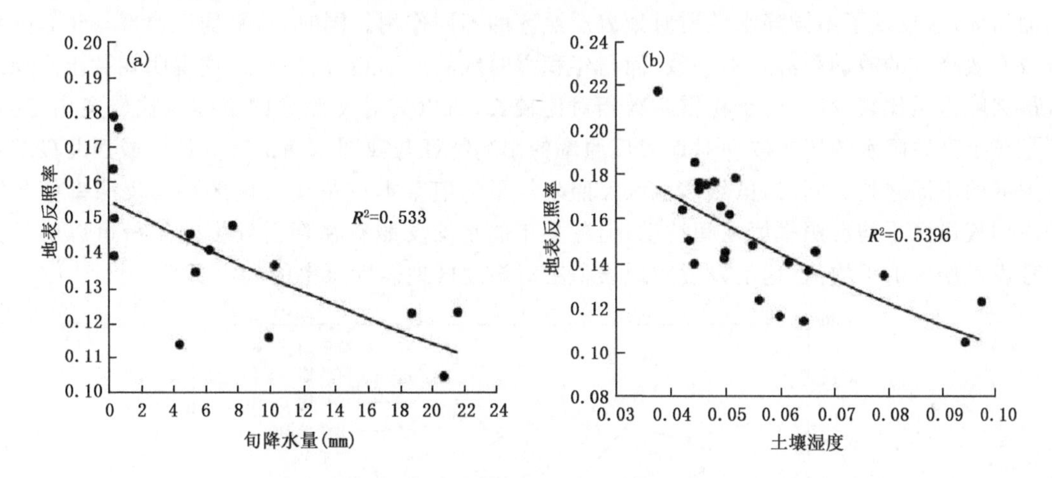

图 4.9　地表反照率随降水量(a)和土壤湿度(b)的变化

图 4.10 给出干旱区地表反照率的年变化特征。年平均反照率为 0.259，很显然，地表反照率的年变化十分明显，波动比较大。最小时为 0.237，出现在 8 月，最大时为 0.289，出现在 7 月份，变化幅度达到 0.052，相对变化在 20%左右。这样的反照率变化幅度对辐射平衡的影

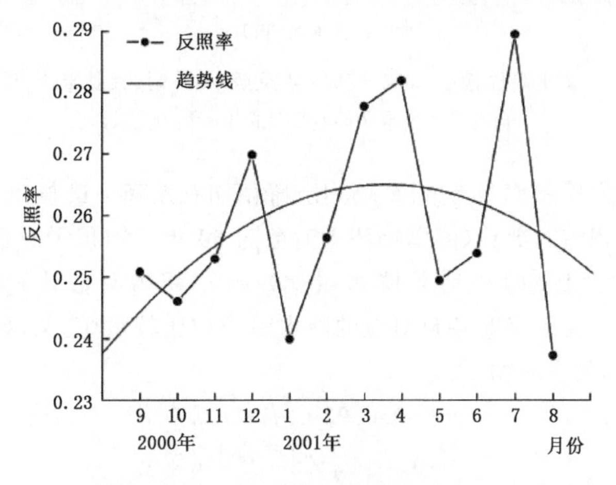

图 4.10　地表反照率的年变化特征

响还是十分显著的,反照率的起伏变化与降水过程对应得相对比较好,反照率的低谷值正好对应降水过程比较集中、土壤湿度比较大的时段,而峰值则对应缺少降水、土壤比较干燥的时段,反映了土壤湿度对反照率的影响。从总趋势上看,夏天要比冬天小,这与太阳高度角的影响有关,因为在夏季太阳高度角要比冬季高。不过,由于土壤湿度变化的作用比太阳高度角变化的作用大,所以地表反照率随太阳高度角的年循环规律被无规则降水过程破坏,它的年循环规律并不十分明显,只是在趋势线中有所表现。试验研究确定出干旱荒漠地表反照率与土壤湿度比较可靠的关系式,可以在数值模式的陆面过程描述中更加准确地表示反照率变化,从而更客观地反映干旱区陆面与大气的相互作用过程。

黄土高原地表反照率是受气候波动影响很显著的陆面过程参数之一(张强 等,2013)。从2006—2011年平均反照率、降雨期反照率和降雪期反照率的年际变化趋势可以看出(图4.11),降雨期年平均反照率随年降水量的增大而减少,而降雪期年平均反照率随积雪时数增加而增大,这反映了不同降水性质对地表反照率的不同作用。同时,年平均反照率与年总降水量或有效降水的波动趋势并不一致,而与年积雪时数的波动趋势更一致,这说明在黄土高原地区虽然降雪量比较少,但由于积雪时数相对比较长,所以其对反照率的贡献也比较突出,这也正是黄土高原降水的气候波动对地表反照率的影响特征与我国东南部暖湿地区或西北极端干旱地区的不同之处。同时,虽然该地区反照率年平均值基本在荒漠气候区平均反照率值与湿润农田气候区平均反照率值之间波动,但冬半年的平均反照率在降雪较多的年份可以明显突破荒漠气候区的平均值,这足以说明地表积雪对该地区地表反照率的突出贡献。

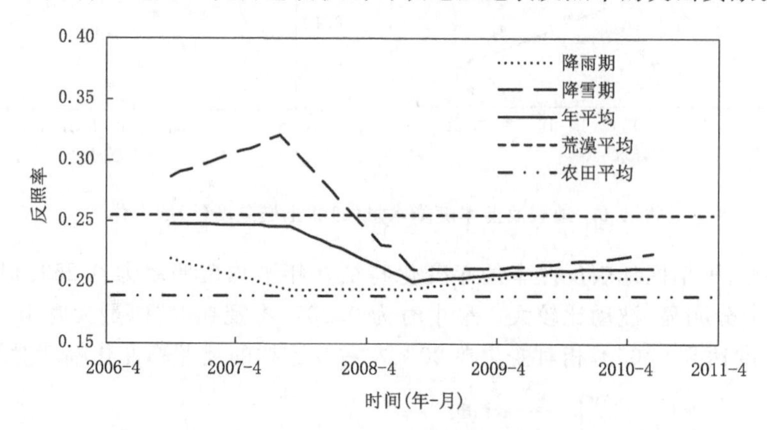

图 4.11　黄土高原榆中 2006—2011 年反照率、降雨期(夏半年)反照率和降雪期(冬半年)反照率的年际变化趋势

从降雨期平均地表反照率与有效降水量比(降雨期有效降水量与30年平均降水的比值)、降雪期平均反照率与积雪时数比(降雪期积雪时数与30年平均积雪时数的比值)和全年平均反照率与降水综合参数比[(1+有效降水量比)/(1+积雪时数比)]的拟合曲线可见(图4.12),不同期间的地表反照率对各自对应的降水因子均比较敏感,与降水因子具有比较好的拟合关系,它们的拟合关系式如下:

$$\alpha_r = -0.0293\ln(f_r) + 0.2032 \tag{4.4}$$

$$\alpha_s = 0.1689e^{0.3852f_s} \tag{4.5}$$

$$\alpha_t = -0.0685\ln(f_t) + 0.225 \tag{4.6}$$

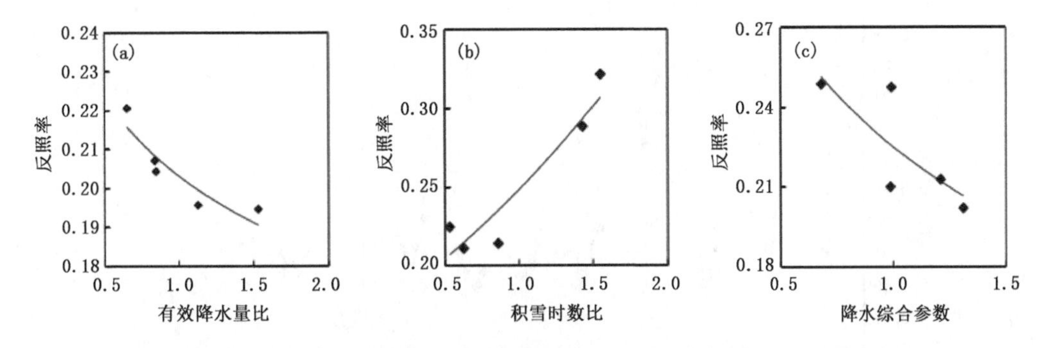

图 4.12　黄土高原榆中降雨期平均地表反照率与有效降水量比(a)、降雪期平均反照率与积雪时数比(b)和全年平均反照率与降水综合参数(c)的拟合曲线

上式中，α_r、α_s 和 α_t 分别是降雨期、降雪期和全年的平均地表反照率值，f_r、f_s 和 f_t 分别是降雨期有效降水量比、积雪时数比和降水综合参数，分别表示为：

$$f_r = \frac{P_r}{P_{r_{mean}}} \tag{4.7}$$

$$f_s = \frac{P_s}{P_{s_{mean}}} \tag{4.8}$$

$$f_t = \frac{(1+f_r)}{(1+f_s)} \tag{4.9}$$

上式中，P_r 和 P_s 分别是降雨期有效降水量和降雪期积雪时数，单位分别是 mm 和 h；$P_{r_{mean}}$ 和 $P_{s_{mean}}$ 分别是近 30 年平均的降雨期有效降水量和降雪期积雪时数，单位分别是 mm 和 h。地表反照率与降雪期的积雪时数比和降水综合参数的关系之所以不如其与降雨期有效降水量比的关系密切，主要原因在于降雪期的地表反照率不仅受积雪时数影响，而且还在一定程度上受积雪厚度和积雪新鲜程度的影响。

从陇中黄土高原地表反照率各月平均日变化分布看出(图 4.13a)(张强 等，2011b，2012b)，地表反照率日变化特征大致表现为不对称“V”型，早晚很大，中午较小，日变化很剧烈，与西北干旱区的观测结果有所不同。在西北干旱荒漠区，地表反照率日变化特征主要表现为不对称的“U”型，日变化也比较平缓。这主要是因为干旱区土壤更干燥，反照率的日变化主要受太阳高度角控制，而黄土高原地区土壤相对较湿、降雪也较多，土壤湿度和表面积雪变化均可影响反照率的日变化。冬、春季地表反照率的“V”型日变化大多明显向左倾，这主要反映了白天积雪消融过程的影响特征；而夏、秋季地表反照率“V”型日变化的左倾性减弱或甚至转向右倾，这主要反映了白天土壤蒸发变干的影响特征。

就全年各月平均反照率日变化的比较来看(图 4.13b)，地表反照率在冬、春季大，在夏、秋季节要小，这主要与降水性质有关。由于冬、春季节多降雪，地表积雪会使地表反照率增大；而夏、秋季节多降雨，土壤湿度增加反而会使地表反照率减少。地表反照率的其他扰动则与降水量大小有关，在降雪量最大的 2 月反照率最高，可以达到 0.3 以上，而在降雨量最大的 5 月和 7 月反照率最低，接近 0.16。地表反照率日变化范围分布表明，黄土高原地区地表反照率日变化幅度一般在 0.04 左右，比干旱区的要大。冬、春季积雪消融过程引起的反照率变化更显著，日变化幅度可以达到 0.06 以上。

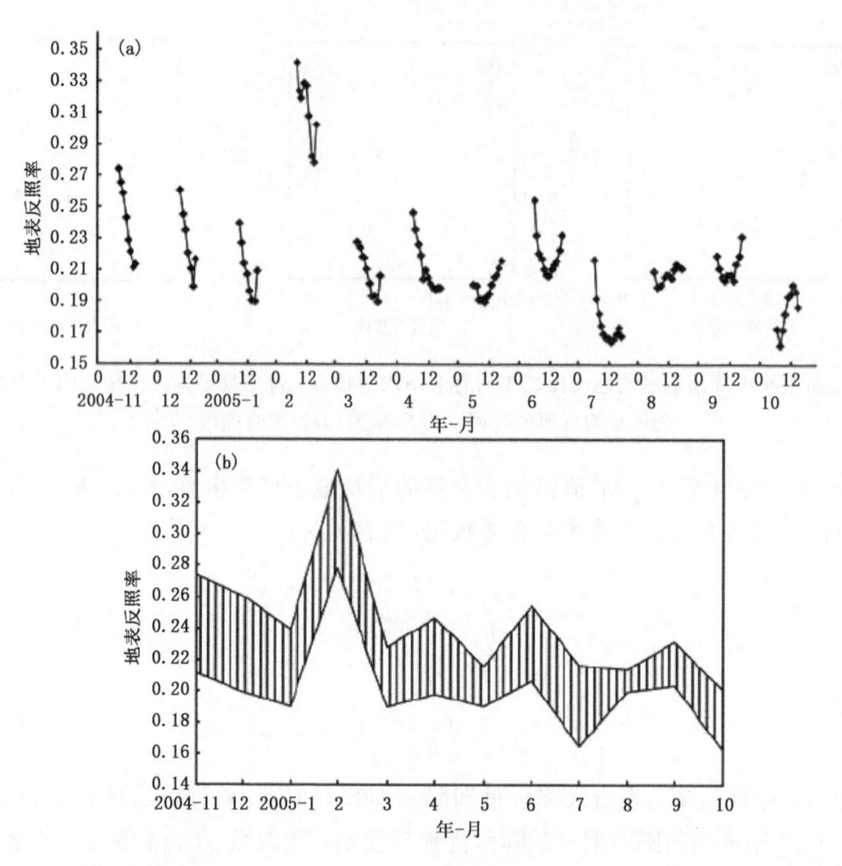

图 4.13　黄土高原定西 2004 年 11 月—2005 年 10 月全年地表反照率各月平均日变化(a)与地表反照率日变化范围分布(b)

4.2.2　土壤热传导率

土壤热容量和热传导率受土壤密度、土壤成分、土壤粒隙度和土壤水分等土壤性质的影响。一般而言，土壤密度、土壤成分和土壤粒隙度是相对比较稳定的性质，并不随气候发生明显变化。但土壤湿度对气候变化十分敏感，土壤热容量和热传导率等在土壤热力参数的参数化公式中需要考虑它们的影响。由于水的热容量远比土壤中空气的热容量大(水在土壤中会替代空气的空间)，所以随着水分的增加土壤热容量自然增大。并且土壤热容量可以用干土和水的热容量建立线性关系式：

$$C_s = C_d(1 - W_s) + C_w \times W_s \tag{4.10}$$

式中，C_s 表示土壤热容量，单位：J/(cm³ · ℃)；C_d 和 C_w 分别是干土壤和湿土壤的热容量，单位：J/(cm³ · ℃)；W_s 表示土壤湿度。

土壤湿度对土壤热传导率一般主要通过两个方面起作用：一方面由于水远比土壤中空气的热传导率大，水分增大热传导率自然会增大；另一方面，由于表面张力的作用水分会包裹在土壤粒子外面，使粒子的尺度增加，增加了热接触面，热传导率也要增加。所以，土壤热传导率与土壤水分之间不能简单地用线性关系来表示。但建立符合实际的理论关系比较困难，因此，用观测资料来建立热传导率与土壤湿度的关系是目前唯一能做到的。

土壤热传导率 λ_s 的计算公式可以表示为：

$$\lambda_s = -\frac{G}{\left(\frac{\partial Tg}{\partial z}\right)} \tag{4.11}$$

式中，G 是 7.5 cm 深度的土壤热流量，单位：W/m^2；Tg 是土壤温度，单位：℃。两者均可直接由观测得到。$\frac{\partial Tg}{\partial z}$ 是 5～10 cm 深度的温度梯度；单位：℃/m。土壤湿度用 5 cm 和 10 cm 深度的平均值来代替。

根据 2000 年 8 月至 2001 年 9 月在敦煌荒漠戈壁上观测的陆面过程资料，剔除在日升和日落前后各 2 h 土壤热力很不稳定时候的资料和地热流量过小（误差较大）的资料，保留有效资料 1085 个样本。用该资料可以获得该地区土壤热传导率与土壤湿度之间的拟合关系式为：

$$\lambda_s = 0.28 + 0.01w_s - 0.000057w_s^2 \tag{4.12}$$

式中 λ_s 为土壤热传导率，单位：W/(m·K)，w_s 为土壤湿度。该拟合关系的相关系数达到 0.91，标准差为 0.022 W/(m·K)。可以推算出，在土壤湿度为 0 时，热传导率为 0.28 W/(m·K)（图 4.14）。

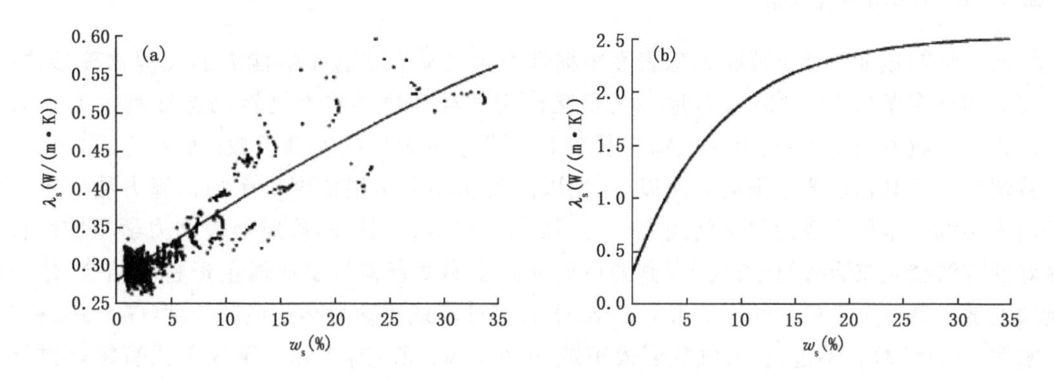

图 4.14　敦煌戈壁土壤热传导率与 7.5cm 土壤湿度的关系(a)和 Stull 给出的典型关系(b)

虽然敦煌荒漠戈壁地区土壤热传导率与 7.5 cm 土壤湿度的关系是比较好的（图 4.14），但值得注意的是资料拟合的经验关系与 Stull 给出的几个典型值拟合关系（图 4.14b）的变化斜率虽然很相近，但总体上敦煌观测的热传导率仅是 Stull 典型值的 1/3 左右。

2006—2011 年黄土高原的平均土壤热传导率的年际波动趋势及其与年有效降水量比的相关曲线变化表明（图 4.15），土壤热传导率随有效降水量比的增加而增大，但波动幅度相对较小，基本上在 0.95 W/(m·K)附近波动，最大时接近于 1。它远远大于荒漠观测值 0.177 W/(m·K)（Zhang et al.，2002），却又远远小于 Oke（1978）给出的湿润农田气候的饱和黏土值 1.58 W/(m·K)值。并且，在有效降水量比较小时，土壤热传导率对降水量要更敏感一些。可以给出土壤热传导率与有效降水量比的拟合关系式：

$$k_s = -1367 f_{pe} e^{-12 f_{pe}} + 1.023 \tag{4.13}$$

式中，k_s 是土壤热传导率，单位：W/(m·K)；f_{pe} 为全年有效降水比。由式(4.14)计算。

$$f_{pe} = \frac{Pe}{Pe_{mean}} \tag{4.14}$$

式中，Pe 和 Pe_{mean} 分别全年是有效降水量和 30 年平均有效降水量，单位均为 mm。可见，水分对土壤热传导率的影响是显而易见的。

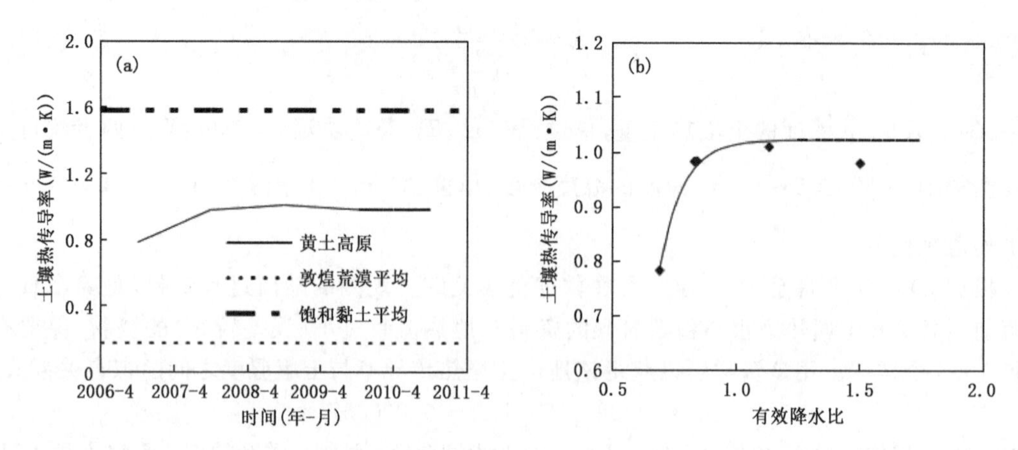

图 4.15　2006—2011 年黄土高原土壤热传导率的年际波动趋势(a)及其与年有效降水量比的相关曲线(b)

4.2.3　动力学粗糙度长度

动力学粗糙度长度是反映地球表面粗糙性对大气动力状态影响能力的关键物理参数(曹文俊,1991;李振山 等,1997),对地—气相互作用过程和边界层大气运动特征均具有显著作用。在大气数值模式中,动力学粗糙度长度是一个十分敏感的物理参数(张强 等,2003c),大多数情况下对其精度要求很高。所以,长期以来表面动力学粗糙度长度的估算方法研究一直是边界层气象学最重要的科学问题之一(张强 等,2001a)。目前,确定地表动力学粗糙度长度最好的方法就是将野外科学试验观测的风速和温度梯度资料与湍流通量资料相结合,依据经典的通量一廓线关系(Monin et al.,1954)来直接计算地表动力学粗糙度长度(Garratt,1992;陈家宜 等,1993)。不过,在大气数值模拟或一些流体计算中,实际上不仅无法直接提供计算实际动力学粗糙度长度的微气象和湍流通量数据,反而还需要依赖已知的动力学粗糙度长度来计算表面湍流通量,这在数值模式运算中成了一个相互矛盾的问题。对这一问题的解决一般需要通过引入表面动力学粗糙度长度参数化公式来实现(Kondo et al.,1986)。因此,发展科学合理的陆面动力学粗糙度长度参数化方案是改进大气数值模式的关键环节之一。在对平坦均匀下垫面动力学粗糙度长度与近地面层大气动力特征、热力特征及自然生长过程和年际降水波动等因素之间物理关系研究的基础上,构建一个多影响因子、具有一定普适性的降水对动力学粗糙长度的影响力学粗糙度长度参数化方案是十分必要的。这里利用兰州大学半干旱气候与环境观测站(SACOL 站)的长时间序列陆面过程观测资料(Huang et al., 2008; Huang et al.,2012; Zhang et al.,2012b),可以给出一个动力学粗糙度长度的多因子参数化方案,并对该参数化方案估算摩擦速度的效果进行系统对比检验,能为改进和发展大气数值模式提供科学依据。

一般,动力学粗糙长度参数可以用下式来确定:

$$u_* = \frac{Ku_z}{\ln(\frac{z_2 - d}{z_0}) - \psi_m(\frac{z_2 - d}{L}) + \psi_m(\frac{z_{0m}}{L})} \tag{4.15}$$

式中,z_0 是动力学粗糙度长度,z_2 为水平风速观测高度,d 为零平面位移,$d = 2h/3$ (Blihco et al.，1971)，h 是植被平均高度，单位均为 m；K 冯—卡曼常数，取 0.4；u_z 为 z 高度观测的水平风速，u 为近地面层摩擦速度，单位均为 m/s；$\psi_m(\zeta)$ 动为 Monin-Obukhov 相似性函数的积分形式，为无因次函数，具体形式(Paulson，1970；Dyer，1974)为：

$$\psi_m(\zeta)=\begin{cases}\ln(\frac{1+x^2}{2})+2\ln(\frac{1+x}{2})-2\tan^{-1}(x)+\frac{\pi}{2},\zeta<0\\0,\zeta=0\\-5\zeta,\zeta>0\end{cases} \tag{4.16}$$

其中：

$$x=(1-16\zeta)^{\frac{1}{4}} \tag{4.17}$$

式中，ζ 为 Monin-Obukhov 热力稳定度参数，也为无因次量，可以表示为：

$$\zeta=(\frac{z-d}{L}) \tag{4.18}$$

式中，L 为 Monin-Obukhov 长度，单位：m。

从理论上讲，决定动力学粗糙度长度的因素很多(图 4.16)。植被类型决定着动力学粗糙度长度的基值，但这是一个相对稳定的因素，一般不会有太大的变化，只有在气候变化非常显著时才会发生改变，这意味着动力学粗糙度长度基值变化的主导因素应该是气候变化，其变化的时间尺度至少要在年代际尺度。在植被类型不变的情况下，年际气候波动会影响植被生长状态，从而引起动力学粗糙度长度在基值附近上下波动，这种变化主要表现为年际时间尺度。同时，在正常气候条件下，植被在每年生长季将会遵从由发芽到成熟的生长规律，这也会引起动力学粗糙度长度随生长阶段的变化，这种变化的时间尺度为年变化或年循环尺度。另外，即使在植被形态和植被结构不变的情况下，由于近地面层大气动力和热力状态的变化，也能在一定程度上影响动力学粗糙度长度的变化，这种变化的时间尺度比较广泛，可以从小时到年代际，但其影响最显著的应该是日循环和年循环尺度。

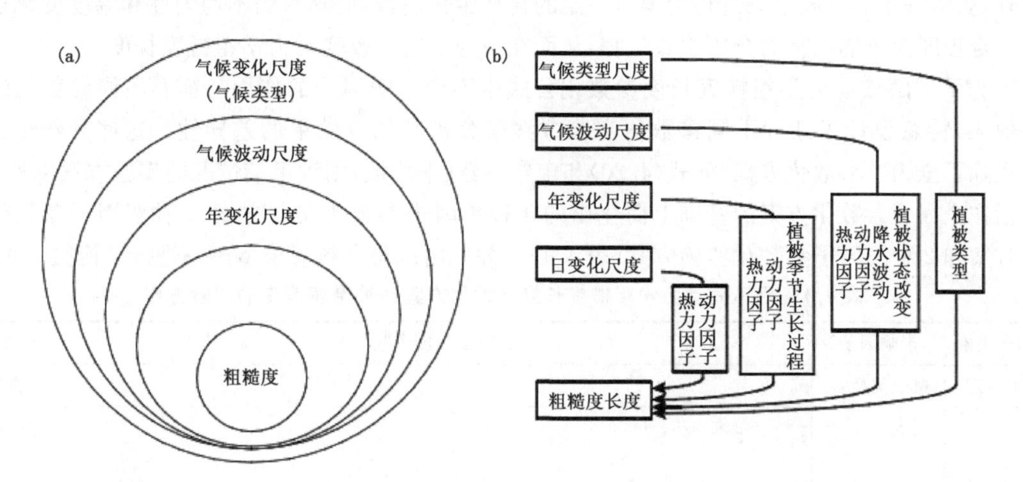

图 4.16　表面动力学粗糙度长度不同时间尺度变化(a)及其主要影响因子(b)

根据上面对动力学粗糙度长度不同时间尺度变化规律及其影响因子的认识，可以给出如下全因子参数化关系式：

$$z_0 = F(v, c, s, a_d, a_T) \tag{4.19}$$

式中,F 是动力学粗糙度长度参数化关系式,v 是与气候态有关的植被类型因子,c 是气候波动因子,s 是植被季节生长因子,a_d 是近地面层大气动力因子,a_T 是近地面层大气热力因子。经过一系列的运算迭代,得到以下估算模型:

$$z_0 = \begin{cases} 0.087 \times 2.07 \times \left\{ \left[0.67 + 0.57\sin\left(\frac{\pi}{11}(t-1)\right) \right] \right. \\ \left. \times \left[1.14 - 0.06e^{5.2(1-B_e)} \right] e^{-0.012\frac{u^2+\bar{u}^2}{u_\psi}} \right\} / 1 + 8.25\zeta, \zeta > 0, \\ 0.087 \times 2.07 \times \left[0.67 + 0.57\sin\left(\frac{\pi}{11}(t-1)\right) \right] \\ \times \left[1.14 - 0.06e^{5.2(1-B_e)} \right] e^{\left(3.93\zeta - 0.012\frac{u^2+\bar{u}^2}{u_\psi}\right)}, \zeta \leqslant 0. \end{cases} \tag{4.20}$$

式中,B_e 是全年有效降水量比,表达式为 $B_e = P_e / P_m$;P_e、P_m 分别为年有效降水量及年平均有效降水量,单位:mm。该公式基本反映了植被类型因子、气候波动因子、植被季节生长因子和近地面层大气动力和热力因子对动力学粗糙度长度的综合影响机制,是一个可以在均匀平坦自然植被下垫面即比较理想陆面普适的动力学粗糙度长度参数化关系式。

对于植被下垫面而言,由于近地面层动力因子同时会影响到表面粗糙特性及其近地层大气特性,所以它对粗糙度长度及其摩擦速度估算的影响要比近地面层热力因子显著。同时,草本自然植被季节生长必然经历由裸土到茂盛两个极端状态,而降水波动只影响植被长势,所以草本自然植被的季节性变化特征要比年际变化特征更突出,植被季节生长比降水波动对粗糙度长度和摩擦速度估算的影响更为显著。

在气候尺度上,动力学粗糙度长度在统计意义上受温度层结稳定度的影响,并且会造成一定的波动,造成这种波动的物理机制需要进一步研究。但在大气湍流尺度上,温度层结稳定度的变化会改变大气运动状态,对植被下垫面而言,大气运动状态的变化必然影响动力学粗糙度长度。另外,虽然每年的植被生长过程会遵从一定的自然生长规律,但降水的不均匀性和温度变化也会在一定程度上影响植被的全年生长过程,从而在一定程度上改变动力学粗糙度长度。

为了了解该动力学粗糙度长度参数化公式中不同影响因子的作用特征及不同参数化的改进效果,特意设计了几种不同参数化实验方案来分析其估算效果的差异性。这些参数化实验方案除了全因子参数化方案,如式(4.20)和定常参数(平均值)两种极端情况的实验方案以外,还包括在全因子参数化方案的基础上简化出的 4 种单因子参数化实验方案、2 种双因子参数化实验方案和 2 种三因子参数化实验方案(表 4.1)。并运用试验资料对模型逐一进行了检验。

表 4.1　用不同动力学粗糙度长度参数化方案计算摩擦速度的实验方案

因子类别	影响因子	粗糙度长度参数方案	序号
平均态	植被类型	$\bar{z}_0$	方案 1
单因子	动力	$\bar{z}_0 e^{-d\frac{u^2-\bar{u}^2}{u_*}}$	方案 2
	热力	$\bar{z}_0 \times \begin{cases} \frac{1}{1+8.25\zeta}, \zeta > 0, \\ e^{3.93\zeta}, \zeta < 0 \end{cases}$	方案 3
	生长期	$\bar{z}_0 \left[0.67 + 0.57\sin\left(\frac{\pi}{11}(t-1)\right) \right]$	方案 4
	气候波动	$\bar{z}_0 \left[1.14 - 0.06e^{5.2(1-B_e)} \right]$	方案 5

续表

因子类别	影响因子	粗糙度长度参数方案	序号
双因子	动力、热力	$\bar{z}_0 \times 2.07 \times \begin{cases} \dfrac{e^{-0.012\frac{u^2-\bar{u}^2}{u_*}}}{1+8.25\zeta}, \zeta>0, \\ e^{(3.9\zeta-0.012\frac{u^2-\bar{u}^2}{u_*})}, \zeta<0 \end{cases}$	方案 6
	生长过程、气候波动	$\bar{z}_0\left[0.67+0.57\sin\left(\frac{\pi}{11}(t-1)\right)\right][1.14-0.06e^{5.2(1-B_e)}]$	方案 7
三因子	动力、热力、生长期	$\bar{z}_0\left[0.67+0.57\sin\left(\frac{\pi}{11}(t-1)\right)\right]\times 2.07 \times \begin{cases} \dfrac{e^{-0.012\frac{u^2-\bar{u}^2}{u_*}}}{1+8.25\zeta}, \zeta>0, \\ e^{(3.9\zeta-0.012\frac{u^2-\bar{u}^2}{u_*})}, \zeta<0 \end{cases}$	方案 8
	动力、热力因子、气候波动	$\bar{z}_0[1.14-0.06e^{5.2(1-B_e)}]\times 2.07 \times \begin{cases} \dfrac{e^{-0.012\frac{u^2-\bar{u}^2}{u_*}}}{1+8.25\zeta}, \zeta>0, \\ e^{(3.9\zeta-0.012\frac{u^2-\bar{u}^2}{u_*})}, \zeta<0 \end{cases}$	方案 9
全因子	动力、热力、生长期、气候波动	$\bar{z}_0 \times 2.07 \times \begin{cases} \dfrac{\left[0.67+0.57\sin\left(\frac{\pi}{11}(t-1)\right)\right][1.14-0.06e^{5.2(1-B_e)}]e^{-0.012\frac{u^2-\bar{u}^2}{u_*}}}{1+8.25\zeta}, \zeta>0 \\ \left[0.67+0.57\sin\left(\frac{\pi}{11}(t-1)\right)\right][1.14-0.06e^{5.2(1-B_e)}]e^{(3.9\zeta-0.012\frac{u^2-\bar{u}^2}{u_*})}, \zeta<0 \end{cases}$	方案 10

直接观测的动力学粗糙度长度与参数化方案估算的动力学粗糙度长度的动态变化趋势比较表明(张强 等,2015),直接观测的动力学粗糙度长度动态变化范围很大,并不像数值模式中一般使用的参数化方案(实验方案 1)那样是个定常参数,其最大偏差达 0.065 m 左右、为平均值的 75%,几乎与动力学粗糙度长度平均值的量级相当,这说明把动力学粗糙度长度按照常数考虑是不可靠的。而全因子、三因子、双因子和单因子参数化实验方案均能不同程度反映与观测值类似的动态变化特征。

不过,对不同参数化实验方案估算的动力学粗糙度长度与观测值的标准差之间的比较表明(图 4.17),观测值与方案 1(平均值)的标准差最大,高达 0.027 m,约为平均值的 1/3,误差相当显著。方案 2～10 估算的动力学粗糙度长度与观测值的标准差大致呈现逐渐减小的趋势,单因子方案总体都比方案 1 的标准差小,双因子方案总体都比单因子方案的标准差小,三因子方案总体都比双因子方案的标准差小,全因子方案即方案 10 估算的标准差最小,只有 0.015 m/s^2,比方案 1 减小了 50%左右。这说明动力学粗糙度长度参数化方案所考虑的影响因子越齐全其对动力学粗糙度长度的估算效果就越好,全因子参数化方案是估算动力学粗糙度长度最为有效的方案。

土壤湿度虽然不会直接影响地表动力学粗糙度长度,但可以通过对植被生长的影响而对地表动力学粗糙度长度产生作用。2006—2011 年半干旱区陇中黄土高原榆中粗糙度长度的年际波动趋势及其与年有效降水量比的相关曲线表明(图 4.18),粗糙度长度的气候波动比较突出,在有效降水量比较大的年份粗糙度长度可达到 0.016 m,而在有效降水比较小的年份粗

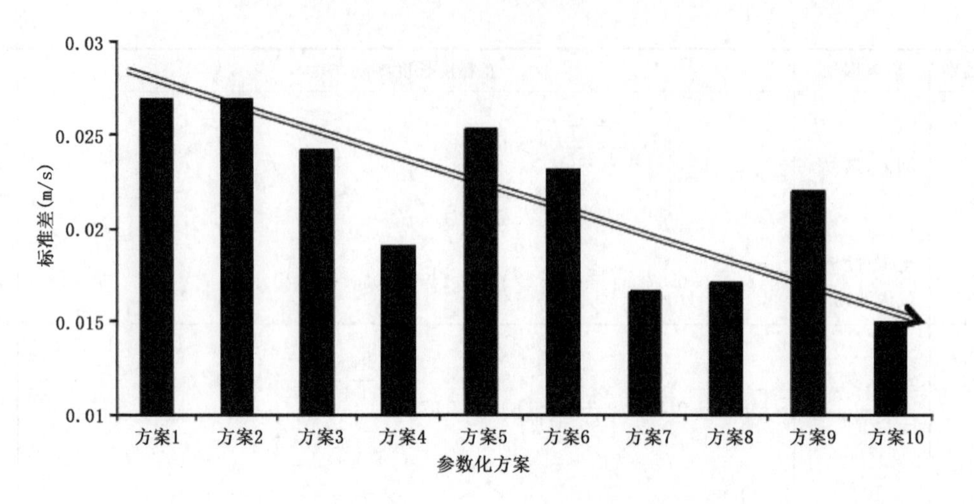

图 4.17　10 种参数化实验方案估算的动力学粗糙度长度与观测值的标准差比较

糙度长度只有 0.007 m，相差一倍以上。粗糙度长度随有效降水量比的动态变化明显，相关性也很好。这说明动力学粗糙度长度对有效降水量比较敏感，这与植被生长对降水依赖性更强有关，因为半干旱区平均降水量一般正好处在维持自然植被生长所需水量的临界状态，所以一般在降水量偏大的年份植被生长旺盛而茂密，植株也比较高，粗糙度长度会比较大，而在降水量偏小的年份植被生长状态较差，植株比较低矮而稀疏，粗糙度长度会比较小。并且，当有效降水量比小于 1 时，粗糙度长度对有效降水量要更敏感一些；当有效降水量比 1 大时，则不太敏感，甚至逐渐趋于稳定。黄土高原动力学粗糙度年平均值基本在荒漠气候区和农田气候区的平均反照率之间波动，并没有突破气候约束。并且如图 4.18b 所示，也可以拟合出粗糙度长度与有效降水量比的关系式：

$$z_0 = -3.3 f_{Pe} e^{-8 f_{Pe}} + 0.0132 \tag{4.21}$$

式中，z_0 是地表粗糙度，单位：m，f_{Pe}为有效降水比。

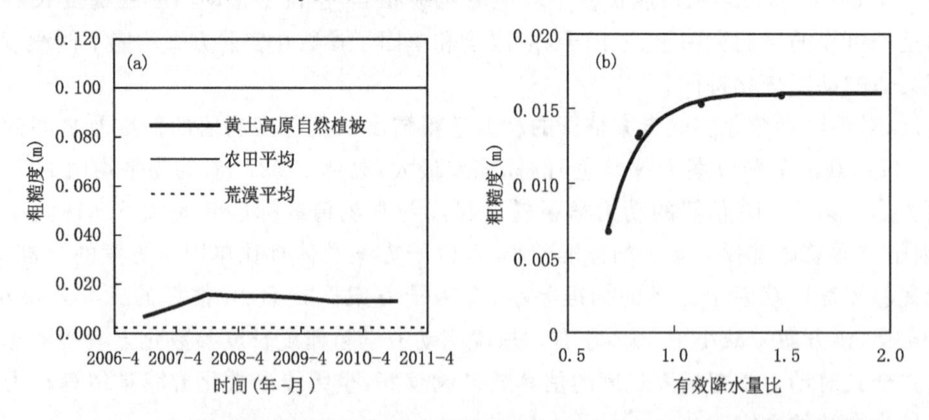

图 4.18　2006—2011 年粗糙度长度年际波动趋势(a)及其与年有效降水量比的相关曲线(b)

4.2.4　陆面辐射收支

土壤温度和湿度变化特征会直接影响陆面辐射收支和能量平衡过程(张强 等，2011b)。

从半干旱区黄土高原定西地区得出的全年各月平均辐射收支分量均具有明显的日循环特征(图 4.19),该地区总辐射和反射辐射日峰值分别出现在 12 时 30 分和 13 时,并且日峰值均在 6 月最大,分别约为 750 W/m² 和 150 W/m²;12 月最小,分别不到 400 W/m² 和 100 W/m²。其年变化的位相分布与西北干旱区基本一致,但峰值要明显低得多,西北干旱区总辐射和反射辐射日峰值有时可超过 1000 W/m² 和 200 W/m²(沈志宝 等,1994)。

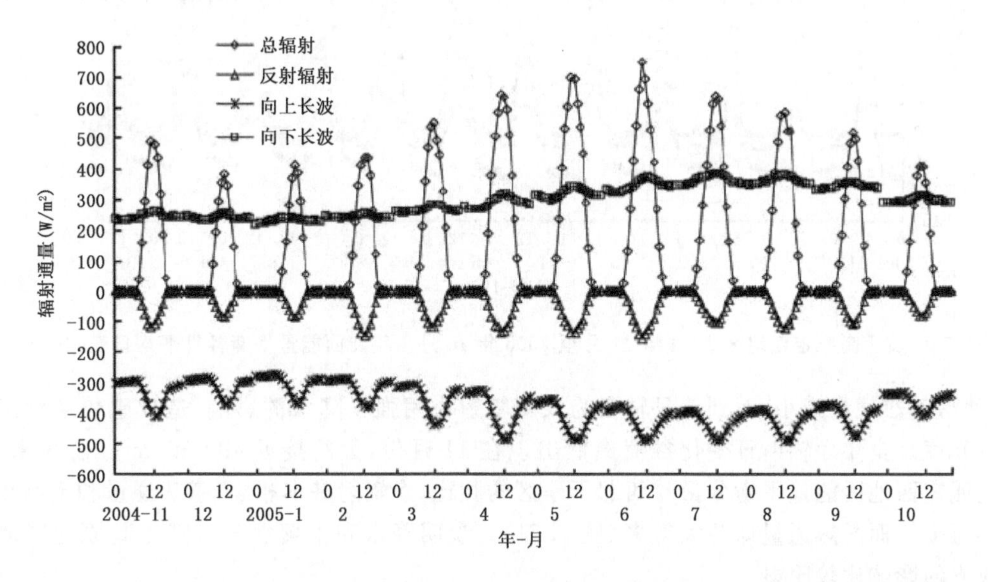

图 4.19　黄土高原定西地区 2001 年 11 月至 2005 年 10 月陆面辐射收支分量各月平均日变化特征的比较

黄土高原地表向下和向上长波辐射日峰值分别出现在 12 时 30 分和 14 时,并且日变化峰值最大分别出现在 7 月和 8 月,分别接近 390 W/m² 和 490 W/m²;最弱出现在 1 月,分别约为 230 W/m² 和 370 W/m²。可见,长波向上辐射最大日峰值出现时间要比西北干旱区的迟 1 个月左右。

陆面温、湿变化和辐射收支特征支配着陆面能量平衡过程。黄土高原全年陆面能量平衡分量各月平均日变化分布表明(图 4.20),陆面净辐射的日峰值出现在 12 时 30 分,与总辐射变化保持了一致;近地层感热和潜热通量日峰值出现在 13 时 30 分,对辐射加热的响应过程约为 1 h;土壤热通量的响应还要再迟 30 min 左右,日峰值出现在 14 时。很显然,黄土高原陆面能量平衡四个分量的日变化并不在同一个位相。这主要由于净辐射通量是地表面物理量,感热和潜热通量是 2 m 高度处的大气近地层物理量,而土壤热通量是 2 cm 深处的土壤物理量,它们不在同一个物理平面上,不仅会引起能量分量的位相差异,还会造成陆面能量的不平衡,这反映了能量平衡分量对太阳辐射响应过程的复杂性。陆面净辐射的日谷值均出现在 19 时 30 分,其他分量的日谷值不太明显,在夜间保持一个相对稳定的低值区。同时,从各分量的贡献来看,近地层感热和潜热通量基本相当,土壤热通量大约只有感热和潜热通量的 1/3。

对黄土高原地表能量平衡分量的各月平均日变化的比较表明,陆面净辐射和潜热通量的最大日峰值均出现在 6 月份,也与太阳总辐射一致,分别达到了 475 W/m² 和 240 W/m² 左右;但感热通量却有两个较大的日峰值期,分别出现在 3 月和 7 月份,日峰值均达到了 150 W/m² 以上,这与西北干旱区只有单一日峰值期完全不同,这很可能是年降水分布和太阳辐射分布特征综合影响的结果。从 4 月开始黄土高原降水量明显增大,这就减弱了太阳辐射对地表的加热

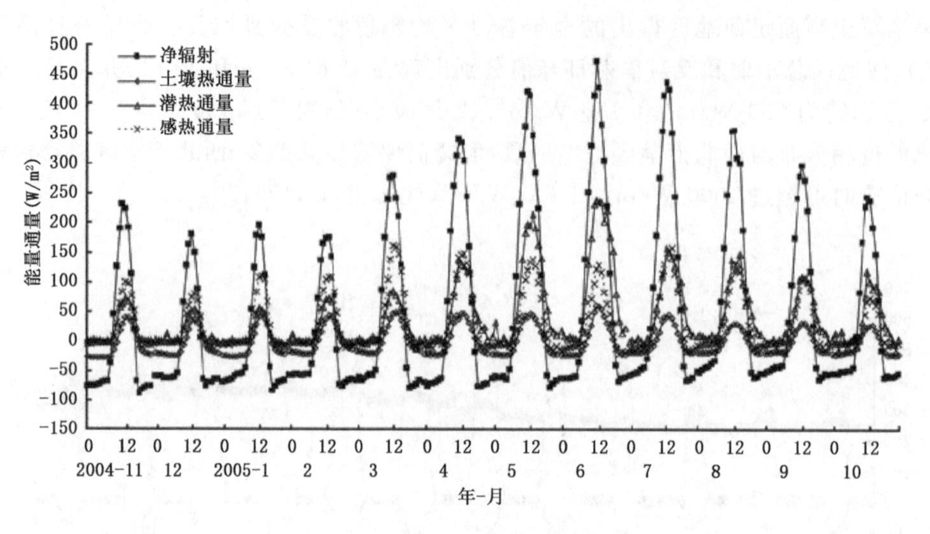

图 4.20 黄土高原定西地区 2004 年 11 月至 2005 年 10 月全年陆面能量平衡各月平均日变化分布

作用,使得感热通量减小,而到 7 月转变为太阳辐射作用强于降水的影响,造成感热通量出现了另一峰值。全年净辐射日变化谷值最低出现在 11 月份,大约接近 490 W/m²。总体来看,黄土高原定西地区能量平衡分量与西北干旱区的相比,净辐射基本相当,感热通量和土壤热通量要小得多。而潜热通量却要大得多(图 4.21)。说明降水和土壤水分对黄土高原地区地表辐射收支的影响比较明显。

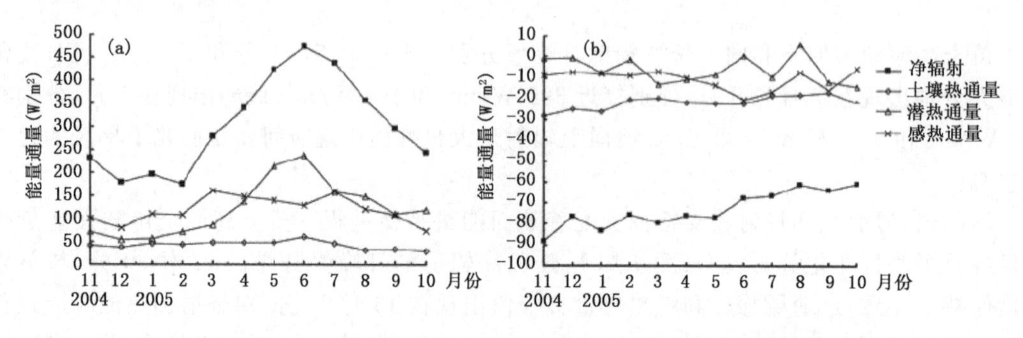

图 4.21 黄土高原定西地区 2004 年 11 月至 2005 年 10 月陆面能量分量月平均日峰值(a)和日谷值(b)的年变化

黄土高原陆面净辐射及感热和潜热通量月平均日峰值的年变化比较明显,而土壤热通量月平均日峰值的年变化不太明显。除陆面净辐射而外,其他陆面能量分量月平均日谷值全年相对比较稳定,但随降水有一定波动。

黄土高原全年陆面能量不平衡差额各月平均日变化分布也进一步表明(图 4.22),正如前面所分析,因为各陆面能量平衡分量的测量不在同一物理平面,引起了比较明显的陆面能量不平衡现象。不仅不平衡差额比较大,而且日变化也很明显,无论是正差额还是负差额月平均日最大值均超过了±100 W/m²。而且,白天正差额更明显,夜间负差额更明显,这正好反映了陆面能量平衡分量位相差异对陆面能量平衡的影响特点。平均而言,陆面能量不平衡差额冬、春较小,夏、秋季相对较大。

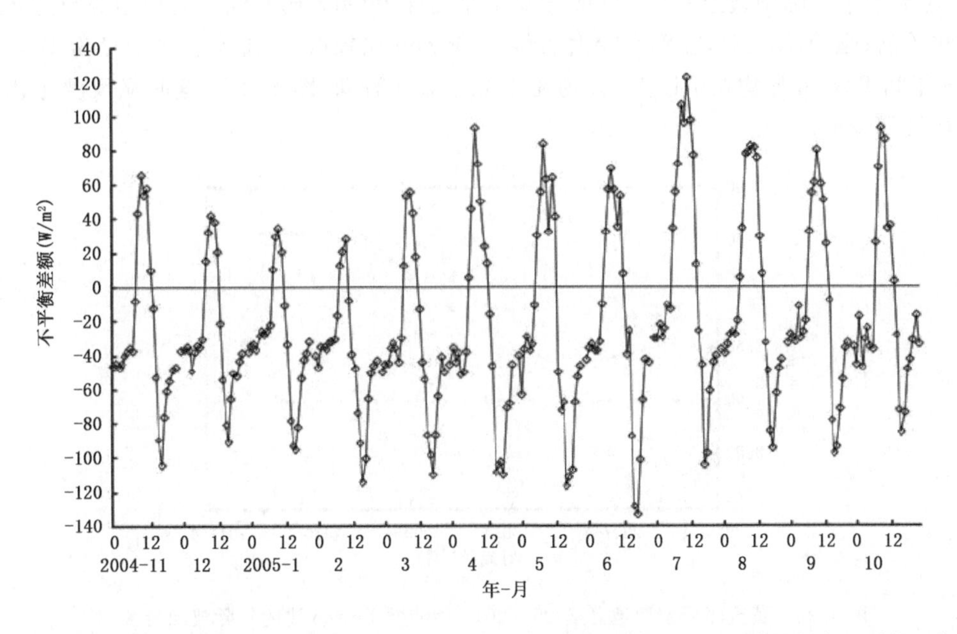

图 4.22　黄土高原定西地区 2004 年 11 月至 2005 年 10 月全年地表能量不平衡差额各月平均日变化分布

4.2.5　波文比

波文比(Bowen ratio)是陆面气候状态的综合性物理指标,能够综合反映陆面的水热特征,它一般由下式决定:

$$\beta = \frac{H}{\lambda E} \tag{4.22}$$

式中,β 为 Bowen 比;H 为感热通量,单位:W/m²;λE 为潜热通量;单位:W/m²。

敦煌戈壁 2000 年 5 月 25 日至 6 月 17 日平均的 Bowen 比日变化特征表明(图 4.23),Bowen 比全天基本大于 1,白天 Bowen 比基本在 10～100 范围之内,从感热和潜热通量的日积分值估算出的晴天平均 Bowen 比约为 52。而从以往在黑河地区观测的夏季气候平均的感热和潜热通量估算,其夏季气候平均的 Bowen 比应该在 10,几乎比敦煌地区 Bowen 比小近一个量级,这说明与河西走廊黑河流域相比,敦煌地区的干旱气候特点更加极端。

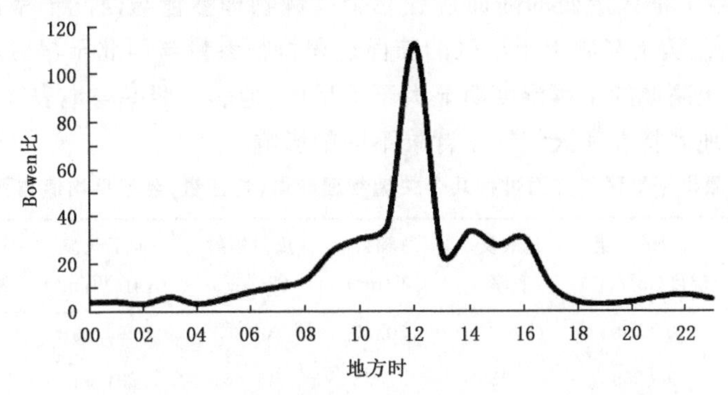

图 4.23　敦煌戈壁 5 月 25 日至 6 月 17 日平均的 Bowen 比日变化

而在半干旱区陇中黄土高原，2006—2011 年陆面 Bowen 比的气候波动趋势与降水量呈显著反相关(张强 等，2013)，在降水较大的年份 Bowen 比较低，在降水较少的年份 Bowen 比较高。5 年间 Bowen 比均在 1 以上，大约在 1.25～2.8 波动(图 4.24)，这明显反映了该地区的半干旱气候特征。

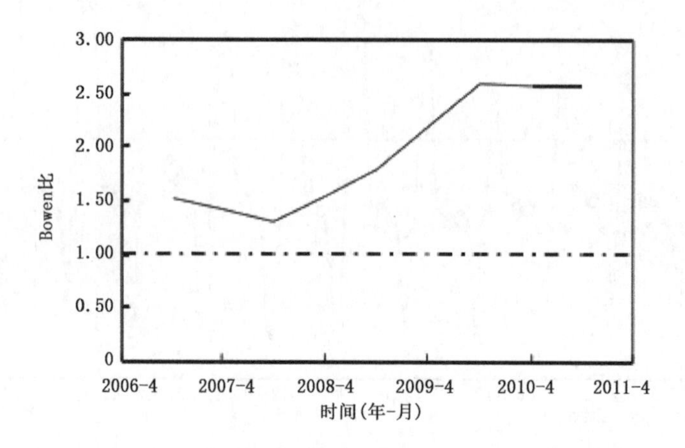

图 4.24 黄土高原定西地区 2006—2011 年陆面 Bowen 比的年际波动特征

从半干旱区陇中黄土高原定西观测到全年 Bowen 比、各月平均、日变化分布及其与土壤湿度的关系可以看出(图 4.25)，Bowen 比的日变化比较明显，在 14 时左右最大，早晚要明显低。从全年来看，Bowen 比冬、春较大，最大出现在 1 月份，达到了 3.9 以上；而夏、秋较小，基本在 1 以下，最小出现在 6 月份。从理论上讲，Bowen 比能够较好反映陆面干旱状态，Bowen 比越大，陆面越干旱。一般情况下 Bowen 比大于 1 表明陆面偏旱，小于 1 表明陆面偏湿。从图 4.26a 可以看出，黄土高原地区陆面气候很敏感，波动较大，大多时候在偏旱与略偏湿边缘摆动，这说明该地区气候过渡带特征比较明显。不过，冬、春季偏旱多，夏、秋季偏湿多，这反映了受夏季风影响的必然特点；白天偏旱，晚上偏湿。陆面干旱状态应该与土壤湿度特征有一定的一致性。Bowen 比与 10 cm 深土壤湿度的散点图表明(图 4.25b)，Bowen 比与浅层土壤湿度相关较好，相关系数达到了 0.62，并且还可以给出它们之间的拟合关系(张强 等，2011b)：

$$\beta = -28.326\omega + 7.8277 \tag{4.23}$$

式中，ω 是土壤湿度。这也反映了 Bowen 比对水热状态的综合表征能力。

从黄土高原半干旱区定西的陆面过程几个关键物理参量与西北干旱区的对比可以看出(表 4.2)，总体而言，黄土高原半干旱区的陆面过程特征参量与西北干旱区相比具有明显的差异，因半干旱区黄土高原的土壤湿度明显大于干旱区，地表反照率与地表辐射分量均比干旱区小，这综合反映了地表特性和天气气候背景不同的影响。

表 4.2 黄土高原半干旱区各陆面过程几个关键物理参量(特征量)全年平均值与西北干旱区的对比

地点	5 cm 土壤温度(℃)	20 cm 土壤湿度(m^3/m^3)	地表反照率	总辐射(W/m^2)	反射辐射(W/m^2)	向下长波辐射(W/m^2)	向上长波辐射(W/m^2)	净辐射(W/m^2)
定西	10.43	0.2598	0.2168	150.67	32.39	294.35	370.52	42.11
敦煌	—	0.0569	0.2589	187.38	48.56	291.84	385.10	45.56

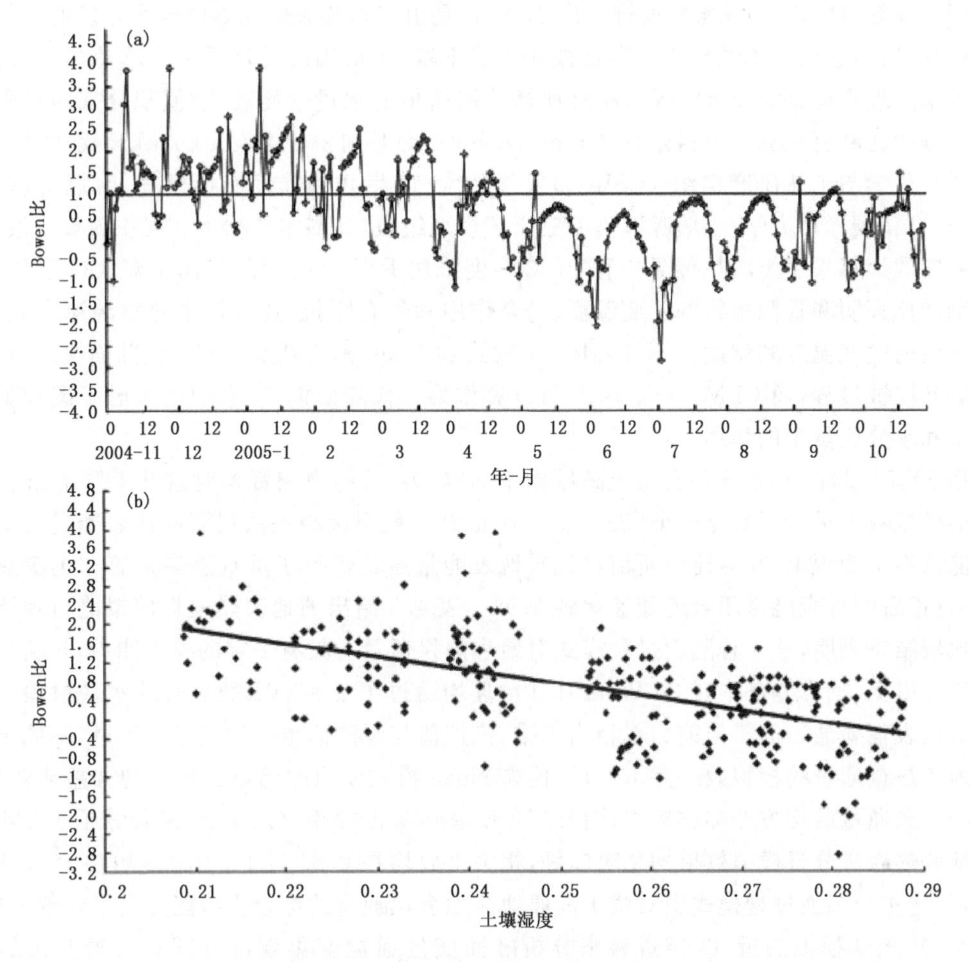

图 4.25　黄土高原定西地区 2004 年 11 月至 2005 年 10 月全年 Bowcn 比各月平均日变化分布(a)及其与土壤湿度的关系(b)

4.3　陆面水分过程的数值模拟实验

目前,通用陆面模式(CLM),Noah 和 Mosaic 陆面模式以及澳大利亚联邦科学与工业研究组织开发的大气—生物交换模式(CABLE)是目前几个比较有代表性的陆面过程模式。其中,CLM 模式是在综合了美国国家大气研究中心(NCAR)陆面模式(LSM)、生物—大气传输方案(BATS)和中国科学院大气物理研究所的陆面模式(LAP94)优点的基础上建立的新一代陆面过程模式,它的基本结构为 1 层植被、5 层积雪和 10 层土壤,土壤温度的计算采用土壤热传导方程,土壤湿度采用达西(Darcy)定理,数值积分采用有限差分空间分裂法和全隐式时间积分方案,模式中的物理参数化和数值方案均经过了检验。Mosaic 模式是一个物理过程和表面通量计算方法与简单生物圈模式(SiB)接近的陆面过程模式,它的基本结构为 1 层植被和 3 层土壤,它将一个网格点分成许多次网格,每一个次网格拥有一个单一的地表覆盖类型,明确考虑了陆面次网格不均匀性,并已被"陆面过程参数化方案比较计划"(PILPS 计划)和"全球土壤湿度计划”(GSWP)试验所验证。Noah 模式是由美国几家研究单位合作开发的一维单点陆面过程模式,它的基本结构为 1 层植被和 4 层土壤,土壤温度计算采用土壤热传导方程,土壤湿度采用理查德(Richard)方程,径流计算采用简单的水量平衡法,数值积分采用有限差分的空间分裂法和克兰克一尼科尔森(Crank-Nicholson)时间积分方案。CABLE 模式是由澳大利亚联邦科学与工业研究组织 (CSIRO)发展的大气、生物和陆面交换模式,由冠层模型、土壤/雪模型和碳库动力学/土壤呼吸模型三个子模型组成,其基本结构为 3 层积雪和 6 层土壤,土壤温度的计算采用土壤热传导方程,土壤湿度采用 Richard 方程,采用了双大叶冠层模型,可分别计算喜阴和喜阳植物的叶面温度、光合作用和气孔阻抗;还采用了植物湍流模型网,可计算冠层内空气温度和湿度。不过,Mosaic 模式和 Noah 模式基本属于二代陆面模式,仅考虑了土壤和植被过程,而 CLM 和 CABLE 可以算作第三代陆面模式,它们还考虑了碳和氮在调整能量和水分通量中的作用。

用 2007—2010 年共 5 年在黄土高原榆中 SACOL 站的观测资料对这几个陆面过程模式同期的模拟数据进行了对比验证(表 4.3)。考虑到一般涡旋相关法观测的地表能量通量普遍存在能量不平衡现象,在对比分析前首先对地表能量通量进行了垂直感热平流和土壤热通量订正,订正后的地表能量闭合度能够达到 0.94。表 4.3 给出的地表热通量模拟值与观测值的统计比较结果表明,这 4 种陆面过程模式对地表热量通量均具有一定的模拟能力,相关系数基本在 0.6 以上,均方差基本在 26 W/m² 以内,且均通过了 $\alpha=0.01$ 的显著性水平检验。陆面模式对地表辐射通量的模拟能力也相当不错,模拟值与观测值也比较接近。不过,不同模式对不同地表热量通量的模拟效果并不一样,比如 Noah 模式模拟的感热通量的均方差比较小,但模拟的潜热通量的均方差却比较大;而 CABLE 模式却正好相反。不过,总体来看 CLM 模式对各地表热通量分量模拟效果均相对较好,相关系数均在 0.81 以上,均方差均在 19.5 W/m² 以内,是这 4 个陆面过程模式中对黄土高原地区地表热通量的综合模拟能力是最好的。所以,选用 CLM 模式模拟的近 30 年资料来分析陆面能量通量变化规律及其对气候变化的响应特征。

表 4.3　地表热通量的模拟值与观测值比较

项目	CLM		Mosaic		Noah		CABLE	
	R^2	RMSE (W/m²)	R^2	RMSE (W/m²)	R^2	RMSE (W/m²)	R^2	RMSE (W/m²)
净辐射	0.97**	19.5	0.97**	26.2	0.98**	26.4	0.95**	12.6
感热	0.82**	12.0	0.70**	13.3	0.71**	14.1	0.59**	21.9
潜热	0.86**	15.2	0.77**	25.0	0.83*	24.4	0.84**	10.6
土壤热通量	0.90**	4.4	0.82**	6.6	0.94*	3.1	0.79**	23.8

注:R^2:相关系数; RMSE:表示模拟值与观测值的均方根误差,“**”表示通过了 $\alpha=0.01$ 的显著性检验。

从总的气候趋势来看,近 50 年来,黄土高原平均年降水量总体呈现波动式下降趋势,波动周期也大约为 3～5 a(图 4.26)。近 50 年来年平均降水总量大约从 455 mm 减少到了 395 mm,减少了 60 mm,减少幅度达 13%以上。不过,从年代际变化来看,20 世纪每个年代的年降水量都减少了 15 mm 左右,而 21 世纪第 1 个年代的年降水量却减少甚微,甚至还有所增加。

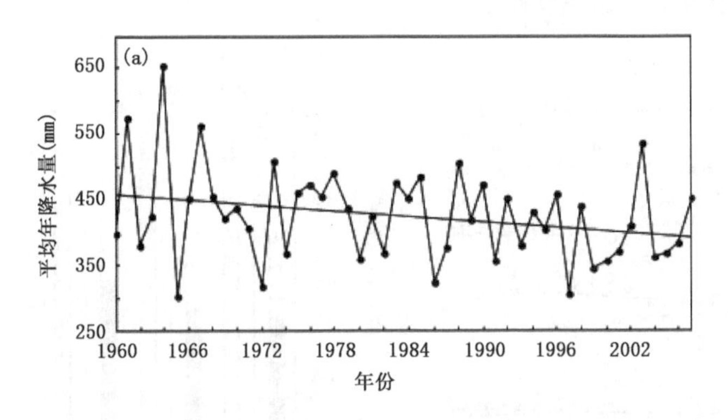

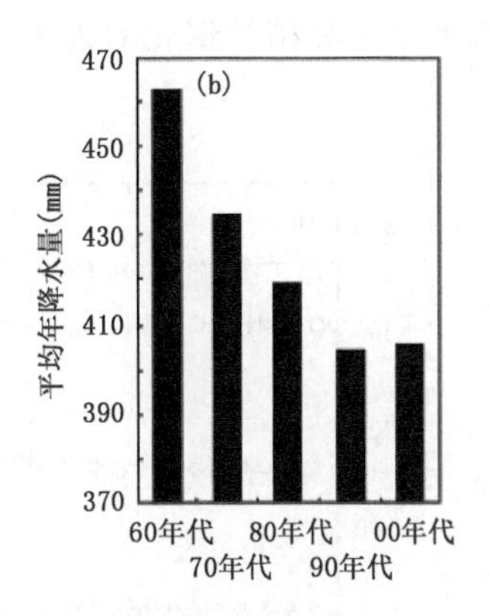

图 4.26　实测的近 50 年黄土高原地区平均年降水的年际(a)和年代际(b)变化

从陆面模式模拟的近 30 年来 5 cm 土壤温度和湿度的年际和年代际变化特征来看(图 4.27),很显然,随着黄土高原地区气候暖干化趋势发展,土壤也具有显著的暖干化响应特征,并且也存在 3～5 a 周期波动。每 10 年 5 cm 土壤温度增加约 0.16 ℃,土壤湿度减少约 0.17 kg/m^2。从年代际变化来看,土壤温度在 20 世纪 90 年代最高,土壤湿度则在 20 世纪 90 年代最小,这种对应关系似乎比较符合理论认识。但土壤温度和湿度变化并不分别完全与大气温度和降水的变化相呼应,而基本反映了大气温度和降水对它们的综合影响及大气降水的累积效应。因为土壤湿度变化不仅与同期降水量有关,还会受由温度控制的地表蒸发及前期累积降水影响;土壤温度不只受地表接收的能量控制,还与受降水影响的土壤和植被性质对能量分配的改变有关。

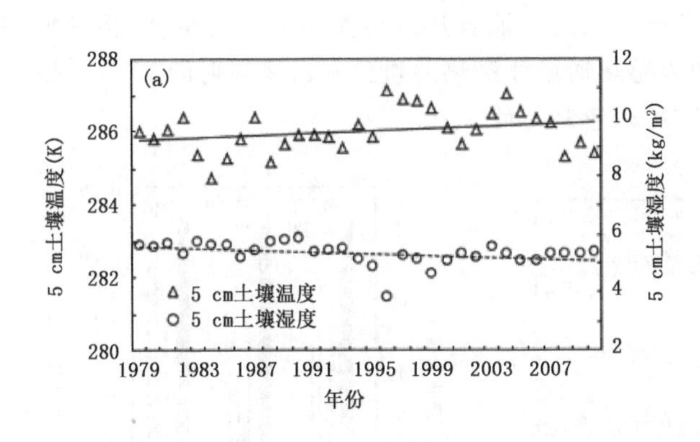

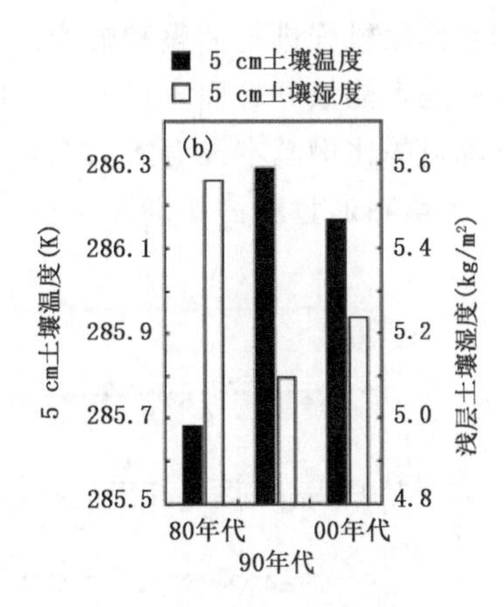

图 4.27　模拟的近 30 年 5 cm 土壤温度与土壤湿度的年际(a)和年代际(b)变化特征

黄土高原区域气候和土壤环境的暖干化趋势能牵动地表辐射平衡分量的改变以及地表辐射收支分量的年际和年代际变化。从图 4.28 中能够看出,向下短波辐射(DSR)显著增加,大约每 10 年就能增加 18 W/m^2;而向下的长波辐射(DLR)显著减少,大约每 10 年减少 12 W/m^2。这反映了该地区气候暖干化趋势造成的大气增温和少云天气对大气辐射的影响特征。地表反射辐射即向上短波辐射(USR)呈现比较明显的增加趋势,每 10 年就可增加 6 W/m^2 以上;而向上长波辐射(ULR)仅表现出轻微的增加趋势,每 10 年大约只增加 0.1 W/m^2,它们都反映了土壤干旱化和植被退化对地表辐射收支的影响特征。

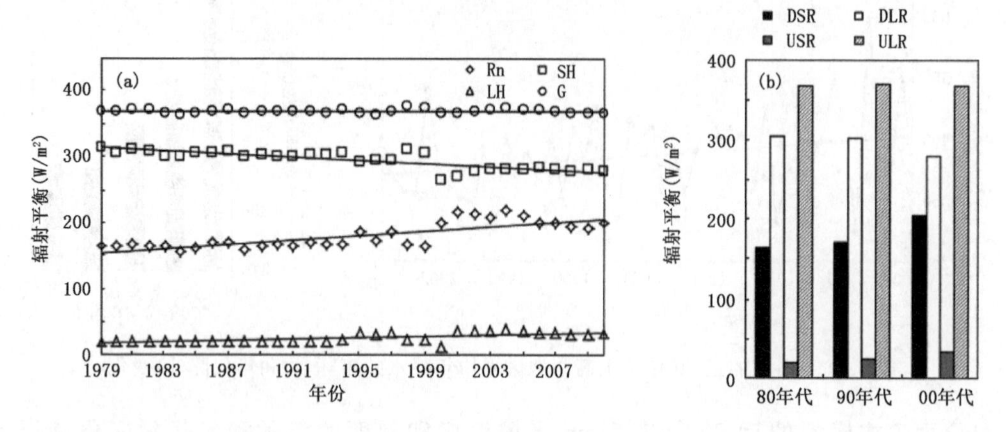

图 4.28　模拟的近 30 年地表辐射收支分量的年际 (a) 和年代际 (b) 变化

从模拟的黄土高原地区地表热通量年际和年代际变化特征可看出(图 4.29),无论地表净辐射,还是地表感热、潜热和土壤热通量,近 30 年来均呈现出一定的下降趋势,并且也具有 3—5 年周期的波动特征。地表净辐射(*Rn*)、感热(SH)、潜热(LH)和土壤热通量(*G*)每 10 年的下降幅度分别为 0.8 W/m²、0.7 W/m²、0.3 W/m² 和 0.0002 W/m²。从年代际特征来看,地表潜热通量在 20 世纪 90 年代较高,在 20 世纪 80 年代和 21 世纪 10 年相对较低,而地表净辐射、感热和土壤热通量均正好相反,在 20 世纪 90 年代较低,而在 20 世纪 80 年代和 21 世纪 10 年相对较高。可见,地表热通量分量并不只是简单地依赖温度或降水变化,而是通过陆—气相互作用过程进行调整和响应。

就地表能量分配而言,尽管近 30 年来黄土高原地表热量分量均有一定变化,但它们占地表近辐射的比例基本没有太大变化,地表感热通量和潜热通量分别占净辐射的 71.3%和 28.7%,而土壤热通量所占比例非常小,基本可以忽略不计。

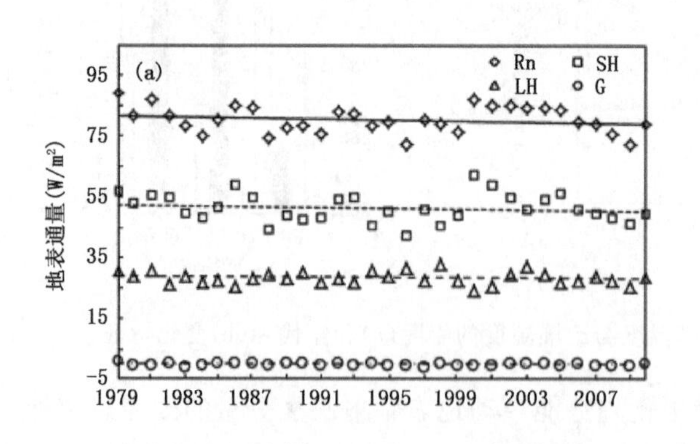

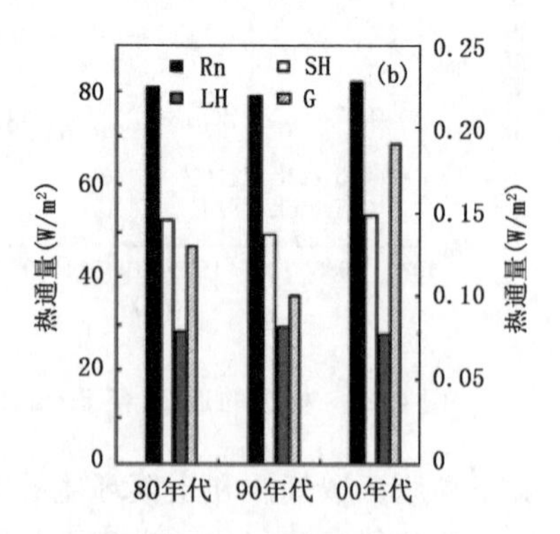

图 4.29　模拟的近 30 年地表热通量的年际(a)和年代际(b)变化

处于半干旱区的黄土高原,不仅由于特殊的气候条件造就了其独特的地表能量通量年变化特征,而且还会由于其显著的气候变化趋势造成各地表能量通量变化特征的显著差异。30 年来的黄土高原地区平均地表净辐射、感热、潜热和土壤热通量的年变化特征及其年际变化特征表明，地表净辐射通量在6月份最高，12月份最低，与太阳辐射变化基本保持一致，也与以往在干旱区典型年的研究结果比较接近；地表感热通量也在6月份最高，12月份最低，也与净辐射通量保持了比较一致的变化趋势。而潜热通量在7月份最高，1月份最低，与净辐射和感热通量不太一致，这反映了降水变化对它们的影响。土壤热通量在2—8月份为正，即由大气向土壤输送热量，而在9月至次年1月为负，即由土壤向大气输送热量。这些特征说明，黄土高原感热通量年变化主要受太阳辐射控制，而潜热通量和土壤热通量则由太阳辐射和降水共同控制。

黄土高原地区地表净辐射和感热通量年变化的年际变化幅度在全年比较稳定(图4.30)，分别在50 W/m² 和40 W/m² 左右。不过，净辐射通量的年际变化幅度在12月份最大，10月份最小，分别为74 W/m² 和43 W/m²；感热通量的年际变化幅度也在12月份最大，10月份最小，分别为61 W/m² 和26 W/m²。这说明冬季更加显著的增温造成了净辐射和感热通量更大的年际变化幅度。而潜热通量和土壤热通量的年际变化幅度一年之中差异均较大，其中地表潜热通量在4—9月较大，可以达到50 W/m² 左右。这说明黄土高原地处夏季风边缘地带，季风期降水的年际波动较大，从而引起较大的潜热通量年际变化幅度。而土壤热通量则在夏、冬季的年际变化幅度较大，12月份最大，可以达到33 W/m²，而春、秋季较小，最小出现在9月份，不到11 W/m²，这与秋季气候不如夏、冬季稳定有关。另外，在全年各月土壤热通量均可能出现年际正负转变，即由从大气向土壤输送能量转为从土壤向大气输送能量或者由土壤向大气输送能量转为由大气向土壤输送能量，这正好反映黄土高原地区剧烈的气候波动对土壤热通量影响的显著性。

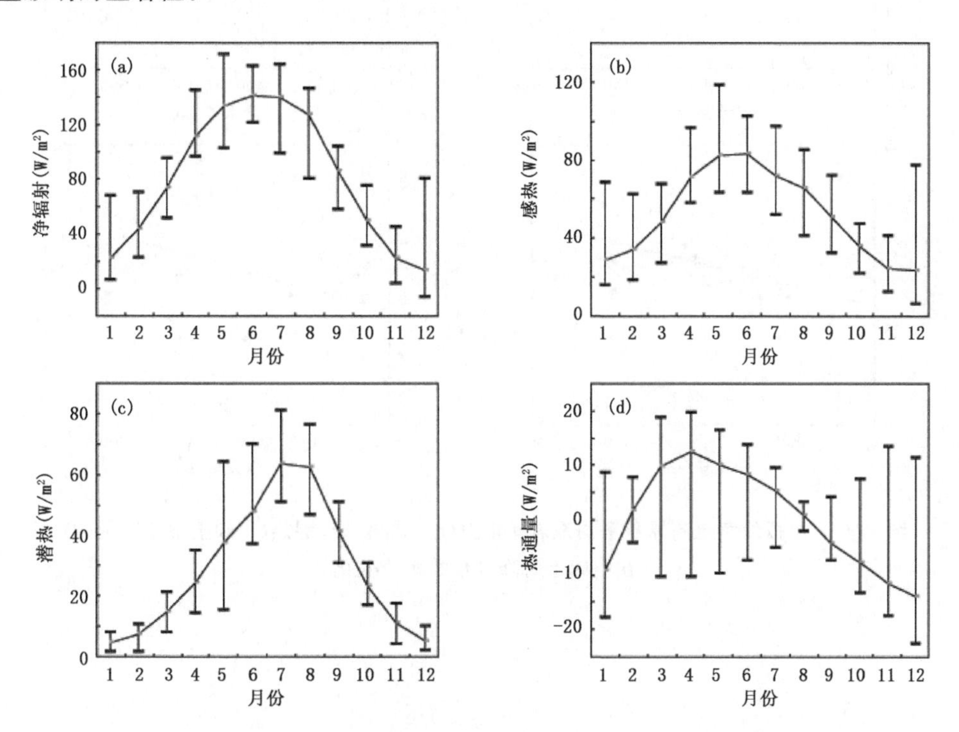

图4.30　模拟的黄土高原地表净辐射(a)、感热(b)、潜热(c)和土壤热通量(d)的年变化特征及其年际变化幅度

在黄土高原地区，无论是土壤温度和湿度等土壤特性的变化，还是地表辐射收支分量和热量平衡分量的变化均是对大气温度和降水等气候要素变化的响应，而且它们对大气温度和降水变化的响应机制也有所不同。从图 4.31 给出的年平均地表净辐射、感热通量，潜热通量和土壤热通量与降水量的相关图可以发现，在空间上各地表热通量分量与降水量均有较好的相关性，其中地表净辐射和感热通量随降水量的增加而减少，净辐射通量可从 300 mm 降水时的 83 W/m^2 左右减少到 500 mm 降水时的 79 W/m^2 左右，感热通量可从 300 mm 降水时的 56 W/m^2 左右减少到 500 mm 降水时的 45 W/m^2 左右；而地表潜热通量和土壤热通量则随降水量的增加而增加，潜热通量可从 300 mm 降水时的 26 W/m^2 左右增加到 500 mm 降水时的 30 W/m^2 左右，土壤热通量可从 300 mm 降水时的－0.1 W/m^2 左右增加到 500 mm 降水时的 0.6 W/m^2 左右。相比较而言，降水量与地表感热通量和潜热通量的相关性要更好一些，相关系数分别能够达到 0.48 和 0.61，都通过了 $\alpha=0.01$ 的显著性水平检验，并且响应也要更敏感一些；而与地表净辐射和土壤热通量的相关性要差一些，离散也更大一些，相关系数在 0.25 左右，响应幅度也不是很大。

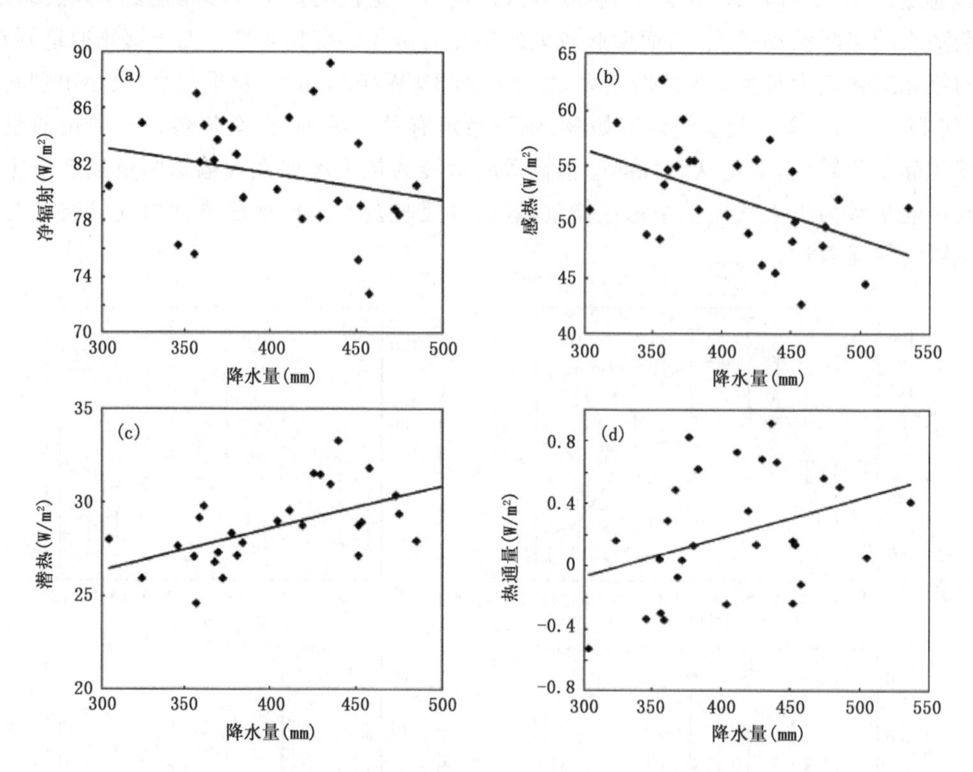

图 4.31　模拟的黄土高原年平均地表净辐射(a)、感热(b)、潜热(c)和土壤热通量(d)在空间上与降水量的相关变化

第 5 章　陆面作物水势定量遥感反演

5.1　作物水势遥感反演方法

土壤湿度和作物水分胁迫指数是目前应用较多的干旱指标。但是以土壤湿度评价作物干旱有其不确定性。主要有如下原因：(1)目前土壤湿度的测站相对较少；(2)作物缺水的原因不只是土壤湿度太小，还由于土壤水势较小，使得土壤对植物的供水不足；(3)在供水状况一定的条件下，大气蒸发力强弱也会影响作物的蒸腾量和叶水势状况。叶水势是直接反映作物水分状况的重要指标之一，目前仅限于小范围的点上观测研究。如在分析遥感估算叶水势原理的基础上，应用光合作用测定仪 CI-310 对西北干旱和半干旱区春小麦、棉花、玉米、胡杨以及多种牧草进行了生理特征观测，并可应用观测结果进一步论证遥感估算叶水势的原理。

在土壤—植被—大气连续体系(简称 SPAC)中，水流是植物与环境间的联结物。在植物体内，水分运输同电流一样，是在一个既有并联又有串联的十分复杂的系统内进行的。水流量与不同部位的水势变化和水流阻力密切相关，类似导线中的电流(I)与电压(U)、电阻(Ω)的关系一样。根据欧姆定律 $\Omega=\Delta U/I$，则水流阻力为 $R=\Delta\varphi/q$。蒸腾速率的大小则反映了 SPAC 中的水流通量 q 。

一般，叶气系统的水流阻力 R_{la}可由下列公式计算(张斌 等，2001)：

$$R_{la} = \frac{(\Psi_l - \Psi_a)}{T_r} \tag{5.1}$$

式中，Ψ_l、Ψ_a 分别是叶水势和大气水势，单位：Pa；R_{la}为叶气系统的水流阻力，$R_{la}=r_l+r_a$，r_l、r_a 分别为叶面阻抗和空气阻抗，单位：s/m；T_r 为蒸腾速率，单位：$\mu g/(cm^2 \cdot s)$。将(5.1)式变形可得叶水势的估算公式：

$$\Psi_l = \Psi_a + R_{la} T_r \tag{5.2}$$

根据水势的定义，这里的大气水势 Ψ_a 可由大气相对湿度计算：

$$\Psi_a = 4.6182 \times 10^5 T\ln(\mathrm{RH}) + T_r R_{la} \tag{5.3}$$

式中，T 为气温，单位：K；RH 为相对湿度(%)；T_r为蒸腾速率，单位：$\mu g/(cm^2 \cdot s)$；R_{la}为叶气系统的水流阻力，单位：s/m。式中，各个物理量可通过迭代计算及遥感反演得出(张杰 等，2008)。

作物水分胁迫指数可以用下式计算：

$$\mathrm{CWSI} = (1 - R_{la}) \tag{5.4}$$

式中，R_{la}为叶气系统的水流阻力，CWSI 为作物水分胁迫指数，单位均为 s/m。

5.2　叶水势与作物水分胁迫指数关系

不同气候区的植被以及相同区域的不同植被的生理特性有明显差别。通过对半干旱区春小麦进行生理特征分析，可得出遥感反演的叶水势反映作物水分胁迫的状况，并估算作物水分胁迫指数。通过分析黄土高原叶水势 Ψ 与作物水分胁迫指数 CWSI 的关系表明(图 5.1)，叶水势与作物水分胁迫指数呈线性变化趋势，叶水势随作物水分胁迫指数的增加而降低。除了少数部分点比较离散外，大部分点具有较好的线性关系。当作物受到水分胁迫后，作物水分胁迫指数增大，作物叶水势也会相应降低。已有研究发现，作物水分胁迫指数虽然能够同时反映作物水分胁迫后的生理干旱和气候干旱特征，但与叶水势和气孔导度参数相比，它还是较差一些，并不能完全对比出作物生理干旱特征。因此，图 5.1 只能说明作物在干旱胁迫增加时叶水势有减小的趋势，而叶水势对气象干旱和作物生理干旱的响应大小还需要从气象要素和生理特征参数变化的程度来入手分析。

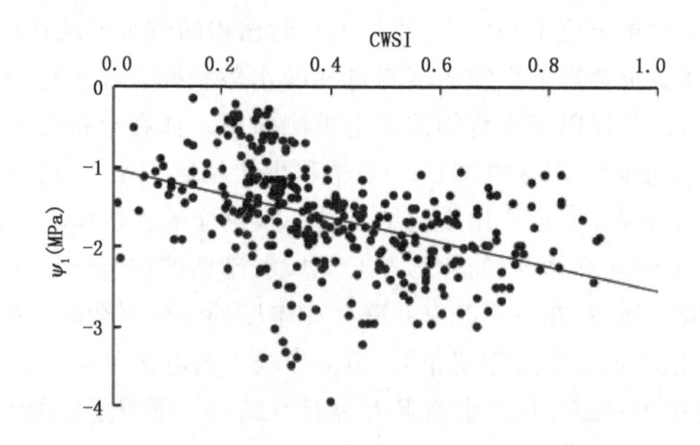

图 5.1　黄土高原叶水势 Ψ_1 与作物水分胁迫指数 CWSI 的关系

5.3　叶水势与气象要素关系

叶水势随气象条件改变而变化。随着空气湿度的增加，叶水势会有所增加。这是因为空气湿度在一定程度上反映了气候的干燥程度，当空气湿度较大时，该地区气候也相对较湿润，大气蒸发力也会相对较弱，因此叶水势有所增加(图 5.2a)。而随着温度的增加，叶水势有所减小。这主要是因为温度增加时，作物因蒸腾失去的水分也增加，叶水势会降低，并且在黄土高原的半干旱雨养农业区，作物本身处于水分相对亏缺状态，叶水势降低会更为显著。

气象因子影响大气的蒸发力，大气水势是反映大气蒸发力的重要参数，它是大气温度和湿度共同作用的结果(图 5.2b)。半干旱的黄土高原地区大气水势平均比较低的，叶水势会随大气水势的降低而降低(图 5.2c)。这是因为作物本身受大气蒸发力和土壤水势的共同影响，在土壤水分相同的状况下，大气蒸发力不同，水势的分布是不一样的。当大气蒸发力增加时，大气水势降低，叶水势将会随之减小。

对于某生育期的作物，当作物供水充足时，它将保持正常的蒸腾，叶片中的水流是稳定的，经过叶片的通量也是一个常数，叶水势也是一个常数。但当作物受到水分胁迫时，土壤中水分也会随气象条件的影响而相对不足，土壤水势有所减小。当大气蒸发力变化不大时，经过叶片的水通量会减小，叶水势也会因此而降低。对于不同作物在不同生育期，因作物叶面积、根长等生理特征的差异，即使在供水充足的状况下，叶水势也有一定的差异。从图 5.2 可以看出，叶水势与气候因子的关系比较好，说明叶水势对气候变化的响应比较敏感。在没有灌水的条件下，农业干旱首先是气象干旱引起的。叶水势只有敏感的响应气象干旱，才能很好地评估作物的干旱状况。

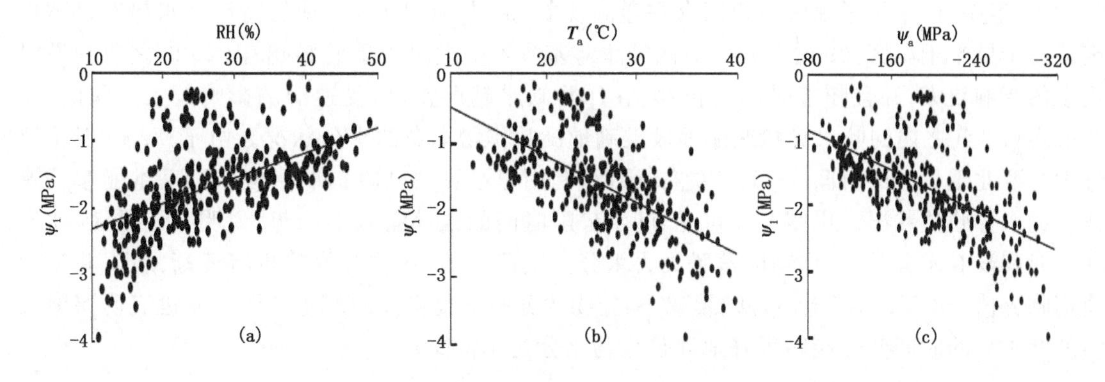

图 5.2　黄土高原叶水势 Ψ_1 与空气湿度(a)温度(b)以及大气水势(c)的关系

5.4　叶水势与作物特性关系

冠层温度、蒸腾速率和气孔导度等是反映作物生理特征变化的主要参数，为了减少大气环境的影响，有很多研究用冠—气温差代替冠层温度(陈四龙 等，2005)。在黄土高原地区，叶水势随冠—气温差的增大而减小，因为冠气温差越大，说明作物受干旱程度越严重，所以叶水势也会有所减小(图 5.3a)。随着蒸腾速率的增加，叶水势一般呈线性减小(图 5.3b)，这种变化趋势与干旱区胡杨林的蒸腾速率和叶水势的关系基本一致(贾秀领，2005)，而与其他湿润地区冬小麦的变化趋势相反(司建华 等，2005)。这是因为小麦在夏季 6—7 月即开花到乳熟期间，叶片面积达到最大，并且也是干物质积累时期，蒸腾速率比较大，由于干旱雨养农业区气候和土壤比较干旱，为满足蒸腾过程不断耗水的需要，作物会通过气孔调节形成较低的叶水势，以利于从土壤中吸水。叶水势和气孔导度之间的关系比较复杂(图 5.3c)，并非线性关系，在气

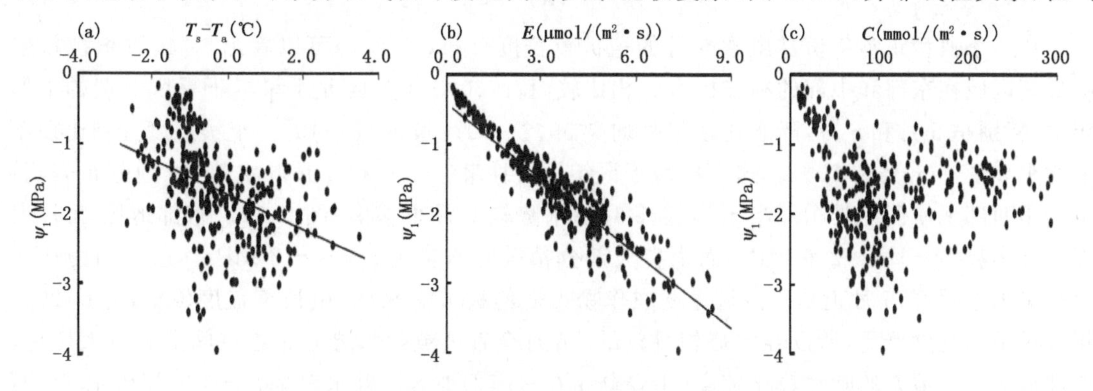

图 5.3　叶水势 Ψ 与作物冠气温差(a)蒸腾速率(b)以及气孔导度(c)的关系

孔导度达到 120 mmol/(m^2 · s)时，蒸腾速率达到最低值，其中原因可能是气孔的前馈反应和反馈反应共同调节的结果。

5.5 叶水势时间变化特征

有研究表明，凌晨叶水势一般比较稳定，能够较准确地反映作物水分的状况(张喜英 等，2000)。但是，由于干旱地区在夜间存在逆湿现象(张强 等，2002c)，使得清晨叶水势变化不稳定。在干旱半干旱区，09 时以及之后的叶水势基本不受逆湿现象的影响；而 09 时之前受逆湿现象的影响较大，并且随着时间的推移，在作物缺水越严重时，受逆湿的影响越大。因此，09 时或之后 3 h 之内的叶水势状况能够较准确地反映作物本身的水分状况。由于 Terra 卫星经过中国西北干旱区的时间在 11 时左右，因此，利用卫星资料估算的叶水势状况基本能够反映作物的水分胁迫状况。由图 5.4 可见，叶水势随时间的推移有减小趋势，说明在干旱区，如果一段时间没有水分补给，作物因蒸腾失去水分是很严重的，作物叶水势也将逐渐减小，并接近萎蔫临界值－2 MPa，甚至还将继续减小，作物水分胁迫也将更加严重。图 5.4 也表明遥感反演的叶水势的时间变化能够很好地评价作物水分变化特征。

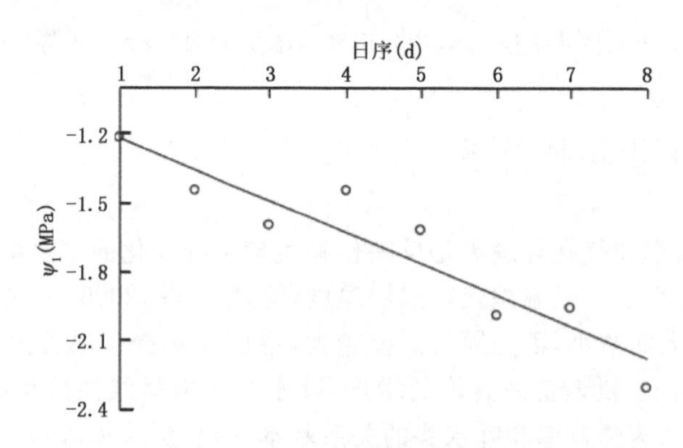

图 5.4 叶水势 Ψ_1 随时间变化特征

5.6 叶水势空间分布特征

从一个典型正常年份甘肃省 6 月的植被覆盖度分布(图 5.5)可以看出，甘肃省植被覆盖度最高区域在东部和中部的祁连山区。相比较而言，2005 年是西北干旱半干旱区典型的干旱年份，特别是 5 月和 6 月，降水比往年平均少 50%～90%和 30%～40%，土壤湿度分别比往年平均少 30%～60%和 30%。这个典型干旱年份的甘肃省 5 月和 6 月叶水势 Ψ_1 的分布表明，不论是西部干旱区还是东部半干旱区，5 月的水势较 6 月小很多(图 5.6)。东部地区，5 月大部分叶水势为－1.5～2.0 MPa，而全省大部分植被叶水势为－2～－3 MPa。这是因为在西北干旱半干旱区，5 月正是该区域主要农作物小麦的拔节需水期，植被覆盖度较低，并且 2005 年春季干旱程度严重，所以叶水势相对较低。6 月全省植被叶水势分布在空间上有较大变化，东部地区 1/3 地方的叶水势比较高(主要分布在东南部地区)，叶水势都在－1.5 MPa 以上，而有 1/3 地方的叶水势为－1.8～－2.0 MPa，最东部的 1/3 地区，叶水势＜－2 MPa。这说明在东部地区植被从东南向偏东方向的叶水势逐渐降低,作物逐渐受到干旱水分的胁迫,最东部地区水分胁迫最严重。而在中部,出现零星分布的水势较高的地区,这些地区包括祁连山区和北部绿洲等区域,因为有高山融雪、流域水和地下水的灌溉,山区和绿洲植被生长旺盛,因此水势较高,大部分地区叶水势在－2 MPa 以上。西部地区叶水势分布也不平衡,干旱绿洲区叶水势较多,而山区和北部部分平原叶水势较低,原因可能是绿洲区有流域和地下水的灌溉,因此水分匮缺程度并不严重。对比整个甘肃省植被叶水势分布可以看出,由于旱区有地表水和地下水灌溉,叶水势分布差异不大;又由于本年度是气候干旱年,所以山区和半干旱区水分胁迫相对严重,叶水势较低。

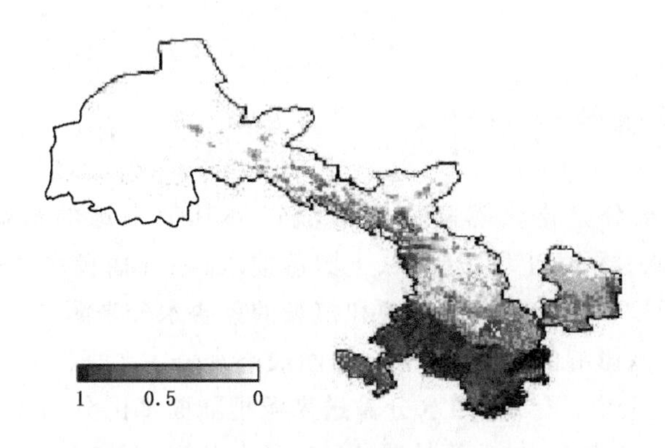

图 5.5　正常年份甘肃省 6 月植被覆盖度分布
(本图于 2005 年基于当年资料绘制,图 5.6 同)

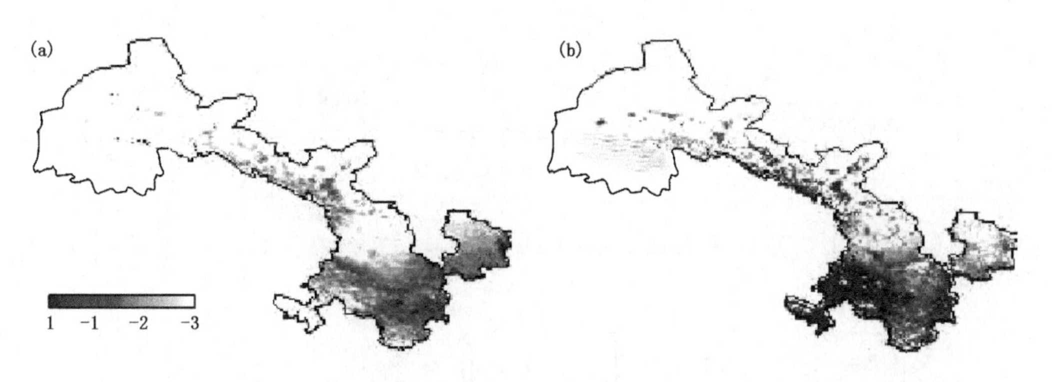

图 5.6　2005 年典型干旱年份 5 月和 6 月叶水势 Ψ_1 的分布

第6章　干旱半干旱区陆面非降水性水分特征及其形成机制

6.1　陆面非降水性水分定义

陆面非降水性水分是指天然降雨和灌溉以外其他来源的液体地表水(Agam et al.，2006)，来自包括雾水、露水、土壤吸附水、土壤蒸馏水、毛管抽吸水、植物吐水等其他陆面液态水分分量，它们是干旱半干旱区陆面土壤和植被的重要水分来源。

一般，在没有灌溉影响的自然情况下，陆面液态水分主要来源于降水性和非降水性两种形式(图 6.1)。从宏观上讲，可以按照水分输送来源把陆面水区分为来自大气和下层土壤 2 类，来自土壤的水分有土壤蒸馏水、毛管抽吸水、植物吐水等，而来自大气的水分有雾水、露水、水汽吸附(土壤吸附水)等。陆面非降水性水分由于其形成物理环境比较特殊，影响机制比较复杂，长期以来定量准确测量比较困难，之前对其认识和研究比较缓慢。

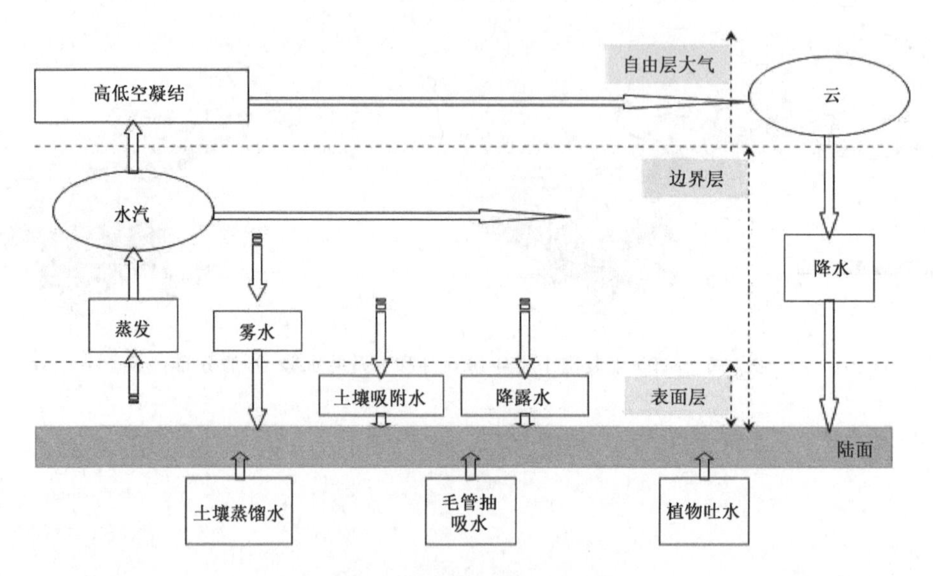

图 6.1　陆面水分循环示意

陆面非降水性液态水分分量的形成和输送均比较复杂，不仅与土壤湿度、土壤粒径、土壤有机质含量、土壤组成比面积及土壤热力等特征量密切相关，而且与局地的温度、风速、湿度及其梯度分布等微气象条件也有关。从理论上讲，目前可以通过对一些关键大气物理指标的计算和判断，从观测到的土壤或叶面水分变化量中区分或辨别出各种形式的陆面液态水分分量。但准确地测量表面水分量变化和科学合理地计算各种物理指标等工作具有一定的技术挑战性。

6.2 陆面大气非降水性水分分量

在干旱区，陆面非降水性水分的量有时甚至超过降雨作为重要水源之一(Malek et al.，1999)，在维持干旱半干旱地区的生态系统中发挥着重要作用(Shachak et al.，1980；Kidron et al.，2000)。与降雨相比，非降水性水分对中国干旱半干旱区具有更为特殊的生态和气候影响。作为维持干旱半干旱环境生产力的重要因素(Kaseke et al.，2017)，干旱区的降雨主要发生在6—9月的夏季风期间。相比之下，非降水性水分全年都有可能出现，甚至在非季风期比降雨的发生频率更高，因此可以减少非季风期间植物内部水分亏缺和补充植物土壤储水量，对作物的需水供给非常重要。根据张强等(2010b)，在黄土高原地区，年非降水性水分占到水分总收入的12%左右，尤其在整个冬季可达大气降水量的2～3倍，数量相当可观。

在干旱半干旱区不同陆面非降水性水分分量中，露水量和土壤吸附水量所占比例大致相等，雾水比前2项小一个量级，仅占水分收入量的0.2%，完全可忽略。在不同的非降水性水分分量中，目前仍然难以测量土壤蒸馏水、毛细水和植物吐水量，雾水、露水和土壤吸附水的数量大小虽然不能通过仪器直接测量，但可以通过观测和分析来估算(Agam et al.，2006；Agam，2014)。由于旱区雾出现的时间比较少，露水和土壤吸附水是非降水性水分的主要分量。

从理论上讲当表面温度低于露点温度时，露水可由大气中的水蒸气凝结形成(Agam et al.，2006；Uclés et al.，2013)。最早的露水开发可以追溯到16世纪(Beysens et al.，2001)，自20世纪中叶以来露水研究的数量逐渐增加(Monteith，1957；Garrat et al.，1988；Jacobs et al.，2000；Kim et al.，2011)，且观测露水的方法已经从人工凝结表面改进到实际的下垫表面(Zhang et al.，2011)。在世界许多地方，都研究了露水形成的条件和露水的影响。雅典的一项研究(Malek et al.，1999)发现了0.068～0.09 mm/d的露水形成量。在摩洛哥的干燥气候中，Lekouch等(2011)发现平均0.1 mm/d的露水形成量，而在黄土高原半干旱地区的最大日露水形成量可达到0.3 mm/d(Wang et al.，2011；Zhang et al.，2009)，有研究在中国古尔班通古特沙漠发现了0.1 mm/d的产露量。文献报道中的最大露水量是美国Kabela等(2009)所观测到的，露水形成量达0.8 mm/d。可见，全世界各个地区发现的露水量变化很大，不过在干旱半干旱地区露水对总体上对水分平衡的影响非常重要(Zhang et al.，2015)，但对湿润地区而言它对水分平衡几乎没有多大影响(Jacobs et al.，2006)。

与露水相比，之前对土壤吸附水的研究较少，仅有研究探索过其形成原理。例如，Agam等(2006)发现土壤吸附水是对土壤空隙中水蒸气的直接吸收。由于受当前观测和测量技术的局限，这种土壤吸收水的大小只能间接估计。Kosmas等(1998)研究表明，土壤吸附水是引起土壤水分日变化的一个重要原因。在为期8个月的观测期内，观测到的土壤吸附水总量为226 mm，而同期的降雨量仅为179 mm。通过分析从近岸沙漠收集的数据，Agam等(2004)发现，裸土表面很少有露水形成，而土壤吸附水实际上才是土壤水分日变化的主要体现。Verhoef等(2006)研究了西班牙南部的土壤吸附水，发现一天累积量可达0.7 mm左右。

6.3 陆面非降水性水分的测量

在理论上，陆面非降水性水分可以通过物理判据来判识。但在实际观测上存在不少技术困难。当前，还没有任何仪器可以全部直接测量陆面非降水性水分各个分量，只能通过对观测数据的物理判识来估算。由于一些研究没有很好区分各类陆面非降水性水分分量，造成了较大的估算误差。在很多情况下，把几类非降水性陆面液态水分分量混为一谈，这使得评估其在生态系统和地表水循环中的作用变得更加困难。张强等(2016)基于 Lysimeter 蒸渗计和一些微气象观测数据，并结合每种非降水性水分的物理性质，建立了陆面非降水性水分分量定量识别技术系统(图 6.2)，对蒸渗计观测数据中排除降水和干沉降信息的同时，获得了各类陆面非降水性水分分量值，比较精确地得到了陆面非降水性水分分量(Zhang et al.，2019)，为陆面非降水性水分研究奠定了观测数据基础。

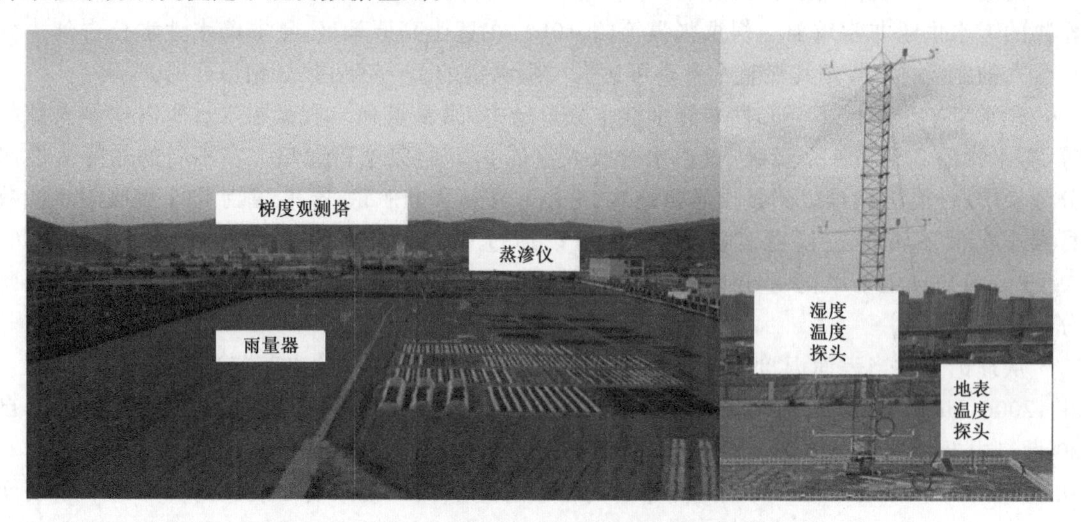

图 6.2 定西试验基地陆面非降水性水分观测试验系统

6.3.1 陆面非降水性水分观测试验系统

定西试验基地(定西；104.6°E，35.6°N；1897.2 m a. s. l)安装用于陆面非降水性水分观测试验的仪器有风向及风速、温度和湿度梯度观测(1/2/4/10/16 m)(表 6.1)，每 10 分钟采样一次，使用 HMP45D 传感器来测量空气的温度和湿度(图 6.3)。同时，还有测量表面温度的仪器，每 10 分钟采样一次，使用美国 Campbell Scientific(型号 109)感应探头。在无雨天，将集尘器放置在表面上以收集灰尘；然后通过电子天平测量重量。蒸渗计(Lysimeter)是由中国气象局兰州干旱气象研究所自行安装的称重式大型蒸渗计(图 6.3a)，直径为 2.25 m，有效蒸散面积为 4.0 m^2，深度为 2.65 m。高分辨率重量传感器用于 Lysimeter 蒸渗计的称重系统，配有数据收集器和信号传感器；其工作原理如图 6.3b 所示。该蒸渗计测量地表实际蒸散量(ET)和非降水性水分的精度为 0.03 mm，灵敏度为 0.01 mm。当蒸渗计数据小于精度值，该数据视为低质量无效数据。每小时记录一次数据。观测中出现的蒸散量负值可以被认为是负的水汽通量即陆面非降水性水分量(Tolk et al.，2006；Groh et al.，2019)。

表 6.1 测量仪器及主要技术参数

仪器名称	性能	制造商或安装研究单位	安装高度(m)
LG-I Lysimeter	精度：0.03 mm；敏感度：0.01 mm	兰州干旱气象研究所	地表
HMP45D	温度测量范围，－39.2～＋60 ℃，精度:±0.2 ℃;湿度测量范围：0.8%～100%,精度:±1%	Vaisala，Helsinki，Finland	距地面 1、2、4、10、16 m
109	温度测量范围 ：－50－70 ℃ 精度:＜ ± 0.2 ℃	Campbell Scientific Inc.，USA	地表
雨量筒	精度：±2.5%,体积含水量(VWC)	Campbell Scientific Inc.，USA	距地面 0.8 m
集尘器(JJ1000 电子天平＋集尘罐)	干沉降测量范围:0～1000 g 精度：0.01g	Shuangjie Electronics Co.，Ltd.，,China	地表

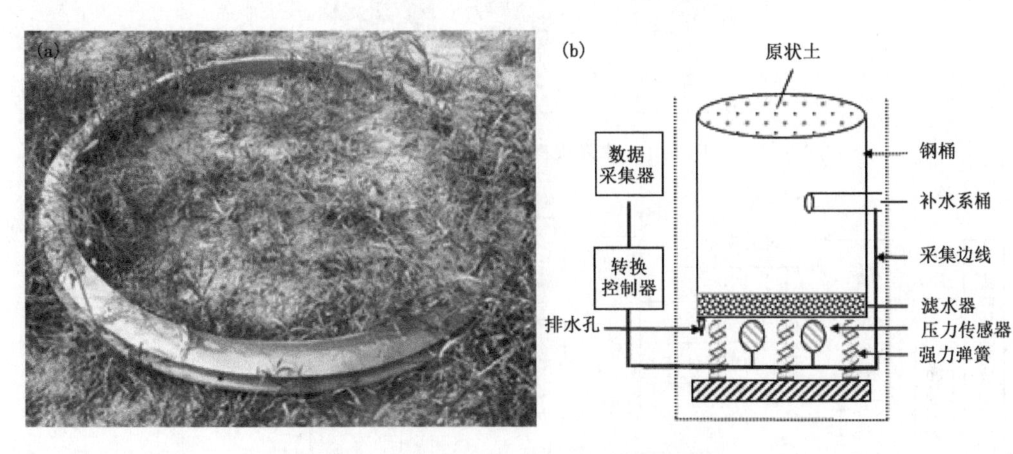

图 6.3 Lysimeter 蒸渗计及其工作原理

非降水性水分成分识别系统如图 6.4 所示。该系统包括数据识别系统和包括测渗仪、雨量计、集尘器、空气温度和湿度传感器以及表面温度传感器等必要的观测仪器，将以上数据输入数据分离系统，然后该系统输出非降水性水分测量值。

6.3.2 陆面非降水性水分的测量与判识方法

以往的研究仅考虑了降水量对蒸渗计数据的影响，而忽略了干沉降(粉尘)的影响。虽然一般情况下，干沉降的量级比较小，但由于非降水性水分的数量级很小，忽略干沉降也会带来很大的误差(Hannes et al.,2015;Peters et al.,2017)。因此，需要与微气象学和常规气象观测数据结合起来，以区分用蒸渗计重量变化观测到的不同类型的非降水性水分及其他沉降物。一般，可按照图 6.5 设计的步骤，逐一判断非降水性水分分量。

首先，需要排除掉降雨、降雪和沙尘暴期间的数据。其次，通过极值检测消除掉不可靠时期的异常值。然后，根据研究(Kebela,2009)设置阈值的 0.08 mm/h 消除了一些不合理的数据，最后，采用线性趋势插值法对短期缺失数据进行外推，线性插值由用 2 相邻点取平均。

可将蒸渗计感应数据的变化表示为：

$$\Delta w = w_i - w_{i-1} \tag{6.1}$$

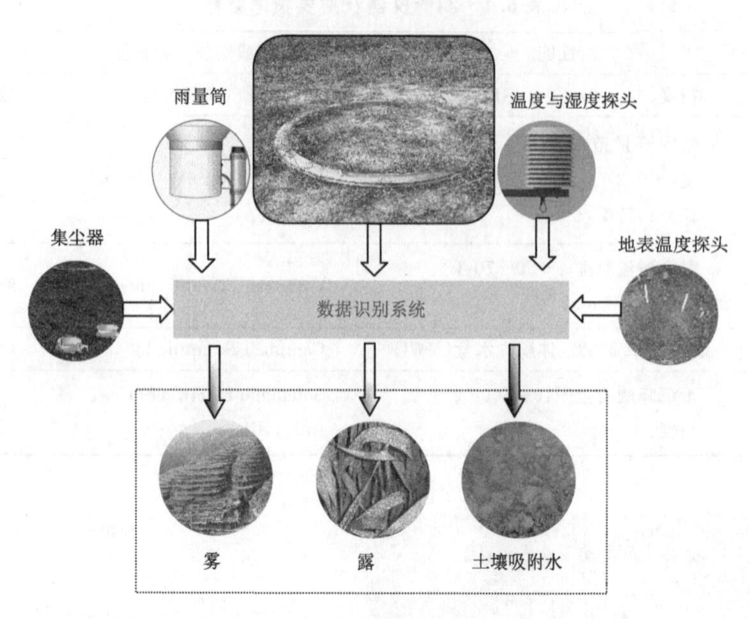

图 6.4　非降水性水分识别系统示意

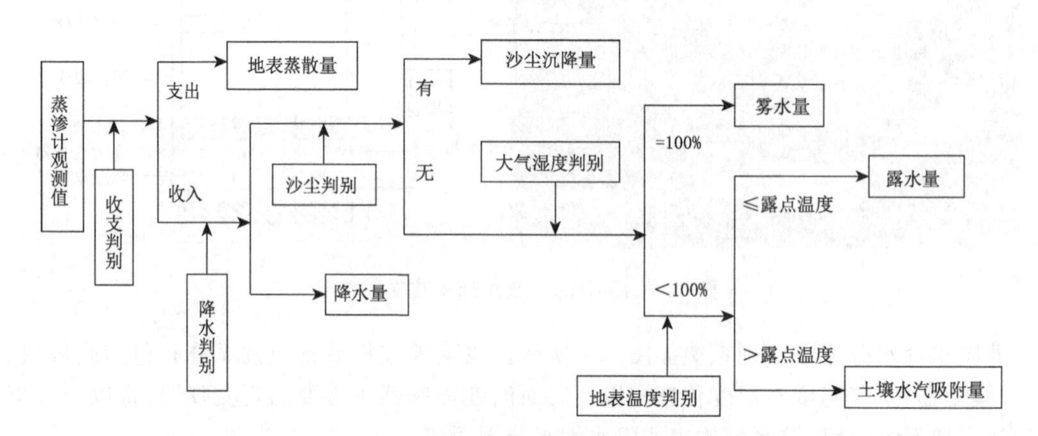

图 6.5　非降水性水分数据识别系统示意

式中 Δw 是蒸渗计的变化值，单位：kg，当无非降水性水分时，$\Delta w=0$ 或<0)。每隔 60 min 取值 1 次。w_i 和 w_{i-1} 分别是当时及前 1 次蒸渗计的测量值，单位：kg。

露点温度是由 Michell Instruments Company 给出的公式计算的

$$T_{\mathrm{d}}=\frac{243.12\times\ln(e_{\mathrm{w}}/611.12)}{17.62-\ln(e_{\mathrm{w}}/611.12)} \tag{6.2}$$

式中，T_{d} 为露点温度，单位：℃；e_{w} 为饱和蒸气压，单位：hPa。该公式的适用范围为：−45～+60 ℃，T_{d} 的精度为±0.04 ℃。

从蒸渗计观测数据中具体观测识别陆面非降水性水分的步骤如下：

首先，将蒸渗计当时观测值与前一个时次观测值进行比较。如果 $\Delta w<0$，则可以推断在这段时间内发生了蒸散作用，并无非降水性水分产生。相反，如果 $\Delta w>0$，则该值可能出现了非降水性水分或其他沉降物。

其次，根据降水资料做进一步判断。如果在上述观测期间发生了降水，则认为蒸渗计观测的增加值为降水，而不是非降水性水分。如果没有降水发生，则增加值可能是非降水性水分或另外的沉降物。

第三，再根据沙尘数据进行。如在同期观察到了沙尘数据即在测量期内有明显干沉降，则认为蒸渗计测量到的增加值是沙尘。如果没有沙尘发生，则才可将蒸渗计观测到的增量值确定为非降水性水分。

最后，再根据当时的大气物理条件进行判断。如果大气中水汽接近饱和，则判定蒸渗计观测的增加值为雾水；如大气中水汽非饱和但地表温度达到了露点，则判定蒸渗计观测的增加值为露水(霜)；如大气中水汽为非饱和且地表温度又达不到露点温度情况，则判定蒸渗计观测的增加值均为土壤吸附水。

利用蒸渗计观测数据识别出的非降水性水分可以表示为：

$$W_{\mathrm{nrw}} = 1000 \times \sum_{i=0}^{i=T/2} \Delta w_i / (\rho_{\mathrm{nrw}} \times S_\rho) \tag{6.3}$$

式中，W_{nrw}是非降水性水分(露、雾、吸附水等的总和)，单位：mm；ρ_{nrw}是非降水性水分的容重，单位：kg/m^3；Δw_i 如前一样是蒸渗计观测并经过识别后的变化值，单位：kg；i 为蒸渗计观测值的序数，间隔 60 min；S_ρ 为测量面积，单位：m^2；T 为测量时长，单位：s，$T=3600$ s。

根据(6.3)式，可以比较容易地测算出降露水(霜)的日变化值：

$$W_{\mathrm{nrw}}(j) = \left[\sum_{k=1}^{365} w_{\mathrm{nrw}}(k,j)\right]/365 \tag{6.4}$$

式中，j 为 1 天中的小时序列(从 1 到 24)；$W_{\mathrm{nrw}}(j)$是第 j 小时的陆面非降水性水分量，单位：mm；k 为 1 年中的日序数；$W_{\mathrm{nrw}}(k,j)$ 是第 k 天中、第 j 小时的陆面非降水性水分，单位：mm。

陆面非降水性水分量的发生频率可用下式计算：

$$f_{\mathrm{nrw}}(j) = [N_{\mathrm{nrw}}(j)/365] \times 100\% \tag{6.5}$$

式中，j 是每天的小时序数，$f_{\mathrm{nrw}}(j)$ 是第 j 时的陆面非降水水分发生频率，$N_{\mathrm{nrw}}(j)$ 是全年在第 j 时出现陆面非降水性的天数，少于 365 次。

同样，每月平均的非降水性水分可以用下式计算：

$$W_{\mathrm{nrw}}(s) = \left[\sum_{k=1}^{H(s)} w_{\mathrm{nrw}}(s,k)\right] \tag{6.6}$$

式中，$W_{\mathrm{nrw}}(s)$ 是第 s 月份陆面非降水性水分，单位：mm；k 和 s 分别是每年中的月序数和每天中小时的序数；是第 s 月中总的小时数，虽各月不尽相同，但不能大于 24×31；$w_{\mathrm{nrw}}(s,k)$ 为第 s 月中第 k 时的非降水水分值，单位：mm。

与上面类似，每年的非降水水分的发生频率可用下式计算：

$$f_{\mathrm{nrw}}(s) = [M_m(s)/M_0(s)] \times 100\% \tag{6.7}$$

式中，s 是全年中月份的序数，$f_{\mathrm{nrw}}(s)$ 是第 s 月中陆面非降水水分发生的频率，$M_0(s)$是第 s 月的总天数，每月可不相同，但不能超过 31。$M_m(s)$是第 s 月中出现陆面非降水水分发生的天数，小于 $M_0(s)$。

6.4 露水

6.4.1 露水的定义

早在 19 世纪初 Wells(1814)就对露水形成进行了科学的阐述。20 世纪中期,对露水有了比较成熟的理论解释,但是对于露水的定义还没有提出,直到 1957 年 Monteith 提出了露水的定义:露水是指大气中的水汽辐射冷却凝结到某一基质上的产物。20 世纪 60 年代,世界气象组织(WMO)给出了露水正式定义:露水是指水汽通过辐射冷却降温至干洁空气露点以下后到某一表面的凝结物。随后,许多学者不断对露水的定义进行完善,有学者提出露水是指在天气晴朗、无风或微风的夜晚,贴近地面的空气受地面长波辐射冷却的影响而降温到露点以下,所含水汽的过饱和部分在地面或地物表面上凝结而成的水珠。

一般认为露水有两种存在形式:一种是植物或地表从空气中获得的水汽形成的露水;另一种是植物或地表从其本身的蒸腾或蒸发中获得的液态水,即植物吐水或土壤蒸馏。前者对于植物或地表来说是一种水分纯输入,而土壤蒸馏或植物吐水仅是土壤—植物—大气系统水分循环的再分配。

6.4.2 露水形成机制

当大气中的水汽接触到温度等于或低于露点的地表或地物时就会形成露水,它是发生在地表的大气水汽从气态向液态的相变过程。与降水和雾水不同,露水通常在许多时间和地点都有可能形成。露水作为大气的一种凝结物,其发生的一般条件是:第一,空气中水汽含量增加,相对湿度增大或温度降低,使得空气中的水汽达到饱和或过饱和状态。但空气中水汽含量增加大都来自强烈的蒸发提供的水汽,而蒸发只有在表面的温度高于气温的条件下才会发生。所以,在自然界中,绝大部分地表凝结现象发生在降温过程中,即空气中的水汽达到饱和或过饱和状态的主要途径是降温。在露水的形成中,降温主要是通过辐射冷却来实现的。第二,要具有凝结核,即在大气中必须有液体的、固体的或亲水的气体微粒作为水汽凝结的核心,凝结核往往决定露水量的强度和持续时间。核化率依赖于表面湿特征尤其是表面的亲水性,亲水性越强表面核化率就越高。表面亲水性影响着液滴与表面的界面夹角即接触湿润角。从理论的角度而言,如果表面完全亲水,接触湿润角可以达到 0°,液滴可完全平铺在地表,与地表接触面积最大;而如果表面完全疏水,接触湿润角为 180°,液滴几乎完全被空气包围,几乎不与地表接触(图 6.6)。

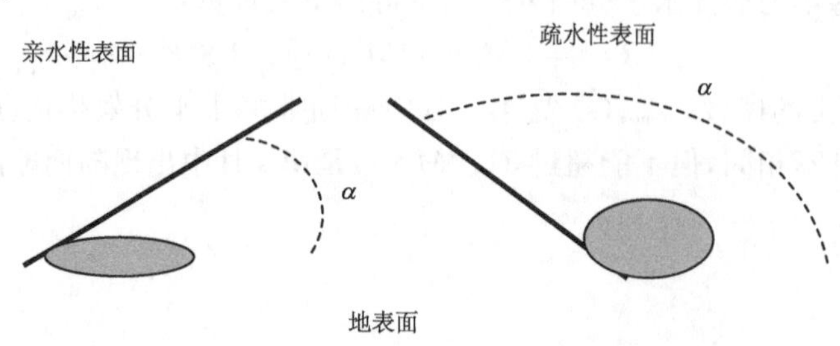

图 6.6　不同类型陆面露水核化过程示意

露水的形成受微气象条件即近地层水汽条件、地表温度变化、地层温差、相对湿度和风速等因素影响。所以，在自然界，露水形成与天气有关。晴朗少云的夜晚，地面降温比较剧烈。如果风力很小，上下层空气间没有扰动，那么，贴近地面的空气层温度下降更快，使得贴近地面空气中的水汽更容易到达饱和并凝结成小水珠，这些凝结的水汽、小水珠附着在地面物体上，便是日常见到的露水。如果夜间天空有云层遮挡，地面降温就会大大减缓，接近地面的空气层温度降低也较少，则水汽不容易达到凝结条件，这样露水难以出现。因此，露水多在晴朗无云或少云、微风或无风的夜晚形成。当出现露水特别是露水较多时，预示着天气晴朗。

有研究(刘文杰 等，1998，2001)通过分析了云南西双版纳热带雨林干季林冠夜间近地层温度层结的变化与雾露的关系发现，日落后地表气温下降较快，虽然 18 时近地表仍为较弱的绝热分布，但地表 20 cm 以下，在 19 时形成较强的逆温；到 20 时，地表 150 cm 以下均为逆温分布，而且 20 cm 以下逆温强度有所减弱，此时在 20 cm 高的矮草上因叶温低于周围空气的露点，叶片上已有露水形成；20 时 30 分，随着露水凝结潜热释放的增多，20 cm 以下的逆温消弱，且进一步影响到上面大气的温度层结。随后温度层结基本不变，但近地层气温因水汽向上辐射失热而仍在不断下降。01 时，地面开始有雾形成。03 至 05 时，近地层已成等温分布，但由于雾层本身向上的辐射冷却加强，近地层气温下降要快于地表温度。07 时左右，近地层气温已成绝热分布，露水不再产生。由此可见，露水大多伴随逆温层的出现而形成的。

张强等(2010b，2015)通过分析露水出现频率与近地层温差(4 m 与 1 m 高度的温差)、相对湿度和风速的关系发现(图 6.7)，在黄土高原半干旱区，露水一般只出现在相对湿度大于 60%的条件下，并且出现频率随近地层相对湿度增加而增大；当相对湿度大于 80%时，露水出现频率可高达 50%。露水出现频率与近地层温差和风速的关系相对较复杂，并不是单调关系。当逆温强度为 0.2～0.4 ℃时，露水出现频率最高，可达 40%左右；而逆温强度更大或更小时，露水出现频率均会降低，尤其在中性或不稳定层结时露水出现频率很低，几乎不到 5%。露水出现频率最高的风速范围为 1.0～1.6 m/s，出现频率可达 45%左右；风速更大或更小时均不利于露形成，在风速小于 0.4 m/s 或大于 1.9 m/s 时，露水出现频率甚至尚不足 5%。一般，露水量最大可达 0.23 mm/h，但大多时候在 0.1 mm/h 以下。并且，近地层大气相对湿度越大，露水量就越大。但一般在逆温强度为 0.25 ℃和风速为 1.5 m/s 的适度微气象条件下露水量最大。

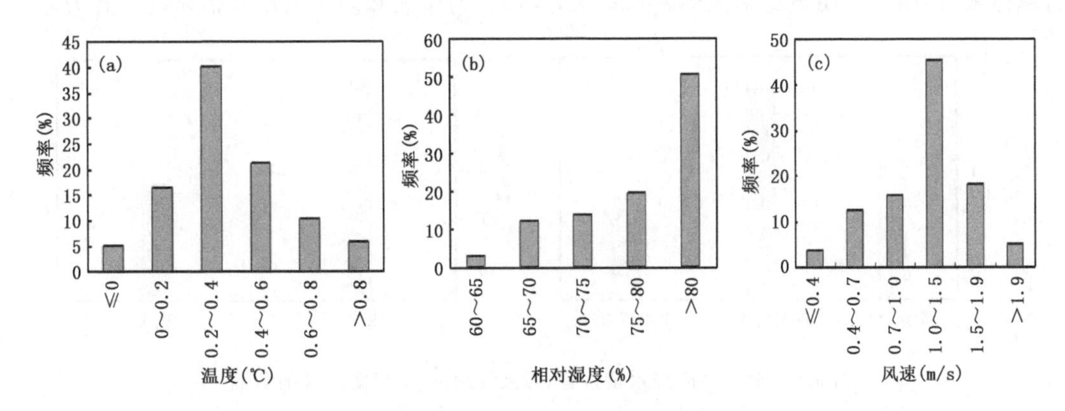

图 6.7　露水出现频率与近地层温差(a)、相对湿度(b)和风速(c)的关系

就露水与微气象条件的作用机理而言，通过凝结过程形成露首先需要一定水分来源，所以，近地层相对湿度越大露就越容易形成。而风速和温度层结的作用比较复杂，既影响近地层水汽输送又与地表温度状态有关。虽然，强风速和强不稳定层结均有利于水汽交换，但却不利于辐射冷却形成的低地表温度状态的维持。而适中的逆温和风速强度正好保持了比较恰当的近地层大气湍流扩散状态，既能使近地层水汽通过湍流输送不断得到补充，又能够保证夜间维持较低的地表温度，容易达到结露条件。

由于露水形成受局地微气象条件影响较大，露水量自然会随季节有很大不同。通过分析黄土高原露水的季节累计量与其出现的频率可知(图 6.8)，露水量在秋季最多，春季次之，夏季和冬季最少；而露水出现频率与露水量并不完全一致，在春季最频发，秋季次之，夏天也要比冬天稍多一些，这与我们在生活中的感受一致。一般在春、秋季节地表温度较低，且水汽条件较好，露点温度也较高，容易达到露形成条件；而夏、冬季节或因地表温度太高，或因空气干燥露点温度较低，均不容易达到露形成的条件。秋天露量之所以比春天更高，主要是由于在黄土高原半干旱地区受季风影响，秋天近地层水汽条件要更好一些(陈勇航 等，2005)。

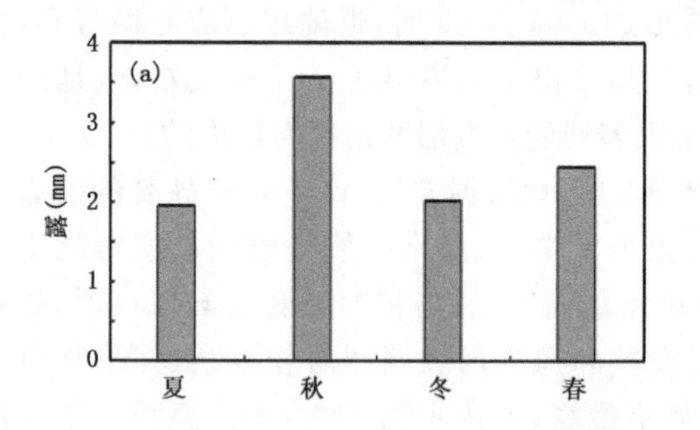

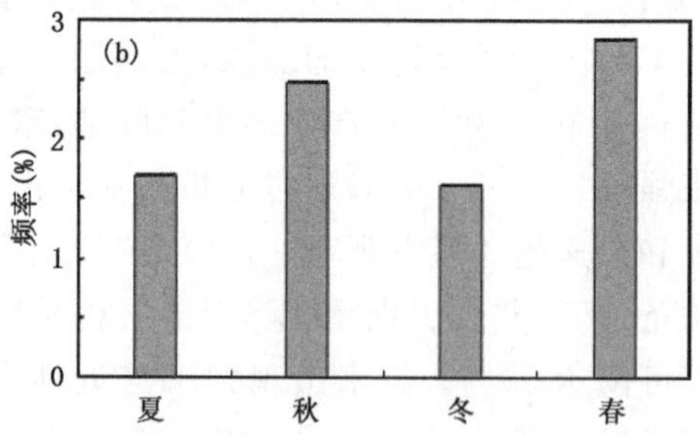

图 6.8 黄土高原露水的季节累积量及其出现频率

局地微气象条件除了随季节变化外，降水过程和天气阴、晴也将对其有明显影响，这对露水的形成作用也不可忽视。如图 6.9 所示，通常在降水后第 1 天，露水量最大，降水前一天次之，降水后第 2 天及再往后时段露水量会明显减小。这说明刚刚降水过后大气水汽条件比较充足，而且由于空气干洁少云也较有利于夜间地表辐射降温，容易满足露水形成的条件。而且，总体来看，晴天要明显比阴天的露水量大，这同样与晴天和阴天的夜间辐射特征有关。

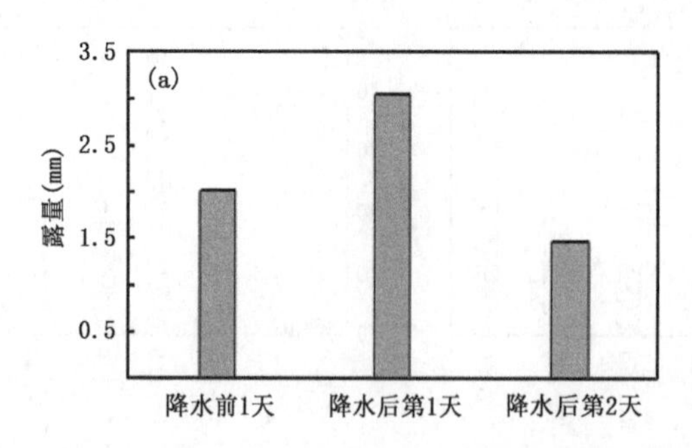

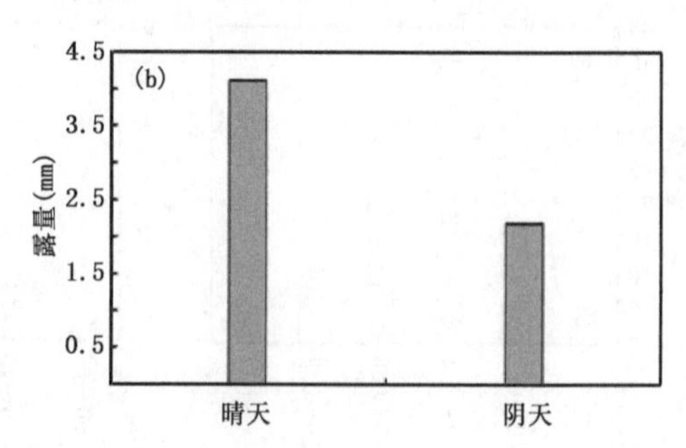

图 6.9 黄土高原降水量过程(a)天气阴晴(b)对露水量的影响

大气逆湿对露水形成也具有重要作用。张强等(2010a)通过研究发现了邻近绿洲的荒漠表层土壤逆湿与大气逆湿的关系，并探讨了大气逆湿对土壤逆湿和露水形成的影响。该研究表明，邻近绿洲的荒漠 5 cm 土壤湿度有明显的日循环特征，10 cm 土壤湿度虽然也有变化，但日循环已不明显，其他更深两层(20、30 cm)的土壤湿度几乎无变化。大气湿度廓线显示，夜间大气逆湿可以到达地表，有时夜间后半夜的逆湿不仅可贴地表，而且还可以深入浅层土壤里。5 cm 深度的土壤湿度日循环表明，表层土壤湿度除了白天受太阳加热控制的土壤水分蒸发影响而外，还在夜间存在大气水分的凝结或下层土壤水分输送的贡献。但是 10 cm 深度的土壤湿度无明显日循环，说明在没有降水的晴天，荒漠戈壁浅层土壤水分不是来自地下水的输送，而是来自大气水分的凝结吸收，这部分对大气水分的吸收凝结在地表的液态水就是露水。由此可见，在大气逆湿的情况下，比较有利于露水的形成。

6.4.3　露水测量方法

6.4.3.1　蒸渗计(Lysimeter)

蒸渗计(Lysimeter)原是一种称重式测量蒸散量的仪器，经过国内外学者对降露初始条件的设定及实验试测，发现它是最接近在自然状态下测量露水的设备，并且随着电子和信息技术的发展，它能够达到自动化、数字化、遥测化。称重式蒸渗计主要以埋置于土壤中的精密电子秤为核心装置，为了尽量减少称重式蒸渗计的边际效应，内置秤盘应该尽量尺度大一些；并且为防止土壤水分水平交换的影响，秤盘内土壤要在水平方向上与外部隔绝。

张强等(2010b)利用兰州干旱气象研究所定西试验基地的蒸渗计的长期观测数据，针对如何利用蒸渗计来测量露水等非降水性水分。总结出了一整套比较科学的技术操作流程，其测量结果已经比较精准(Zhang et al.，2015，2019)，能够满足绝大部分业务及研究需求。

6.4.3.2　容器式露量计

容器式露量计是指以某种带有刻度或其他度量方式的容器作为露水凝结面来收集露水的设备。早在 1912 年俄罗斯人 Zibold 就发明了最原始的容器式露量设备，它是一个海滩卵石堆砌成的顶部嵌入漏斗型容器的圆锥体来观察露水。在 1928—1957 年，法国水文学家 Chaptal 和 Godderd 以及比利时工程师 Knapen 相继对这一装置进行了改进，并发展出了 Zibold 型露量计。刘文杰等(2006)用类似的露水收集筒测量了西双版纳热带雨林林冠干季的露水量。自 20 世纪 50 年代以来，物理学家和水文学家开始研制更加科学的容器式露量设备。这些设备大都采用带有刻度或可称重的广口容器来做露水收集器，并且露水收集器尽量使用接近自然地表或地物的材质制作，在形态上尽量保持口宽而体浅。其中比较典型的有 Kessler-Fuel 型露水记录器，它采用墨化铝板制成的开口朝上的圆锥容器作为露水收集器，圆锥容器的刻度线已经转化成了重量单位，它可以同时测量露水量及其变化过程。不过，无论如何改进，这种仪器的露水收集器由于形态的凹凸不平，其测量的露水量与实际情况一般相差甚远，测量结果在很大程度上只有一定的气候学意义。

6.4.3.3　平板式露量计

为了克服容器式露量计凹凸不平的结构缺陷，人们又发展了平板式露量计，它以平板作为露水收集器，其形态与自然表面更接近一些。平板式露量计一般将一定尺寸的特制金属板、玻璃板或木板等材料水平放置在距地一定高度处作为凝结平面来收集露水。Duvdevan 型露量计是最早的平板式露量计之一，它用特制的光滑油漆木板作为露水凝结平面，并将其置于距地面 1 m 高处。由于该型露量计受木板热性质和辐射特性的影响，测量的露水量与自然表面仍然有较大差距，一般仅在比较分析不同气候区露水量的差异时才有一定实际意义。从 20 世纪末至今，国内外不少科学家一直在努力从事改进凝结平板材质的试验研究，寻找更加接近于自然表面热力和辐射特征的凝结平板，以尽量减少平板热传导和辐射特性的影响。这期间，Norimichi 和 Takenaka 等对聚四氟乙烯、耐热玻璃、不锈钢板、铝片等材料做成的露水凝结面的露水量进行了对比试验，结果发现不同材质的凝结平面收集的露水量差异很大。为了尽量克服凝结平面的热力和辐射特性的干扰，法国人 Beysens 等(2001)研制的平板式露量计用了一个比较复杂但比较科学的凝结平板：其上层是 400 mm×400 mm 大小、5 mm 厚度的有机玻璃片，中层是厚度为 12.5 μm 的铝箔，底层为绝热的聚苯乙烯泡沫。用该设备对法国阿亚丘的科西嘉岛、波尔多、格勒诺勃等三个地区的露水的比较研究表明，该设备的测量结果相对比较合理一些。不过，总体上，平板式露量计并不能很有效地计算露水的形成率和持续过程，对露水的精确度量比较困难。

6.4.3.4 吸水纸型露量计

由于一般的平板露量计在露水较多时不便于露水的收集和精度度量，所以有人就发明了用吸水纸作为露水收集器的吸水纸型露量计。该露量计的优点就是便于收集和称量露水量，其热辐射特性和亲水性也与真实叶片比较接近；而且它的热容量也较小，易于达到热平衡。Luo 等(2000)曾采用吸墨水纸作为凝结平面的露量计比较成功地测量了夜间水稻田的露水。Barradas 等(1999)用滤纸圆盘作为露量计的凝结平面测量了墨西哥湾沿岸森林的露水量，并对比分析了滤纸盘和绿叶片表面的露水量的差别，发现滤纸盘的露水量仅比叶片的少 5%，基本上达到了可以接受的误差范围。不过，中国学者阎百兴等(2004)用滤纸、杨木棒、向日葵秆、玻璃杯等四种材质的露水凝结面对三江平原沼泽的露水进行的研究发现，在沼泽地用杨木棒作为凝结面测量露水的效果要更好一些。

6.4.3.5 Hiltner 天平露量计

Hiltner 天平(The Hiltner Dew Balance)露量计是相对比较定量化的露水测量设备。这种仪器的基本原理是对挂在距地 2 cm 高处的人工露水凝结盘进行连续不断的称重，它的优点在于可以连续测量凝结盘的露水量变化。但这种装置存在明显的设计缺陷：首先，由于它悬挂在地表上空，与地表土壤之间被空气隔离；其次，由于凝结盘是塑料制品，其材料性质与土壤明显不同；同时，土壤表面的露水有一部分会渗入土壤，而凝结盘上的露水只能积存在盘内。由于这三个方面的原因将会导致悬挂式人造凝结平面的能量平衡与土壤表面很不相同。因此，一般认为 Hiltner 平衡露量计实际上测量的只是潜在露水量，它测量的露水主要受当地气象条件控制。事实上，其他类型的露量计也或多或少存在类似的问题。

6.4.3.6 电子传导土壤—水汽计量器

无论如何，使用露水收集器的露水测量仪器都无法完全避免对凝结面热力和动力特性的改变。所以，随着电子和材料技术的发展，开始出现了一种电子传导土壤—水汽计量器，它可以利用露水对传感器热传导能力的改变来测量土壤表层的露水量。但是由于测量过程的热传导会在一定程度上影响凝结和蒸发过程，因此也会对露水的准确测量有所干扰。

6.4.3.7 微波辐射计

国际上还曾尝试过微波辐射计等遥感手段的露水测量仪器。比如，Wigneron 等(1996)的试验研究认为，被动式微波辐射计可以观测地表露水的一些信号；Ridley 等(1996)的研究也发现星载微波雷达对露水也比较敏感,能够捕捉到露水的一些变化特征。在未来,地面或星载微波辐射计有可能被逐渐用来实际测量地表面露水量,这尤其在调查露水的空间分布特征方面有明显技术优势。

6.4.3.8　水分平衡露水测算系统

有的学者还利用水分平衡原理来观测露水量。这实际上不是一件仪器所能实现的,而是靠一整套能量平衡和降水测量仪器组成的观测系统来完成。它的思想核心是:根据水分平衡方程原理,利用能量平衡系统观测的蒸发量和雨量计观测的降水量来测算露水。例如,Jacobs等(2000)就用涡旋相关法的能量平衡系统估计了以色列内盖夫沙漠的露水量,其结果与用微型蒸渗计的测量结果比较吻合。不过,这种露水观测系统是间接估算露水,最大的问题在于:一方面可能存在一些不确定的水分贡献量,另一方面几个中间观测量也会引入较多的观测误差因素,在露水比较小的情况下往往会被误差所掩盖,所以也有一定局限性。

除了利用仪器测量而外,从理论上讲还可以用陆—气耦合数值模式来计算地表蒸发量和降水量,再根据地表水分平衡原理来估算陆面露水。例如, Wilson等(1999)就曾用土壤—冠层—大气数值模式估算了不同垂直高度马铃薯叶表面的露水量。Beysens等(2001)利用地—气交换数值模式模拟了陆面露水量的日变化过程。不过,由于目前数值模式对蒸发量和降水的模拟还不是很成功,所以用数值模式对露水的估算并不是太可靠。

同时,也有人通过建立露水量与某些关键气候要素和地表物理量之间的统计模型来估算陆面露水。比如,Luo等(2000)采用微气候统计模型模拟了水稻顶叶的露水量,并评估了露水出现的时间;Madeira等(2002)以能量平衡为基础建立了露水与云层厚度和高度之间的半经验关系模型,并估计了露水量的变化规律。但这些经验统计模型或半经验统计模型一般缺乏比较牢靠的理论基础,并且模型的关系式也会因地或因时表现出很大的差异,很难取得比较理想的露水估算结果。

6.4.3.9　露水测量方法比较分析

目前露水测量方法的基本原理各有其优缺点,也表现出不同的实用性和局限性。一般情况下,露水收集测量法简单易行,且造价比较低廉,但由于不是自然凝结表面,其测量的露水量与实际值有较大出入。直接称重测量法相对有一定优势,尤其是掩埋式大型电子秤构成的蒸渗计其凝结面基本保持了自然表面性质。但该方法费用比较高,对电子秤的精度要求也很高,并且称重装置对表面环境和土壤结构的改变及其边际效应也会对测量有一定影响。电子传导测量法虽然避免了露水收集测量法对表面自然性质的改变问题,但由于热传导过程会影响地表凝结过程,其准确性也受到了一定程度的质疑。平衡测算法是间接测量方法,它的主要问题是受其他水分平衡分量观测误差的显著影响,误差因素较多,可靠性较差。湿度推算法不仅受土壤湿度测量精度和土壤性质不均匀性限制,而且也受垂直水分输送和水平水分交换所干扰,一般不适宜单独用来测量露水,只可作参照测量方法。以蒸渗计为主,结合其他仪器来定量测量识别露水等陆面非降水性水分分量的方法是在干旱半干旱地区比较精准可行的技术手段。

比较而言,露水收集测量法在测量精度要求不太高时可以使用,平衡测算法在露水量比较大的条件下比较适用,湿度推算法用它来实际测量露水可能还不太现实,电子传导测量法必须考虑对一些干扰因素引起的系统误差进行客观订正,直接称重测量法中的大型蒸渗计可能比较适于定量、连续的露水试验观测。

6.4.4 露水形成影响因素

6.4.4.1 温度

地表、植物体表面或地物的空气温度必须下降到露点以下才可能出现露水。在地表降温的过程中，地表所有附着物体表面的温度也会随之下降，而凝结水首先会凝结在温度最低物体的表面，因此，产生凝结水的物体表面的温度一定会比周围环境温度降得更快，这就有可能会在近地面层出现温度向上递增的梯度即逆温。产生露水的物体表面一般与周围大气之间具有大约 1～2 ℃的温度差，同时满足辐射冷却的条件。张强等(2003d)在提出土壤水分呼吸过程时，指出“吸入”时的凝结过程需要比较低的温度条件，这样才有利于露水的形成；并指出较低土壤温度是土壤逆湿即水分“吸入”出现的必要条件，一般出现土壤逆湿需要地表温度至少小于 20 ℃。Oke 等(1987)的研究表明，在城市较高的温度环境下，会造成露水的消失、滞后以及减少。Ye 等(2007)也认为温度或城市热岛效应是影响露水的一个因子。城市热岛效应和露水量的关系表明较高的温度通过影响湿度、蒸发、露点或其他因素来影响露水量，较高的温度或较强的城市热岛效应可以使地表空气保持较高的温度，高于露点温度，不利于露水的形成；并且较高的温度引起蒸发加强，减少了地表的相对湿度，从而影响了露水的形成。因此，许多专家认为低温是露水形成的一个重要指标。事实上，露水的定义已经表明温度对露水影响的重要性了。

黄土高原定西试验基地的观测试验发现，温度—露点差越小即温度—露点差值越接近 0，空气中水汽就越多，越有利于露水产生。露水基本发生在温度—露点差减小的阶段，但温度—露点差开始增加的阶段也会有露水产生，但此时是凝结即将结束阶段。图 6.10a 是温度—露点差随时间的变化。露水发生时段主要在温度－露点差的时间变率 $\Delta T_d/\Delta t>0$ 的阶段(图 6.10b 中)，这基本对应于相对湿度变率＞0 的时段。露水大多数发生在温度—露点差变率＜5℃时，而在其＞5℃时发生较少。从黄土高原的定西基地的观测试验中还可以得到，露水主要分布在地—气温差＜±2 ℃之间，在该区间露水的出现频率高达 85%。地—气温差反映了近地表的加热状况，两者差越小，意味着地表加热越弱，越有利于凝结；反之，则不利于凝结。而与温度—露点差情况类似，凝结量与地—气温差也没有明显的特点(图 6.11)。张强等(2010b)认为，露水在形成过程中，要维持大气水分聚在地表附近而不被扩散到高层大气，需要稳定的大气温度层结。

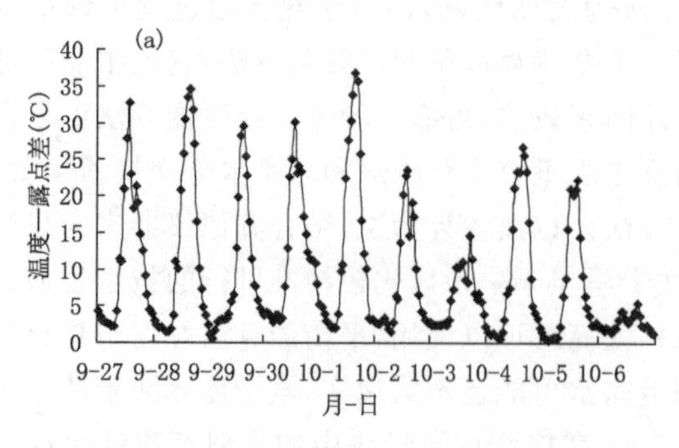

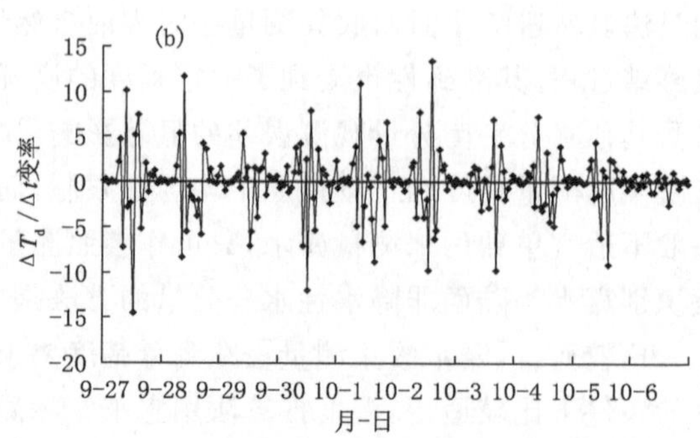

图 6.10 黄土高原定西地区温度－露点差日变化(a)及温度—露点差时间变率的日变化(b)

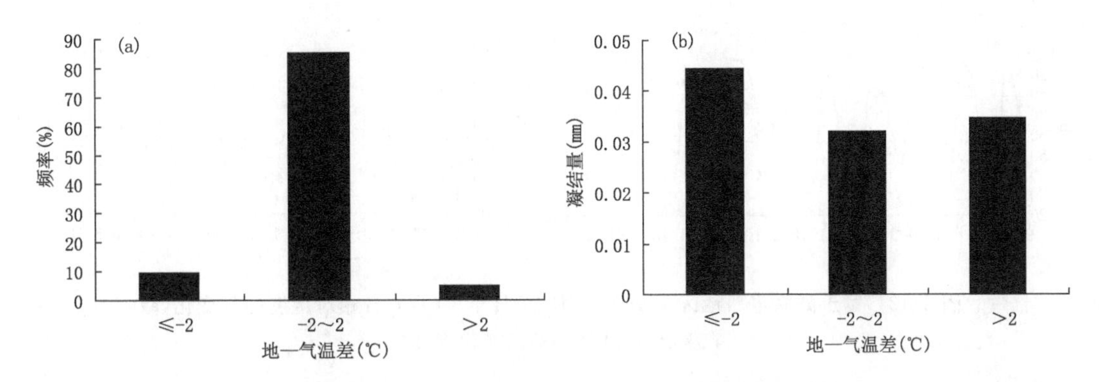

图 6.11　露水随地—气温差的频率分布特征(a)及凝结量分布特征(b)

不仅温度是直接影响露水的一个重要因子，而且有一些因子通过温度来间接影响露水的形成。例如，雾对露水凝结也有重要影响。观测发现，在所有出现雾的天气里，近地表均有露水形成，而有露水形成的天气则并不一定有雾出现。这是因为日落后，近地层辐射冷却降温最剧烈，且雾天的相对湿度比上层空气的大，只要地表或物体表面温度低于其所接触的空气露点，就会有露水凝结。当然，严格地讲，这种“露水”中有相当一部分可能属于地物对雾水的截获，而不应该属于真正的露水。

6.4.4.2　相对湿度

相对湿度就是空气中的实际水汽压与同温度下的饱和水汽压的比值，它能够直接反映空气中的水汽含量接近饱和的相对程度，与空气中水汽的绝对含量并不是绝对的直接关系。对于露水形成来说，相对湿度是除地表温度以外另一个关键性因子，因为较高的相对湿度可以为露水的凝结提供充足的水汽，同时可以降低蒸散率。Monteith(1957)认为，露水在开始形成时，并不需要周围空气的相对湿度达到 100%，达到 91%～99%即可，只要发生凝结现象的表面比它所接触的空气露点低，就有形成露水的可能。但相对湿度的变化有点复杂，因为它是大气温度的函数。大气逆湿作为土壤“吸入”水分的来源是必不可少的湿度条件，是露水和土壤逆湿出现的必要条件。Richards(2004)提到，农田近地表湿度对夜间露水有重要贡献，而城市中由于湿度低，城市露水量较少，这说明了相对湿度是影响露水的一个非常重要的因子。Ye(2007)发现，城市不同土地利用区域露水量有很大差别；城市绿化区的平均露水量要比商业和住宅区多，这可能与城市绿化区的相对湿度要比商业和住宅区的高有关。总体上，城市地区露水量要比农村的小，这与较低的相对湿度有重要关联。

即使在没有降水的情况下，黄土高原定西地区的大气相对湿度也存在明显的日变化，基本为白天减少，夜间增加，夜间相对湿度最大值可以接近 100%，这为露水凝结提供了充分的水汽来源(图 6.12)。仔细分析露水发生时段，发现露水开始形成于相对湿度的增加时段。在随后的增加阶段，露水持续形成。当相对湿度达到最大值后开始减小，即已开始出现明显蒸发时，露水凝结量依然继续增加，凝结过程并没有立即停止，仍然可以形成露水，这与其他地方的研究结果相一致。在图 6.12b 中相对湿度变率>0 时，主要对应凝结阶段；相对湿度变率<0 时，主要对应蒸发阶段。在相对湿度变率>0 时段，无论相对湿度变率大小如何，露水皆有可能发生。

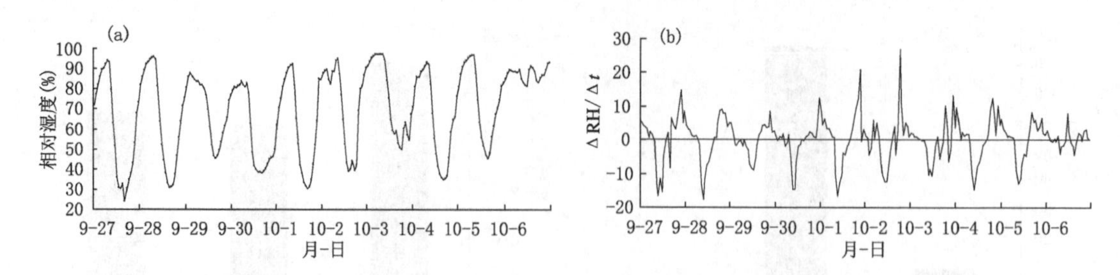

图 6.12　黄土高原定西地区 2009 年 9 月 27 日至 10 月 6 日相对湿度的日变化(a)及相对湿度(RH)的变化率(b)

6.4.4.3　风速

风速大时,利于加强水平方向和垂直方向的水汽输送和热量输送。而微风时,有利于空气的乱流混合,可以使辐射冷却作用由地表向上较厚的气层中充分发展,而且可使贴近地面的空气得到更新,保证地表附近有足够的水汽供应用于凝结。无风时,可供凝结的水汽比较缺乏;强风时,由于强烈的湍流混合作用可涉及很厚的气层,使贴地空气与上层较暖的空气发生强烈混合,导致近地层空气的冷却量减小、降温缓慢,不利于达到露点温度。Monteith(1957)认为露水的形成需要风速小于 0.5 m/s,而 Muselli 等(2002)认为微风(小于 1.0 m/s)的风速有利于给露水凝结表面提供充足的水汽来源,因此认为风速小于 1.0 m/s 比较适合露水形成。但也有研究得出:有利于露水形成的风速临界线大约是 4.5 m/s。Beysens 等(2006)认为微风或风速接近于零时,水汽分子扩散到稳定边界层并可任意碰并增长小液滴,当其浓度梯度形成时,露水量会增加。但是,刘文杰(2001)指出只要地表相对湿度高、温度在露点以下,强风的情况下也有露水的形成。在 Ye(2006)的研究中,却没有发现露水量和风速有明显的关系。有人总结认为,露水适宜的凝结风速为 0.5～2 m/s,也有人认为 0.2 m/s 是露水形成的风速临界值。

在黄土高原定西基地的观测试验中发现(图 6.13),一般风速越大,越不利于露水形成,在剔除降水期间的观测资料后,风速大部分时间保持小于 3 m/s,这也是几乎每天都有露水产生的一个重要原因之一。如果仅从风速和露水的日变化看,似乎风速与露水没有直接的关系。但是如果从露水发生频率和凝结量随风速变化的分布来看,则明显在风速比较适中时比较有利于露水的形成,只是露水发生频率与凝结量峰值期所对应的风速段有所不同。可以看出,在黄土高原半干旱区露水主要出现在风速 0.5～2 m/s 内。而在 0.2 m/s 以下,露水出现频率较小。从产生凝结量来看,风速在 0.5～2 m/s 时出现了峰值,而在其他区间凝结量随风速的分布大致接近。这说明风速对露水形成具有一定的主导作用。

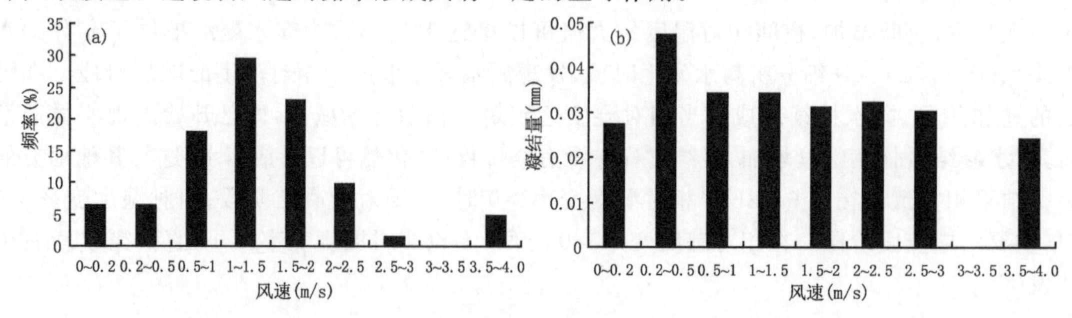

图 6.13　黄土高原露水发生频率(a)和凝结量(b)随风速变化的分布特征

6.4.4.4　云量

影响露水的另外一个重要因子是云量。虽然对云量的估测比较粗，但可以方便断定冷却程度，云量少意味着有更强的辐射冷却。理想的露水形成要求天气晴朗无云。天气晴朗无云时，大气不能反射来自地表的长波辐射，使地面的有效辐射增大，地面降温比较剧烈；如果夜间天空有云层遮挡时，则夜间地面降温会大大减缓，接近地面的空气温度降低比较缓慢，水汽不易达到饱和状态，不利于露水的形成。露水量往往会因云量的增加而减少，其经验关系如下为 $h \approx 0.064 \times (7-N)$，其中，$h$ 为露水量；N 为云量。

6.4.4.5　地形地貌

对于不同的局部地形而言，河谷及盆坝区是最易出现露水的区域，因为在低洼处不仅空气湿度大，而且密度较大的冷空气可以从邻近高地处流下来，降低低洼处的地表温度。而在丘陵和高大山体的顶部，由于相对湿度较小、风速较大，形成露水的可能性降低

就露水的形成条件而言，气候背景、近地层大气湿度、水平风速、大气温度层结、地表温度、露水凝结面物理性质等那些与水汽分布、水分输送和水分凝结过程有关的因素都可能会对其产生影响。在干旱半干旱地区，其特殊的气候环境和生态格局也会在一定程度上影响露水形成的各种物理条件。

6.4.5　露水变化特征

黄土高原的定西地区 2009 年 9 月 27 日至 10 月 6 日的露水日凝结总量表明(图 6.14)，日最大凝结量可以达到 0.33 mm，最小凝结量为 0.09 mm，日平均凝结量达 0.23 mm，这个量级与以色列内盖夫沙漠的观测值比较接近，这样量级的露水量对地表植被和微生物的水分吸收利用具有重要意义。如果参照内盖夫沙漠地区每年近 200 个露水出现日数推测，在定西地区一年大约应该有 45 mm 的露水产生，这相当于定西地区年降水量的 12%，这对于半干旱地区来说是一个相当可观的非降水性水分输入。

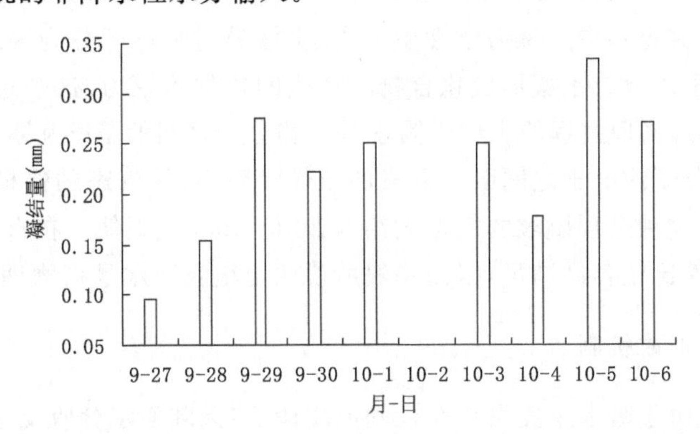

图 6.14　黄土高原定西地区 2009 年 9 月 27 日至 10 月 6 日露水的日凝结量

图 6.15 是黄土高原定西地区 2009 年 9 月 27 日至 10 月 6 日露水平均日变化特征。可以看出，凝结持续时间一般从 18 时至第二天 08 时；凝结持续时间在很多时候可以达到 14 小时。在 20 时至 02 时这段时间凝结量较大，02 时后凝结量减弱，在 06 时左右凝结最弱。每 2 h 凝结量最大可达 0.07 mm。这与干旱区古尔班通古特沙漠的日变化特点很不相同，虽然与干旱

区临泽的日变化特征比较类似。18—02 时凝结量明显大于后半夜。这样的日变化特征可能原因有二:①夜间出现弱蒸发。从 02 时开始间歇出现蒸发,导致 04 时的凝结比 02 时有较为明显的减小。方静等(2005)在绿洲边缘也观测发现夜间有弱蒸发现象。②云的影响。已有研究表明,晴朗无云时比有云时会产生更多的露水。在 04 时可能有云形成导致凝结量减少。另外从图中还可以看出,凝结过程的日变化并不是很规则,这可能与凝结过程的影响因子较复杂有关。露水的形成不仅取决于风速、空气湿度、气温等气象要素,也取决于土壤类型、土壤表面吸附能力等土壤因素。因此,在地表非均匀时,露水的变化应该是不规则的。

从图 6.15b 的露水发生频率的日变化中可以看出,露水在 00—02 时出现的频率最高,而在 16 时和 08 时出现的频率较低。10—16 时期间以蒸发为主,不产生露水。

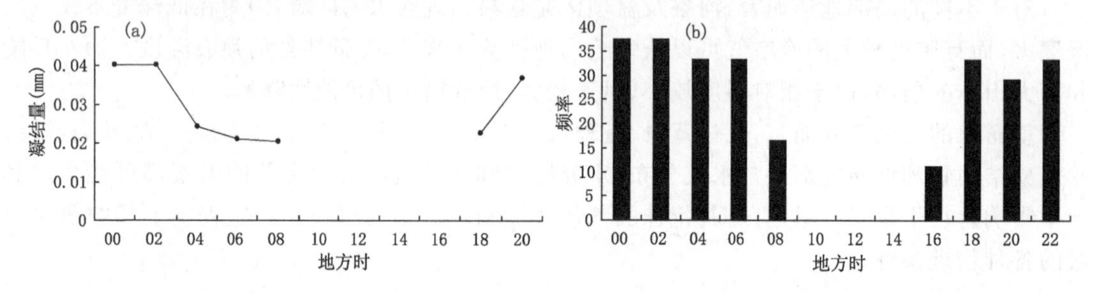

图 6.15　黄土高原定西地区 2009 年 9 月 27 日至 10 月 6 日露水平均日变化特征(a)发生频率(b)

6.5　土壤吸附水

6.5.1　土壤吸附水定义

土壤吸附水是一种比较特殊的水分界面现象,它是气态水分子在固态土壤粒子表面的吸附过程,目前对其研究得很少。从力学性质上讲,土壤吸附水可区分为物理和化学两种过程:化学过程依赖界面上水分与土壤形成化合物时产生的化学约束力,这个过程的能量消耗十分高(80～400 kJ/mol);物理过程的土壤吸附水是依赖分子之间的范德瓦尔斯力即静电引力,它是界面上不同相态分子或电子之间引力形成的土粒吸附力,使气态的偶极体水分子或电子向固态土壤粒子转移,这种过程要求的能量大约为 20 kJ/mol 或更低。在自然条件下,土壤物理吸附过程的能量条件比较容易满足,因而一般所说的土壤吸附水是指物理吸附过程。

6.5.2　土壤吸附水形成机制

在无降水时段,由于露水主要发生在夜间或凌晨,白天陆面水分收支主要由蒸发和土壤水汽吸附这两个过程主导,而且这两个物理过程是时刻相互竞争的互为反向的水分相变过程(van de Griend et al.,1994)。在某些合适的微气象条件下土壤水汽吸附过程可能会占主导,而随着微气候条件的变化又可能会转化为蒸发过程占主导。从本质上讲,土壤水汽吸附现象发生与否是土壤粒子对大气水分子的吸引力(即吸附能量)与地表可利用能量提供给土壤表面水分子克服吸引力的逃逸力之间相抗衡的结果。如果土壤比较干燥而且大气水汽条件又比较充足,土壤粒子的吸附能量会较强,对大气水分子的吸引力会占主导,便会发生土壤水汽吸附过程。而如果地表土壤温度较高及土壤含水量较大，而且大气较干燥和风速较大，土壤粒子表面水分子的逃逸力会占主导，则不仅不会发生水汽吸附，反而会发生蒸发过程。

实际上，控制土壤水汽吸附过程的主要有土壤粒子对水汽分子的吸引力和水汽来源两个关键环节（Orchiston，1953；Agam et al.，2006），前者由土壤粒子的特性决定，具体而言由土壤理化性质和土壤粒子已吸附的水分量决定（van de Griend et al.，1994）。一般情况下，土粒尺度越小，比表面越大，其水汽吸附性也越好，所以土壤中黏土含量大小对土壤吸附性至关重要（Agam et al.，2006）。尤其黄土高原的黄土壤为多孔质结构，土壤粒子的比表面积大，其水汽吸附性很强。不过，对特定土壤而言，没有吸附任何水分子的纯粹干（高温烘干）的土壤粒子对水分子的吸引力最大，随着土壤粒子吸附的水分子层数增加，其对水分子的吸附力会迅速减弱，所以能够对土壤粒子水汽吸附力产生动态影响的实际上主要是土壤湿度变化。土壤湿度（含水量）越大，包围在土壤粒子周围的水分子层数就越多，土壤粒子对水分子的吸附力就越小。而后者即水汽源条件则主要受微气象条件控制。具体地讲，大气水汽条件主要受近地层大气湿度、湿度梯度及大气温度、温度梯度和风速条件等因素综合影响（Kharitonova et al.，2010）。要使土壤水汽吸附过程中具有充足的水汽源保证，首先需要较高的近地相对湿度，除此之外还需要大气逆湿及适中的不稳定性和风速等水汽传输条件，它们能够使大气中的水汽通过近地层输送和陆面交换及时输送到土壤粒子孔隙，使土壤粒子周围保持足以满足水汽吸附要求的水汽条件。

6.5.3 土壤吸附水测量

目前，可利用直接观测土壤吸附水的仪器非常有限，利用蒸渗计间接测量吸附水是世界上最可靠的技术，其原理和排除沙尘、降水的计算模式基本上与露水的测量相同。通过蒸渗计的实时重量变化值，即增加或减少值。首先，可以通过判别蒸渗计观测值是否减少从观测值中剔除地表蒸散量（张强 等，2011a，2015），并根据常规气象观测记录将降水量和沙尘沉降量从蒸渗计观测值的增加量中剔除出去。然后，再通过物理判别近地层大气湿度是否饱和及地表温度是否达到了露点，可以从蒸渗计观测值的增加量中分离出雾水量、露水量和土壤吸附水量。

6.5.4 土壤特性对土壤吸附水影响

6.5.4.1 土壤湿度

虽然土壤的物理和化学特性是影响土壤颗粒吸附的重要因素，但许多物化特性在特定区域内短时间内是相对稳定的。土壤吸附水能力主要受土壤水热特性变化的影响，尤其是土壤水分和温度的变化。由图6.16给出的黄土高原土壤水汽吸附频率随5 cm土壤湿度和地表温度的分布图表明，土壤湿度越小即土壤越干燥，其水汽吸附频率越高。而且，土壤水汽吸附主要发生在土壤湿度小于0.25的情况下，此时吸附频率可高达11.3%；而当土壤湿度大于0.35后，土壤水汽吸附率已变得很低，已不足1%。这应该是土壤粒子表面吸附的水分子增厚使其对水分子的吸引力迅速衰减的结果，这与前面的理论分析及在地中海地区的观测结果基本一致（Kosmas et al.，1998）。可见，虽然土壤吸附水会使表层土壤湿度有所增加，但土壤湿度增加又会削弱土壤粒子对水分子的引力，降低土壤水汽吸附能力。也就是说，土壤湿度与土壤水汽吸附之间存在负反馈机制。这种负反馈机制会在一定程度上抑制土壤吸附水和土壤湿度增加，使土壤湿度保持在较干燥的状态。

土壤水湿度梯度是通过影响水分和能量的输送以及湿度的分布状态，进而影响土壤吸附水过程的。从图 6.16 可见，土壤水汽吸附主要出现在土壤湿度差低于 0.05 时，此时吸附率超过了 8%，这主要是由于表层土壤湿度相对较干燥。当然，土壤吸附水过程反过来也削弱了浅层和深层土壤水分之间的差异。

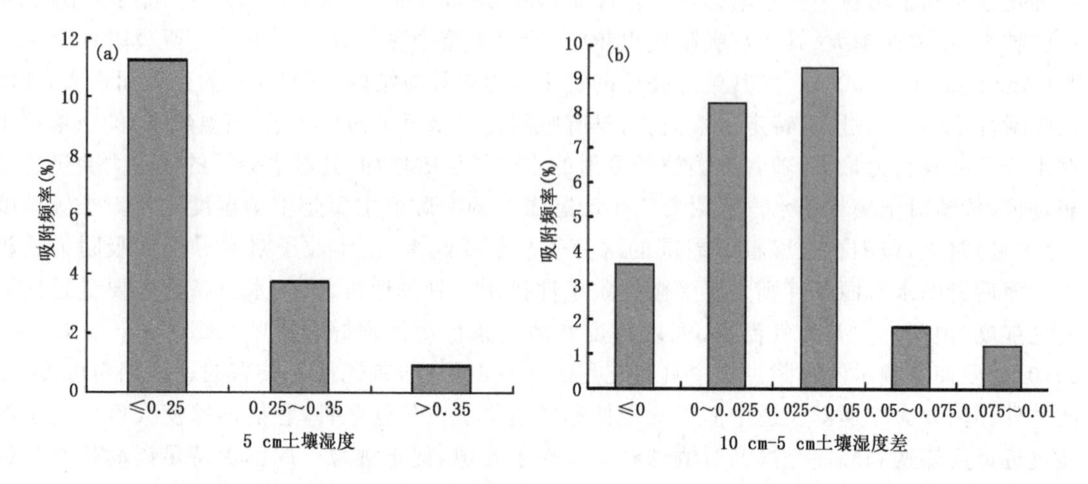

图 6.16　黄土高原定西地区土壤吸附水发生频率随 5 cm 土壤湿度(a)及 10 cm 和 5 cm 湿度差(b)变化

6.5.4.2　土壤温度

黄土高原定西实验基地的观测试验资料表明(图 6.17a)，当表层土壤温度小于－10 ℃时，土壤吸附水频率最高，接近 10%；当表层土壤温度在－10～30 ℃范围时，土壤吸附水频率基本没有太明显变化；而在表层土壤温度大于 30 ℃后，土壤吸附水频率会明显降低。这说明在表层土壤温度很低时，由于土壤已封冻，蒸发过程几乎完全被抑制，水汽吸附过程会占主导；而在表层土壤温度很高时，土壤粒子表面的水分子的自由能(逃逸力)很大，蒸发过程会占主导，水汽吸附过程反而会被抑制。

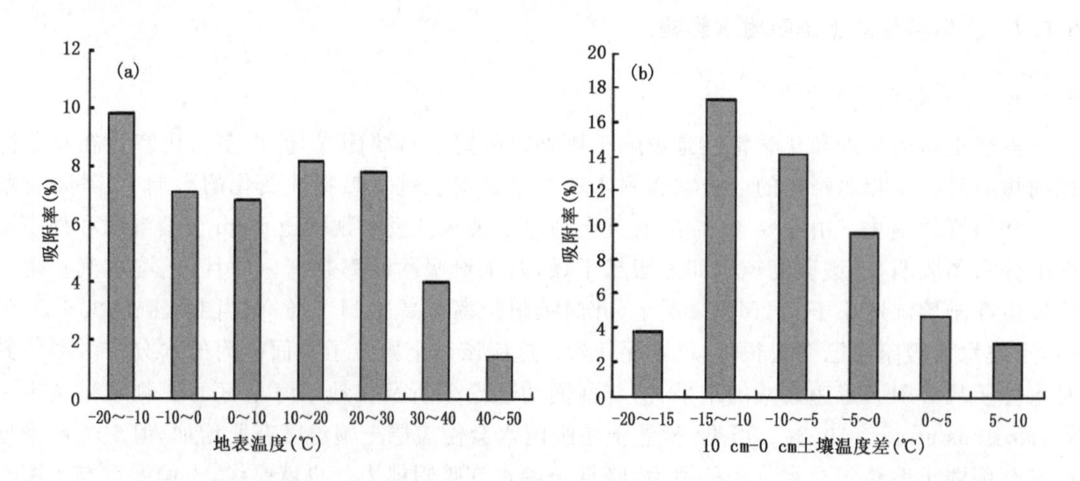

图 6.17　黄土高原定西地区土壤吸附水频率随地表土壤温度(a)及 10 cm 和 0 cm 土壤温度差(b)变化

土壤温度梯度可以通过影响土壤水和能量的输送以及温度的分布，进而影响土壤吸附水过程。所以当 10～0 cm 的土壤温差在－15.0～－10.0 ℃范围内时，土壤吸附水的频率最高，达 17.4%。当土壤温差大于 0 ℃或小于 15.0 ℃时，土壤吸附水频率很低，这意味着浅层土壤的温度适度高于深层土壤，可以抑制从深层到浅层的水分输送。然后促进土壤吸附水的发生(图 6.17b)。

6.5.4.3　地表辐射

从理论上讲，土壤吸附水和蒸发基本上是水分子运动的两种不同过程，它们与影响水分子动能的表面能量交换密切相关。因此，作为陆地表面水分子的主要能源，地表可利用能量决定了土壤吸附水或蒸发之间哪个过程占主导地位。图 6.18 给出了土壤吸附水量随地表可利用能量的分布特征。众所周知，蒸发过程需要外部能量来驱动它，而土壤吸附水过程可将分子的内能转化为热能然后释放出能量来。因此，当可用能量为负时，土壤吸附水量很大，达到 17.9%；而当可用能量为正但小于 450 W/m^2 时，土壤吸附水过程显著减弱(约 6～10 mm)，并且有时会发生蒸发过程。也就是说，两个过程往往会交替出现。对于该阶段到底会发生哪个过程取决于土壤颗粒对水分子的吸引力是否更强或者可用能量提供的反吸引力是否更强，即取决于土壤水分与可用能量大小如何。当可用能量高于 450 W/m^2 时，土壤吸附水过程可以忽略不计，因为提供给水分子的可用能量足够强，使蒸发过程能够主导地表水的平衡。

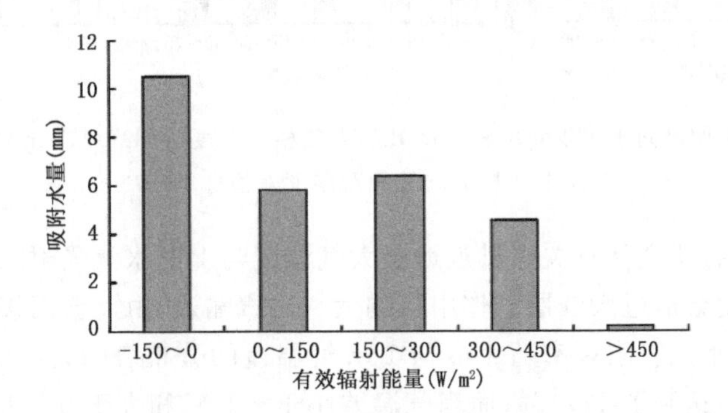

图 6.18　黄土高原定西地区土壤吸附水随地表可利用能量的分布特征

6.5.5　微气象要素对土壤吸附水影响

大气近地面层的风、温度和湿度及其垂直梯度不仅决定了土壤吸附水的水蒸气源及其输送能力，而且还通过地表能量交换影响土壤温度，并对土壤吸附水产生间接影响。其中，最重要的因素是大气相对湿度。图 6.19 给出了土壤吸附水出现频率随 1 m 处的相对湿度、1 m 处相对湿度日变幅及 1 m 与 4 m 处相对湿度差值分布。如图 6.19 所示，当相对湿度低于 6% 时，土壤吸附水难以发生，而土壤吸附水主要发生在相对湿度为 6%～50%(频率可超过 10%)的条件下。随着相对湿度持续增加，土壤吸附水频率下降到 4%以下。这是因为如果大气太干即相对湿度过低，不能为土壤吸附水供应足够的水蒸气；而如果大气太湿即相对湿度过大将可能会形成雾、露水或毛细管凝结，而不是吸附水。例如，De Vries(1958)发现只有当土壤颗粒周围的大气相对湿度小于 60%时，土壤吸附水才是主导过程，相对湿度超过 60%后，毛细管凝结会成为主导。张强等(2012a)发现，当相对湿度在大气表面层中大于 80%时，土壤表面更容易形成露水，而不是土壤吸附水。同时，土壤吸附水频率也与相对湿度的日常范围密切相关。如图 6.19b 所示，土壤吸附水频率随着 1 m 处相对湿度的日变化范围的增加而增加，这表明相对湿度的日变化范围在一定程度上对土壤吸附水具有驱动作用，并且与 Kosmas 等(2001)的结果一致。以上结果都很好地解释了土壤吸附水与大气近地面层相对湿度之间的关系。

土壤吸附水与大气相对湿度垂直梯度之间的关系相对复杂。如图 6.19c 所示，当 4 m 与 1 m 之间相对湿度的差值小于零时，土壤吸附水频率比较低，略大于 2%；当相对湿度差在 0～2%以内时，土壤吸附水频率最高，达到了 12.6%，但当相对湿度差大于 2%时，土壤吸附水频率又开始降低。这意味着较弱的大气逆湿最有利于土壤吸附水过程。这主要是由于土壤水汽吸附作用一般会在地表形成水汽汇，需要近地层大气以逆湿状态保持由上向地表的水汽输送趋势，但如果逆湿过强更可能会达到形成雾或露水的微气象条件。

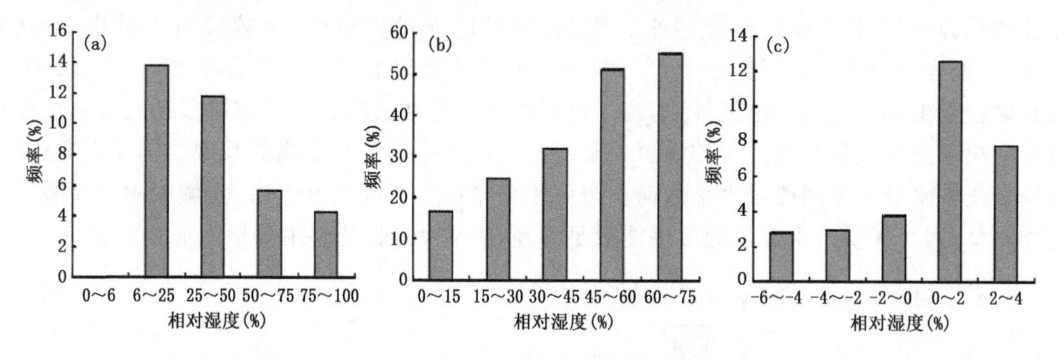

图 6.19 黄土高原土壤吸附水出现频率随 1 m 处的大气相对湿度(RH)(a)、1 m 处相对湿度日变幅(b)及 4 m 与 1 m 处相对湿度差值(c)分布

虽然，几乎还没有研究认真关注过近地层大气温度与上壤水汽吸附之间的关系，但事实上近地层大气温度梯度会通过大气层结作用影响大气水汽输送，由此会间接影响土壤水汽吸附。图 6.20 给出的土壤水汽吸附频率随 4 m 与 1 m 气温差的分布表明，当气温差在－1～0 ℃范围内时，吸附率最高，达到了 12.1%；而当气温差小于－1 ℃和大于 0 ℃时，吸附率均会降低，基本在 5%以下。这主要是由于稳定大气状态一般会抑制近地层水汽交换，从而使地表土壤得不到吸附所需要的足够水汽输送补充；而如果大气太不稳定又会使近地层湿润空气被迅速扩散掉，破坏了土壤吸附水分需要维持的水汽环境。

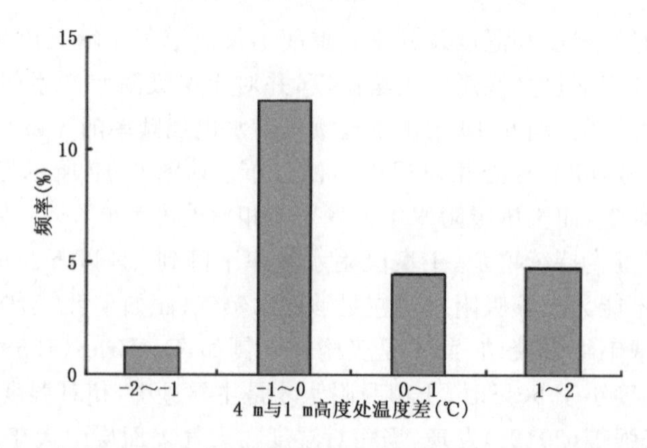

图 6.20 黄土高原定西地区土壤吸附水出现频率随 4 m 与 1 m 处相对温度差值分布

近地层风速不仅是影响近地层水汽输送的重要因素，而且还会通过影响能量输送过程改变土壤温度状态，所以其变化过程也会关系到土壤水汽吸附。图6.21是土壤水汽吸附频率随1 m风速的分布特征。由图6.21可见，风速对土壤水汽吸附的影响似乎没有大气相对湿度和温度那样明显，但当风速在3～5 m/s时，为土壤水汽吸附率的峰值区，达到了10%以上，其他情况下土壤水汽吸附率都有所降低。可见，风速的作用与温度梯度的有点类似，既需要适当的风速帮助近地层水汽向地表输送、又需要避免风速过大造成近地层水汽流失。

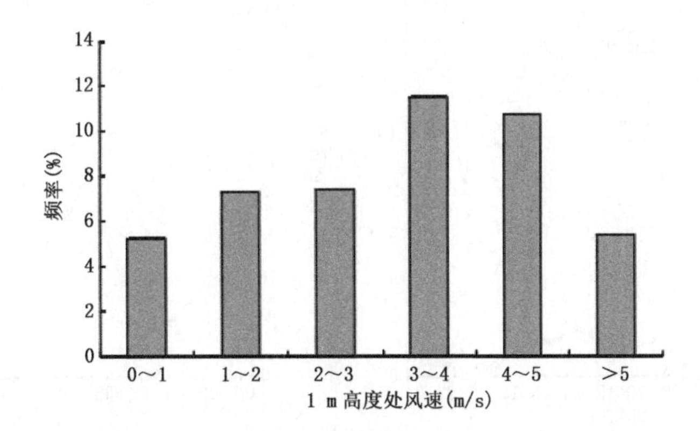

图6.21 黄土高原定西地区土壤吸附水出现频率随1 m处风速分布

6.5.6 土壤吸附水变化特征

正是由于土壤吸附水受土壤特性和微气象条件的深刻影响，所以土壤吸附水不仅会随土壤特性和气象要素的改变而变化，而且还会因为各地气候背景及土壤理化性质不同而表现出其独特的变化特征。

6.5.6.1 土壤吸附水时间变化

土壤水汽吸附不属于直接的相变过程，主要是分子力学作用过程，没有太苛刻的大气物理条件约束，只要满足其分子力学要求就会发生。因此，与露水和雾水发生分别严格受地表温度和大气相对湿度约束不同，水汽吸附虽然受土壤粒子本身的湿润性控制，但并没有一个绝对的约束阈值，所以它的日变化和年变化要比露水和雾水的复杂。

黄土高原定西地区的年平均土壤水汽吸附强度、吸附量和吸附频率及吸附量与蒸散量比值的日变化曲线表明(图6.22)，尽管水汽吸附强度的日变化并不明显，基本维持在0.045 mm/h上下，但由于水汽吸附频率具有显著的日变化，致使土壤水汽吸附量的日变化也比较明显，土壤吸附率控制着吸附水量的变化。总体来看，土壤水汽吸附率白天高，夜间低，最高值出现在14时，为14.5%，谷值出现在21时，为2.6%。与之相对应，土壤水汽吸附量的峰值也出现在14时，接近0.01 mm；谷值也出现在21时，比峰值小一个量级。可以推测，白天水汽吸附量和吸附率较高与上午较强的蒸发使土壤变得比较干燥有关，因为越干燥的土壤粒子对水分子的吸引力越强。尤其在午后，一方面由于上午的蒸发过程已经使土壤粒子表层水分子损失殆尽，土壤粒子对水分子的引力达到了极强状态；另一方面又由于地表可利用能量逐渐减弱，蒸发潜力开始变弱，这必然导致午后土壤水汽吸附开始占主导，并出现水汽吸附率和吸附量的高值时段。从土壤水汽吸附量占蒸发量的比值来看，在傍晚至凌晨期间，其比值很低，基本不超过 0.01 mm；而在白天，水汽吸附所占比例逐渐增大，在午后达到了峰值，最高可达0.03 mm以上，贡献变得比较重要。土壤水汽吸附的这种白天高、夜间低的日变化特点基本符合前面对土壤水汽吸附物理机理的分析。同时，这种特征也与国际上的研究结果基本相一致，与西班牙南部沿海油橄榄果园砂壤土相比也仅仅只是土壤水汽吸附高发时段偏早一些（Verhoef et al.,2006）。

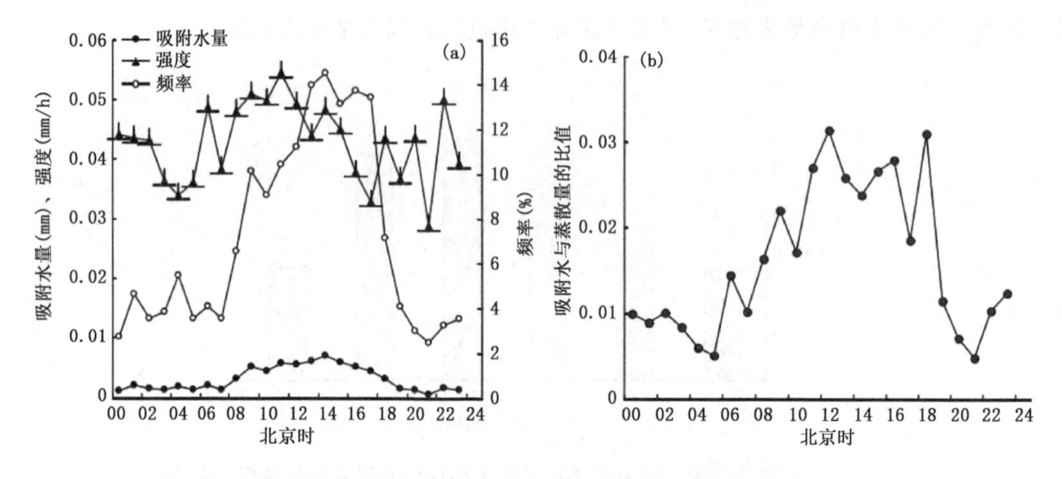

图 6.22　黄土高原定西年平均土壤水汽吸附强度、吸附量和吸附频率(a)及吸附量与蒸散量的比值(b)的日变化特征

图 6.23 表明，在黄土高原定西地区，无论是土壤水汽吸附频率还是吸附量，在冬季、秋季和春季都是白天高、夜间低；而在夏季似乎与之反位相，很多时候夜间比白天还高，这可能与夏季白天蒸发作用更突出及近地层大气相对湿度较低有关。夏、春、秋、冬季土壤水汽吸附率峰值依次出现在 04、09、13 和 14 时，分别约为 0.002、0.006、0.011 和 0.016 mm。峰值越高出现时间越晚；谷值依次出现在 09、03、20 和 21 时，均大约要比峰值小一个量级以上。总之，冬季水汽吸附的日变化最突出，秋季次之，夏季最不明显。水汽吸附日变化的这种季节差异性实际上反映了气候的季节变化对土壤粒子的水分引力和近地层水汽条件的综合影响特征。

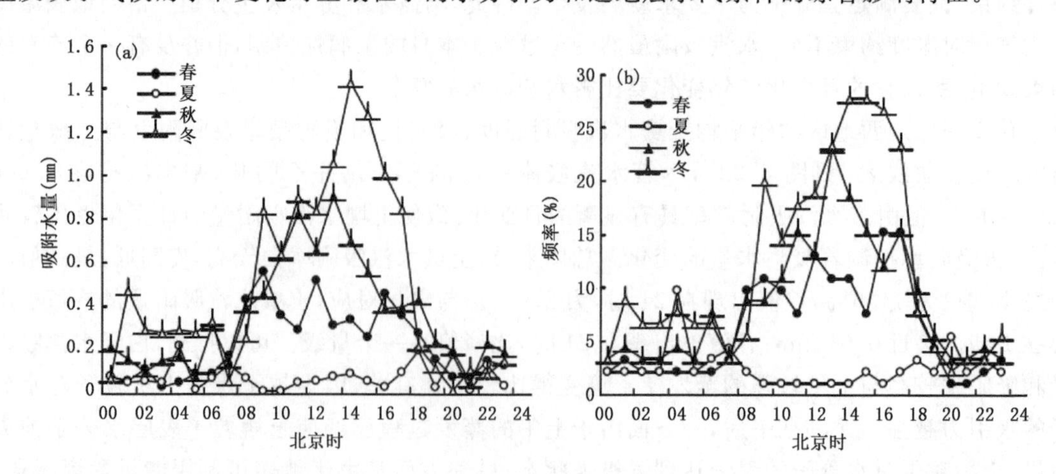

图 6.23　黄土高原定西地区不同季节平均土壤水汽吸附水量(a)和吸附频率(b)的日变化比较

图 6.24 给出了土壤水汽吸附强度、吸附频率和吸附量的年变化特征及其对陆面水分平衡贡献率。由图 6.24a 可见，土壤水汽吸附强度 1 月份最大，为 0.053 mm/h；6 月份最小，为 0.021 mm/h；而土壤吸附率变化与吸附强度并不完全不一致，峰值出现在 11 月份，高达 83.3%，而谷值出现在 5 月份，仅为 9.67%，与日变化特征类似；但土壤水汽吸附量年变化与吸附频率基本一致，最大值也出现在 11 月，多达 4.84 mm；最小值出现在 6 月，只有0.17 mm，相差近 30 倍。这种年变化特征与土壤湿度和温度年变化的综合影响有关。在冬季，不仅由于土壤比较干燥，土壤粒子对水分子的引力更强，而且由于其土壤温度较低，土壤粒子对水分子的黏性更强，所以这期间的土壤水汽吸附率更高；而夏季正好相反。这既符合土壤水汽吸附的影响规律，也与以往国际上其他研究结果基本一致(Agam et al.，2006)。

就水汽吸附量的贡献来看，其与降水量的比值在冬季(11 月至次年 1 月份)很高，超过了 1，尤其在 11 月份高达 2.3；既是在春季(2—3 月份)，也在 0.5 左右；而在夏季(5－7 月份)，比值要小得多。土壤水汽吸附量与蒸发量比值的大值区也出现在冬春季(11 月至次年 4 月份)，基本都大于 0.02，尤其在 12 月份高达 0.16 左右，而夏季比值却很低。可见，在旱季(冬春季节)，不仅土壤水汽吸附量较大，而且降水较少和蒸发较弱，所以土壤水汽吸附对陆面水分收支的贡献也更加显著。这与 Agam 等(2006)研究所指出的在干旱季节土壤吸附水在陆面非降水性水分来源中占主导地位的观点是一致的。不过，从量级上看不如在地中海半干旱区发现的土壤吸附水所占蒸散量的比例高(Kosmas et al.，2001)，这可能与 Kosmas 等(2001)的结果没有分离露水及其该地区受海洋湿润空气影响有关。

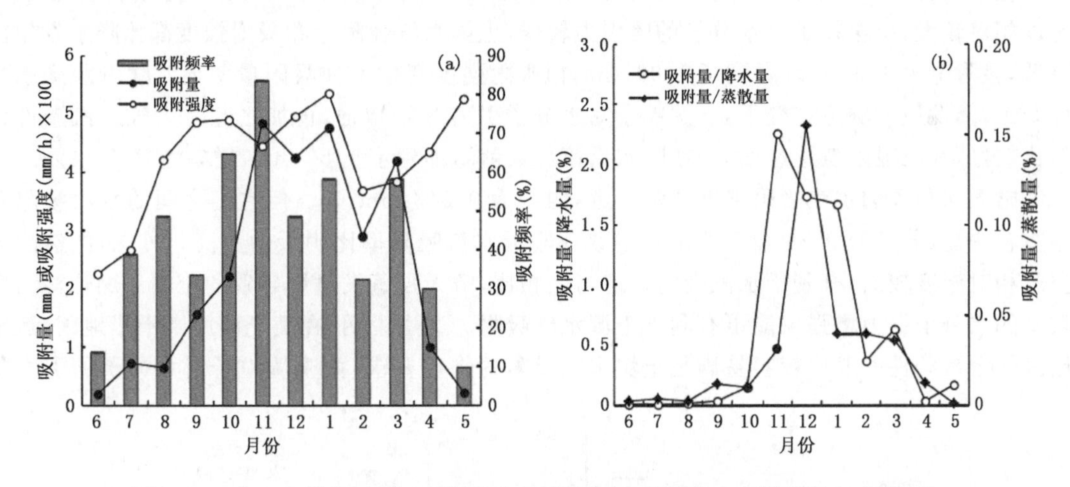

图 6.24　黄土高原定西地区土壤水汽吸附强度、吸附频率和吸附量的年变化(a)及其对陆面水分平衡贡献率(b)

从不同季节土壤水汽吸附水频率和吸附量及其对陆面水分收支贡献的对比中可以看出(图 6.25)，土壤水汽吸附量在冬季最大，高达 11.9 mm，占到了全年的 45%左右；而在夏季最小，仅为 1.5 mm。土壤水汽吸附率却在秋季最大，高达 60.5%，既是冬季水汽吸附频率也能接近 50%左右；而夏季最小，只有 17.5%左右。土壤水汽吸附量与吸附率季节变化一定程度的不一致性主要是吸附强度的季节差异造成的，尤其是冬季的吸附强度要明显比秋季的大一些。从水汽吸附量的贡献来看，冬季水汽吸附量与蒸发量比值超过了 0.05，其他季节的比值都较低，尤其夏季远低于 0.01，几乎与冬季相差一个量级。冬季土壤水汽吸附量与降水量的比值比较可观，接近 1.0 左右；即使在秋季其比值也超过了 0.1，可见冬秋季节水汽吸附的贡献比较突出；而夏春季节土壤水汽吸附量与降水量的比值要低得多，其贡献基本可以忽略。

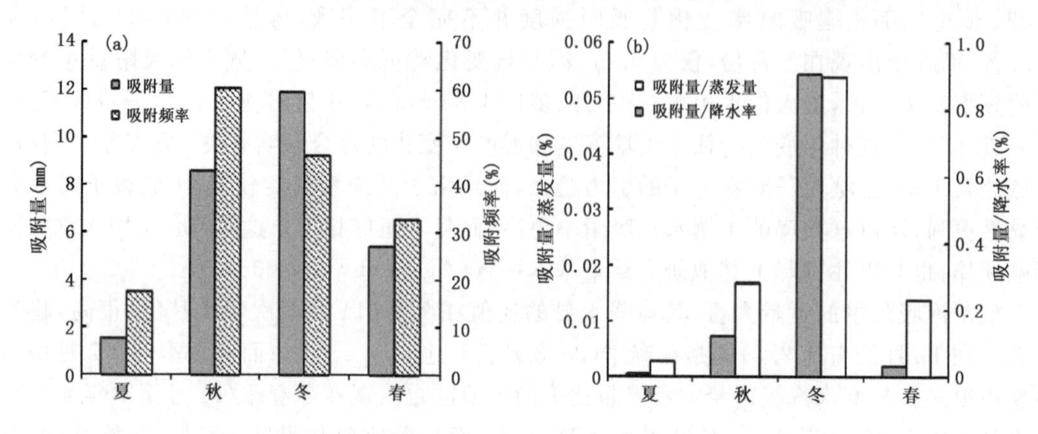

图 6.25　黄土高原定西地区不同季节土壤水汽吸附频率和吸附量(a)及其对陆面水分收支贡献(b)的对比

6.5.6.2　水汽吸附随降水过程和天气条件变化

除了日变化和年变化外，天气演变过程也会显著改变微气象要素和土壤环境条件，从而影响土壤水汽吸附过程。在图 6.26 中选取了降水事件前后 3 天内无其他降水事件发生的典型降水过程进行分析。总体来看，在黄土高原定西地区，刚降水后第一天，由于受降水影响，土壤湿度相对较大，土壤粒子对水分子的吸引力较弱，土壤水汽吸附量和吸附强度都比降水发生前更低，吸附量由 1.35 mm 降到了 1.09 mm，但吸附强度变化不如吸附量明显。随着距降水事件渐远，蒸发使土壤迅速变干，土壤粒子对水分子引力开始增强，再加之此时大气水汽条件仍然比较好，水汽吸附量迅速回升，在降水后第二天就增加到了 1.57 mm，增幅达到了 44%。

晴天和阴天的水汽吸附强度非常接近，均约为 0.043 mm/ h。但它们之间的水汽吸附量相差较明显，分别为 9.29 和 5.2 mm，这说明晴天水汽吸附率比阴天的更高。可见，虽然阴天空气相对湿度较高，有利于水汽吸附。但与之相比，晴天强蒸发过程导致的土壤干燥化对土壤粒子的水分子引力增强可能更有利于土壤水汽吸附。这也说明，在黄土高原半干旱地区，近地层大气水汽条件一般比较容易满足土壤水汽吸附的物理要求，而土壤粒子对水分子的引力条

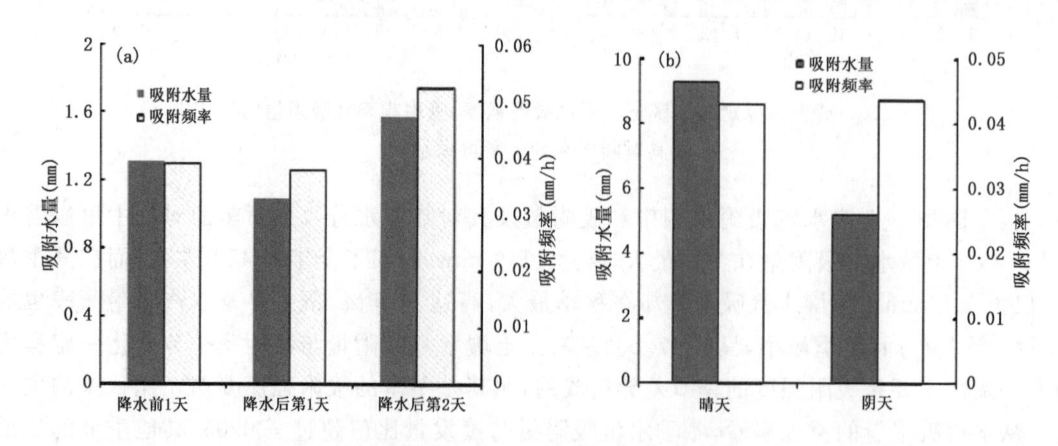

图 6.26　黄土高原定西地区土壤吸附水量及频率随降水过程(a)及天气状况(b)变化

件一般不太容易达到水汽吸附要求。所以，在决定是否发生土壤水汽吸附过程时，土壤粒子的水分子引力作用比大气水汽条件更占主导地位。同时，这也可能意味着，土壤湿度对水汽吸附率影响会更大一些，而大气相对湿度则对水汽吸附强度影响更大一些。

6.6　土壤吸附水与露水分布特征及其形成条件的比对

6.6.1　时间分布特征

由于气候和环境因素对露水和土壤吸附水的影响不同，因此露水和吸附水的变化特征必然不同。由图 6.27a 可见，黄土高原定西地区土壤吸附水和露水峰值的时间明显不同，且变化较大。露水量峰值出现在夜间，而土壤吸附水量峰值出现在 14 时。由于二者互补，所以陆面非降水性水分总量日变化的平均值波动很小。最大露水量出现在 16 时到第二天早上 09 时之间，因为只有当表面温度低于露点温度时才能出现露水。白天表面温度一般不会低于露点温度，因此不能在 09 时到 16 时之间出现露水。由于早晨蒸发强烈，土壤变得相对干燥，此时土壤颗粒与水分子之间的吸引力会逐渐增强。所以白天尤其下午的土壤吸附水量会较大，这导致白天的非降水性水分逐渐被吸附水所控制。这表明这两个非降水性水分分量的日变化几乎是相反的。露水与土壤吸附水日变化之间的这种良好的互补性，维持了非降水性水分日变化量的稳定。露水、吸附水发生频率及其总频率的日变化与其产生量的日变化基本一致（图 6.27b）。并且，吸附水的发生频率和产生量均大于露水的。

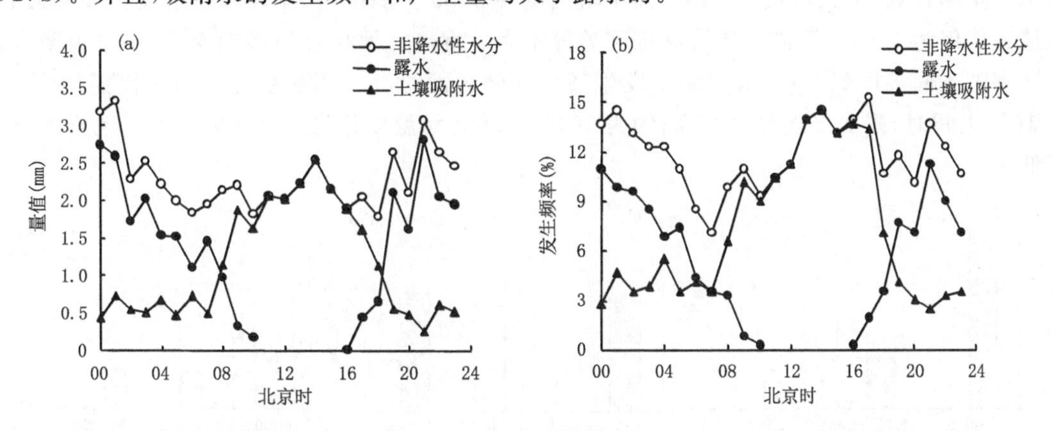

图 6.27　黄土高原定西地区非降水性水分、土壤吸附水及露水量(a)、发生频率(b)的日变化

从年变化来看，陇西黄土高原最大露水量（约 7 mm）发生在 10 月份，最小露水量发生在 6 月份（此时没有露水形成）（图 6.28）。出现这种现象的原因是秋季气温下降后，较大的日温差和充足的水汽条件为露水凝结创造了最有利的条件。6 月份地表温度不太可能下降到露点以下，再加上当时半干旱的环境缺少水汽，阻止了露水的形成。土壤吸附水峰值（4.8 mm）出现在 11 月，最小值出现在 6 月（图 6.28）。土壤吸附水最高的时段露水量最少，反之亦然。这充分反映了土壤吸附水和露水的不同形成机制，也反映了它们之间相互补充的关系。陆面非降水性水分总量为 52 mm，可以为该区域作物或生态植被提供有效供水。

在黄土高原定西地区，11 月土壤吸附水的发生频率最高，为 25 天；但该月露水产生频率相对较低（图 6.28b）。全年产生土壤吸附水的有 152 天，产生露水有 135 天。可见，土壤吸附水比露水更容易发生。虽然它们之间的相位是不对称的，但却存在很好的互补性。

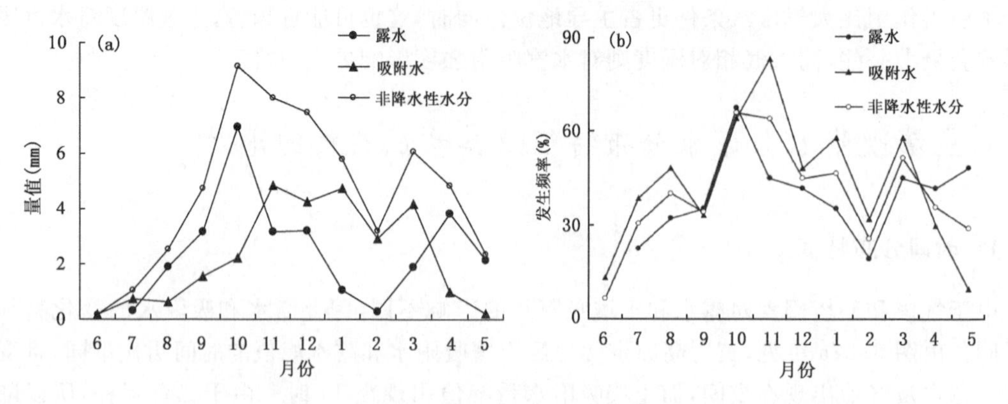

图 6.28　黄土高原非降水性水分各组分量(a)及发生频率(b)年变化

6.6.2　微气象条件

土壤吸附水和露水是非降水性水分的主要组成分量，虽然其形成机制都主要受当地气候因素(如气温、相对湿度)和环境因素(如土壤水分)的影响，但其形成的微气象条件却不尽相同。黄土高原定西地区陆面非降水性水分发生频率随气候因素的变化表明(图 6.29)，土壤吸附水发生频率随土壤水分的增加而降低，而露水发生频率却几乎不受影响。在土壤干燥时吸附水发生率较高，最大值接近 12%；而土壤湿度在 0.25～0.35(V/V)时，露水发生频率最高，但最大值仅为 5.6%，不同土壤湿度区间差异不大。就热力学状态的影响而言，土壤吸附水发生频率随表面温度变化不大，但露水发生频率却随表面温度有明显变化。当表面温度在 0℃到 10℃之间时，露水出现频率最高，约为 10%；但当表面温度超过 10℃时，露水出现频率明显降低。

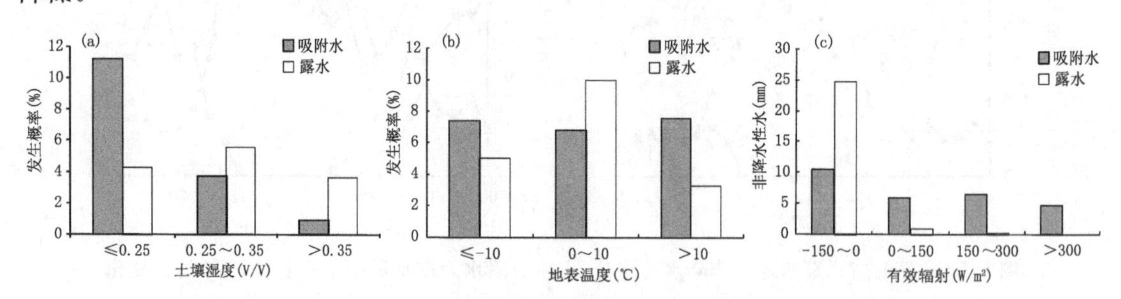

图 6.29　黄土高原定西地区土壤吸附水、露水发生概率随 5 cm 土壤湿度(a)、地表温度(b)及有效辐射 $Rn-G$)(c)的变化

土壤吸附水和结露过程本质上是水分子的基本运动状态的表现表征。从理论上讲，土壤表面有效辐射($Rn-G$)是水分子主要能量来源，在一定程度上决定了吸附水或蒸发(冷凝)过程的能量状态，是影响土壤吸附水或蒸发(冷凝)过程的最重要条件。一般，当有效辐射为负时，露水和吸附水达到最大值。冷凝过程中相变释放热量，土壤水汽吸附过程将分子的内能转化为热能，然后释放出来。图 6.29c 表明，在黄土高原定西地区，当有效辐射为负时，露水和土壤吸附水均达到最大值，分别为 24.8 mm 和 10.5 mm。当有效辐射范围为 0～150 W/m^2 时，

蒸发现象发生，土壤吸附水和露水量均明显下降。相比之下，在这个范围内，露水的减少速度更快，露水的量小于 1 mm，几乎可以忽略不计。实际上，0～150 W/m^2 的范围正是发生土壤吸附水和蒸发过程的交替阶段。在这一阶段，土壤颗粒与水分子之间的吸引力的强或弱与可利用能量提供给水分子的反引力大小是出现蒸发或凝结的关键因素。

土壤湿度和温度的垂直梯度影响着水和能量的传输以及土壤湿度和温度的动态特征(Gao et al.，2007)。图 6.30 给出了黄土高原定西地区非降水性水分发生频率随土壤水分梯度和土壤温度梯度的变化的分布。可见，土壤吸附水主要出现在土壤水分梯度小于 0.05(V/V)的时候，且表层土壤水分较低的时候，此时吸附率超过 8%。露水在土壤水分梯度值较低时发生频率较高，土壤水分梯度为 0.025～0.05(V/V)时，露水发生频率最小；但随着土壤水分的增加，土壤水分含量逐渐增加，在 0.075～0.1(V/V)范围内发生频率最大，约为 8%。环境因素对各非降水性水分分量的影响各不相同，总体呈现互补特征。也就是说，露水的高值区是吸附的低值区，反之亦然。

在黄土高原定西地区，土壤温度梯度在－10～15 ℃时，吸附水发生频率达较高，达到了 17.4%。而当土壤温度低于－15 ℃或高于 0 ℃时，吸附水发生频率低。总之，露水和吸附水的发生在不同的土壤水分和土壤热力条件下。

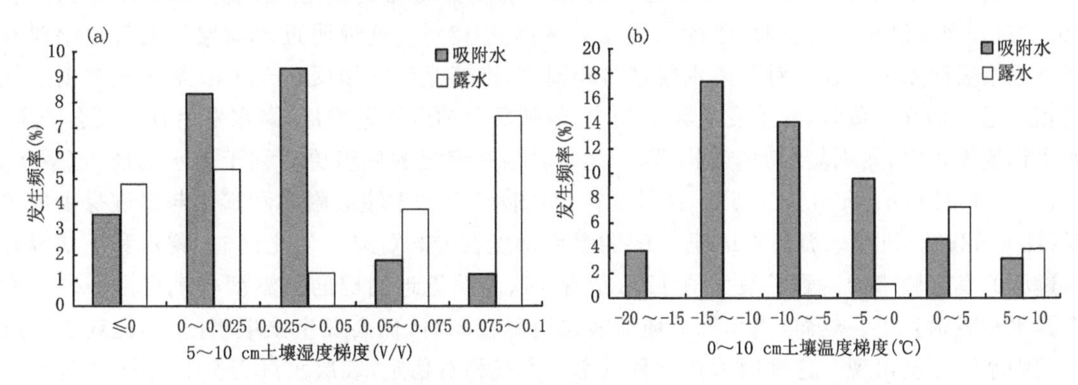

图 6.30　黄土高原定西地区露水和土壤吸附水随 5～10 cm 土壤湿度梯度(a)
0～10 cm 土壤温度梯度变化发生频率分布

一般，大气的风、表层温度和湿度及其垂直梯度决定非降水性水分的水汽来源和传输。在这些要素中，相对湿度对非降水性水分有非常重要的影响。在黄土高原定西地区，吸附水主要发生在大气相对湿度为 6%～50%时。此时，吸附水发生频率超过 10%，并且相对湿度越高，吸附水频率越小，吸附率小于 4%(图 6.31a)。这表明，如果大气过于干燥即大气相对湿度小于 6%时，则很难满足发生吸附所需的水汽条件；而当大气过于潮湿时即大气相对湿度大于 50%时，则容易形成雾和露水，抑制了水蒸气的吸附。露水主要发生在大气相对湿度超过 50%时，但露水的发生频率低于土壤吸附水的。这与以往研究结果有一定的吻合性。比如，De Vries(1958)认为，只有当土壤颗粒周围空气的相对湿度小于 60%时，吸附水才占主导地位；当相对湿度超过 60%时，凝结占主导地位。张强等(2012b)认为称，表层相对湿度超过 80%有利于露水产生。并且，以往研究也显示了与图 6.31a 相似的土壤吸附水与露水的互补特性。

从黄土高原定西地区土壤吸附水与表层相对湿度振幅的日变化关系来看(图 6.31b)，随着相对湿度日振幅的增大，土壤对水汽的吸附率和露水凝结率均升高。因此，较剧烈的相对湿度的日变化有助于吸附水和露水的生成。对于土壤吸附水而言，大气相对湿度日振幅增加意味着最小日相对湿度会减小，这与 Kosmas 等(2001)的研究结果一致。而对于露水而言，相对湿度振幅增加则意味着最大日相对湿度增加，从而会促进露水冷凝过程。

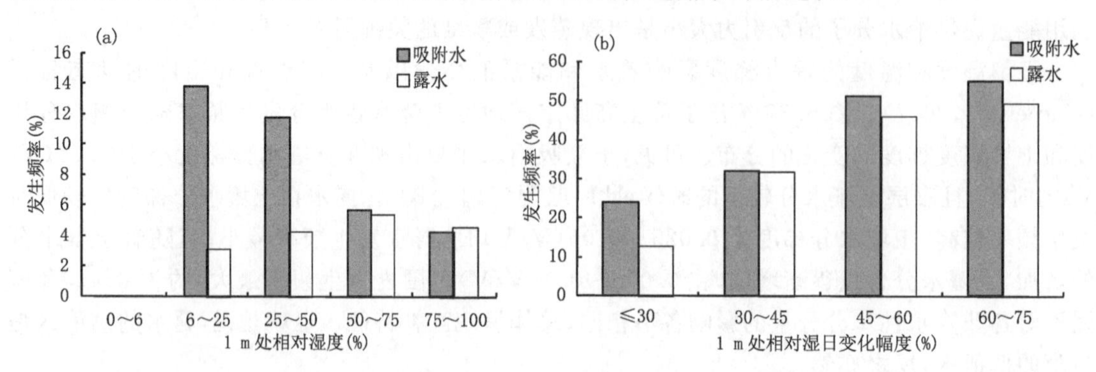

图 6.31　黄土高原定西地区土壤吸附水、露水出现概率与 1 m 处的相对湿度(a)及其日变化幅度(b)

近地面层大气相对湿度垂直梯度的变化对非降水性水分影响比较复杂。图 6.32a 可见，在黄土高原地区当 4 m 至 1 m 高度之间的相对湿度梯度为负值时，土壤吸附水发生频率在 2%左右。当湿度梯度为正时，吸附水发生频率高达 12%。这说明近地面层为大气逆湿时有利于土壤吸附水的过程。对于露水凝结过程而言，则情况基本相反。当 4 m 至 1 m 高度之间的相对湿度梯度为负时，露水发生频率较大，但随着负梯度逐渐增加，露水发生频率又会减少。而当梯度为正时，露水凝结率急剧下降。这说明相对潮湿的环境更有利于露水的产生(Wang et al.,2011;Zhang et al.,2015)。这种规律也比较符合与土壤吸附水和露水与温度梯度的关系(图 6.32b)。当近地面层 4 m 至 1 m 的温度梯度在－1 ℃到 0 ℃之间时，露水和土壤吸附水过程的发生频率均达到了最大值 12%左右。这表明近地面层的负温度梯度有助于同时发生露水和吸附发生。然而，当大气近地面表层逆温较弱时，仍会发生土壤吸附水，但露水冷凝作用则基本不会出现。这是因为在这种状态下大气相对稳定，表层水汽交换不充分，不能提供足够的水汽，从而抑制了露水形成。然而，当温度梯度在－2 ℃到－1 ℃之间时，露水发生频率高(＞8%)，而土壤吸附水却非常弱，从而使露水和土壤吸附水几乎不同时发生。可见，近地层温度梯度对土壤吸附水和露水影响的互补现象有相对比较多的机会出现。

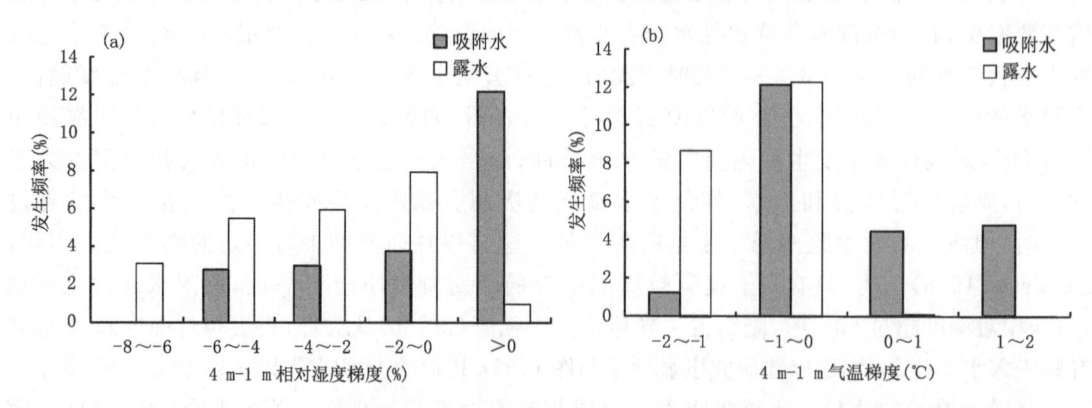

图 6.32　黄土高原定西地区土壤吸附水、露水出现概率随 4 m－1 m 之间相对湿度(a)、气温(b)梯度变化

风速是影响非降水性水分的另一个重要因素。图 6.33 表明，在黄土高原定西地区，风速对露水和吸附水的影响也具有一定互补性。适中的风速有助于将表层的水汽向表面传播，使地表保持相对比较充分的水汽；也有利于地表热通量传递至大气，使地表面保持较低的温度，有利于露水形成。如风速过大，会增加蒸散，使表层水汽流失，不利于露水形成，但却有利于土壤水分吸附。

总之，露水和土壤吸附水与气候和环境因素有着不同的关系。特别是相对湿度、风速、空气温度梯度和表层相对湿度对露水和土壤吸附水呈现出普遍相反的关系。例如，风速越大越不容易发生露水，而土壤吸附水则正好相反。

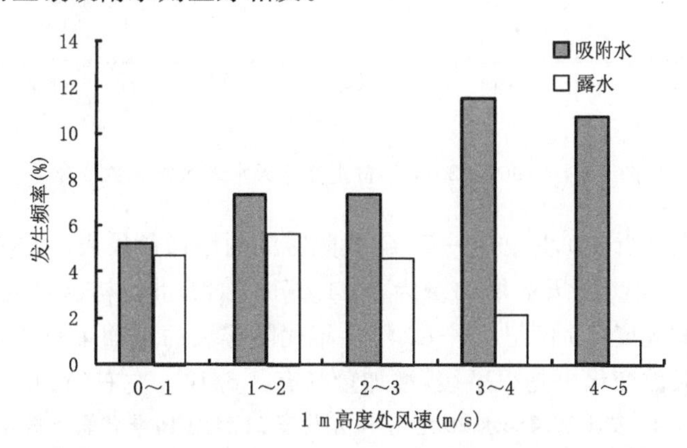

图 6.33　黄土高原定西地区土壤吸附水、露水出现概率随 1 m 处的不同风速的变化

6.7　雾

6.7.1　降雾量测量

日常最容易观察到的来自大气的非降水性陆面液态水分分量就是雾水。雾的形成与地表条件无直接关系，只要大气湿度达到饱和就可以产生，它以小水滴的形式悬浮在大气中，可以通过沉降和地物截获落到地表上。雾水主要可分为平流雾和辐射雾，两者形成机制不同，平流雾的形成与大气运动过程有关，辐射雾的形成与陆面夜间冷却过程有关。雾的形成机制并不复杂(Zhang et al.，2019a)，只要在近地面空气饱和时就会发生。其出现的天气条件也比较容易分辨(中国气象局，2003)，但对其精确测量却比较困难。Zhang 等(2019)在黄土高原定西试验基地利用蒸渗计等仪器建立的非降水性水分测量系统，可对降雾量进行识别估算。其判断条件是：蒸渗计感重变量 $\Delta f>0$，大气相对湿度(RH)＝100%，没有降水或沙尘暴产生。测量精度能够满足研究和应用需要。

6.7.2　雾变化特征

降雾量的测量资料比较少，在干旱区出现概率小，很多研究借助气象站常规天气现象观测资料进行分析(蒲金涌 等，2011d)。

图 6.34 表明，自 1961 年以来，黄土高原天水地区雾天气随着年份呈线性增加，增加的速度为 1.2 d/a(R^2＝0.27，$P<0.01$)。雾变化的阶段性比较明显，1961—1985 年，以 3.9 d/a

($R^2=0.38$,$P<0.01$)速度增加,线性变化趋势很明显;而1986—2017年线性变化趋势不太明显($R^2=0.07$,$P>0.01$)。

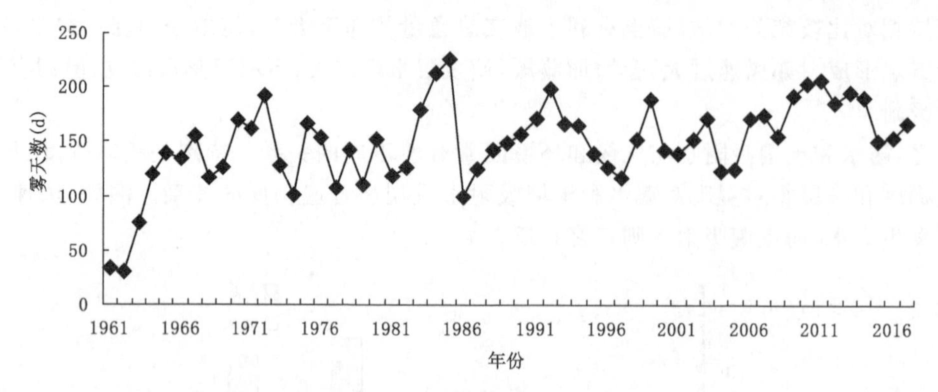

图6.34 1961—2017年黄土高原天水地区雾天数变化

从年代际变化上来看,20世纪60—70年代际雾天的增加量最大,为31.2 d/10 a;其次,为21世纪的00—10年年代,雾天的增加量为21.1 d/10 a,21世纪初这种变化趋势加剧了当地大气污染治理的严峻程度;20世纪70—80年代年代际雾天的增加量较小,仅为12.4 d/10 a;其余年代之间的雾天数变化更是很平缓,增加量只有3 d/10 a左右(表6.2)。

表6.2 黄土高原天水20世纪60年代至21世纪10年代雾天气变化

年代	1961—1970年	1971—1980年	1981—1990年	1991—2000年	2001—2010年	2011—2017年
天数(d)	110	142	153	157	162	182

黄土高原天水地区雾的年变化很明显(图6.35),雾天数最多月出现在12月为23 d,最少月出现在5、6月,为5 d,呈比较典型的正抛物线型。可以用(6.8)式描述每月雾天数的年变化规律($R^2=0.92$,$P<0.001$)

$$Y=0.4156X^2-4.5088X+19.255 \tag{6.8}$$

式中,Y为雾天数(d),X为1—12月的月序数(1月,$X=1$,…,12月,$X=12$)。对式(6.8)求一阶导数,并令$Y'=0$,得到$X=5.4$,说明5—6月是天水市雾天数最少的时段,这与实际情况是完全吻合的。

同在黄土高原的宝鸡地区的也可得到类似的每月雾日数的年变化抛物线分布特征($Y=0.0369X^2-0.4669X+1.5966$,$R^2=0.93$,$P<0.01$,$Y$:雾日,$X$:月份)。

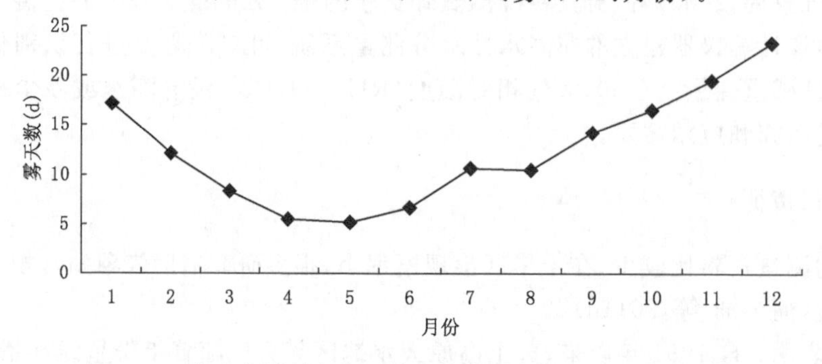

图6.35 黄土高原天水地区雾天数的月变化(1961—2011年)

黄土高原天水地区的雾天数的季节分布特点也比较明显(表 6.3)，秋、冬季雾天数比较多，春、夏季雾天数比较少，冬季出现雾的次数约为春季 3 倍。

表 6.3　陇西黄土高原天水各个季节雾天数的变化

季节	春季	夏季	秋季	冬季
天数(d)	19	28	50	53
占全年比例(%)	12.7	18.7	33.3	35.3

在冬季，大范围近地面大气层容易出现持续或超过 24 小时较均匀气压场、静风或风速较小的静稳天气。在这样的天气条件下，湍流受到抑制，特别是当逆温层出现时，低空中的水汽和颗粒物不易扩散，极易形成雾。冬季除环流比较稳定和静稳天气较多外，集中供暖和分散燃烧大量的煤及其煤制品，造成大量的 SO_2 及氮氧化物等排放，加大了城市区域上空各种气溶胶及悬浮物的累积，给雾的形成提供了条件，一旦污染物累积量达到临界值或湿度条件达到饱和临界值就极易形成雾。

另外，冬季冷空气活动次数也是影响雾天出现的因素之一。2011—2017 年弱(日降温幅度<6.0℃)、中等强度(6℃≤日降温幅度≤8.0℃)及强(日降温幅度>8.0℃)冷空气活动频次对比表明(表 6.4)，进入 21 世纪之后冬季冷空气的活动次数呈比较明显的减少趋势，不利于雾消散，促使冬季雾日数不断增加。

表 6.4　2011—2017 年冷空气活动频次

年份	弱冷空气	中等强度冷空气	较强冷空气	总次数
2011	6	3	4	13
2013	4	2	1	7
2014	4	4	2	10
2015	2	3	2	7
2016	3	0	0	3
2017	2	0	0	2

春末及夏季大气边界层稳定状况较差，垂直运动明显，静稳天气及无风或微风天气少，气溶胶、$PM_{2.5}$ 等大气悬浮物随着上升气流或空气的水平流动而散失，在近地层不易集聚，大气中水汽的饱和程度也相对较弱，符合雾形成的天气条件较少，使得春、夏季雾形成的相对几率较少。另外，春季还是环流形式调整的季节，冷热空气频繁转换活动，也不利于雾天气形成的背景出现。

6.7.3　雾与气象要素及地形关系

雾天与大气中的相关气象要素息息相关。黄土高原天水地区的雾天数与相关气象因子的相关性分析表明(表 6.5)，风速与雾天数呈显著的反相关，无风或微风的静稳天气是雾形成的必要条件。气温与雾天数也呈显著的负相关，气温高时，相应的饱和水汽压就高，大气中的水汽不容易达到饱和，形成雾天气的几率就相对较小。这印证了雾天在冬季多、而在夏季少的季节分布特点。相对湿度与雾天气的相关显著程度比饱和水汽压及实际低，水汽压是温度和湿度的函数，能够更好地表征雾形成的临界条件。

表 6.5　天水地区雾天数与相关气象因子的相关分析

	温度	相对湿度	饱和水汽压	实际水汽压	风速
相关系数	−0.62**	0.42*	−0.57**	−0.46*	−0.86**

注：**，* 分别表示通过 0.01、0.1 信度检验。

地形、地貌也是影响雾天数出现的主要因子之一。例如，黄土高原的天水市城区，地处藉河的盆地地带，四周山梁环簇，相对封闭，风速较小，小气候效应明显。尤其是冬季供暖季节煤炭等石化物消耗较大，燃烧后的颗粒在空气集结，地面水平扩散能力差。与周边及郊区相比，利于形成雾产生的背景条件。另外，近年来，黄土高原天水市城区“热岛”效应日渐突出(蒲禹君 等，2011)，且城区工厂排出的污染物或居民无组织排放的污染物随气流上升，笼罩在城市上空，并从高空输送向郊区，到郊区后又下沉。下沉气流又通过城市局地环流从近地面流向城市中心，并将郊区工厂排出的污染物带也入城市，造成二次污染，致使城市的空气污染更加严重，增加了大气中的凝结核，容易形成雾。

6.8　土壤水分垂直运移

6.8.1　土壤蒸馏水

由于技术等原因，非降水水分中土壤蒸馏水、土壤毛管抽吸水及植物吐水还无法准确测量，但其形成原因及运移途径有一些初步探索和研究。

较深层的液态土壤水蒸发后上升到表层再凝结就会形成土壤蒸馏水，有的文献中也将其称为露水。土壤蒸馏水总是产生在水分非饱和的土壤中，主要以土壤中空气温度梯度或(和)渗透梯度为驱动力。土壤蒸馏过程的发生需要地表温度不仅达到或低于露点，而且还要比深层土壤温度更低，同时土壤中的空气湿度要大于大气湿度。一般，当水汽从热湿土壤上升到冷干地表面时，比较容易产生蒸馏水。由于白天太阳辐射使土壤温度不断升高，土壤蒸发的水汽一部分向大气输送，另一部水汽仍保留在土壤孔隙中。到了夜间，由于土壤表层温度降到了露点以下，土壤中储存的水汽或夜间下层土壤蒸发的水汽往往会上升到地表凝结形成蒸馏水，土壤水汽的蒸馏的能力由土壤空气温度梯度和水势梯度共同决定。通过蒸馏过程土壤较深层的水分和热量能够不断被迁移到地表，并且温度梯度越大向上迁移得越快。对含水量较高的土壤而言，土壤蒸馏水是很小的；而对含水量较低的砂壤土而言，土壤水汽的蒸馏过程是很重要的。在干旱半干旱荒漠地区，由于其特殊的土壤结构、土壤水分状态和小气候特征，最有利于蒸馏过程发生，土壤水汽蒸馏过程是土壤水分输送的主要方式，也是浅根系旱生植被维持生存的关键水分机制之一。在干旱沙漠地区，在相对潮湿的地面，挖约 90 cm 见方、45 cm 深的坑进行蒸馏试验，发现 24 h 就能收集 55 ml 的蒸馏水。另外，冬季在一些洞穴口(孔径不一定很大，如穴住动物的洞穴)，往往有热水汽向外冒出，偶尔也会出现在洞口成霜的现象，这实际上也是土壤蒸馏水累积的结果。

6.8.2　土壤毛管抽吸水

处在土壤孔隙中的水分由于分子引力的作用具有明显的表面张力。土壤中的液态水往往会借助其自身在土壤孔隙中的张力(势)从下向上不断迁移而形成毛管抽吸现象,它在土壤水分输送过程中扮演着重要角色。由于抽吸过程对力的逐渐消耗,土壤孔隙的水分抽吸作用会随着抽吸水的上升而逐渐减少,上升到一定高度后抽吸作用完全消失。土壤毛管抽吸力主要与土壤的孔隙大小和土壤水分分布结构有关,在较粗土壤孔隙中抽吸水上升的高度较小,在较细土壤孔隙中上升的高度较大。由于土壤孔隙主要由土壤粒径决定,所以毛管抽吸水的上升高度往往与土壤粒子直径表现出了很好的关系(图6.36)。在土壤粒子较大时抽吸高度一般只有几厘米,而在土壤粒子较小时抽吸高度可达几十厘米,甚至数米。土壤湿度较大,水分比较容易在土壤中抽吸上移;而土壤储水愈少,固相物质所产生的引力对土壤水分吸持得愈强,水分愈难在土壤中抽吸上移。

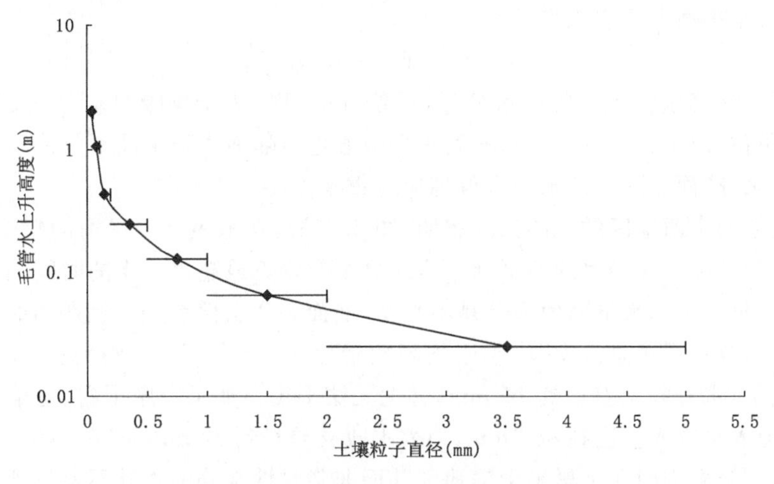

图6.36　土壤粒径与毛管吸力的关系

不过,由于土壤是一个复杂的毛管系统,不能过于简单地去解释毛管抽吸作用。在干旱荒漠地区,虽然沙土的粒径一般较大,但沙土的毛管抽吸作用往往也是十分惊人的,很多时候在干燥的表层沙土下面很容易找到毛管抽吸上来的水源。同样,尽管黏土的粒子尺度较小,但其毛管水最强上升高度也不超过3 m,这是由于毛管直径过小时,土壤孔隙易被膜状水堵塞,会降低毛管抽吸作用发挥。

6.8.3　植物吐水

有些植物的叶尖和叶缘有一种被称为排水器的水分排出结构,当植物根部吸收的水分比需要的水多时,便通过排水器排出,这部分水就叫植物吐水。叶子的排水器由水孔和通水组织构成,水孔虽然与气孔相似,但它的细胞分化不完全,没有自动调节开闭的作用。就微气象条件而言,通常在温暖的夜晚或清晨,空气湿度较大时,叶片的蒸腾微弱,植物体内的水分比较容易从排水器溢出,在叶尖或叶缘出现植物吐水。这是因为高温使根的吸收作用旺盛,湿度大又抑制了水分从气孔中蒸散出去,根吸收的水分只好直接从水孔中流出。所以,在盛夏的清晨或夜间最容易看到植物吐水,有时候也容易把它误认为露水。研究表明,水稻叶尖吐水最适宜的温度环境是30 ℃左右,叶尖吐水至少能够达到露水的1/2,它对维持叶片湿润具有与露水类似的重要性。在干旱和半干旱区,温度比较高、气候比较干燥,气孔蒸腾作用强,一般不会出现植物吐水。但在干旱区的绿洲内,吐水过程可能会比较明显。

6.9　非降水性水分对陆面水热平衡的贡献

6.9.1　对陆面水分平衡的贡献

在平衡地表水分收支中，如不考虑径流或渗透，在湿润地区蒸散量应大致相当于降水量，陆表水平衡方程的一般形式为：

$$E = P \tag{6.9}$$

式中，E 为蒸散发，P 为降水。然而，在干旱半干旱地区，陆面非降水性水分的贡献一般比较显著。因此，陆表水平衡方程应该表示为：

$$E = P + (W_d + W_a + W_f) \tag{6.10}$$

这里，W_d 是陆面非降水性水分的露水分量，单位：mm；W_a 为土壤吸附水分量，单位：mm；W_f 是雾水分量，单位：mm 。(6.10)式的陆面水平衡方程中陆面非降水性水分是不可或缺的贡献项。但长期以来，陆面非降水性水分未得到应有重视。

在黄土高原的定西地区的观测试验表明(图 6.37a)，在地表水分平衡的年变化过程中，蒸散发与降水之间始终存在显著的不平衡。全年之中有将近或超过一半的时间地表蒸散量超过了降水量，假如只考虑降水量陆面水分是不平衡，陆面非降水性水分已经是陆面水分平衡的重要组成部分。从全年累积总量来看，年平均降雨量为 437 mm，而蒸散量高达 511 mm。如只看降水和蒸散量，水分收支差达到 74 mm，远远无法平衡。如果考虑了露、土壤吸附水等非降水性贡献，总地表水收入量达到 489 mm，地表水收支差降到 22 mm(图 6.37b)，陆面水分收支基本平衡。这一结果表明在干旱半干旱地区陆面非降水性水分的贡献不容忽视。

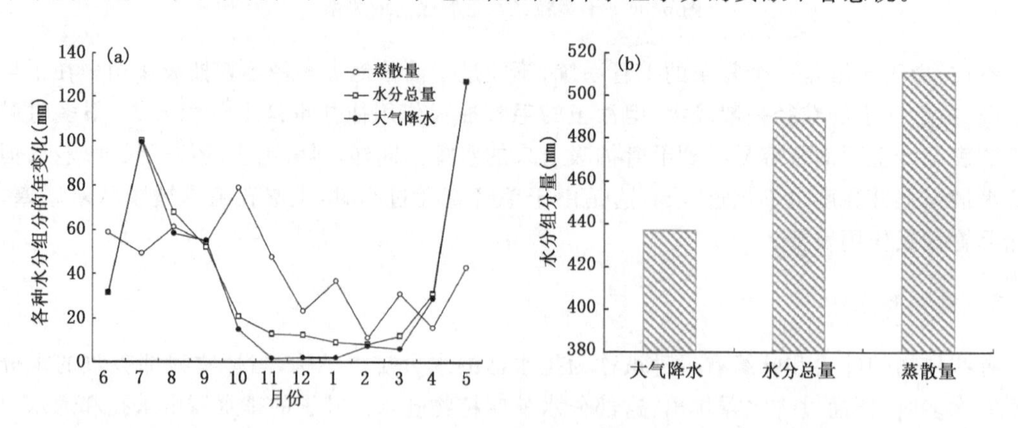

图 6.37　黄土高原定西地区地表水分收支年变化(a)和各分量累积值(b)

水分总量是降水、露水和吸附的总和

在剔除了降水数据之后，西北干旱区敦煌荒漠地表的日水分平衡循环过程变化显示(图 6.38)，地表水分平衡特征在日变化过程中有较明显的“呼吸过程”，夜间土壤通过凝结和吸附获得水分时基本为土壤水分的“吸入”过程；而白天土壤水分被蒸发和蒸腾消耗基本为土壤水分的“呼出”过程。一般，夜间“吸入”水约 0.06 mm，白天“呼出”水约为 0.058 mm。这两个测量值大致相当。夜间的土壤水分“吸入”过程与白天的“呼出”过程在全天基本形成了一个比较完整的土壤水分“呼吸”过程。

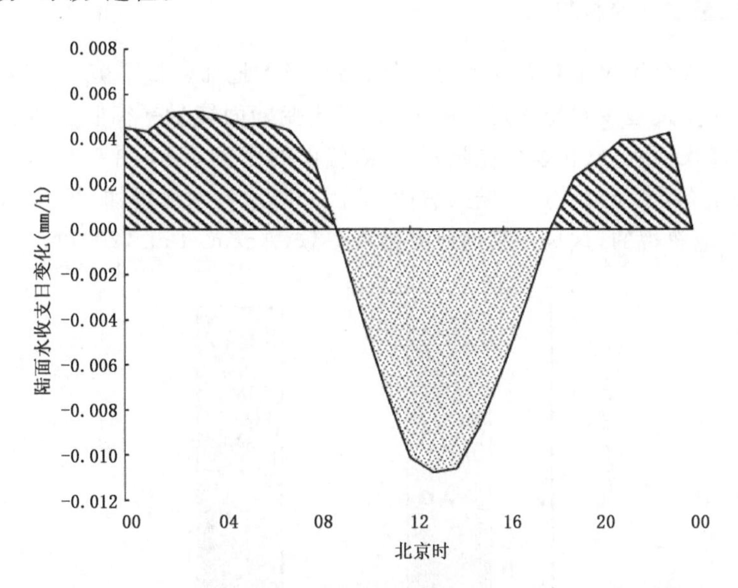

图 6.38　西北干旱区敦煌荒漠地表无降水日平均地表水收支日变化

在干旱半干旱区的旱季，陆面非降水水分的量比较大，同时由于降雨少、蒸发弱。其陆面非降水性水分对陆面水分平衡的贡献更加明显，这与 Agam 等(2006)提出的干旱季节陆面非降水性水分是陆地表面主要来源的观点相一致。从黄土高原定西地区全年总的陆面水分平衡来看(图 6.39)，降水仍然是干旱区陆面水分平衡的主导成分，占蒸散总量的 85%。露水和土壤吸附水所占比例基本相当，各占蒸散量的 5%，雾的贡献率较低，只有 1.3 mm，仅占蒸散量的 0.2%，完全可以忽略。还有 23.7 mm 的水分收入为仍然保留的陆面水分非平衡量，它可能是由以下 3 个原因引起：①与气候暖干化相对应的土壤水分透支；②测量仪器的误差；③其他不明原因的误差。这部分非平衡水分量在陆面水分平衡中只占 4.8%，而陆面非降水性水分在陆面水分平衡中要占到 15%，可见陆面非降水性水分量在陆面水分平衡其作用是不容忽视的。

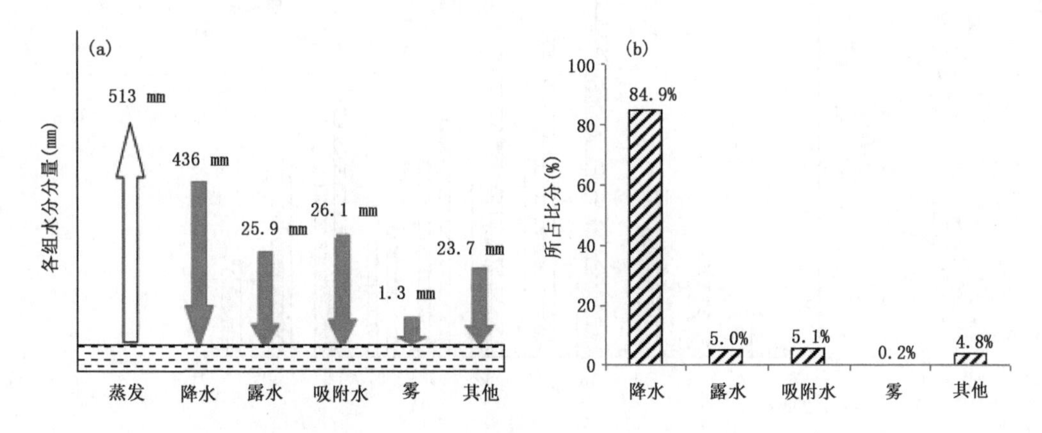

图 6.39　黄土高原定西地区年陆面水分平衡(a)各分组水分对水分支出的贡献率(b)

6.9.2 对陆面能量收支的影响

陆面非降水性水分不仅影响陆面水分平衡，而且影响地面能量平衡。一般，陆面非降水性水分可以通过其相变过程及对潜热通量的影响，来改变陆面能量平衡收支过程。黄土高原定西地区的全年非降水性水分（转换成能量）与有效辐射的比率显示（图 6.40），露和吸附水的贡献比分别约为 5.4%和 5.6%。这一结果表明，陆面非降水性水分增加了干旱或半干旱地区的潜热通量，这是不应忽视的，这也与其他研究结果一致（Agam et al.，2004）。

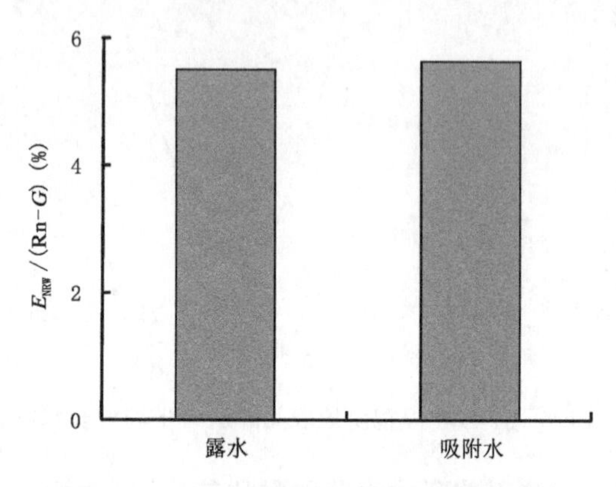

图 6.40　露水和吸附水对有效辐射的贡献

6.10 非降水性水分各分量分季节分布对比

黄土高原定西试验基地的观测试验表明（图 6.41），秋冬季非降水性水分总量最多，而夏季则最少；这可以归因于夏季气温较高，更有利于蒸散，从而减少了非降水性水分的形成。随着秋季的到来和气温降低，非降水性水分也开始逐渐增加（表 6.6）。

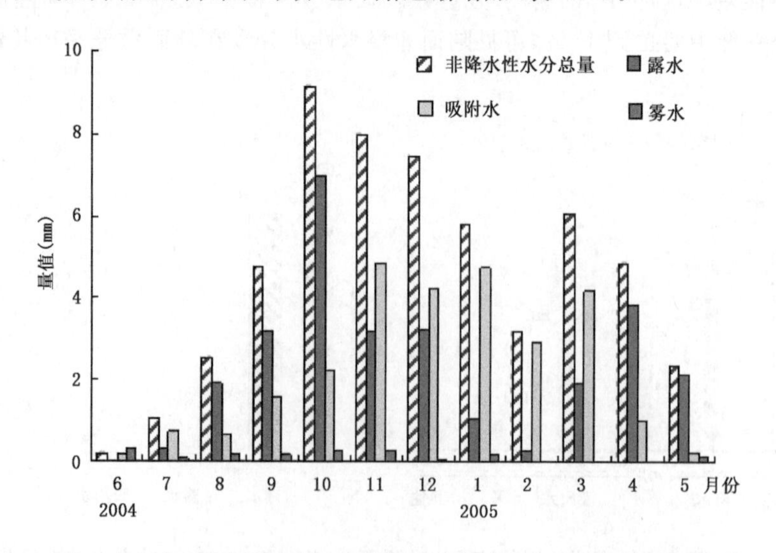

图 6.41　黄土高原定西地区陆面非降水性水分各分量年分布对比

表 6.6 黄土高原定西地区陆面各非降水性水分分量各旬统计量对比

年份	月份	旬	露(mm)	吸附水(mm)	雾(mm)
2004	6	上	0	0.01	0
		中	0	0.03	0
		下	0	0.00	0.03
2004	7	上	0.05	0.09	0.08
		中	0.11	0.47	0
		下	0.16	0.07	0.01
2004	8	上	0.46	0.11	0.04
		中	0.30	0.13	0
		下	1.13	0.24	0.11
2004	9	上	0.99	1.0	0.08
		中	1.67	0.38	0.09
		下	0.51	0	0
2004	10	上	1.69	0.62	0.07
		中	1.58	0.61	0.09
		下	2.71	0.70	0.11
2004	11	上	1.65	1.01	0.07
		中	0.33	2.24	0.01
		下	0.95	1.31	0.20
2004	12	上	2.18	2.42	0
		中	1.03	1.22	0.05
		下	0	0.56	0
2005	1	上	0.03	1.58	0.02
		中	0.65	0.96	0
		下	0.36	2.02	0.17
2005	2	上	0.03	0.98	0
		中	0	0.83	0
		下	0.25	1.09	0
2005	3	上	0.22	1.83	0
		中	0.44	1.14	0
		下	1.23	1.22	0
2005	4	上	2.74	0.82	0
		中	0.07	0.12	0
		下	0.31	0.06	0
2005	5	上	0.51	0	0
		中	0.24	0.07	0.04
		下	1.38	0.04	0.06

6.11　非降水性水分生态气候效应

6.11.1　缓解生态和农业干旱

在中国地学研究中，胡焕庸早年曾划了一条从东北黑河到西南腾冲的东北—西南向的界限被称作“胡焕庸线”。这条线两边的人口分布、经济状况具有明显差异。近年的研究成果显示，“胡焕庸线”实际上与中国东亚夏季风影响过渡区的范围基本上重合(图 6.42)，这是中国湿润区和干旱区的分界线。研究这一地区的陆面非降水性水分具有特殊意义。黄土高原定西地区正好就处在东亚夏季季风影响过渡区之中。

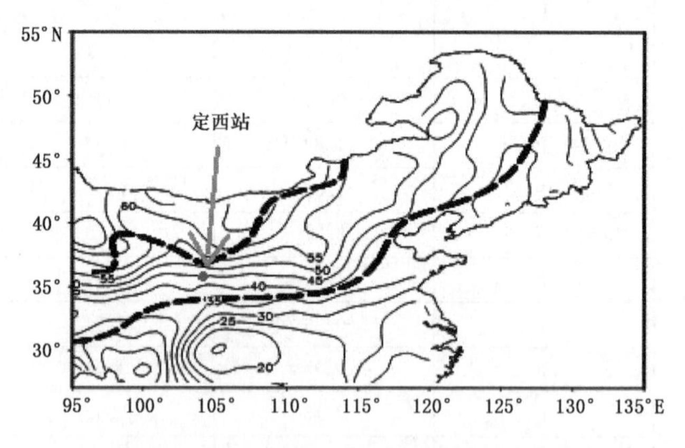

图 6.42　中国夏季季风过渡区中的定西站

水分是干旱半干旱环境中维持生产力的一个因素(Kaseke et al.,2017)，夏季风影响过渡区的降雨主要发生在 6—9 月的夏季风降水期。与夏季风降水相比，陆面非降水性水分对中国夏季风影响过渡区具有更为特殊的生态和气候效应。相比之下，陆面非降水性水分全年都会出现，尤其在非季风期间，它比降水的出现频率更高，贡献也更显著，可以补充非季风期间的植物水分，有效减少植物内部水分亏缺，而这正是部分农作物生长需水的关键时期。而且，在区域水资源管理和农业生态规划中，陆面非降水性水分的变化及其与影响因素之间的关系也特别值得关注。

从黄土高原定西地区非降水性水分量占降水量的比例在夏季风期与非夏季风的对比可以看出(图 6.43)，在非季风期(10 月至次年 3 月)，陆面非降水性水分与降水量的比值很高，超过了 2.0，尤其在 11 月上升到了 3.7；而在季风期(5—9 月)，其比值要低得多。在冬季，吸附水与露水的比值很高，超过了 1.1；而在 11 月和 12 月，露水比值很高，但在一年其余时间里都比较低。各陆面非降水性水分量与降水量比值的峰值均出现在非季风期(11 月)。在这一时期，也出现了陆面非降水性水分与蒸散量的高比值现象，所有比值均大于 0.1，12 月上升到 0.51。可见，在非季风期，正是冬小麦播种和出苗的关键需水期，降水量却很小，大多接近零，极为不利于旱地下冬小麦的出苗。此时，正巧有陆面非降水性水分的补充，陆面非降水性水分成为占绝对主导的水分来源，提供作物所需的水分，从而降低作物的干旱死亡率。在越冬期间，如果没有非降水性水分给土壤提供水分，冬小麦可能因干旱和低温致害甚至死亡。即使在返青期，也就是需水期，陆面非降水性水分的供给量与降水量也几乎相等，对维持冬小麦正常生长有关键作用。这表明，在夏季季风影响过渡区，陆面非降水性水分对旱作农业不容忽视，特别是在非季风期具有极为关键的作用。

在我国中西部地区，春小麦、冬小麦、马铃薯和玉米是主要粮食作物，陆面非降水性水分对当地春小麦和冬小麦生长和产量有显著影响。陆面非降水性水分不仅是作物返青期前重要的土壤水分补充，而且很有利于作物分蘖和越冬安全。并且，对于发芽期前的春小麦，非降水性水分也是一种有效的土壤水分补充，特别是在干旱年份作用尤为突出。不过，由于马铃薯和玉米播种期晚，对其影响相对其他作物要小一些。

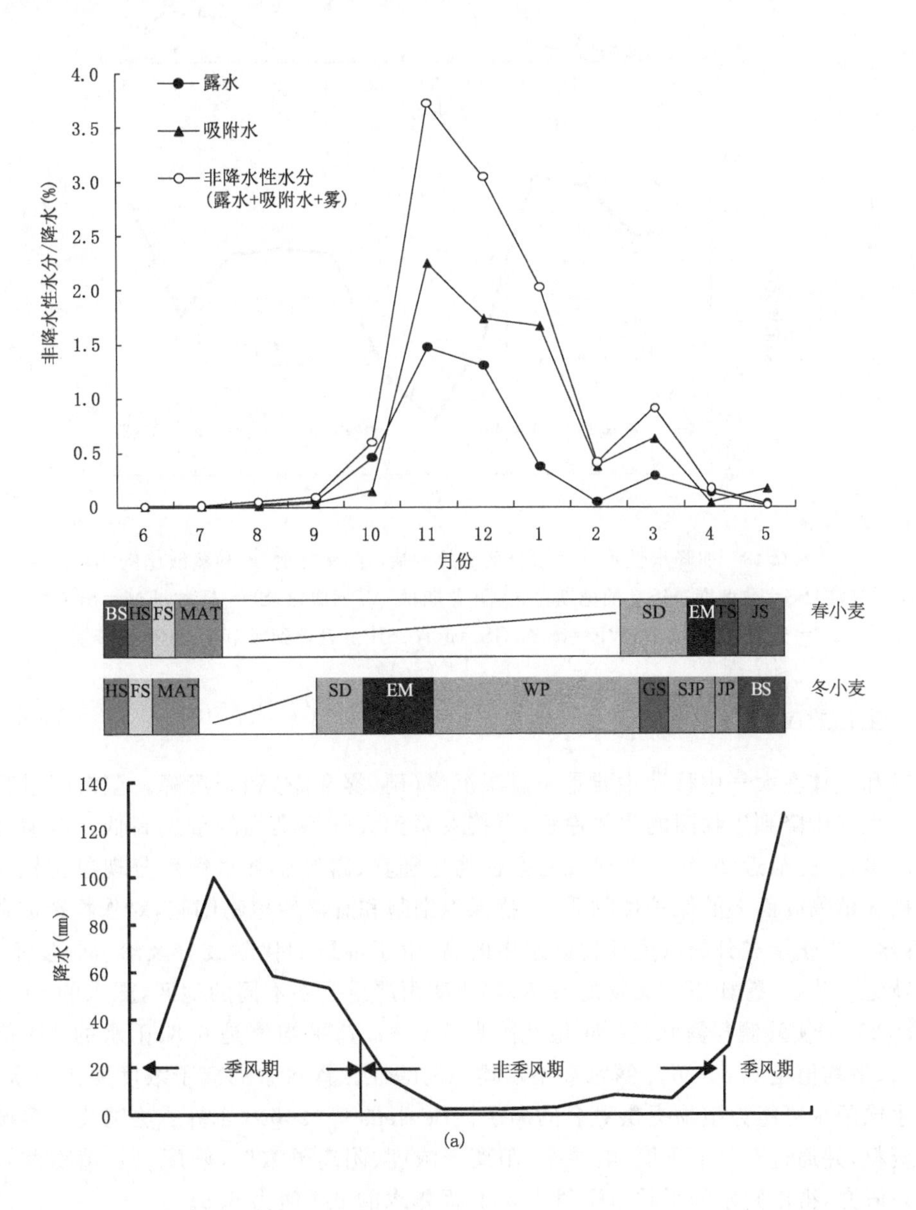

(a)

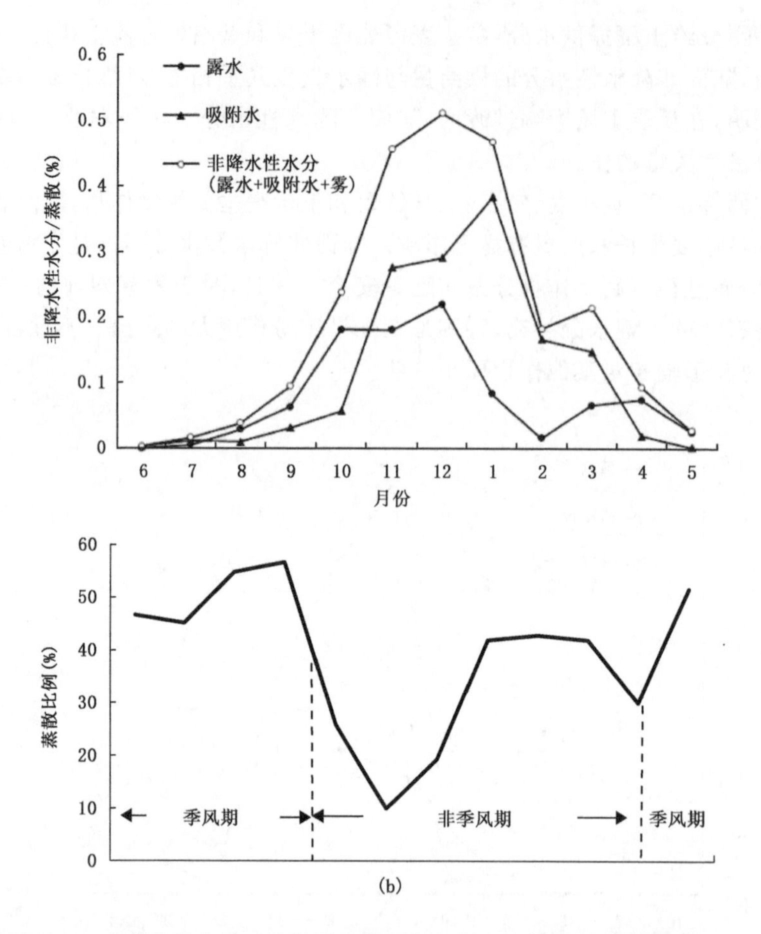

图 6.43　非降水性水分对水分平衡的贡献与降水比例(a)和蒸散比例(b)
(注:BS=孕穗期;HS=抽穗期;FS=开花期;MAT=成熟;SD=播种;EM=出苗;TS=分蘖;JS=拔节;WP=越冬;GS=返青;SJP=返青到拔节期;JP=拔节期)

6.11.2　生化效应

颗粒和气体在大气中移动主要是通过湿沉降(雨、雾和露)和干沉降。湿沉降过程是酸性污染物从大气中降到生物圈的主要途径,直接关系到大气污染物的浓度高低。以前对酸雨的研究比较多,但是最近 20 年一些研究对酸性物伴随雾、露等非降水性水分现象比较关注。酸雨可以破坏植物叶面上的保护性物质,干扰保卫细胞和有毒性植物细胞,对作物造成危害。而且,酸性露水中化学成分的浓度要比雨水中的高,由于堆积的化学成分及溶解速度不一,酸露对某些特定的建筑,譬如历史文物的破坏,要比酸雨严重。在不同的地区,露水的 pH 值不同。Singh 等(2006)实验测得露水的 pH 值范围是 6.0～7.7,平均值是 6.8,雨水的 pH 值范围是 5.9～7.4,平均值是 6.6。可见露水和雨水均呈弱酸性。露水中的离子浓度要比雨水中的高,说明露水比雨水更能为植物提供更多的离子。Beysens 等(2006)分析了法国波尔多城市一年的露水资料,并通过对其 pH 值、电导率、阳离子浓度、阴离子浓度、硬度以及植物群体形成团体的数目研究,得出雨水的平均 pH 值为 5.4,而露水的 pH 值为 6.3。

露水生物特性的研究比化学特性的研究要少,可能与样品取样和分析有时间差有关。

Beysens 等(2006)通过分析了分别在 22 ℃和 36 ℃时露水的细胞菌落形成体数目发现,在 22 ℃ 时,细胞菌落对应于植物性细菌,且菌落等级低于欧共体规定的最大等级 100 CFU/mL,这些细菌对人体无害,这些植物性细菌可能来自凝结器的大气环境;而在 36 ℃时,细胞菌落可能来源于动物和人的细菌,样本值要低于世界卫生组织规定的可饮用水的最大等级 10 CFU/mL,此时露水接近于可饮用水的标准,但是这仍需要进一步的消毒。

6.11.3 生态效应

露水生态意义早已被人们所认识。露水在生态系统的水分平衡和能量平衡中发挥着独特的作用。尤其在干旱半干旱地区,水是最重要的影响因子,对植物生长具有非常重要的意义,这就决定了露水在干旱半干旱地区的生态系统中扮演着重要的角色。一方面,露水可以延长植物种子的寿命,并被植被叶片直接吸收而降低内部水分的亏缺,同时降低叶片蒸腾的水分损失,推迟植物叶片的萎蔫,改善区域小环境的湿度;另一方面,露水可以直接凝结在土壤表面,或形成露滴滴落到土壤中,作为额外的水资源,参与土壤和动植物的水分平衡过程,且土壤露水易于被植物吸收,其效率远远高于一般降水,可缓解土壤一植物一大气统一体水分的紧张程度。由露水带来的降水之外水分对农田的水分平衡(即降水量与可能蒸散量之差)起了一定的调解作用。尤其在春季 3—5 月,露水可部分缓解土壤水分的紧张程度,减弱了区域干旱程度。同时,露水也是岩石上的苔藓、地衣及沙丘表面微生物群的重要水源。另外,露水对花卉有积极的影响,它虽然不能与光照、温度等相提并论,但对花卉茁壮成长也是有利因素,特别是一些喜湿润的花卉、叶面,如有露水存在,既可延长花卉、叶面湿润时间,又可以提高局部空气相对湿度,更加有利于花卉生存,俗语说,雨露滋润禾苗壮,就是这个道理。当然,露水形成释放的潜热,对地面具有一定的保温作用。尤其在 12 月至次年 2 月,如果日出前,由于形成露水凝结过程而释放热量,使得其表面降温过程减缓,从而降低了作物冷冻害发生的可能性。对农作物而言,露水对施肥及喷洒农药也有利。露水不仅对农作物有重要意义,也会对城市的生态环境及城市水循环产生一定的积极影响。

其次,也应当指出,如果露水过多、持续时间过长,会对某些植物的花粉传播产生不利影响,也会为某些致病孢子的萌发提供水源。叶斑病、线虫病等病害在有露水的条件下更容易存在,很容易从气孔等处侵入,使病毒得以发展和蔓延。有关研究表明,露水会导致植物发病,污染露水会降低植物产量和质量等(叶有华,2011)。同时,当叶片长时间被露水膜包围时,植物组织也极易遭到某些病菌的感染,露水还容易导致金属材料的大气腐蚀。如遇到持续时间较长的平流降温寒害天气,则露水因白天蒸发耗热而延长近地表低温持续时间,将会加重部分热带作物的寒害程度。不过,这一些都是在特殊情况下或对少数植物或物体产生的不利影响。

6.11.4 气候效应

张强等(2007b)通过对荒漠地区小气候和土壤水分的观测分析,发现了夜间露水对土壤湿度的贡献很大,是一种不可忽视的凝结水资源和湿度来源。而土壤湿度是全球及区域能量和水分平衡的重要组成成分,是陆地表面水文循环的缓冲储水池,控制着地表热量通量在感热通量和潜热通量间的分配。虽然,Jackson 等(2000)认为露水并不可能对无源微波的土壤湿度信号有重要影响。但是,Ridley 等(1996)发现雷达测量对露水的出现极其敏感,并且露水也会影响土壤表面反照率和植物冠层反照率,从而影响定量作物信息的雷达反演。在裸地区,夜间露水在次日清晨蒸发,可形成表层土壤水分的日循环。这种水分循环可以影响土壤和大气之间的潜热通量,从而影响土壤表面的能量平衡。

张强等(1998b)在研究西北干旱区绿洲维持过程中水分的输送特征指出:在夜间,上游荒漠大气中水汽始终向上输送,仅靠地表蒸发提供大气水汽;而下游荒漠大气中的水汽在大气逆温层的强迫作用下通过水平平流和水平湍流输送(较大尺度流场的输送)给近地层大气,地表蒸发相对较少,向下输送的水汽可直达地表,其中有一部分可能会凝结为露水被荒漠地表吸收。这种局地水分循环机制是对绿洲表面蒸发的水汽再利用。在这种水循环特征的支持下有可能维持荒漠植物的生长,从而形成绿洲外围很重要的生态保护带,因此露水对于维持绿洲—荒漠之间生态脆弱带的稳定性有积极意义。

露水同时也会对地貌产生影响。它可以影响岩石的化学风化和机械风化;可以加强干旱环境区岩溶形成的发展。作为沙丘稳定的水分来源,露水扮演着重要的角色。露水对于大气粉尘的固结也有积极影响。

夜间露水的形成增加了大气和土壤湿度,在其长期作用下会促进荒漠表面生物结皮,这在一定程度上可以减少沙尘暴的发生频率以及减缓沙尘暴的程度。因此,研究西北干旱区露水对进一步探讨中国沙尘暴发生和发展的机理也有很重要的理论价值。

6.11.5 露水的特殊作用

与自然降水相比,陆面露水具有非常独特的生态和气候效应。首先,在植物或草的叶面上更容易形成露水,而且叶面露水可以直接被植被叶片吸收,所以露水能够有效降低植被内部水分的亏缺,它往往比从根部吸收的水分更加及时地提供给植物生长的某些生理需要;其次,露水形成一般要比降水更均匀,它在大多数时间都可能出现,能够被土壤或植被叶面更加充分吸收,不会形成水土流失或过度浸泡等水资源浪费或水害,可以达到更加良好的水分利用效果。第三,陆面露水更易于被植物根系吸收,其吸收利用效率要远远高于一般降水或渠道灌溉水;第四,尽管露水量不一定很大,但它持续的时间要比降水长得多,发生的频率也要比降水高得多,所以往往在植物水分极端损失后的关键时期发挥重要作用,可以有效降低叶片蒸腾的水分损失,推迟植物叶片萎蔫,维持植物持续生存;第五,露水可以直接凝结在土壤表面或形成露滴滴落到土壤中,参与土壤和植物的水分平衡过程。

不仅如此,露水还是自然生态系统中生物土壤结皮、昆虫和小动物的重要水源,它对荒漠区微生态环境维持和固沙具有良好的作用,对岩石机械风化和生物疾病发展也有较大影响,是土壤微生态系统的重要参与者和关键影响因素。与大气降水相比,虽然露水量相对较小,但它仍然是一种重要的输入水资源和湿度来源,在干旱和半干旱地区其贡献甚至超过了降水量,对植物生存、生长和发育具有重要的生态学意义(叶有华,2011)。目前,人类对作为主要输入水资源和湿度来源的大气降水给予了极大的关注,而露水作为重要输入水资源和湿度来源之一却未引起足够重视,目前关于露水对植物的效应研究也极其薄弱。

一直以来,有关露水对植物的作用效应存在许多争议。国内外有关文献可以看出,关于露水对植物的作用效应目前主要有两种不同的观点,有学者认为露水对植物生长有利,而相反的观点也认为露水对植物生长具有负效应。

第 7 章　陆面蒸散特征

陆面蒸散量是地表水分平衡和水分循环的重要分量之一，也是监测评估干旱和生态植被生长状况的关键气候要素。然而，陆面蒸散量的估算受土壤容重、凋萎湿度、田间持水量和土壤干旱临界水分值等土壤水文参数影响。

7.1　土壤水文参数

7.1.1　土壤容重

土壤容重是指一定容积的土壤(包括土粒及粒间的孔隙)烘干后的重量，是比较重要的土壤参数，会直接影响陆面水热性质。如图 7.1 所示，黄土高原 0～50 cm 土壤容重在 1.20～1.48 g/cm^3，在陇西黄土高原北部最大，南部为最小，天水仅 1.20 g/cm^3，陇东黄土高原介于两者之间。50～100 cm 有两个低值区，分别在陇西黄土高原的榆中、定西、通渭一线即 35.5°N 左右及黄土高原的最大塬即董志塬区；而高值区出现在陇西黄土高原 104°E 以西的临夏、南部的天水地区及陇东黄土高原 36°N 以北的华池、环县。

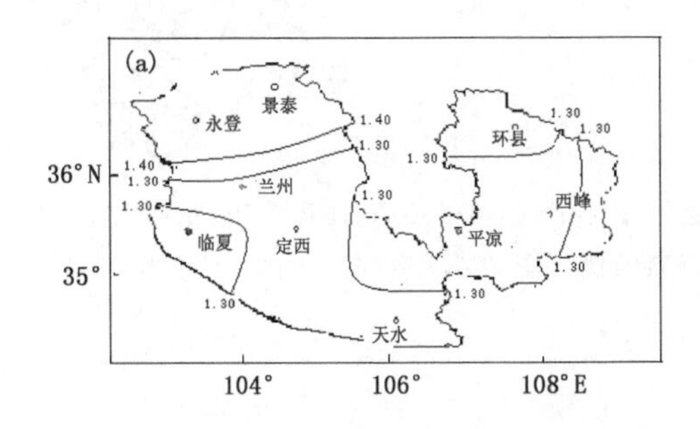

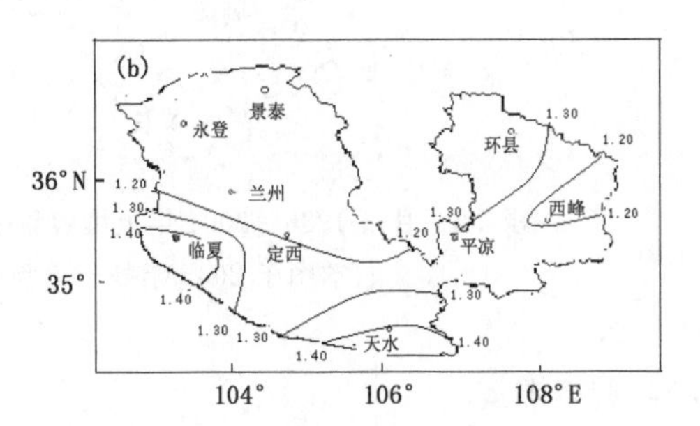

图 7.1　黄土高原土壤容重分布(g/cm^3)(a：0～50 cm；b：50～100 cm)

在陇西黄土高原的西部及陇东黄土高原的董志塬区，上、下层土壤容重分布变化较小，前者为 0～50 cm 和 50～100 cm 土壤容重较大值分布区，后者为较小值分布区(蒲金涌 等，2005b)。另外，除陇西黄土高原西部的临夏外，0～50 cm 土层的土壤容重普遍大于 50～100 cm 土层的。

近年来，干旱半干旱区的土壤容重有比较明显的变化(蒲金涌 等，2008a)，1986—2004 年从西向东甘肃各地的土壤容重都有所增加(图 7.2)。其中河西地区升幅最高，耕作层(0～30 cm)升幅达 12%～21%，0～50 cm 土层升幅 20%。其次，陇西黄土高原的北部地区，耕作层升幅为 4%～11%，0～50 cm 土层升幅为 8%。而甘南高原及陇南山区，土壤容重普遍有所降低，其余地区变化不大。土壤容重的垂直分布特点为上层的大于下层的，耕作层的土壤容重变化幅度远大于 0～50 cm 土层的。

虽然土壤容重变化的原因比较复杂，但一定时间内，农业生产节奏趋紧、农事活动频繁均会造成上层土壤尤其是耕作层土壤容重发生变化。河西走廊地区由于是甘肃主要商品粮及全国制种基地，农业用水以灌溉为主，生产活动受气候因素制约较小，土地被最大限度地利用及以化学肥料为主补充土壤养分缺失的施肥方式等，使土壤腐殖质等含量日趋缺失，土壤容重普遍增大。在陇西、陇东黄土高原这些农业生产条件较优的地区，土壤容重也有所上升，也与土壤最大化利用有关。而在甘南高原及陇南山区，土壤容重反呈下降之势，这也与近年来的退耕还林(草)蓄养地力有关。

试验研究表明，在同等肥力及生产水平下，如果土壤容重在 1.2～1.5 g/cm³ 范围内，小麦的生长发育会较快，农作物性状好，单位面积产量较高(邓振镛 等，1999)。近 20 年来的耕作层土壤容重总体变化表明，河西地区已超出此范围的上限，向土壤容重过大的方向变化；而甘南高原及陇南山区，未达此范围的下限，且向土壤容重过低的方向变化，陇西、陇东黄土高原土壤容重的变化尚在有利于冬小麦生产的土壤容重值范围之内(蒲金涌 等，2006)。

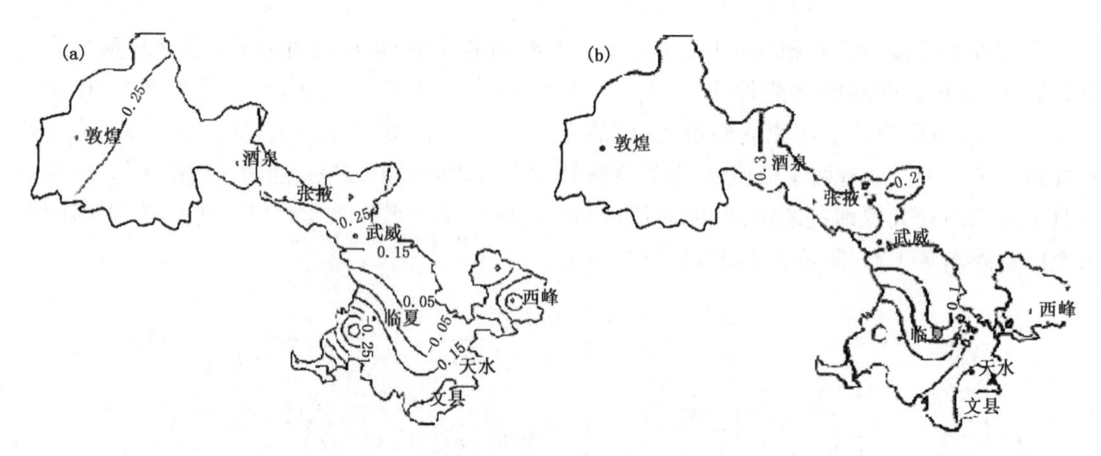

图 7.2　甘肃 1986—2004 年土壤容重变化(g/cm³)(a：0～30 cm；b：0～50 cm)
(本图于 2005 年基于之前资料绘制。图 7.4,7.6 同)

7.1.2　凋萎湿度

土壤的凋萎湿度是指作物生长开始受到抑制，丧失膨压以至凋萎时的土壤临界湿度，是土壤有效水的下限，是关系作物生理生态特征及监测干旱的重要参数。土壤凋萎湿度的大小主要取决于土壤质地、结构、腐殖质含量和作物种类等许多因素。

对黄土高原天水农作物凋萎湿度的观测试验发现(表 7.1)，在土壤湿度适宜且气候条件正常(平均气温 12.5 ℃，空气平均相对湿度 69%)的状态下，如无水分补充，农作物冬小麦从出苗直至缺水凋萎死亡，需要历时 48 d。其中，能够正常生长时间的占整个过程 42%，凋萎死亡时间占整个过程的 21%。在正常生长期间，0～50 cm 土层的耗水量为 2.5 mm/d；而在基本停止生长期间，0～50 cm 土层的耗水量为 0.5 mm/d。叶片白天卷缩至夜间恢复阶段，空气中的相对湿度相差 13%(蒲金涌 等,2010c)。期间,冬小麦的生长发育达到三叶阶段。土壤凋萎湿度对田间持水量影响比较明显,0～200 cm 各层次田间持水量与土壤凋萎湿度之间可以建立如下拟合关系:

$$Y = 26.514e^{-0.231X} \qquad (R^2 = 0.93, P < 0.001) \tag{7.1}$$

式中,Y 是田间持水量(%);X 是土壤凋萎湿度(%)。

表 7.1　黄土高原天水农业气象试验站 0～200 cm 正常植株生长至凋萎死亡平均土壤水分变化

(测定日期 2004.9.2—2004.10.19)

生长状况	重量含水率(%)	起至日期(月.日)	经历天数(d)	平均气温(℃)	≥0℃积温(℃)	平均相对湿度(%)	夜间平均相对湿度(%)	白天平均相对湿度(%)
正常生长(出苗～三叶)	18.3	9.2～9.21	20	17.6	351.5	73	79	66
基本停止生长(三叶)	10.2	9.22～9.29	8	16.2	129.6	78	82	74
半数叶片变黄	8.3	9.30～10.4	5	12.8	63.8	54	66	42
叶片白天卷缩、夜间恢复	7.3	10.5～10.9	5	13.9	69.6	68	74	61
植株凋萎死亡	6.5	10.10～10.19	10	11.9	118.6	73	73	72

图 7.3 表明,黄土高原土壤凋萎湿度上下层基本变化不大,在 5.46%～10.52%,0～50 cm 的低值区出现在陇东黄土高原的董志塬区及陇西黄土高原的中部,最高值出现在陇西黄土高原的东部。50～100 cm 土层的土壤凋萎湿度平均值普遍比上层小,陇西黄土高原西部的低值区北抬明显。高值区分布在陇东黄土高原的 36°N 地区。最高和最低值之间相差 4.0%(蒲金涌 等,2008a)。

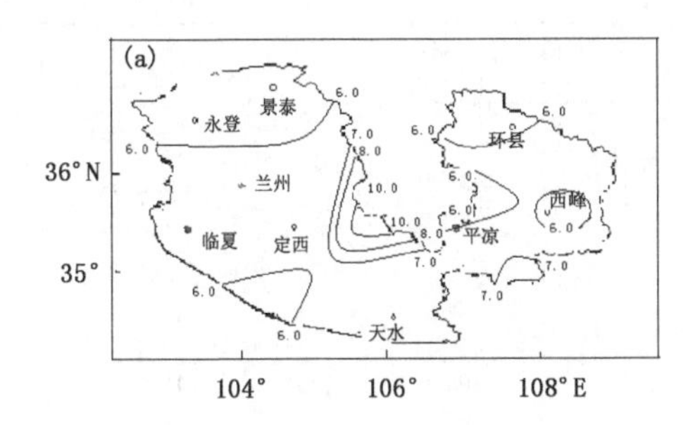

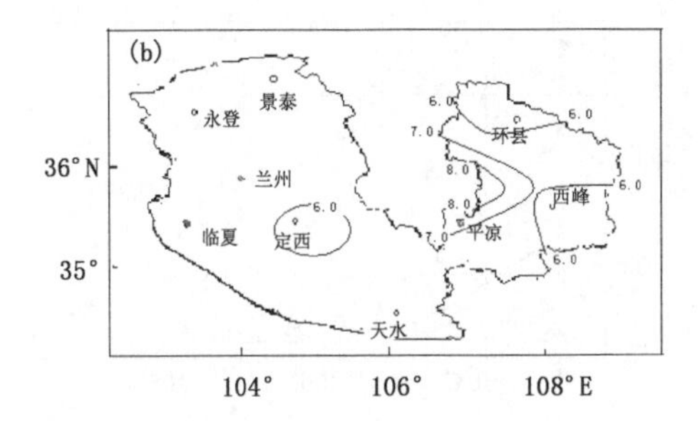

图 7.3　黄土高原凋萎湿度分布(%)(a:0～50 cm;b:50～100 cm)

在相同的土壤湿度环境下,如果凋萎湿度降低,则表明土壤中有效含水容纳量增多;反之,则减少。在 1986—2004 年,甘肃河西地区耕作层凋萎湿度绝对量下降了 1.3%～2.8%,下降幅度为 22%～55%(图 7.4);0～50cm 土层绝对值量下降了 0.5%～4.1%,下降幅度为 10%～46%。而陇西黄土高原凋萎湿度略有上升,陇东黄土高原略有下降,甘南高原耕作层上升比较明显,幅度为 19%～34%,陇南山区基本变化不大。

7.1.3　田间持水量

田间持水量是土壤保水性能的一个重要指标,是土壤湿度所能达到的最大值,如有再多的水分来源一般会转为径流、积水或地下水,它也是很重要的土壤水分参数。在黄土高原旱作区,当土壤湿度高于田间持水量时,水分完全充满土壤孔隙,土壤就会缺少空气,植物根部会因

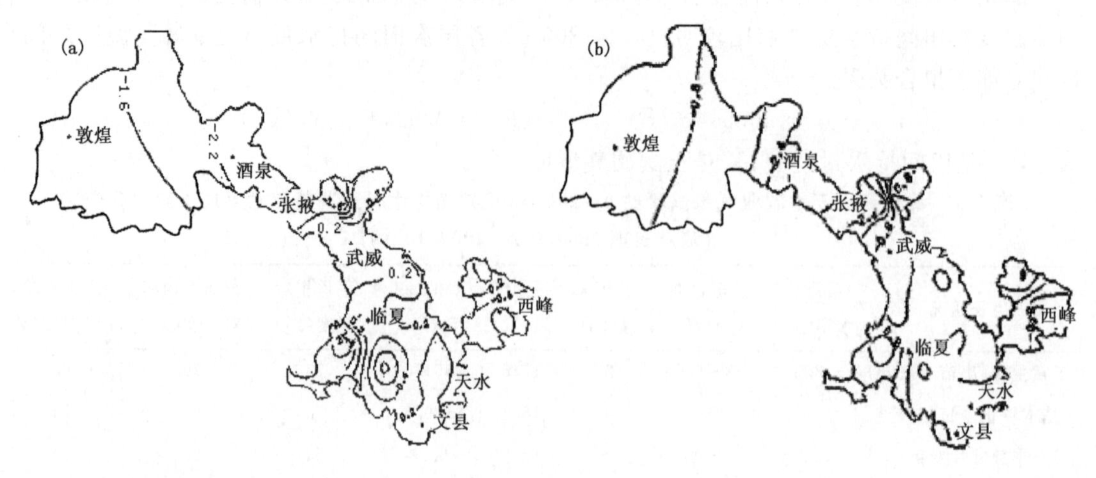

图 7.4　1986—2004 年甘肃土壤凋萎湿度变化(%)(a:0～30 cm;b:0～50 cm)

缺氧而条件恶化,不利于作物生长。

由图 7.5 中看可出,黄土高原的上下层田间持水量空间均变化较大,其值为 20%～27%,总体陇西黄土高原普遍大于陇东,地域分布特征明显。陇西黄土高原 0～50 cm 土层的高值区在北部及中部,达 25.0%～26.7%;而陇东黄土高原最大值出现在 35.5°N 左右,为 23.2%～23.6%。深层(50～100 cm)最大值出现在陇西黄土高原的中部及陇东的 36°N 左右(蒲金涌等,2008a)。

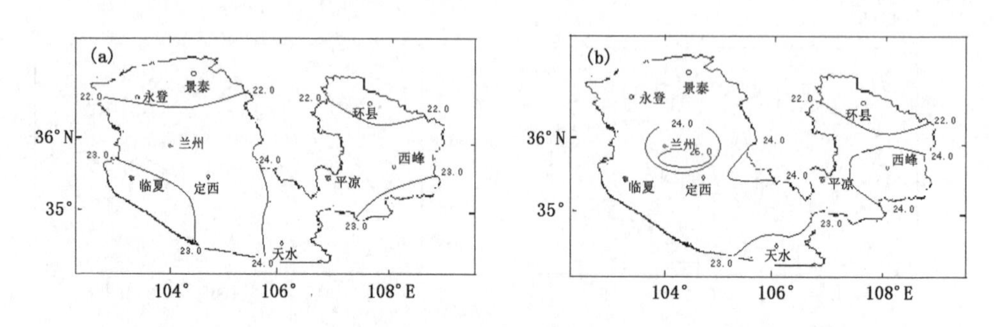

图 7.5　黄土高原田间持水量分布(%)(a:0～50 cm;b:50～100 cm)

各层次土壤容重与田间持水量存在着较好的相关性,并可拟合出它们之间的经验关系,在黄土高原天水拟合公式为:

$$Y = 0.0022X^2 - 0.4707X + 25.624 \quad (R^2 = 0.71,\ P < 0.005) \tag{7.2}$$

在黄土高原西峰拟合公式:

$$Y = 0.0146X^2 - 0.3992X + 25.256 \quad (R^2 = 0.67, P < 0.005) \tag{7.3}$$

式中,Y 是田间持水量(%);X 是土壤容重,单位:g/cm³。

自 1986 年以来,河西地区、陇西黄土高原北部地区的耕作层田间持水量大都呈上升趋势;而陇东黄土高原变幅相对较小,马莲河流域的环县、董志塬的西峰等地呈上升之势,泾河流域的泾川、平凉呈下降之势。甘南高原、陇南山区变化均不甚明显(图 7.6)。

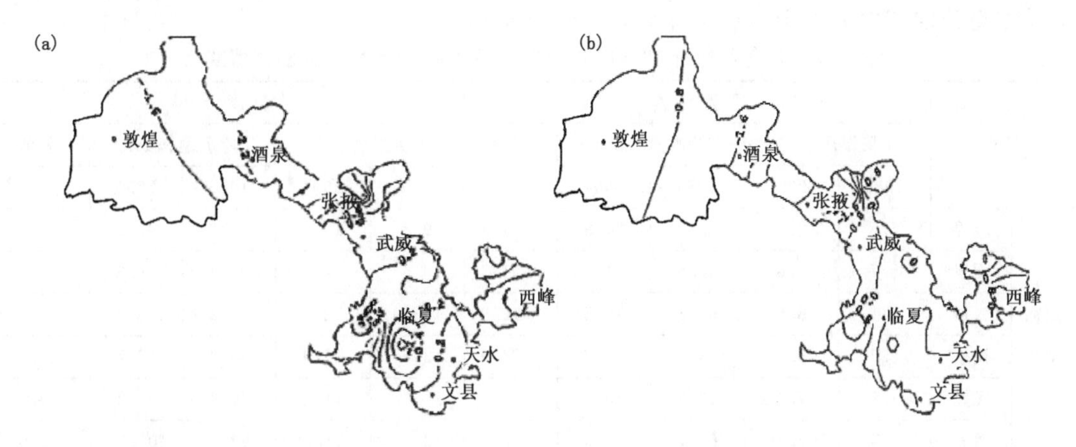

图 7.6　1986—2004 年黄土高原田间持水量分布(%)(a:0～30 cm;b:0～50 cm)

7.1.4　干旱临界持水量

土壤干旱临界持水量决定土壤的接纳、保蓄能力和供给作物可吸收水分的多寡,是监测农业干旱的重要指标。一般,用占田间持水量多少即土壤相对湿度来评价土壤的干旱程度。在判断土壤干旱程度及分析农田供水状况时,把土壤湿度占田间持水量的 40%、60%数值确定为土壤达到严重干旱、轻度干旱的临界值。但由于各地土壤质地、结构、耕作措施不同,判断的农业干旱的标准会有所不同。

从黄土高原严重干旱的 0～50 cm 土层持水量临界值的分布可以看出(图 7.7),在 36°N 以北,重旱的土壤持水量预警临界值<60 mm, 而 36°N 以南重旱的土壤持水量预警临界值>60 mm。轻度干旱的土壤持水量的临界值为 66～102 mm。陇西黄土高原北部干旱的土壤持水量的临界值较小,而西南部较大(蒲金涌 等,2006)

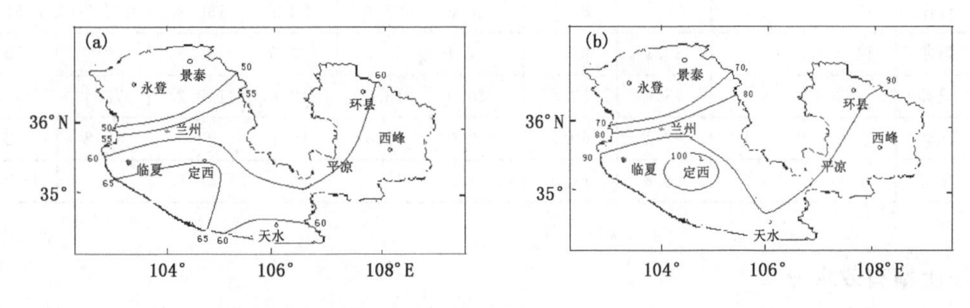

图 7.7　黄土高原干旱的土壤临界持水量(mm)(a:0～50 cm;b:50～100 cm)

1986—2004 年,河西地区土壤严重干旱和轻度干旱时 0～50 cm 土层的持水量临界值变化均表明(表 7.2),河西地区土壤严重干旱和轻度干旱持水量临界值均有所增加,增幅分别为 4.7～31.3 mm 及 7.3～48.2 mm;而陇西黄土高原南部严重干旱和轻度干旱的土壤持水量临界值均有所减少,分别减少了 11～14.1 mm 及 16.5～21.6 mm,但北部基本变化不大;陇东黄土高原分布比较复杂,马莲河流域干旱临界值持水量呈增加趋势,而泾河流域呈下降趋势。甘南高原及陇南山区干旱的土壤持水量临界值均为减少趋势,甘肃高原严重干旱和轻度干旱临界值持水量分别减少了 7.4～22.8 mm 及 10.8～34.2 mm。陇南山区严重干旱和轻度干旱临界持水量分别减少了1.6～20.9 mm及2.6～30.8 mm。

表7.2　甘肃各地近20 a间0～50 cm干旱标准土壤水分临界值变化

地点		严重干旱					轻度干旱				
		土壤湿度(%)		持水量(mm)		差值	土壤湿度(%)		持水量(mm)		差值
		1986	2004	1986	2004		1986	2004	1986	2004	
河西地区	敦煌	6.5	7.0	53.0	64.8	11.8	9.8	10.4	79.9	96.2	16.3
	酒泉	5.7	8.6	40.5	71.8	31.3	8.5	13.0	60.4	108.6	48.2
	张掖	9.1	8.5	62.3	75.2	12.9	13.6	12.8	93.2	113.3	20.1
	民乐	8.2	9.9	53.3	78.2	24.9	12.3	14.9	80.0	117.7	37.7
	民勤	7.9	7.4	60.8	65.5	4.7	11.5	11.1	90.9	98.2	7.3
	武威	8.4	7.5	61.7	68.6	6.9	12.6	11.2	92.6	102.5	9.9
陇西黄土高原	定西	11.2	10.0	67.8	68.5	0.7	16.7	14.9	101.0	102.1	1.1
	通渭	9.9	9.0	59.4	58.5	−0.9	14.8	13.4	88.8	87.1	−1.7
	靖远	6.4	6.1	40.6	44.2	3.6	9.5	9.1	60.3	66.0	5.7
	榆中	9.1	9.9	52.8	58.9	6.1	13.7	14.8	79.5	88.1	7.6
	临夏	9.4	8.7	77.6	63.5	−14.1	14.0	13.0	115.5	94.9	−20.6
	天水	9.4	9.6	68.6	57.6	−11.0	14.1	14.4	162.9	86.4	−16.5
	张川	8.8	9.2	73.5	60.3	−13.2	13.2	13.7	110.2	89.7	−20.5
陇东黄土高原	环县	7.7	8.3	53.1	58.5	5.4	11.6	12.4	80.0	87.4	7.4
	西峰	8.6	9.3	58.1	62.8	4.7	12.8	14.0	86.4	94.5	8.1
	泾川	9.8	8.8	63.7	61.2	−2.5	14.8	13.3	96.2	92.4	−3.8
	平凉	9.2	8.4	64.9	59.6	−5.3	13.9	12.5	98.0	88.8	−9.2
甘南高原	岷县	10.9	10.1	75.2	64.1	−11.1	16.3	15.1	112.5	95.9	−16.6
	合作	15.7	14.7	104.4	81.6	−22.8	23.6	22.1	156.9	122.7	−34.2
	玛曲	14.2	14.0	80.9	73.5	−7.4	21.2	20.9	120.8	110.0	−10.8
陇南山区	成县	8.8	8.2	73.4	52.5	−20.9	13.2	12.4	110.2	79.4	−30.8
	礼县	9.0	10.1	62.1	60.1	−2.0	13.4	15.1	92.5	89.8	−2.7
	文县	8.4	10.0	54.6	53.0	−1.6	12.7	15.1	82.6	80.0	−2.6

7.1.5　土壤有效水分

在理论上，土壤有效水分的范围为最大田间持水量至凋萎湿度之间的土壤水分含量，它是重要的陆面水文参数，也是农业区控制灌溉量的关键指标。凋萎湿度值越低或最大田间持水量越高，土壤有效水的范围就越大。在土壤湿度达到最大田间持水量值时，对作物的水分供应潜力也达到最大值。

多年的土壤水分观测资料表明(图7.8)，在甘肃河东旱作区，0～50 cm的土层湿度值几乎每年都有达到最大田间持水量的记录。1986年和2004年相比，河西地区的土壤有效水含量有比较明显的增加，而甘南高原明显减少，黄土高原及陇南山区基本上没有明显变化(马鹏里等，2007)。

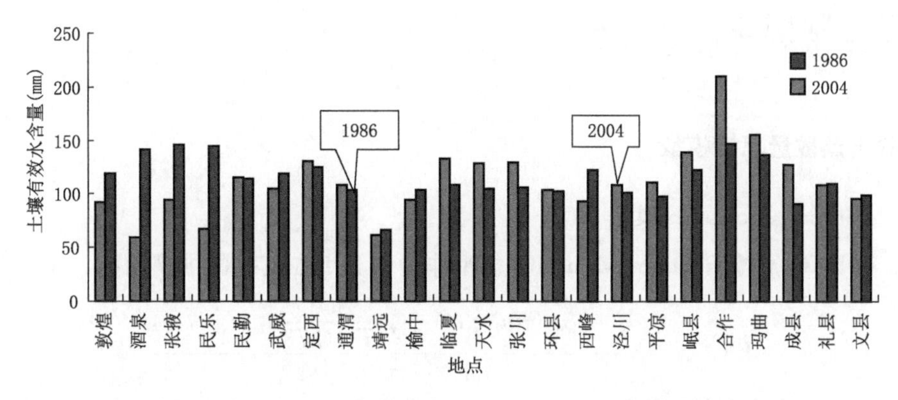

图7.8　1986—2004年甘肃各地0～50 cm土壤有效水量变化

7.2　农田地表水分平衡

在研究土壤水分时常用2种表征方式：一种为土壤湿度（重量含水率(%)=(湿土一干土)/干土，另一种为土壤储水量容积含水量(mm)=重量含水率(%)×土壤容重×土层厚度。土壤容重的单位为 g/cm^3，土层厚度的单位为mm。前者常用来表示分层的土壤湿度，而后者多用于表示多层土壤储水总量或耗水量。

一般，每旬内的农田水分平衡可由表示为：

$$W_s = W_1 - W_2 + P + Q + W_{nrw} \tag{7.4}$$

式中：W_s 为实际耗水量（水分支出项），单位：mm；W_1、W_2 分别为要计算时段初月（旬）初、末月（旬）一定土层内的储水量，单位：mm；P 为计算时段内的降水量，单位：mm；Q 为水分通量，单位：mm，向下渗入为正，向上补充为负；W_{nrw} 为非降水性水分，单位：mm。在以前的研究中，由于测量、估算 W_{nrw} 比较困难，常常在研究中不做统计，但这造成了10%左右水分收支误差（蒲金涌 等，2014），影响了研究和业务应用的准确度。Zhang(2016)通过对非降水性水分的观测试验研究，将 W_{nrw} 项补充到了陆面水分平衡方程中，增加了水分平衡方程的准确性。

实际耗水量（水分支出项）(W_s)也相当于地表实际蒸散量，在研究中或实际应用中可以通过两个途径获得：一是借助于蒸散模式进行理论估算。其优势是普适性强，趋势变化比较精准，可以开展较大地理尺度及较长时间尺度的研究；二是根据农田水分平衡方程通过实地测量来进行计算。这种方法精准度较高，但测量过程耗时较多，工作量也比较大。

在干旱半干旱区，土壤水分的收入累计、散失消耗过程，除与土壤本身的物理属性有关外，还与土壤的外部环境关系极大。其中，裸地与植被表面的水分吸纳及散失是完全不同的。裸地地表对大气降水的吸收，完全取决于土壤的颗粒的大小、空隙度、有机物含量、密度等属性，而水分散失取决于影响蒸发能力的许多气象环境要素。在裸露的土壤表面的收支途径相对简单。而在植被覆盖的地表，降水量要经过植物的叶、枝截流才能到达土壤，土壤水分除通过蒸发进入大气外，还有很大一部分要经过植物利用通过蒸腾进入大气。在理论上，土壤水分的收支途径比较清晰，但在实际测量中由于受制因素较多，各种水分收支的计量还是比较复杂的。

7.3　农田地表蒸散量估算

7.3.1　农田蒸散量理论模型

7.3.1.1　Penman-Monteith 模型

1998 年 FAO 推荐 Penman-Monteith 模型作为计算潜在蒸散的准模型为：

$$ET_{0(98)} = \frac{0.408\Delta(Rn - G) + \gamma \dfrac{900}{T + 273} u_2 (e_a - e_d)}{\Delta + \gamma(1 + 0.34u_2)} \tag{7.5}$$

式中：$ET_{0(98)}$ 为潜在蒸散量，单位：mm/d；Rn 为净辐射，单位：MJ/m^2；G 是土壤热通量，单位：MJ/m^2；T 是日平均气温，单位：℃；e_a 和 e_d 分别为饱和水汽压和实际水汽压，单位：kPa；Δ 是饱和水汽压—温度曲线斜率，单位：kPa/℃；γ 是湿度计常数，单位：kPa/℃；u_2 为 2 m 高处的风速，单位：m/s。由于目前气象站常规观测普遍无 2 m 高处风速观测资料，一般用订正公式 $u_2 = 4.78 \times u_{10} / \ln(67.8 \times h - 5.42)$ 或 $u_2 = 0.738 \times u_{10}$ 将距地面 10 m 处观测到的风速订正到距地面 2 m 处的风速。这里 h 为风速观测高度，单位：m；u_{10} 为 10 m 高处的风速，单位：m/s(FAO,1998)。

7.3.1.2　FAO PPP-17 模型

对 Penman-Monteith 模型进行不断修正后，目前在国内外应用比较普遍使用的模型为：

$$ET_{0(P-17)} = \frac{0.408 \dfrac{P_0}{P} \dfrac{\Delta}{\gamma} Rn + 0.26(e_a - e_d)(1 + 0.54u_2)}{\dfrac{P_0}{P} \dfrac{\Delta}{\gamma} + 1} \tag{7.6}$$

式中，$ET_{0(P-17)}$ 表示潜在蒸散量，单位：mm/d；P_0、P 分别为海平面气压和本站点气压，单位：hPa；Rn、Δ、γ、e_a、e_d 及 u_2 所表示的物理意义及单位与(7.5)式相同。

7.3.1.3　Hargreaves 模型

Hargreaves 模型是 Hargreaves 和 Samani 根据在加利福尼亚州 8 年间用牛毛蒸渗计的观测试验数据，理论与经验相结合推导出的用温度差来反映辐射影响潜在蒸散量估算的方法，可表示为：

$$ET_{0(H)} = 0.0023(T_{max} - T_{min})^{0.5}(T + 17.8)Ra \tag{7.7}$$

式中：$ET_{0(H)}$ 是潜在蒸散，单位：mm/d；T_{max} 和 T_{min} 分别是最高温度和最低温度，单位：℃；T 是平均温度，单位：℃；Ra 是天文辐射，单位：MJ/m^2。该模型最大优点是比较简洁，只以气温作为自变量。

7.3.1.4　FAO-24Radiation 模型

FAO-24Radiation 模型是依据 Makkink 公式用太阳辐射来估算蒸散量方法，该模型可表示为：

$$ET_{0(24R)} = a + b\left(\frac{\Delta}{\Delta + \gamma} Rs\right) \tag{7.8}$$

式中，$ET_{0(24R)}$ 为潜在蒸散量，单位：mm/d；Δ、γ 所代表的物理意义及单位如(7.5)式；Rs 为太

阳辐射，单位：MJ/m²。a、b 为经验系数，$a=-0.3$，$b=1.066-0.0132\text{RHmean}+0.045u_2-0.0000315(\text{RHmean})^2-0.011u_2{}^2$，其中 RHmean 为平均相对湿度，单位：%。$u_2$ 所代表的物理意义与单位同(7.5)式。

7.3.1.5 Priestley-Taylor 模型

Priestley-Taylor 模型是在假设周围环境湿润的前提下，忽略了空气动力学项目而得出的 Penman-Monteith 模型的简化模型，应用比较广泛，可以表示为：

$$\text{ET}_{0(P\text{-}T)}=1.26\left(\frac{\Delta}{\Delta+\gamma}\frac{Rn-G}{\lambda}\right) \tag{7.9}$$

式中，$\text{ET}_{0(P\text{-}T)}$ 为潜在蒸散量，单位：mm/d；Δ、γ、Rn、G 表示的物理意义和单位与(7.5)式相同，λ 为水的汽化潜热，单位：MJ/kg，在通常状态(20 ℃)下，$\lambda=2.45$ MJ/kg

7.3.1.6 Thornthwait 模型

Thornthwait 模型是 Thornthwait 基于美国中东部地区的试验数据提出的，假定潜在蒸散为温度的幂函数，干湿空气没有平流，且潜热与显热之比为常数，由于经验成分占比较大，所以使用较少。但在气象资料比较匮乏，地理尺度较大，时间尺度较长的分析研究中仍在使用（蒲金涌 等，2010a），可以表示为：

$$\text{ET}=\begin{cases}0 & T\leqslant 0℃\\ 16\left(\frac{10T}{I}\right)^a\times\frac{S}{360} & T>0℃\end{cases} \tag{7.10}$$

式中，ET 为月潜在蒸散量，单位：mm；T 为月平均气温，单位：℃；S 为月可照时数，单位：h；I 为年热指数，由下式计算：

$$I=\sum_{i=1}^{12}I_i=\sum_{i=1}^{12}\left(\frac{T_i}{5}\right)^{1.514} \tag{7.11}$$

式中，I_i 为各月热指数；T_i 为计算月的平均气温，单位：℃；式(7.10)中 a 为常数，可由公式 $a=0.675\times10^{-6}I^3-0.771\times10^{-4}I^2+1.792\times10^{-2}I+0.49239$ 计算。

7.3.1.7 不同蒸散估算模型的比较

以气象站小型蒸发皿($\varphi=20$ cm)所观测的资料为参考，结合 FAO 1998 年推荐的 Penman-Moteith(98 版)模型，对各计算模型进行了比对检验（图 7.9）。由图 7.9 可见，各模型计算的潜在蒸散值的年际变化趋势基本与观测的蒸发量相同，但峰谷值出现时间存在一定差异。观测的蒸发量最大值出现在 6 月，而模型计算值中只有 Hargreaves 模型的峰值出现在 6 月，其余各模型都出现在 7 月；观测的蒸发量最小值出现在 12 月，除 Hargreaves 计算的谷值出现在 1 月份外，其余各模型均与观测蒸发量谷值出现时间相同（杨小利 等，2010）。

以式(7.5)—(7.9)得到各模型分别计算的逐月值与小型蒸发皿测得的蒸发量相对误差值可以表示为：

$$V_i=\left(\frac{\text{ET}_{0i}-E_i}{E}\times100\%\right) \tag{7.12}$$

式中：i 为月份，V_i 为 i 月的模型估算的蒸发量的相对误差，单位：%；ET_0 为模型估算的月潜在蒸散值，单位：mm；E 为小型蒸发皿观测的月蒸发量，单位：mm。结果表明（表 7.3），98Penman-Monteith、PPP-17 和 Priestley-Taylor 这 3 种模型估算的潜在蒸渗值，在 11 月至次年 6 月都小于观测的蒸发量，相对误差在 5%～36%；在 7—10 月大于观测的蒸发量，相对误

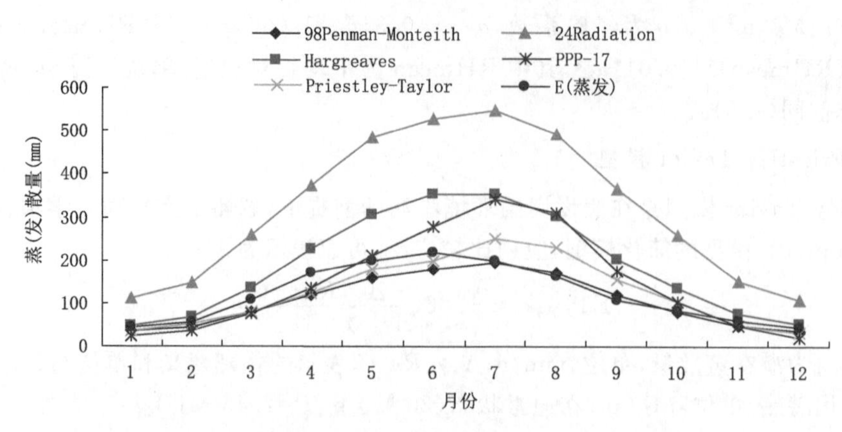

图 7.9　各潜在蒸散模型计算值及蒸发量的年变化

差在1%～9%。模型估算值的偏小幅度大于偏大幅度。相对误差普遍比较大，24Radiation模型相对误差可达238%，Hargreaves模型的最大相对误差也在90%左右，这两种模型的最大误差值都出现在9月。

从误差的绝对值来看，7月和10月是相对误差绝对值较小的时段，4月和12月是相对误差绝对值较大的月份。Hargraves及24Radiation模型的估算值均大于观测的蒸发量。模型估算的潜在蒸散与蒸发皿观测的蒸发量的显著差异一般与估算模型估算的不确定性和蒸发皿观测的误差有关，更重要的可能是蒸发皿观测的蒸发量并不能从物理上真正表示潜在蒸散量，其中还有很复杂的科学问题。

表 7.3　各种潜在蒸散模型计算值与小型蒸发皿(φ=20 cm)测量值的相对误差(%)

月份	1	2	3	4	5	6	7	8	9	10	11	12	年
98	−21	−22	−27	−31	−21	−19	−5	4	14	4	−15	−19	−13
P-17	−6	−36	−31	−28	−16	−11	3	14	18	10	−25	−65	−14
H	11	19	26	32	54	62	77	83	89	65	30	15	47
24R	151	158	142	121	143	140	176	198	238	211	159	151	166
P-T	−31	−20	−18	−20	−9	−8	7	13	19	1	−27	−34	−10.6

注：98为Penman-Monteith模型；P-17为PPP-17模型；H为Hargreaves模型；24R为24Radiation模型；P-T为Priestley-Taylor模型。

各计算模型估算潜在蒸散与同期间蒸发量(E)、降水量(P)的比较表明(图7.10)，蒸散模型估算的潜在蒸散季节分布与观测的蒸发量的四季分布是一致的。夏季是蒸散最盛的季节，小型蒸发所观测的蒸发量占全年总量的40%，各种模型估算的潜在蒸散也占到全年的41%～53%；其次为春季，观测的蒸发量占全年的33%，各种方法的估算的潜在蒸散也占全年的24%～30%；秋季观测的蒸发量占全年的17%，各种模型估算的潜在蒸散占全年的18%～20%；冬季最少，观测的蒸发量占全年的10%，各种模型估算的潜在蒸散占全年的5%～10%。降水量的分布基本上与蒸发(散)值一致，只是一年之中秋季的降水量大于春季，而蒸发(散)量却小于春季。

各种蒸散模型计算的潜在蒸散与观测的蒸发量存在着比较明显的线性关系，可以在形式上普遍表示如下：

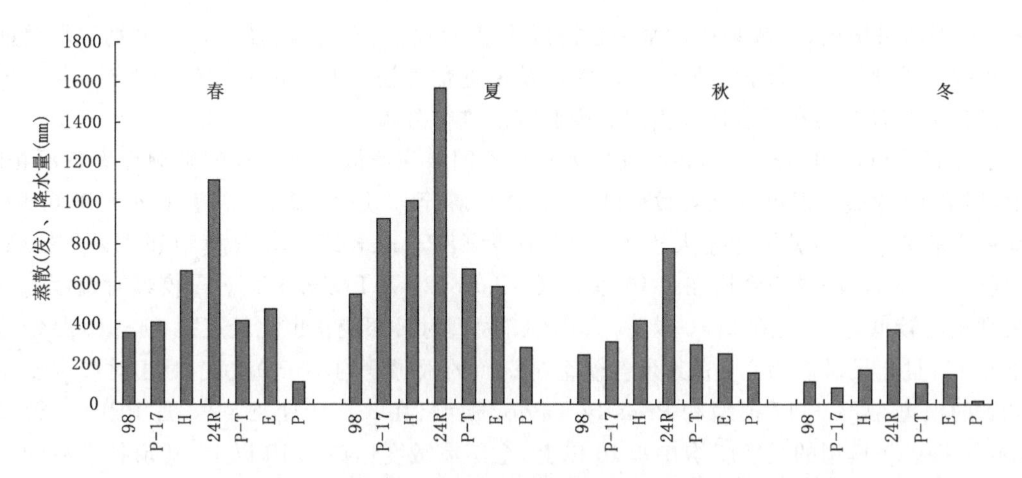

图 7.10 各模型估算的潜在蒸渗、观测的蒸发量、降水量在各季的分布

$$E = B + K \times \mathrm{ET}_0 \tag{7.13}$$

式中,E 为蒸发量,单位:mm;B、K 为系数;ET_0 为模型估算值,单位:mm。在大多数季节都可以取得比较好的线性拟合效果(表 7.4)。用研究年份的蒸发量与模型计算值的均方差,作为评估模型对蒸散表达的准确性标志(表 7.4),σ 为均方差,单位:mm,可以用下式表示:

$$\sigma = \sqrt{\frac{1}{46}\sum_{j=1}^{46}(E_j - \mathrm{ET}_{0j})^2} \tag{7.14}$$

式中,j 为年份;E_j 为蒸发量,单位:mm。各种模型估算的潜在蒸散与观测的蒸发量相关程度有所不同。对 98Penman-Monteith 模型及 PPP-17 模型估算值来说,各季节的相关性都很显著,可以通过 0.001 的信度检验。98Penman-Monteith 模型估算值与观测的蒸发量的相关性比 PPP-17 模型估算值的相关性更为显著。除春季外,其他各季节 Penman-Monteith 模型估算值与观测的蒸发量的均方差也小于 PPP-17 模型。Hargreaves 模型估算值与观测的蒸发量的相关系数在春、夏两季大于 Penman-Monteith 模型和 PPP-17 模型,但在秋、冬两季的相关系数却比这两个模型的小,且均方差值均大于这两个模型。24Radiation 模型估算值与观测的蒸发量的相关系数在夏季不能通过 0.10 的信度检验,其均方差是所有研究模型中最大的,在估算蒸散时需要做进一步订正。Priestley-Taylor 模型是在研究模型中计算值与蒸发量方差均最小的,但在夏季其与蒸发量的相关显著性不高,使用时有一定的时间局限。

表 7.4 各种模型 4 季计算值与蒸发量线性模拟的系数及均方差值

模型	春				夏				秋				冬			
	R^2	B	K	S_t	R^2	B	K	S_t	R^2	B	K	S_t	R^2	B	K	S_t
98	0.77	−866	3.76	20.7	0.63	−610	2.19	16.4	0.78	−653	3.66	7.8	0.92	−88	1.36	2.8
P-17	0.47	−55	1.30	14.7	0.45	−20	0.65	52.7	0.70	−45	0.95	10.9	0.85	−162	0.57	10.8
H	0.86	−591	1.59	29.9	0.79	−1008	1.58	64.0	0.41	−341	1.41	25.3	0.62	7	0.28	16.9
24R	0.46	−1014	1.33	95.6	0.12	−572	0.73	146.7	0.41	−760	1.30	78.1	0.26	32	0.63	20.1
P-T	0.85	1648	−2.87	18.7	0.31	2576	−2.99	22.2	0.84	1189	−3.2	12.6	0.56	59	1.36	1.9

灵敏度是模型中某一参数取值发生微小变化时引起的使模型输出结果发生变化的程度大小,一般可用下式表示:

$$S_x = \frac{\mathrm{ET}_{0(1.1xi)} - \mathrm{ET}_{0(0.9xi)}}{\mathrm{ET}_{0(xi)}} \tag{7.15}$$

式中，S_x 表示灵敏度；xi 模型中的某一控制因子；$ET_{0(1.1xi)}$、$ET_{0(0.9xi)}$ 及 $ET_{0(xi)}$ 分别表示模型中某一控制因子比平均值增加、减少 10%变化及模型估算潜在蒸散的平均值，单位：mm。根据式(7.15)可对各个潜在蒸散估算模型的稳健程度进行分析。

由计算分析可知(表 7.5)，各种气象因子对不同潜在蒸散估算模型的影响程度各不相同。其中，PPP-17 模型对温度变化灵敏程度最高，从仲春至仲秋(4—9 月)灵敏度均大于 0.10，在温度最高的 6—9 月，灵敏度还大于 0.20；其次为 98Penman-Monteith 模型和 Hargreaves 模型，夏季(6—8 月)的灵敏度均在 0.10 以上；Radiation24 及 Preistly-Taylor 模型对温度的变化灵敏度相对较低，全年均在 0.10 以下。PPP-17 模型对日照变化也比较灵敏，4—10 月敏感度大于 0.10，且年灵敏度为 0.16；其余各模型对日照的敏感度均小于 0.10。对相对湿度变化比较灵敏的模型是 PPP-17 模型和 Preistly-Taylor 模型，在 5—10 月及 4—8 月 PPP-17 模型和 Preistly-Taylor 模型的灵敏度均在 0.10 以上，全年灵敏度也在 0.10 以上；其余各模型的灵敏度均在 0.10 以下。对风速变化比较灵敏的模型只有 Preistly-Taylor 模型，且灵敏度大于 0.10 的时间大多在气温较低、风速较大的 1—3 月和 11—12 月。对气压变化较为灵敏的模型是 Radiation24 模型和 Preistly-Taylor 模型，灵敏度较大的时间在气压较高的 1、2、3 月和 11、12 月；而 PPP-17 模型只在 1、8、9、12 月对气压的灵敏度大于等于 0.10，其余时间均小于 0.10。

就各潜在蒸散估算模型在不同时段对各气候因子的灵敏程度来看，温度、日照、湿度因子变化在 4—10 月对估算值影响较大，而风速、气压在 3 月和 11 月影响显著。温度是影响 Hargreavs 模型的唯一气候因子。98 版的 Penman-Monteith 模型虽然受诸多因子影响，但温度仍是影响模型估算值的最主要因子。而温度、日照和湿度是影响 PPP-17 模型估算值的主要因子，个别时段气压和风速对其估算值也有影响。温度和日照虽然对 Radiation24 和 Preistly-Taylor 模型的估算值影响不大，但风速和气压在个别时间段对其也有影响。

这 5 种潜在蒸散的估算模型与观测的蒸发量之间的年际变化趋势基本一致。除 Hargreaves 模型估算值与观测的蒸发量的最大值同时出现在 6 月外，其余 4 个模型的最大值均比蒸发量推后一个月出现；同样，除 Hargreaves 模型估算值比观测蒸发量的最小值推后 1 月，其余各模型的最小值均与蒸发量的出现时间一致。除 Hargreaves 和及 24Radiation 模型而外，98Penman-Monteith 等 3 种模型的估算值在 11 月至次年 6 月共 8 个月的时间大于观测的蒸发量，其余 4 个月的时间则小于观测的蒸发量。Hargreaves 和 24Radiation 模型的估算值始终大于蒸发量，用它们来估算潜在蒸散一般说来是偏大的。在这些模型中，98Penman-Monteith 模型的估算值一年四季与观测的蒸发量相关程度比较稳定，均方差也较小。综合来看，98Penman-Monteith 模型是表征潜在蒸散最好的模型；PPP-17 在使用中有一定优点，适宜性次之；Hargreaves 使用时需要的气候因子较少，且有一定的准确度，尤其在气象资料比较缺乏的地区，有一定的使用价值；Preistly-Taylor 模型估算值有一定的参考意义，但夏季的估算值与观测的蒸发量相关显著性较低，在使用时还要做进一步地订正；24Radiation 模型的估算值在夏季不能很好反映蒸发量，且均方差较大，不宜作为计算潜在蒸散的主要模型来考虑。

各种潜在蒸散估算模型对气候因子的灵敏度随时间不同而有所差异。一般来说，温度、日照、相对湿度是影响计算结果的主要因子，其中又以温度的影响最大。对 98Penman-Monteith 模型而言，温度是明显影响估算值的唯一气候因子；对 PPP-17 模型而言，气温、日照、相对湿度等 3 种气候因子对估算值均有影响，尤其在 6—11 月影响较大；98Penman-Monteith 模型与

PPP-17模型相比，98Penman-Monteith具有更高的稳定性；Hargreaves模型虽然只有温度一个因子，但其变化对估算值的影响较大；24Radiation只对气压敏感，其余气候因子对其结果均无明显影响。相对湿度、风速、气压因子只在个别月份对Preistly-Taylor模型的估算值有一定影响。

表7.5 各种潜在蒸散估算模型的不同月份灵敏度

月份		1	2	3	4	5	6	7	8	9	10	11	12	年
气温	98	0.05	0.02	0.03	0.07	0.09	0.11	0.11	0.11	0.09	0.07	0.02	0.03	0.07
	P-17	0.08	0.01	0.05	0.12	0.18	0.24	0.27	0.27	0.21	0.14	0.06	0.05	0.14
	H	0.07	0.03	0.03	0.07	0.09	0.10	0.11	0.11	0.09	0.07	0.02	0.05	0.07
	24R	0.04	0.02	0.02	0.05	0.06	0.06	0.06	0.06	0.06	0.05	0.02	0.03	0.04
	P-T	0.05	0.02	0.02	0.06	0.07	0.08	0.09	0.09	0.08	0.06	0.02	0.02	0.06
日照	98	0.00	0.00	0.00	0.00	0.00	0.00	0.00	0.00	0.00	0.00	0.00	0.00	0.00
	P-17	0.04	0.03	0.08	0.12	0.17	0.19	0.20	0.19	0.15	0.12	0.05	0.05	0.12
	24R	0.00	0.00	0.00	0.00	0.00	0.00	0.00	0.00	0.00	0.00	0.00	0.00	0.00
	P-T	0.00	0.00	0.00	0.00	0.00	0.00	0.00	0.00	0.00	0.00	0.00	0.00	0.00
相对湿度	98	0.07	0.04	0.02	0.00	0.01	0.03	0.03	0.02	0.01	0.03	0.07	0.09	0.04
	P-17	0.04	0.02	0.03	0.09	0.15	0.018	0.20	0.19	0.14	0.11	0.05	0.01	0.09
	24R	0.00	0.00	0.00	0.00	0.00	0.00	0.00	0.00	0.00	0.00	0.00	0.00	0.00
	P-T	0.07	0.08	0.09	0.10	0.11	0.11	0.10	0.10	0.09	0.09	0.08	0.08	0.09
风速	98	0.05	0.03	0.02	0.01	0.01	0.02	0.02	0.02	0.03	0.04	0.05	0.05	0.03
	P-17	0.08	0.05	0.04	0.03	0.02	0.01	0.01	0.01	0.01	0.02	0.04	0.08	0.03
	24R	0.00	0.00	0.00	0.01	0.01	0.01	0.01	0.01	0.01	0.01	0.01	0.01	0.01
	P-T	0.13	0.12	0.10	0.08	0.07	0.06	0.05	0.05	0.06	0.07	0.10	0.13	0.08
气压	98	0.05	0.06	0.06	0.05	0.04	0.03	0.03	0.03	0.03	0.03	0.03	0.04	0.04
	P-17	0.11	0.00	0.05	0.06	0.08	0.08	0.09	0.10	0.10	0.09	0.01	0.14	0.08
	24R	0.14	0.13	0.11	0.08	0.07	0.06	0.06	0.06	0.07	0.09	0.11	0.13	0.09
	P-T	0.13	0.12	0.10	0.08	0.07	0.06	0.05	0.05	0.06	0.07	0.10	0.13	0.09

7.3.2 农田实际蒸散观测

7.3.2.1 蒸渗计

蒸渗计(Lysimeter)是研究植物蒸腾和土壤蒸发比较理想的观测装置。在英、美、苏、日和澳大利亚等国都有完善的蒸渗计在实验之中运行。相比较而言，蒸渗计比其他方法更能提供接近实际的植物蒸腾耗水量及其在生育期内变化规律和土壤蒸发、水分利用率等基本数据，其基本不破坏土壤结构，在干旱半干旱地区水资源开发利用研究中有着不可替代的优势。但由于其标定比较复杂及成本比较高，在实际应用中有一定局限。目前，在实际的研究和业务中安装使用蒸渗计的台站比较少。即使安装了蒸渗计设备，观测年限也比较短，开展较长时间序列的研究工作受到了一定限制。

7.3.2.2 烘干称重

可以通过钻土等比较传统的测量工具和方法测定土壤湿度，然后可依据农田土壤水分平衡方程计算出蒸散量，这种方法也相对比较直观和准确。自 1980 年以来，黄土高原的许多农业气象观测站已经积累了大量该类观测试验测量资料，为长时间序列及比较大地理尺度研究地表蒸散提供了比较精准的资料支持。

7.3.3 蒸散量观测方法比较分析及其影响因素

可以说，截至目前，对陆面蒸散量的测量和估算问题一直没有得到很好地解决，许多研究工作使用的蒸散资料误差较大。同时，由于缺乏对不同方法观测或估算的蒸散量的正确理解，往往在一些实际工作和研究中进行了不合理的替代。所以，以往许多研究工作之间经常出现一些相互矛盾的结论，在陆面水分收支平衡分析时也往往发现比较显著的陆面水分不平衡现象，这大大限制了对蒸散特征及其变化规律的深入认识。

现在大部分研究还是主要利用彭曼(Penman)方法、蒸发皿观测法、涡动相关观测法和蒸渗计观测法及卫星遥感反演法来测量或估算陆面蒸散量。一般来说，在大尺度、多年长期的陆面蒸散量估算中大多都用 Penman 方法来计算(黄英 等，2003；刘波 等，2006)。有不少研究还用蒸发皿观测的蒸发量来分析陆面蒸散量的空间分布特征及其对气候变化的响应规律(马金玲 等，2005；左洪超 等，2005)。一些科学试验研究或特殊观测网中也在用涡动相关法或微气象塔的梯度观测来估算蒸散量(张强 等，1992；李品芳 等，2000)。蒸渗计观测法以往在一般的研究中较少被使用，但近些年在个别小尺度陆面水分循环研究中已开始用这种方法(柯晓新 等，1994；杨兴国 等，2004a，b)。同时，随着卫星遥感技术的发展，也有研究在尝试用卫星遥感资料反演陆面蒸散量的方法，但目前尚存在较多的科学瓶颈和技术障碍(Boegh et al.，2002；Ridley et al.，1996)。

L-G 型称重式蒸渗计是目前最科学的观测实际蒸渗量的方法，它可以通过直接测量蒸渗计观测盘内的陆面物质重量变化来观测实际蒸渗量，一般可用下式来表示：

$$E_s = \sum_{i=0}^{i=T} \frac{\Delta f_i}{T \times S} \qquad 当\ \Delta f_i < 0 \tag{7.16}$$

式中，i 是观测的时间序列；f 是观测盘内的陆面物质重量的瞬时值，单位：g；Δf_i 来表示瞬时值的变化量，单位：g；T 是观测总时段，单位：s；S 是观测盘的面积，单位：m^2。观测盘内陆面物质的减少量即 $\Delta f_i<0$ 就是陆面瞬时蒸散量，陆面 T 时段的蒸散量 E_s 应该是瞬时蒸散量的积累，单位：mm。

涡动相关法可以通过观测近地面层的湍流水汽通量来估算地表实际蒸散量（王健 等，2002)，可用下式计算：

$$E_t = \rho \overline{w'q'} \times 8.64 \times 10^4 \tag{7.17}$$

式中，E_t 是涡动相关法估算的实际蒸散量，单位：mm；ρ 为空气密度，单位：kg/m^3；q' 和 w' 分别为近地层比湿和垂直速度脉动，单位分别为 g/kg 和 m/s。它们均可由超声涡动观测得到。

Penman 方法估算实际蒸散量可用下式表示：

$$\mathrm{ET} = K_c \times \mathrm{ET}_{0(98)} \tag{7.18}$$

式中，ET 是 Penman 方法估算的实际蒸散量，单位：mm；$\mathrm{ET}_{0(98)}$ 是 Penman-Monteith 模型估算的潜在蒸散量，单位：mm，可用式(7.5)计算。K_c 为作物系数，与作物的种类、品种、生育阶段、作物群体的叶面积指数等因素有关，如果从深处讲其实也与土壤的干旱胁迫程度有关。在陇中黄土高原已经获得了各月份作物系数的观测试验值(表 7.6)。

表 7.6　陇中黄土高原定西陆面过程综合观测试验基地各月的作物系数

月份	4—5 月	6—9 月	10 月	11—3 月
系数	0.45	0.9	0.8	1.0

蒸发皿观测的是水面蒸发，它主要用来作为背景值在分析各种陆面蒸散量观测方法时参考。

事实上，陆面蒸散量的 Penman 方法、蒸发皿观测法、涡动相关法和蒸渗计观测法之间的物理意义实际上有很大不同(孙菽芬，2005；Monteith et al.，1990)。蒸发皿观测的蒸散量是水面蒸发量，但由于其周围干旱陆面环境的动力和热力作用，会形成类似“晒衣绳”效应(孟宪红 等，2007)。所谓“晒衣绳”效应一般是指对于一个相对比较湿润的小环境而言，由于其周围大环境非常干、热，它上面影响蒸发的气候条件与真正湿润环境的气候条件是不同的，大量热量会通过平流输送给其蒸散消耗，结果加强了这个湿润小尺度环境的蒸散率，使这个小尺度润湿环境更容易变干。蒸发皿就有点类似大尺度半干旱环境中的微小尺度润湿水体。所以蒸发皿与天然水体的蒸发又有所不同，要明显比湖泊、水库等水体的蒸发量大(折减系数大约为 0.7～0.8)。并且，蒸发皿观测的蒸发量在理论上完全是由微气象条件决定的，一般温度愈高、风愈大、空气愈干燥，则蒸发量愈高。所以，在干旱半干旱区，蒸发皿观测的蒸散量往往比较高。Penman 方法估算的蒸散量应该是不受土壤水分约束情况下的陆面蒸散量，它类似于陆面蒸散能力。在湿润区，它与实际陆面蒸散量比较一致；但在干旱半干旱区，它与实际蒸散量相差较大。它与蒸发皿观测的蒸散量不同之处在于，前者的蒸散面是陆面，并且蒸散是通过植物和土壤的传输过程来实现；而后者的蒸发面是水面，蒸发从水面直接进行。涡动相关法观测的蒸散量实际上是 2.5 m 高处的水汽通量。在理论上，蒸渗计观测的蒸散量更接近地表蒸散量。

从蒸渗计、涡动相关法、蒸发皿和 Penman 方法估算的蒸散量的年变化和年积分总量对比可以看出(图 7.11a)，无论哪一种方法估算的蒸散量，它们年变化的基本趋势都是一致的，均是夏半年高、冬半年低，而且冬、夏变化剧烈，这与降水和温度的年变化特征大体一致，是典型的干旱半干旱区蒸散量的变化特点。但它们之间的差距也十分明显，而且夏半年差别很大，冬半年差别较小。在它们之中，蒸发皿观测的蒸散量总是保持最大；Penman 方法估算的蒸散量次之。Penman 方法估算的蒸散量与蒸发皿观测值比较接近；而涡动相关法与蒸渗计观测的蒸散量比较接近，而且都相对较小。这意味着在干旱半干旱区夏半年，虽然由于温度较高陆面蒸散能力较强，但由于土壤水分所限，实际蒸散量却十分有限，这正是干旱半干旱区蒸散的突出特点。如果在湿润地区，它们之间的差别要小得多，甚至在很多时候可以相互替代。关于蒸发皿观测值比 Penman 方法估算值大的原因大致有两个方面：一是蒸发皿直接从水面蒸发，不受植被和土壤传输过程的阻尼限制；二是蒸发皿存在“晒衣绳”效应，进一步加强了蒸发效果。

从对上面 4 种方法估算的蒸散量的定量比较来看(图 7.11b)，蒸渗计、涡动相关法、Penman 法和蒸发皿估算的蒸散量年积分值分别是 512.1 mm、526.3 mm、749.7 mm 和 1251.1 mm。显而易见，蒸发皿估算的蒸散量是涡动相关法和蒸渗计观测值的 1 倍以上，Penman 方法估算的蒸散量也要比涡动相关法和蒸渗计观测值大 50%左右。涡动相关法和蒸渗计观测的蒸散量相比，蒸渗计观测值更接近陆面水分来源总量 484.6 mm，而涡动相关法观测值要稍大一些。这说明蒸渗计观测值更符合实际蒸散量，而涡动相关法观测值也许受到近地层水平平流输送的影响也会有一定误差。

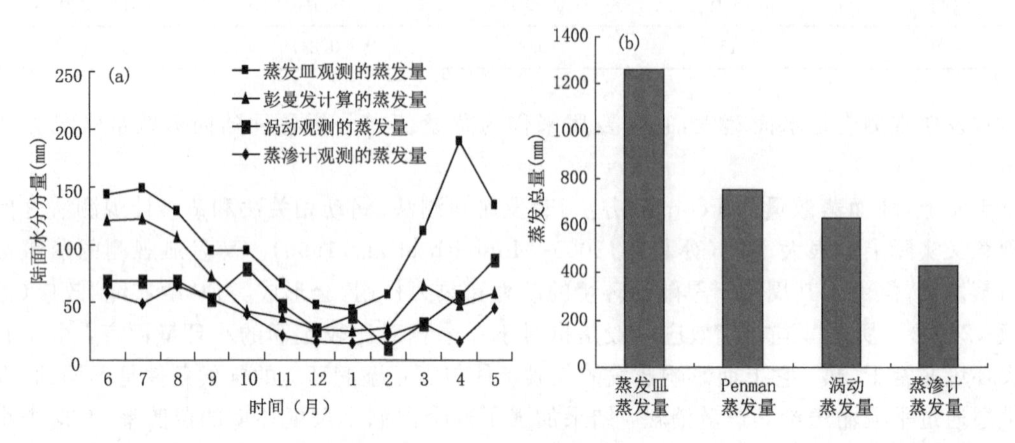

图 7.11　蒸渗计、涡动相关法、蒸发皿和 Penman 方法估算的蒸散量的年变化(a)和年积分总量(b)的比较

尽管以上分析表明 4 种方法估算的陆面蒸散量存在明显差别，但它们之间又存在着密切的联系。由于涡动相关系统的仪器和方法均在国际上比较认可，也日益被广泛使用。涡动相关法与蒸渗计观测的蒸发量比值的年变化和季节分布表明(图 7.12)，涡动相关法与蒸渗计观测的蒸散量比值基本在 1 附近，变化范围在 0.5～2.0，6—9 月期间很接近 1，其他时间稍偏离 1。从季节看，夏季比值大约在 0.95；秋、冬季节比值相对偏低，大约在 0.65；春季比值偏高，大约在 1.55。这说明秋、冬季近地层平流作用使地表蒸发的水汽在近地面层有所补充，而春季平流作用使地表蒸散的水汽在近地面层有所流失。

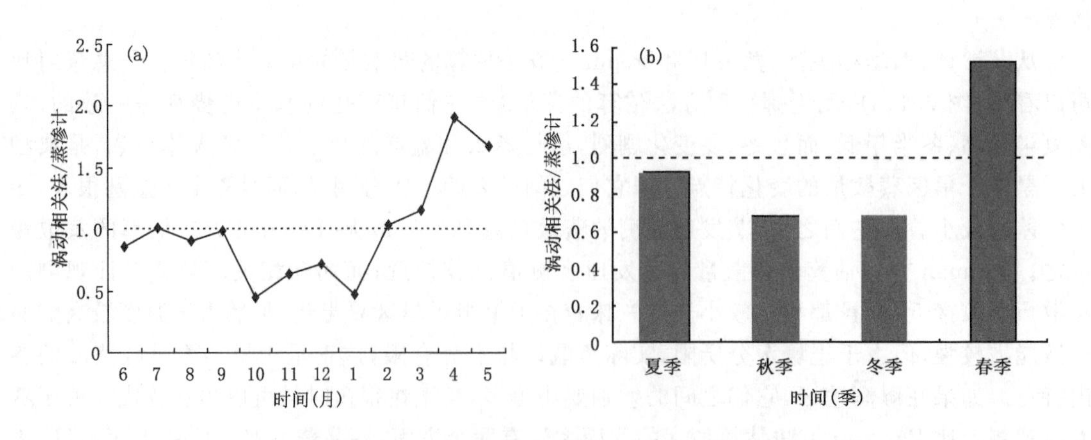

图 7.12　涡动相关法与蒸渗计观测的蒸散量比值的年变化(a)及其季节分布(b)

从涡动相关法与 Penman 法估算的蒸散量比值的年变化及其季节变化中可以看出(图 7.13)，其比值在季节变化上为 0.5～1.2，范围比较小。并且，秋、冬季节比值更接近，均在 1.0 左右；在春、夏季节比值更接近，大约在 0.7 附近。这说明在半干旱区，陆面水分条件总是不能满足蒸散需要，实际蒸发要明显比 Penman 法估算的蒸散量低。并且，在秋季由于土壤湿度条

件较好而实际蒸散受水分胁迫小，在冬季由于温度较低而潜在蒸散受到约束，实际蒸散与 Penman 蒸散更接近一些；而春、夏季正好相反，实际蒸散与 Penman 蒸散差别更大一些。

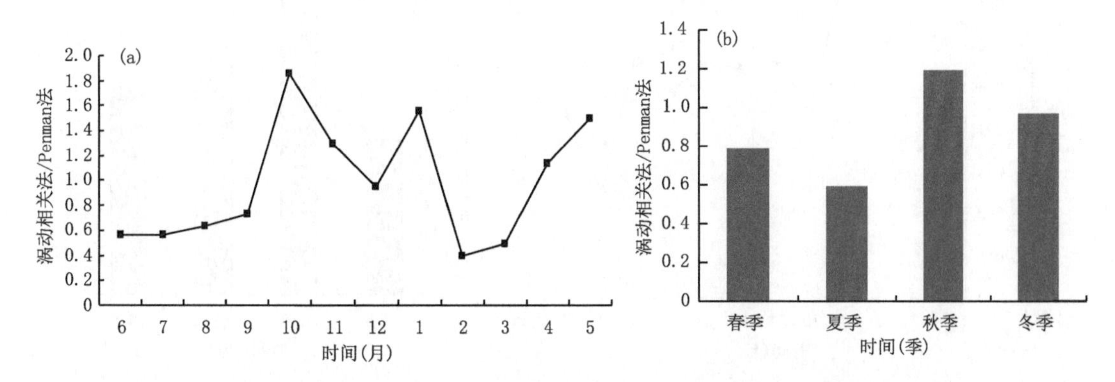

图 7.13　涡动相关法与 Penman 法计算的蒸散量比值的年变化(a)及其季节分布(b)

涡动相关法观测的蒸散量与蒸发皿观测的蒸发量比值的年变化(7.14a)及其季节分布(7.14b)显然与涡动相关法与蒸渗计观测的蒸散量比值的年变化及其季节分布比较类似，分布范围在 0.35～0.75，比值也均小于 1，但要更大一些。而且，在夏、秋季比值最大，可以达到 0.55 左右；春季稍低一些，比值为 0.5 左右；冬季最低，大约为 0.4，与图 7.13 不大一致。这是由于水面蒸发与陆面实际蒸散的机理有所不同，而且蒸发皿蒸发还受“晒衣绳”效应影响等。尤其，水面与陆面的微气象条件有较大差别，冬季水面温度远不如陆面的低，而夏季水面温度远不如陆面的高，这会造成图 7.13 和图 7.14 在夏、冬季出现相反的情况。

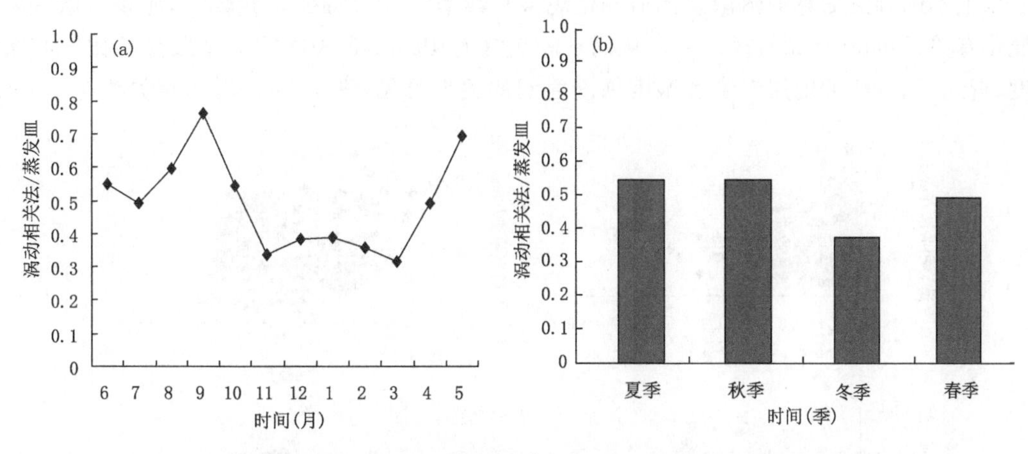

图 7.14　涡动相关法与蒸发皿观测的蒸散量比值的年变化(a)和季节分布(b)

Penman 法估算的蒸散量与蒸发皿观测的蒸发量比值的年变化及其季节分布特征表明(图 7.15)，其比值也均小于 1，而且年变化比较明显，最大接近 1，最小在 0.2 左右。就季节分布而言，夏季比值最大，达到了 0.95 以上；其余时段均为 0.5 左右，只有 4 月份不到 0.3。可以看出，Penman 法估算的蒸散量与蒸发皿观测的蒸发量比值的年变化与温度年变化特征较一致。在温度较高时，比值接近 1；在温度较低时，比值明显低于 1。

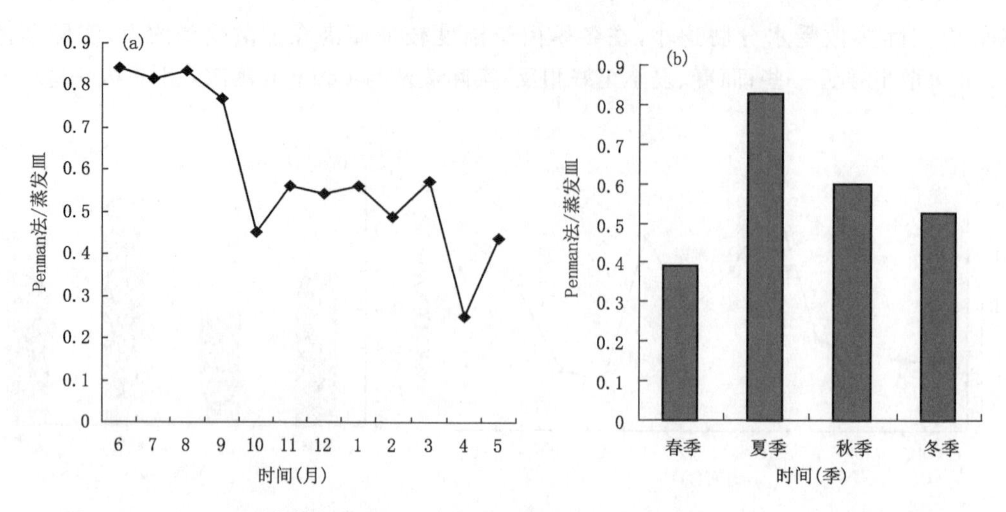

图 7.15 Penman 法估算的与蒸发皿观测的蒸散量的比值的年变化(a)及其季节分布(b)

在半干旱区的陇中黄土高原,不同方法确定的陆面蒸散量冬、夏变化剧烈,均在夏半年较高,在冬半年较低。而且,它们之间的差距也在夏半年最大。一般蒸发皿观测的蒸散量总是保持最大,其次是 Penman 方法估算的蒸散量,而涡动相关法和蒸渗计观测的蒸散量较小且相互比较接近。涡动相关法与蒸渗计观测的蒸散量比值在 1 附近变化,6—9 月份更接近 1;涡动相关法与 Penman 法估算的蒸散量比值从季节变化上看大约在 0.6～1.2 变化;涡动相关法与蒸发皿观测的蒸散量比值也均小于 1,变化范围明显更大,在 0.35～0.75;Penman 法估算的与蒸发皿观测的蒸发量比值也小于 1,变化更明显,最大接近 1,最小为 0.3 左右。

以上不同方法估算的蒸散量比值变化规律及其季节分布特征差异较大,应该与微气象条件变化有关(Zhang et al.,2004a)。从涡动相关法与 Penman 法估算的蒸散量的比值与土壤湿度、近地层温度、近地层湿度和湿度梯度之间的关系可见(图 7.16),涡动相关法与 Penman

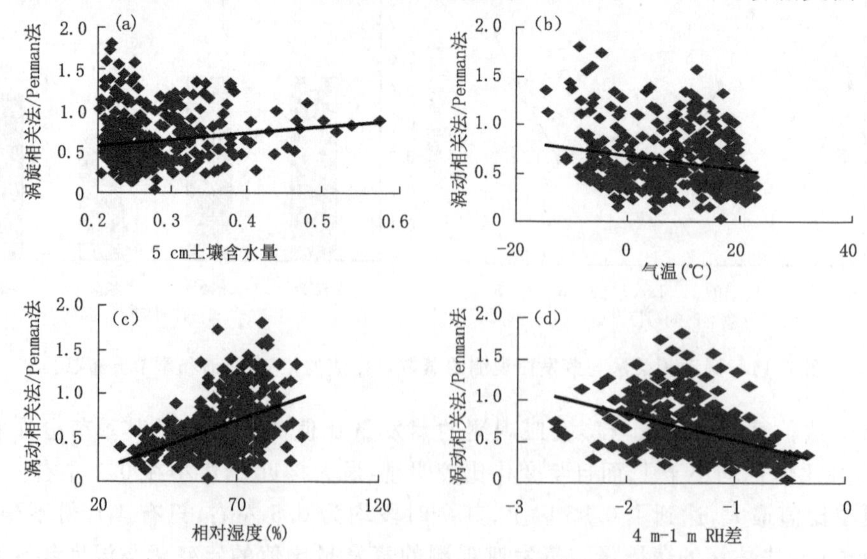

图 7.16 涡动相关法与 Penman 法估算的蒸散量比值与土壤湿度(a)、近地层温度(b)、湿度梯度(c)、近地层湿度(d)的关系

法估算的蒸发量比值与各种微气象要素的关系均相对比较离散。这一方面是由于比值变化同时受多因素影响;另一方面是由于在土壤湿度较小而蒸散较弱时,蒸散估算的相对误差较大。但总体而言,比值随土壤湿度增加向 1 靠近,随近地层湿度和湿度梯度增加也趋向于 1,但随气温增强逐渐偏小于 1,这种变化特征是比较容易理解的。在土壤湿度比较小的干旱半干旱区,陆面蒸散总是受水分约束,随土壤湿度增加约束有所缓解,近地层湿度和湿度梯度也会增加,实际蒸散会增大,比值自然会不断趋向于 1;相反,气温增高虽使潜在蒸散变大,但实际蒸散量却受到水分条件约束变化不大,所以比值会更低。

涡动相关法与蒸发皿观测的蒸散量的比值与土壤湿度、温度梯度、湿度梯度和相对湿度之间的关系(图 7.17)同涡动相关与蒸发皿观测的蒸散量比值的情况类似(图 7.16),涡动相关法与蒸发皿观测的蒸散量的比值随土壤湿度、温度梯度、湿度梯度和相对湿度的增加均逐渐趋近于 1。

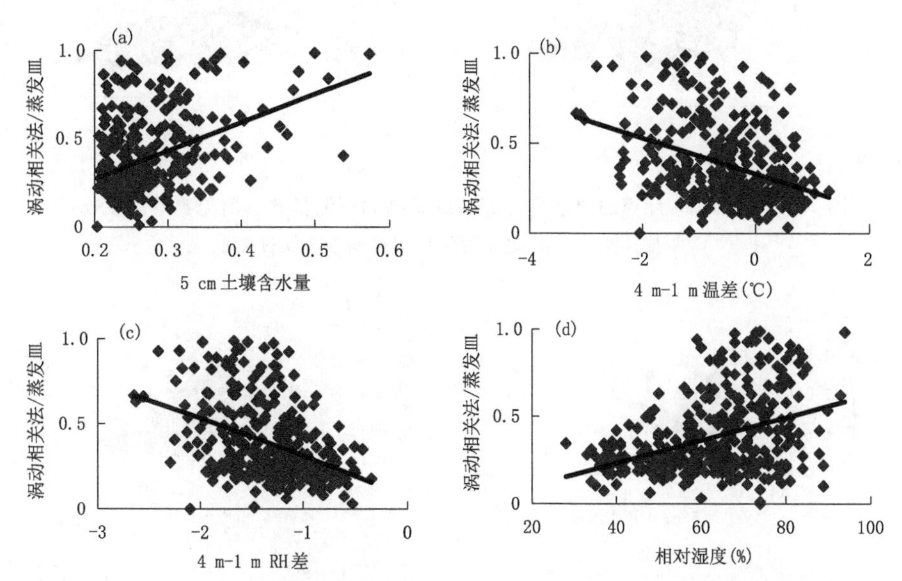

图 7.17　涡动相关与蒸发皿观测的蒸散量比值与土壤湿度(a)、温度梯度(b)、湿度梯度(c)、相对湿度(d)的关系

Penman 法估算的与蒸发皿观测的蒸散量的比值与土壤湿度、地表温度、温度梯度和湿度梯度之间的关系离散相对比较小一些(图 7.18)。随土壤湿度增大、地表温度升高,温度和湿度梯度增强,比值渐趋向于 1。这说明同时在强蒸散力和较好水分条件下,水面蒸发和陆面蒸散潜力比较接近。

涡动相关法与蒸渗计观测的蒸散量的比值离散非常大,比值随温度梯度和土壤湿度变化比较明显一些,而随大气相对湿度和湿度梯度的变化不太明显(图 7.19)。在逆温较强时,比值逐渐接近 0;但在温度递减较强时,比值逐渐趋向于 1。这说明在比较稳定条件下,湍流输送比较弱,近地层平流输送的贡献可能比较大一些,涡动相关法观测不是很可靠。

总之,不同方法估算的蒸散量之间比值变化及其季节分布与当地微气象条件的变化密切相关。虽然由于受多因素影响,与单个因子变化关系比较离散,但随各因子的变化呈现出了一定趋势。总而言之,土壤湿度、近地层相对湿度和湿度梯度越大,它们之间的比值均趋向于 1;但不同比值对气温和近地层温度梯度变化的响应却并不太相同。蒸渗计观测法在估算陆面蒸散时最为可行，更接近实际。

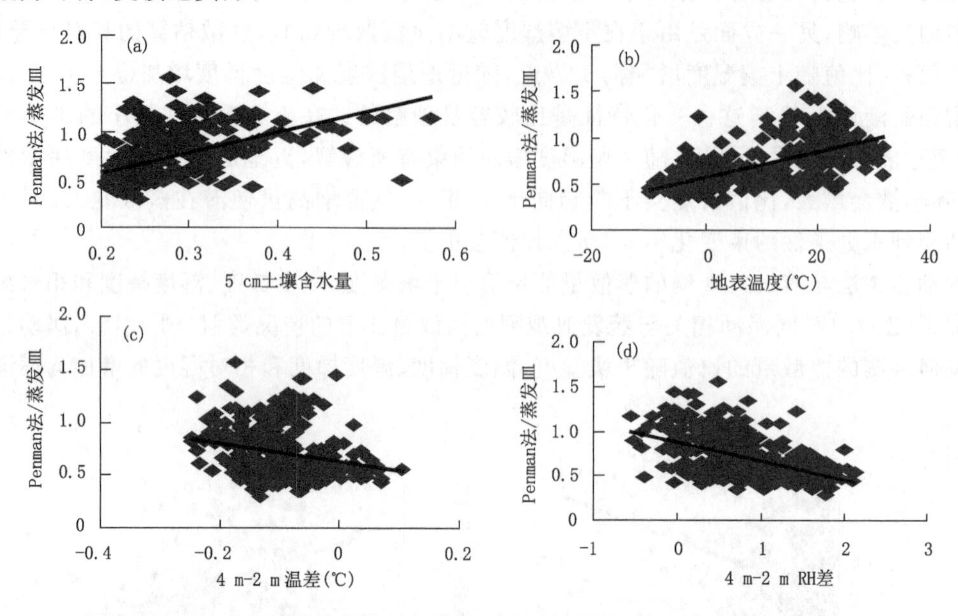

图 7.18　Penman 计算的蒸散量与蒸发皿观测的蒸散量的比值与土壤湿度(a)、地表温度(b)、温度梯度(c)、湿度梯度(d)的关系

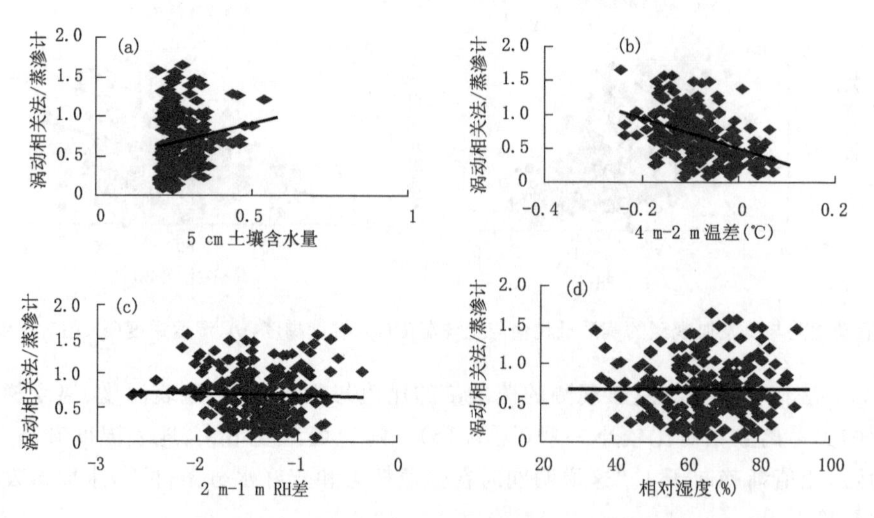

图 7.19　涡动相关法与蒸渗计观测的蒸发量的比值与土壤湿度(a)、温度梯度(b)、湿度梯度(c)、相对湿度(d)之间的关系

7.3.4　不同深度层次土壤实际蒸散

农田土壤水分蒸散虽然有各种测量方法，但都有不同优缺点，迄今为止，还没有一个标准的方法。由于涡动相关法和蒸渗计观测蒸散量的方法存在成本过高和不容易维护的问题，目前可以用传统的烘干称重方法，结合 FAO 推荐的 Penman-Moteith 方法来估算蒸散量($ET_{0(98)}$)，无论是在研究还是业务应用中都是必要的(Zhang et al.，2019a；蒲金涌 等，2014)。

一般以 100 cm 以内的土层蒸散量作为研究农田土壤水分蒸散量基准值。从图 7.20 可见，在半干旱区的陇东黄土高原西峰地区，不同深度土层实际蒸散量是不相同的。从3月开始，累积实际蒸散量随月份大致呈线性增加，3—11月耕作层(30 cm)累积蒸散量占100 cm总累积蒸散量的96%。4—6月占100 cm蒸散量的74%～80%，8—9月占100 cm蒸散量的95%～97%；而50 cm土层累积蒸散量占100 cm总累积蒸散量的98%。4—5月占100 cm蒸散量的80%～90%，7—8月占100 cm蒸散量的95%～99%。土壤水分的交换集中在上层，土层愈深，实际蒸散愈接近100 cm土层数值。

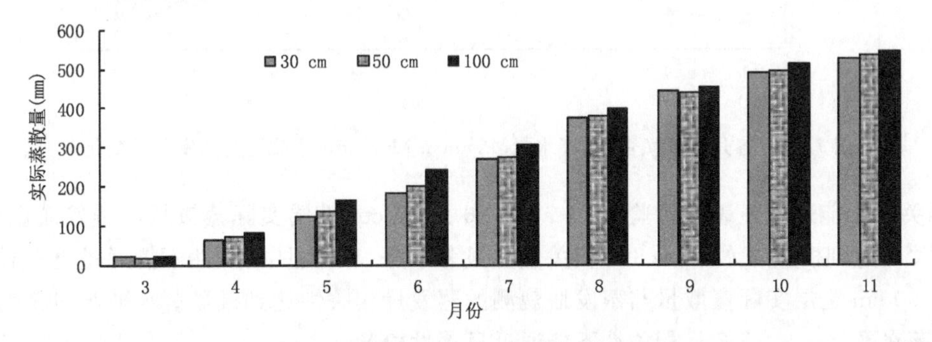

图7.20 30 cm、50 cm、100 cm陇东黄土高原土层平均各月累积实际蒸散量(1981—2010年)

可用观测试验资料拟合出3—11月不同深度累积蒸散量随月份变化的线性关系：

$$\mathrm{ET} = C + B \times T \tag{7.19}$$

式中，ET为累积实际蒸散量，单位：mm；T为月序数(3月，$T=1$，11月，$T=9$)，C为常数项；B为系数。如表7.7所示，各层次的拟合效果都通过显著性检验，且深度愈大，拟合的效果愈明显。

表7.7 不同深度层次实际蒸散量的线性拟合系数

深度(cm)	C	B	F	R
30 cm	−203.88	68.749	493.2**	0.993
50 cm	−191.955	68.17	929.8**	0.996
100 cm	−117.406	68.574	883.9**	0.996

注：*、**分别表示通过显著性水平为0.05、0.01信度检验。

由图7.21可见，在一年之内，100 cm土层实际蒸散、小型蒸发皿($\varphi=20$ cm)蒸发量及降水量的各月平均值变化都基本呈二次曲线变化特征。8月实际蒸散达到全年最大，7月降水量达到全年最大。并且，3—6月和10—11月的实际蒸散量大于降水量，土壤水分入不敷出，累积差值为99.4 mm；而7—9月降水量大于实际蒸散量，土壤水分收大于支，累积差值为91.4 mm。3—11月土壤水分累积透支8 mm，占实际蒸散的2%。蒸发皿蒸发量与Penman-Monteith模式计算值最大值都出现在6月，3—11月蒸发皿蒸发量始终大于实际蒸散量，两者的差值为714 mm，超过实际蒸散值38%。10月Penman-Monteith模式计算值与实际蒸散量十分接近，其余各时段均高于实际蒸散量。累积差值为412 mm，反而比实际蒸散量少了20%。

各月的实际蒸散与蒸发皿观测的蒸发量线性相关各不相同(表7.8)。3月各深度土层的实际蒸散量与蒸发量呈较显著的正相关，其余各月均为负相关关系。4、6—7、9—10月30 cm土层实际蒸散量与蒸发皿观测的蒸发量相关性达到极显著水平，5、8月相关性达到显著水平，

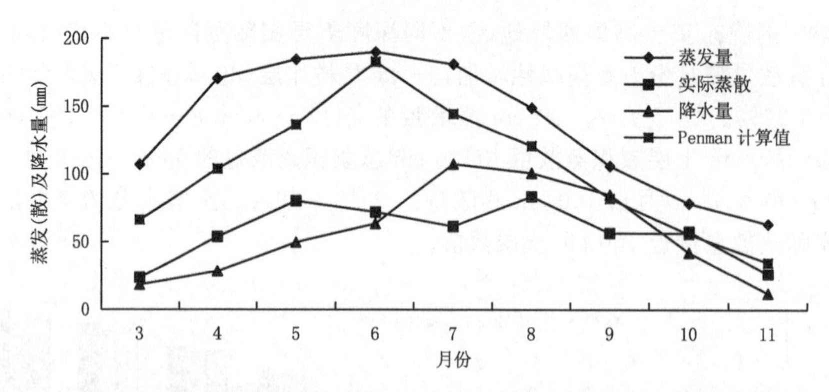

图 7.21　各月实际蒸散量、降水量、Penman-Monteith 蒸散量及蒸发量的变化

11 月相关性不能通过显著性检验。6—7、9—10 月 50 cm 土层实际蒸散量与蒸发皿观测的蒸发量相关性达到极显著水平，4、8 月相关性为显著水平，5、11 月相关性不能通过显著性检验。3、6 月 100 cm 土层实际蒸散量与蒸发皿观测的蒸发量相关性达到极显著水平，6、9、11 月相关性达显著水平，4—5、7—8 月相关性不能通过显著性检验。

用 Penman-Monteith 公式计算的蒸散量同实际蒸散量的相关性与蒸发皿观测的蒸发量同实际蒸散量的相关性基本相同。30 cm 土层实际蒸散与各月 Penman-Monteith 计算值相关性均能通过假设检验，其中 4—6、8—10 月达极显著水平，3 月正相关、7、11 月负相关达显著水平；而 50 cm 土层实际蒸散在 6、8、10 月与 Penman-Monteith 计算值相关性呈极显著负相关，在 3 月呈极显著正相关，在 4—5、9 月呈显著相关，在 7、11 月相关性不能通过假设检验；100 cm 土层实际蒸散值在 6、8 月与 Penman-Monteith 模式计算值相关性达极显著水平，在 3、11 月呈显著正相关，在 10 月呈显著负相关。4—5、7、9 月相关性不能通过显著性检验。

总体上，Penman-Monteith 模式计算蒸散值、蒸发皿观测的蒸发量与 30、50 cm 土层实际蒸散量值相关性比与 100 cm 土层实际蒸散量的相关性更加显著。这是因为愈接近地表，气象要素的变化幅度愈大，蒸散发理论计算值和实际值均对气象要素变化响应愈敏感。

30 cm、50 cm 土层实际蒸散量在 4—10 月与降水量相关性达极显著水平，在 3、11 月相关性不能通过显著性检验。在 3 月，100 cm 土层实际蒸散量与降水量相关性比较显著，而 50 cm 和 30 cm 土层的均不能通过显著性检验；在 4 月，50 cm 和 30 cm 实际蒸散量与降水量相关性均通过了显著性检验，而 100 cm 不能通过显著性检验。在 4—10 月，各土层的实际蒸散量与降水量的关系均能通过显著性检验。愈是上层土壤，相关性愈显著。不过，11 月实际蒸散与降水量的相关性不显著。

一般，影响蒸发皿观测的蒸发量和 Penman-Monteith 模式估算的蒸散量($ET_{0(98)}$)的主要因素是气温、光照和风速等，如果温度较高、日照时间长、风速较大，都有可能加大蒸发量。在半干旱地区，大多数时候蒸发皿观测的蒸发量和理论估算的蒸散量都远大于降水量。如果把蒸发量或 Penman-Monteith 模式蒸散量当作一种蒸散潜力，半干旱地区陆面大部分时间处于“无水”可供蒸散的状态，无法满足蒸散潜力的需求。愈是温度较高的月份和愈上层的土壤，这种现象愈明显。这也是实际蒸散量在大部分时间与蒸发皿观测的蒸发量、Penman-Monteith 模式蒸散量呈负相关的重要原因之一。实际蒸散量与降水量大部分时间呈极显著正相关关系，这说明在半干旱地区降水量才是决定实际蒸散量的最主要因素，降水量愈大，实际蒸散量愈大。降水量基本完全参与了蒸散过程，越是浅层土壤，其水分参与蒸散交换的愈彻底，实际蒸散与降水量的相关性也愈明显。在大多数情况下，在一定临界深度内，降水下渗的速度低于水分蒸散的速度，这也正是长期以来半干旱区降水量对较深层土壤水分改善有限的原因所在。

表 7.8　各月不同深度层次实际蒸散量与蒸发皿观测的蒸发量和降水量的相关系数

因子	深度	3月	4月	5月	6月	7月	8月	9月	10月	11月
蒸发量	100 cm	0.443*	−0.106	−0.067	−0.388*	−0.165	−0.243	−0.296*	−0.637**	−0.394*
	50 cm	0.601**	−0.472*	−0.238	−0.537**	−0.516**	−0.413*	−0.531**	−0.681**	−0.135
	30 cm	0.393*	−0.518**	−0.396*	−0.596**	−0.622**	−0.445*	−0.607**	−0.688**	−0.214
$ET_{0(98)}$蒸散量	100cm	0.420*	0.031	−0.226	−0.568**	−0.052	−0.466**	−0.190	−0.426*	0.371*
	50 cm	0.556**	−0.383	−0.424*	−0.567**	−0.139	−0.540**	−0.416*	−0.482**	−0.215
	30 cm	0.296*	−0.563**	−0.523**	−0.604**	−0.269*	−0.613**	−0.481**	−0.518**	−0.27*
降水量	100 cm	0.304*	0.064	0.349*	0.564**	0.557**	0.663**	0.513**	0.585**	−0.214
	50 cm	−0.212	0.457**	0.679**	0.680**	0.838**	0.8163**	0.777**	0.682*	−0.002
	30 cm	−0.108	0.676**	0.864**	0.804**	0.929**	0.942**	0.857**	0.835**	0.1263

注：*、** 分别表示通过显著性水平为 0.1、0.05 信度检验。

可以用 3—11 月降水量、蒸发皿观测的蒸发量和 Penman-Monteith 模型计算的蒸散量与实际蒸散量的拟合关系建立各土壤层实际蒸散量的估算模型：

$$ET = C + B \times W_i \tag{7.20}$$

这里用到样本数 270 个。式中：ET 为实际蒸散量，单位：mm；C 为常数；i 为分别代表控制因子的类型，1 代表降水，2 代表蒸发皿观测的蒸发量，3 代表 Penman-Monteith 模式计算蒸散；W 为控制因子的量值，单位：mm。从表 7.9 给出的检验结果可以看出，降水量作为控制因子建立的模型对实际蒸散模拟效果最好，其次为蒸发皿观测的蒸发量和 Penman-Monteith 模型计算的蒸散量建立的模型。而且，拟合模型对 30 cm、50 cm 土层实际蒸散量的模拟效果好于 100 cm 土层的。这表明降水、蒸发皿观测的蒸发量、Penman-Monteith 模型计算的蒸散量与上层土壤水分参与实际蒸散及其循环变化比较一致。

表 7.9　降水量、蒸发皿观测的蒸发量及 Penman-Monteith 模型计算蒸散量拟合不同深度实际蒸散量的系数及检验参数

因子	深度	C	B	F	R
降水量	100 cm	146.3	0.728	185.6**	0.932
	50 cm	184.8	0.703	73.9**	0.852
	30 cm	102.5	0.829	260.9**	0.950
蒸发量	100 cm	847.8	−0.270	13.2**	−0.565
	50 cm	901.4	−0.293	4.2*	−0.580
	30 cm	921.3	−0.323	16.2**	−0.606
Penman-Monteith 蒸散量	100 cm	906.2	0.421	4.1*	−0.356
	50 cm	1057.3	0.553	6.9*	−0.445
	30 cm	1069.1	−0.58	6.9*	−0.445

注：*、** 分别表示通过显著性水平为 0.05、0.01 的信度检验。

在半干旱地区，土壤储水量变化特征对地表实际蒸散影响很大。3—11月土壤储水量具有典型的年循环特征(图7.22)，最小值出现在6月，较高值出现在10月。其中，5—7月储水量降低到只占田间持水量的60%以下，达到了土壤干旱灾害的临界值。土壤储水量全年平均值在140～230 mm，占田间持水量49%～80%，基本在干旱临界值附近波动。土壤储水量变幅在27～44 mm，变异系数为14%～25%，变异性较大。

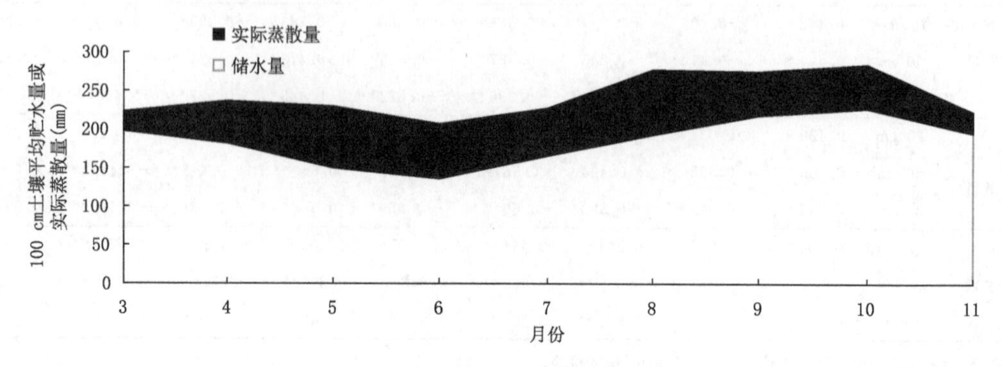

图7.22　各月实际蒸散量及储水量变化(1981—2010年)

事实上，在许多月份中，实际蒸散量与土壤储水量存在着比较明显相关性(表7.10)。在陇东黄土高原区，土壤冻结厚度平均为50 cm，3月土壤开始解冻，水分向表层运动、集中，在3—4月，实际蒸散量与50 cm以上土壤储水量的相关性达到了极显著水平，但与100 cm土层的储水量相关性没有通过显著性检验(蒲金涌 等，2008c)，这说明3—4月50 cm以下土层水分并未充分参与蒸发散过程。在4—5月、9—10月，各层的土壤水分储水量与实际蒸散量都呈较明显的正相关关系，而且从下向上各层的土壤储水量与实际蒸散量的相关性在逐渐增高，这表明地表水分交换对浅层土壤湿度影响较大。在11月，50 cm以上土壤储水量与同深度层实际蒸散呈极显著负相关，而100 cm土层储水量与同层蒸散量呈极显著正相关。在3—11月，各深度层的实际蒸散量与同层的土壤储水量的正相关性都达了极显著水平。可见，土壤储水量越高，水分子与土粒间的凝结力愈小，水分从土壤中蒸发或从植物中蒸腾就愈加容易。

表7.10　不同深度层次土壤储水量和该深度层次实际蒸散量的相关系数

深度	3月	4月	5月	6月	7月	8月	9月	10月	11月	3—11月
30 cm	0.395*	0.769**	0.803**	0.802**	0.691**	0.189	0.821**	0.726**	−0.586**	0.737**
50 cm	0.300*	0.671**	0.720**	0.748**	0.609**	0.181	0.717**	0.658**	−0.645**	0.675**
100 cm	−0.109	0.147	0.533**	0.587**	0.271*	0.216	0.570**	0.601**	0.591**	0.677**

注：*，**分别表示通过显著性水平为0.05、0.01的信度检验。

7.4　干旱对地表蒸散的胁迫作用

7.4.1　实际蒸散估算模型

在半干旱区，陆面植被及土壤湿度状况直接影响着蒸散量。可以用“定西干旱生态环境综合科学试验站”观测试验资料来分析干旱对地表蒸散的胁迫作用。该试验基地的观测场为比较平坦的农田，主要种植春小麦和马铃薯等耐旱作物。春小麦播种和收割日期分别在3月中旬和7月中旬,全生育期为130天左右。结合小麦的生育期持续日数和FAO推荐的各阶段的作物系数值,划分出:3月1日—4月4日为生长初期阶段(播种—出苗),推荐作物系数为0.3;4月5日—6月15日为发育期阶段(出苗—开花期),推荐的作物系数从0.3至1.15线性递增;6月16—7月5日为生长中期阶段(开花—乳熟期),推荐作物系数为1.15;7月6日—7月31日为生长末期阶段(乳熟—成熟期),推荐作物系数为从1.15至0.25线性递减。

按照FAO推荐,结合式(7.18),对于某种作物而言,其实际蒸散量E_{est}可用下式估算:

$$E_{est} = k_{c\text{-}FAO} \times E_{0(98)} \tag{7.21}$$

其中,$E_{0(98)}$是由FAO推荐的98版Penman-Monteith模型估算的蒸散量式(7.5),单位为mm;$k_{c\text{-}FAO}$为FAO推荐的作物系数,因作物种类而异,并随作物生育阶段变化。具体而言,作物系数随生育阶段变化的系数曲线可以表示为:

$$k_{c\text{-}FAO} = \begin{cases} K_{c\text{-}FAO\text{-}ini}, & t_{ini\text{-}s} \leqslant t \leqslant t_{ini\text{-}f} \\ K_{c\text{-}FAO\text{-}ini} + \dfrac{(K_{c\text{-}FAO\text{-}mid} - K_{c\text{-}FAO\text{-}ini})}{(t_{dev\text{-}f} - t_{dev\text{-}s})}(t - t_{dev\text{-}s}), & t_{dev\text{-}s} \leqslant t \leqslant t_{dev\text{-}f} \\ K_{c\text{-}FAO\text{-}mid}, & t_{mid\text{-}s} \leqslant t \leqslant t_{mid\text{-}f} \\ K_{c\text{-}FAO\text{-}end} - \dfrac{(K_{c\text{-}FAO\text{-}mid} - K_{c\text{-}FAO\text{-}end})}{(t_{late\text{-}f} - t_{late\text{-}s})}(t - t_{late\text{-}s}), & t_{late\text{-}s} \leqslant t \leqslant t_{late\text{-}f} \end{cases} \tag{7.22}$$

这里,$K_{c\text{-}FAO\text{-}ini}$、$K_{c\text{-}FAO\text{-}mid}$和$K_{c\text{-}FAO\text{-}end}$分别是FAO推荐的生长初期、中期和末期的作物系数,对春小麦而言它们分为0.3、1.15和0.25;t是年积日(即Julian day),将全年365天排为一个序列,单位:d;$t_{ini\text{-}s}$和$t_{ini\text{-}f}$分别是生长初期阶段的起始和终止日期即播种和出苗的时间,分别为60和94(3月1日和4月4日);$t_{dev\text{-}s}$和$t_{dev\text{-}f}$分别是发育期阶段的起始和终止日期即出苗和开花的时间,分别为95和166(4月5日和6月15日);$t_{mid\text{-}s}$和$t_{mid\text{-}f}$分别是生长中期阶段(旺盛期)的起始和终止日期即开花和乳熟的时间,分别为167和186(6月16和7月5日);$t_{late\text{-}s}$和$t_{late\text{-}f}$分别是生长末期阶段的起始和终止日期即乳熟和成熟的时间,分别为187和212(7月6日和7月31日)。

Wright(1982)的研究认为FAO推荐的作物系数在实际估算蒸散时需要根据当地气候环境特点做进一步修正。Kumar针对丘陵地形的小气候影响给出了一个作物系数修正关系(Rohitashw et al.,2011),使作物蒸散量的估算误差缩小了约一倍。该修正关系将上面的$k_{c\text{-}FAO\text{-}mid}$和$k_{c\text{-}FAO\text{-}end}$修正为:

$$k_{c\text{-}Kumar\text{-}mid} = k_{c\text{-}FAO\text{-}mid} + [0.04(u-2) - 0.004(RH_{min} - 25)]\left(\frac{h_{mid}}{3}\right)^{0.3} \tag{7.23}$$

$$k_{c\text{-}Kumar\text{-}end} = k_{c\text{-}FAO\text{-}end} + [0.04(u-2) - 0.004(RH_{min} - 25)]\left(\frac{h_{end}}{3}\right)^{0.3} \tag{7.24}$$

这里,$k_{c\text{-}Kumar\text{-}mid}$和$k_{c\text{-}Kumar\text{-}end}$分别是Kumar修正后的作物生长旺盛期(中期)和末期的作物系数,其他时段作物系数可以由此推算;u是平均风速,单位:m/s;RH_{min}是每日最小相对湿度,单位:%;h_{mid}和h_{end}分别是作物生长旺盛期和末期的平均高度,单位:m。该修正关系应该比较适合黄土高原丘陵地貌环境。

不过,真正的实际作物系数需要通过观测试验来确定,可以用下式来表示:

$$k_{c\text{-}obs} = \frac{E_{obs}}{E_{0(98)}} \tag{7.25}$$

这里，$k_{c\text{-}obs}$ 是实际观测的作物系数；$E_{0(98)}$ 是 Penmam 法计算的潜在蒸散量，单位：mm。E_{obs} 是实际观测的蒸散量，单位：mm，这里用 L-G 大型称重式蒸渗计的观测值，这是目前最有效的蒸散量观测方法（Wright，1982；Zhang et al.，2014），可以用下式表示：

$$E_{obs} = 1000 \times \sum_{i=0}^{i=T} \Delta f_i / (\rho_w \times S_{obs}), \qquad \Delta f_i \leqslant 0 \tag{7.26}$$

式中，ρ_w 是水的比重，单位：kg/m^3；f_i 是蒸渗计的蒸散盘内水分的瞬时重量值，Δf_i 为其瞬时变量值，单位均为 kg；i 是瞬时值的序列号，每隔 5 min 一个值；S_{obs} 是观测盘的面积，单位：m^2；T 是每个资料样本采样时间长度，单位：s，这里取半小时。

另外，如果假定近地面层为水汽常通量层，也可以用涡动相关法间接观测地表实际蒸散量（李菊 等，2006）：

$$E_{ed} = 1000 \times (\rho \overline{w'q'} / \rho_w) \times \Delta t \tag{7.27}$$

这里，E_{ed} 是涡动相关法观测的蒸散量，单位：mm；ρ 为空气密度，单位：kg/m^3；q' 和 w' 分别是近地层比湿和垂直速度脉动，单位分别为 g/kg 和 m/s。它们均可由超声脉仪器直接观测得到。

7.4.2 干旱胁迫对作物蒸散的影响

在半干旱地区，实际上干旱胁迫对地表实际蒸散和作物系数的影响很大，用经典的式(7.21)来估算会遇到较大问题。因为传统意义上的作物系数大多是在比较理想的环境和水分供应充足的条件下得到，它们估算的作物蒸散量在很多情况并不可靠，尤其在受干旱胁迫较严重的干旱和半干旱地区其可靠性更是值得怀疑（张强 等，2011a）。

通过对 FAO 推荐作物系数估算的蒸散量与黄土高原半干旱区定西实际观测的蒸散量对比也很清楚地表明（图 7.23），经典蒸散模型的估算值与实际观测的蒸散量相差十分显著，拟合系数达到了 1.55，标准差为 2.54 mm，相对误差高达 120 %左右，观测的蒸散量平均值还不到模型估算值的一半；两者的相关性也较低，相关系数仅为 0.12。可见，目前经典蒸散模型明

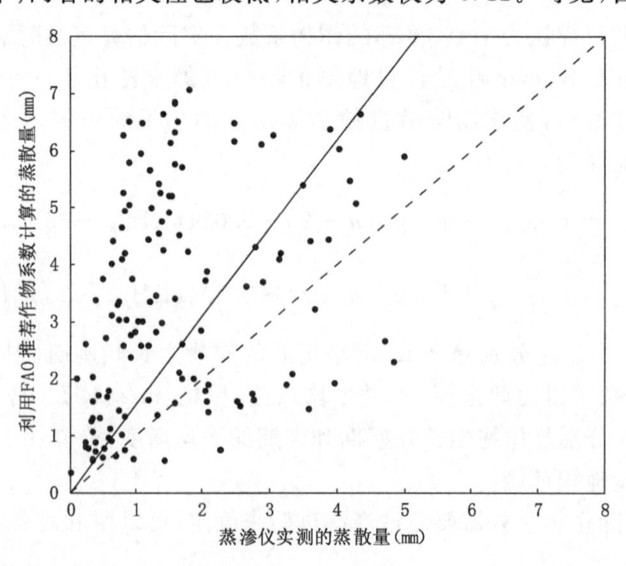

图 7.23 黄土高原半干旱地区 FAO 推荐作物系数估算的春小麦蒸散量与观测的蒸散量的对比

显高估了作物蒸散量，而且在实际蒸散量较小时高估程度更加明显，最大时能高估5.4 mm。这表明，在半干旱地区，直接用FAO推荐的作物系数构建的经典蒸散模型来估算作物蒸散量并不合适。

考虑到作物蒸散受干旱胁迫的突出作用，特意定义了一个能够较好表征干旱胁迫的参数：

$$I_{arid}=\frac{(s_{sa}-s_w)-(s_m-s_w)}{s_{sa}-s_w}=1-\frac{s_m-s_w}{s_{sa}-s_w} \tag{7.28}$$

上式中，I_{arid}是干旱胁迫度；s_m、s_w和s_{sa}，分别是土壤湿度、凋萎系数和田间持水量，均是体积比%，在这里田间持水量和凋萎系数分别为24.39%和7.47%。从理论上讲，I_{arid}应该在0～1，当土壤湿度达到田间持水量时，干旱胁迫度为0，表示不受干旱胁迫影响，气候蒸散力可以得到完全发挥；当土壤湿度小于田间持水量时，气候蒸散力会受到干旱胁迫的约束；土壤湿度越小，干旱胁迫就越强，对蒸散的约束就越突出；当土壤湿度等于凋萎系数时，干旱胁迫达到最强，蒸散基本被彻底抑制。

从黄土高原半干旱区春小麦实际蒸散量随干旱胁迫度的变化关系可以明显看出（图7.24），虽然由于受局地气象条件变化影响，观测的作物实际蒸散量与干旱胁迫度的关系比较离散一些，但其被干旱胁迫度主导的趋势却十分突出，实际蒸散量明显随干旱胁迫度的增强而减小。在干旱胁迫度为0时即基本没有干旱胁迫时，日作物蒸散量接近于4 mm，而在干旱胁迫最强时日作物蒸散量几乎减少到了0.5 mm左右。这种现象是比较容易理解的：在干旱胁迫下，不仅由于作物覆盖率较低使得蒸发在蒸散过程的作用更突出；而且由于作物叶面和土壤粒子对水分子的吸附力更强，会大大制约水分的蒸散过程。可见，在半干旱区，干旱胁迫对蒸散的控制作用很强，而以往经典的蒸散估算模型基本没有考虑这种作用，所以必然会出现模型估算量与实际观测值的显著差异。

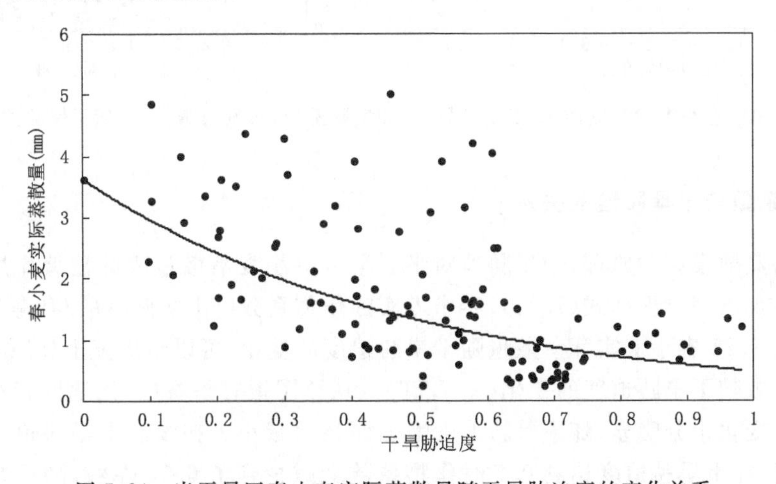

图7.24　半干旱区春小麦实际蒸散量随干旱胁迫度的变化关系

不过，作物蒸散量在干旱胁迫度较低时对干旱胁迫作用的响应更敏感，而在干旱胁迫度达到0.7以后，作物蒸散量对干旱胁迫度的敏感性有所降低，这说明在干旱胁迫度达到临界值后干旱胁迫作用会表现出一定的收敛性。

分别用参考蒸散与蒸发皿蒸发的比值和实际蒸散与蒸发皿蒸发的比值作为作物蒸散参数，它们能够在一定程度上消除局地气象条件变化对作物蒸散的影响。其中，参考蒸散与蒸发皿蒸发的比值能够表征植被和土壤本身对蒸散的影响，而实际蒸散与蒸发皿蒸发的比值可以进一步表征干旱胁迫对蒸散过程的影响。从图 7.25a 中给出的黄土高原定西地区参考蒸散/蒸发皿蒸发随干旱胁迫度的变化趋势可以看出，参考蒸散/蒸发皿蒸发的比值在没有干旱胁迫时(干旱胁迫度在 0 附近)大约在 0.73，这说明仅仅植被和土壤本身的阻尼作用就可以使蒸散量限制在潜在蒸发力的 73%左右。而且，随着干旱胁迫度的增强，参考蒸散/蒸发皿蒸发比值还会缓慢减少，在干旱胁迫最强时减小到了 0.59 左右。这是由于蒸发皿的蒸发水面较小，蒸发的局地气象条件受周围环境的显著影响，干旱胁迫度的加强会导致局地气象条件向有利于蒸发的趋势发展，从而使蒸发皿蒸发量有所增大。

通过进一步比较春小麦地表实际蒸散/蒸发皿蒸发随干旱胁迫度的变化趋势(图 7.25b)可以看出，虽然在没有干旱胁迫时即干旱胁迫度在 0 附近时，实际蒸散/蒸发皿蒸发的比值也接近 0.73。但当干旱胁迫度增加时，实际蒸散/蒸发皿蒸发的比值要远比参考蒸散/蒸发皿蒸发的比值减少得迅速，在干旱胁迫度达到 0.7 时就已减小到了 0.1 左右，在干旱胁迫度最大时几乎接近于 0。这说明干旱胁迫能够显著增强植被和土壤对水分子的约束力，从而有效抑制潜在蒸发力的发挥。

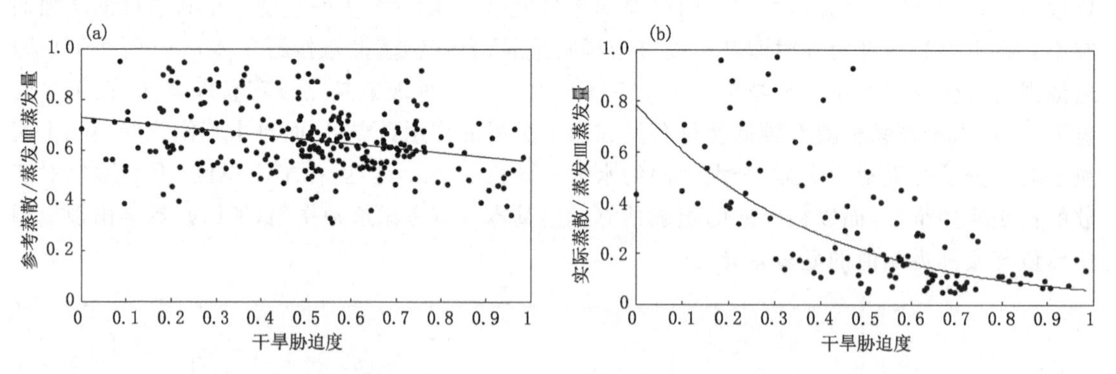

图 7.25 半干旱区春小麦参考蒸散/蒸发皿蒸发(a)和实际蒸散/蒸发皿蒸发(b)随干旱胁迫度的变化关系

7.4.3 作物系数与干旱胁迫的关系

根据作物蒸散模型的原理，干旱胁迫对半干旱区春小麦蒸散过程的显著作用可以通过作物系数有效体现出来。根据式(7.25)，春小麦实际作物系数可由实际蒸散/参考作物蒸散比值得到。结合图 7.25 春小麦实际蒸散量随干旱胁迫度的变化，可以给出黄土高原半干旱区春小麦实际作物系数随干旱胁迫度的变化(图 7.26)。从该图很容易看出，该地区春小麦作物系数随干旱胁迫度变化十分明显，随干旱胁迫度增强而显著减小。在没有干旱胁迫时作物系数大约在 0.8 附近，在干旱胁迫度达到 0.7 时作物系数就减少到了 0.15 左右，随后减小趋势变得相对缓慢；在干旱胁迫度最大时，作物系数只有 0.1 左右。而且，还可以给出作物系数与干旱胁迫度之间的拟合关系：

$$k_{\text{c-obs}} = 1.0423 \times e^{-2.2710 \times I_{\text{arid}}} \tag{7.29}$$

该拟合关系式的决定系数为 0.41，均方差仅 0.049 左右。这说明在半干旱区作物系数对干旱胁迫度具有很强的依赖性。然而，这一问题在以往的作物系数中大多数时候是被忽视的。

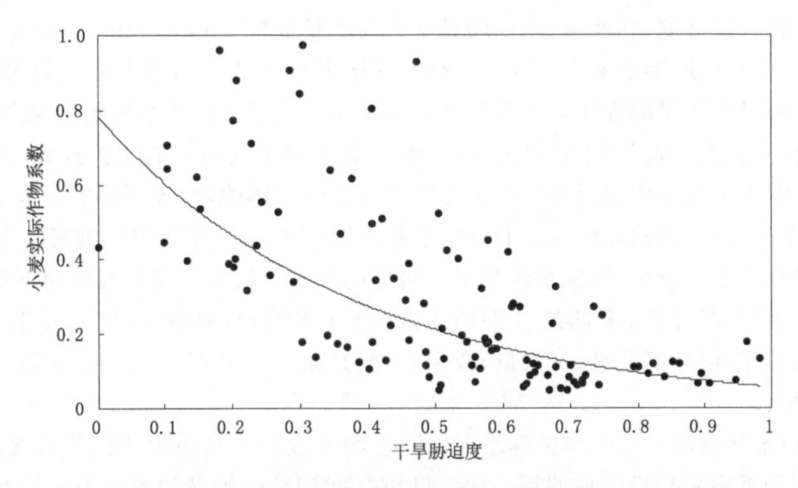

图 7.26　半干旱区春小麦实际作物系数与干旱胁迫度的关系曲线

由于作物在生长过程中生理生态特征变化较大，作物蒸散对干旱胁迫的依赖程度也会有所不同。图 7.27 表明，在作物生长的四个典型阶段中即生长初期、发育期、旺盛期和末期，除了在生长初期，由于干旱胁迫度变化范围太小看不出其与作物系数的关系以外，其他三个阶段作物蒸散与作物系数的关系表现出了一些突出的区别，发育期、旺盛期和末期拟合关系的决定系数分别为 0.4421、0.2537、0.1746，P 值均小于 0.05。这三个阶段相比较而言，生长末期作物系数随干旱胁迫变化的影响相对较小，发育期随干旱胁迫度变化最显著。通过拟合曲线的斜率可以看出，作物系数在发育期对弱干旱胁迫变化更敏感，而在旺盛期对强干旱胁迫变化更敏感。这种表现特征与作物各个生长阶段的生理生态特征对水分的依赖程度是基本一致的。

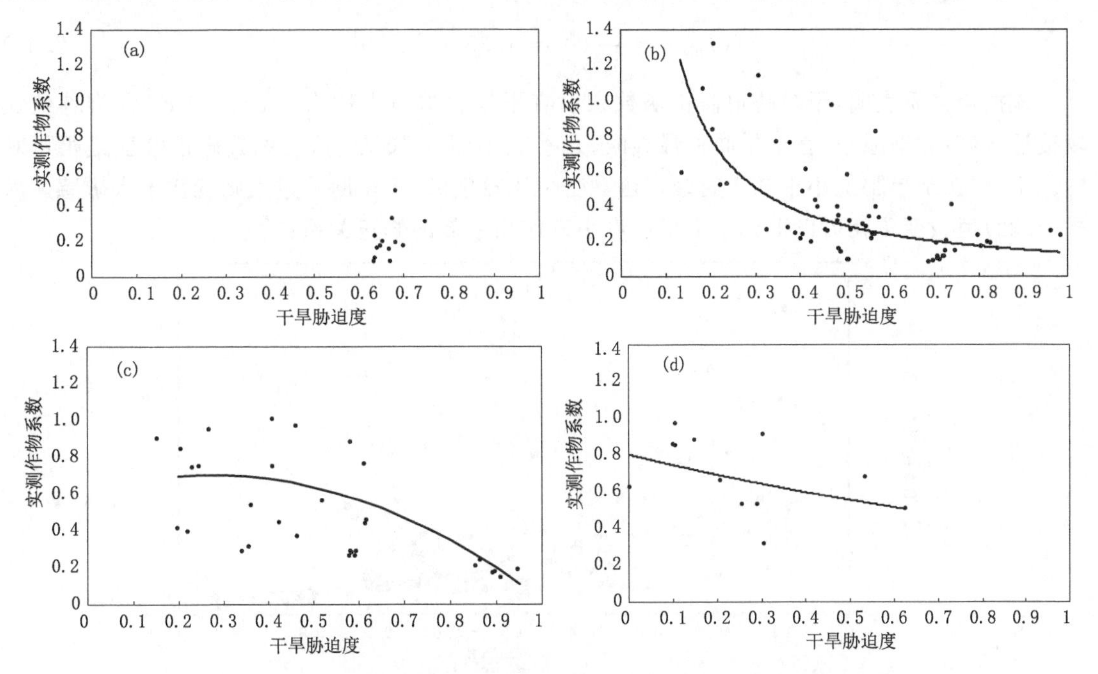

图 7.27　半干旱区春小麦在生长初期(a)、发育期(b)、旺盛期(c)和末期(d)的实际作物系数随干旱胁迫度的分布特征

春小麦生长初期、发育期、旺盛期、末期的日平均需水量分别为 0.70 mm、2.99 mm、4.98 mm、2.93 mm。生长发育期春小麦完成拔节、孕穗、抽穗至开花，是作物生长的关键时期，也是作物需水关键期，所以弱干旱的变化就很有可能对春小麦的生长发育产生影响。至生长旺盛期，春小麦完成开花—乳熟，所需降水量最大，由于春小麦已经完成初期的生长发育，此阶段主要进行灌浆乳熟，弱干旱胁迫变化只会对春小麦的产量有较大影响，而强干旱的胁迫变化才有可能会影响春小麦的生长，因此在旺盛时期作物系数对强干旱胁迫变化更加敏感。春小麦在末期已近成熟，需水量相对较小，作物系数与干旱胁迫的关系也较发育期和旺盛期不那么明显。而生长初期、发育期、旺盛期、末期的日平均蒸散量（耗水量）分别为 0.80 mm、1.29 mm、1.80 mm、2.05 mm。末期的蒸散量（耗水量）较大，可能是由于该时期为 7 月中下旬，雨水增多、温度较高造成的。

式(7.29)虽然给出了半干旱区春小麦实际作物系数与干旱胁迫度的依赖关系，但为了能够与 FAO 作物系数曲线设计思路相一致，可以在目前 FAO 推荐的春小麦作物系数基础上针对干旱胁迫作用给出一个作物系数的修正关系：

$$k_{\text{c-modif}} = k_{\text{c-FAO}} \times f(I_{\text{arid}}) \tag{7.30}$$

式中，$k_{\text{c-modif}}$ 是考虑了干旱胁迫作用之后的修正作物系数，$f(I_{\text{arid}})$ 是 FAO 推荐作物系数的干旱胁迫度修正函数。为了突出干旱胁迫度修正函数的变化特征，可以将式(7.30)转化为：

$$f(I_{\text{arid}}) = k_{\text{c-modif}} / k_{\text{c-FAO}} \tag{7.31}$$

如果将式(7.29)中实际观测的作物系数作为 $k_{\text{c-modif}}$ 的理想值，再除以各自所处生长阶段期间的 FAO 推荐作物系数，就可以给出如图 7.28 所示的作物系数的干旱胁迫修正函数随干旱胁迫度的变化曲线。可见，干旱胁迫修正函数与干旱胁迫度的相关性较好，决定系数能够达到 0.38，均方差仅为 0.78，它们之间的指数拟合关系为：

$$f(I_{\text{arid}}) = \frac{k_{\text{c-modif}}}{k_{\text{c-FAO}}} = 1.351\text{e}^{-2.076 \times I_{\text{arid}}} \tag{7.32}$$

该拟合关系表明，干旱胁迫修正函数在没有干旱胁迫时大约为 1.351，与 FAO 推荐值比较接近，然后逐渐减小，在干旱胁迫最大时，几乎减小到 0.16 左右，可见其修正幅度是很可观的。不过，在干旱胁迫小于 0.7 时修正函数变化比较敏感，干旱胁迫过大则变化不太敏感。对式(7.32)稍做变化就可以得到半干旱区春小麦作物系数的修正关系：

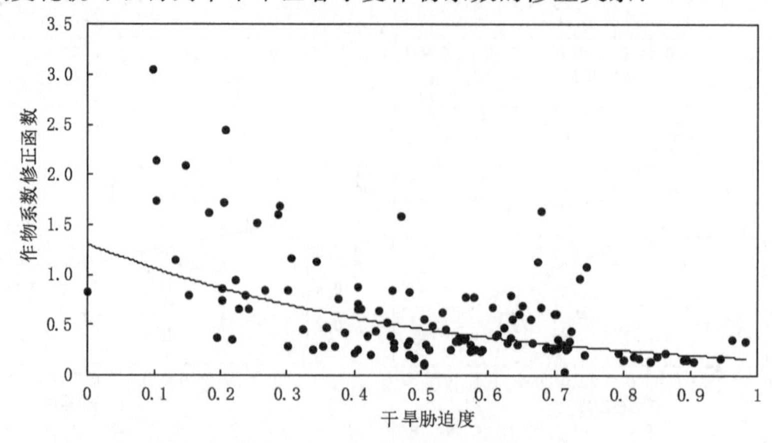

图 7.28　半干旱区作物系数的干旱胁迫修正函数随干旱胁迫度的变化关系

$$k_{\text{c-modif}} = k_{\text{c-FAO}} \times 1.351\text{e}^{-2.076 \times I_{\text{arid}}} \tag{7.33}$$

上式对作物系数的修正，充分考虑了干旱胁迫对作物系数的影响机制，能够更好反映作物系数的变化特征。

图 7.29 中对改进的春小麦作物系数与 FAO 推荐作物系数和 Kumar 修正作物系数在整个生长季的变化曲线(图 7.29a)及其不同生长期的平均值(图 7.29b)对比表明，改进的作物系数虽然在末期与 FAO 推荐的作物系数和 Kumar 修正的作物系数比较接近，但在作物生长初期、发育期和旺盛期 FAO 推荐的作物系数和 Kumar 修正的作物系数均明显偏高，尤其在生长初期和发育期偏高更为显著。而且，在作物发育期，修正的作物系数并没有如 FAO 推荐的作物系数和 Kumar 修正的作物系数一样立即表现出明显的增加，而是呈现大致随降水过程的波动性增加，表现出了生长过程与降水过程同时控制着生长期作物系数的变化趋势的特点。可见，在半干旱区，干旱胁迫对作物系数的修正作用是很明显的，而丘陵地形对作物系数的修正作用倒并不明显。

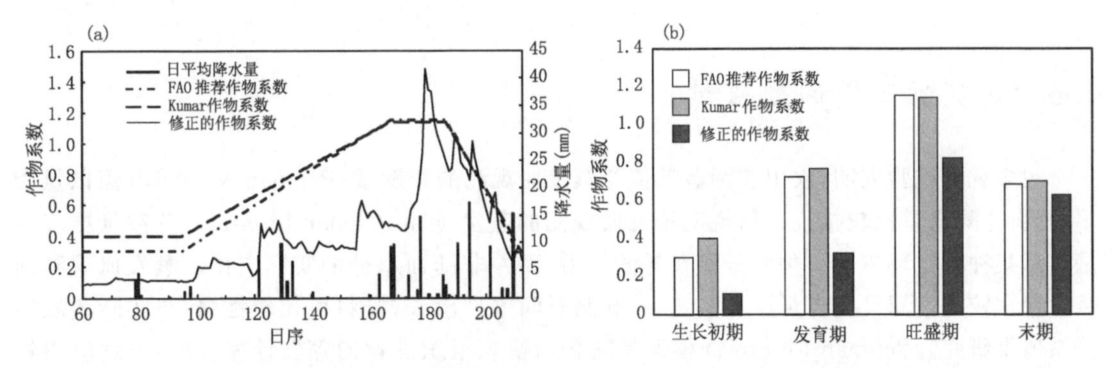

图 7.29　不同生育期改进的春小麦作物系数与 Kumar 修正作物系数和 FAO 推荐作物系数的变化曲线(a)和平均值(b)对比

为了检验改进的作物系数对黄土高原半干旱区作物蒸散量的估算效果，利用定西试验站 2004 年 6 月—2005 年 5 月春小麦生长季期间的蒸渗计、土壤湿度等观测试验数据对改进的作物系数进行了检验。在图 7.30 中，对改进作物系数、Kumar 修正作物系数和 FAO 推荐作物系数估算的蒸散量分别与实测蒸散量进行了相关性比较。该图清楚表明，改进的作物系数估算的蒸散量与观测值比较一致，它们之间的线性系数达到了 0.98 左右，而 Kumar(2006)作物系数和 FAO 作物系数估算的蒸散量的线性系数分别为 1.81 和 1.77 左右，相差十分明显；改进的作物系数估算的蒸散量与观测值之间的决定系数也达到了 0.45，分别比 Kumar 作物系数和 FAO 作物系数估算的蒸散量高了 0.18 和 0.13；改进的作物系数估算的蒸散量与观测值之间的标准误差也仅为 0.85，分别比 Kumar 作物系数和 FAO 作物系数估算的蒸散量降低了 1.14 mm 和 1.10 mm。与 Kumar 作物系数和 FAO 作物系数相比，改进的作物系数估算蒸散量的相对误差分别由 153%和 134%降低到了 13%左右，明显提高了对作物蒸散量的估算精度。当然，改进后的作物系数估算的蒸散量仍然要比观测值稍偏低一些，这说明除了干旱胁迫以外，目前还没有考虑到的其他因素也会对作物系数有一定影响。

需要指出的是，经过干旱胁迫修正后的作物系数已经不是传统意义上作物系数，它不仅考虑了作物本身对地表实际蒸散的影响，而且还考虑了作物生长环境对地表实际蒸散的影响。为了表示与传统意义上作物的区别，可将这里修正的作物系数称为“广义作物系数”可能更为合适一些。

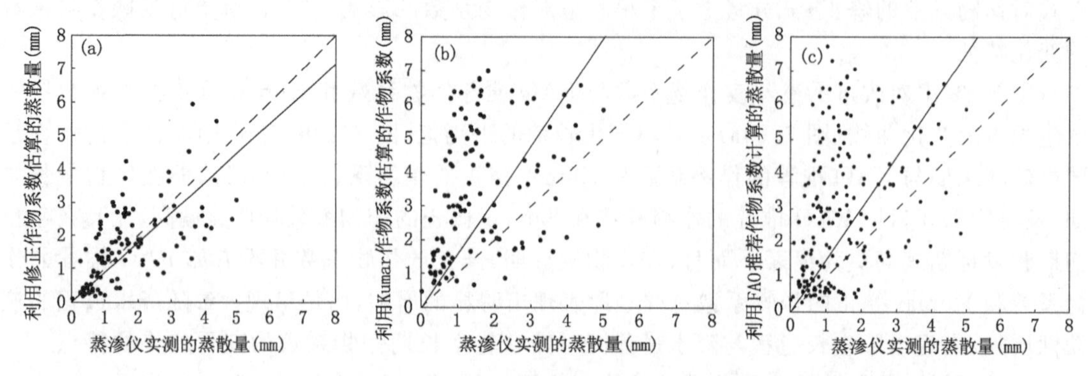

图 7.30　修正作物系数(a)、Kumar 作物系数(b)和 FAO 推荐作物系数(c)估算的蒸散量与实测的蒸散量的相关性比较

7.5　对实际蒸散问题探讨

很多观测试验表明，农田实际蒸散值与蒸发皿观测的蒸发量、Penman-Monteith 蒸散量相差较大，与降水量比较接近。这说明蒸发皿观测的蒸发量和 Penman-Monteith 蒸散量更多的是表示某种特定环境下一种水分潜在耗散能力，而并非陆面水分的实际支出。蒸发皿观测的蒸发量在较大空间尺度上观测方法统一、观测时间序列较长，资料可比较性强，与实际蒸散的关系值得研究。Penman-Monteith 模型是联合国粮农组织推荐的蒸散计算方法，虽然应用较广，但区域差异较大，如果不经过订正与实际蒸散量相差较大，尤其在半干旱地区它的应用是很值得商榷的。在半干旱地区，降水量与实际蒸散量相差仅 2%(蒲金涌 等，2014)，说明该地区降水基本上会被完全蒸散，降水转化为地表径流、地下水或土壤储水的部分很少。这说明该地区水库、地下水或土壤水对气候变化或干湿变化的调节作用十分有限。这种特征在用蒸渗计估算地表水分收支平衡时得到了进一步的印证(张强 等，2011a)。

一般，在 3—6 月、10—11 月实际蒸散量大于降水量，降水补给不及蒸散消耗，该时段土壤水分累计值为负，是主要的失墒时段。在 7—9 月实际蒸散量小于降水量，土壤水分累计值为正，该时段是主要的增墒时段。

在半干旱地区，地表蒸散或蒸发与降水和土壤储水之间关系是值得关注的。在 3—10 月降水量与实际蒸散相关性极显著，而在 11 月的相关性不能通过显著性检验。除 3 月份外，蒸发皿观测的蒸发量、Penman-Monteith 模型计算的蒸散量与实际蒸散量都呈较显著的负相关关系，这是因为蒸发皿观测的蒸发量和 Penman-Monteith 模型计算蒸散量的主要影响因子都是温度。在大多数月份内，气温升高同时也意味着天气晴好，降水减少，土壤中可供蒸散的水分减少。而土壤湿度愈低，土壤水分子间及水分子与土粒间吸力愈大，作物吸收利用困难愈大，作物蒸腾和土壤蒸发过程需要更大的能量，实际蒸散量就会较少。而蒸发皿观测的蒸发量及 Penman-Monteith 模型计算的蒸散量受温度影响很大。董志塬区平均土壤冻结深度为 50 cm，3 月份由于土壤开始解冻消融，大量水分聚集于土壤上层，水分向上层运动的过程在冬季已经完成，温度越高蒸发速度愈快，这与蒸发皿观测的蒸发量和 Penman-Monteith 蒸散量的增加机制有一定的一致性。总之，用降水量建立的拟合模型估算的实际蒸散量效果较好，其次为蒸发皿观测的蒸发量和 Penman-Monteith 模型计算的蒸散量建立的模型。

在 3—7 月、9—11 月土壤储水量与实际蒸散量相关性极显著。且浅层蒸散量与实际总蒸散量的相关系数大于深层。这种现象容易理解，作物的主要根系大部分在 30 cm 以内，水分的利用转换首先是从上层开始，所以上层土壤水分受到蒸散和降水的扰动也较大。

在黄土高原半干旱区，由于干旱少雨，土壤湿度长期处于较低状态，导致作物覆盖率较低和作物需水严重亏缺，干旱胁迫作用十分突出，由此会造成以往经典的作物蒸散模型估算的作物蒸散量与实际观测的蒸散量相差比较显著，明显不适宜直接用来估算该地区作物蒸散量（张强 等，2010a）。尤其，半干旱地区春小麦蒸散量随干旱胁迫度变化十分明显，大致能从没有干旱胁迫时的 4 mm 减少到干旱胁迫最大时的 0.5 mm，作物蒸散量变化明显受干旱胁迫度控制。而且，观测的实际作物系数与干旱胁迫度的相关性也非常好。作物系数对干旱胁迫度的敏感性大约在干旱胁迫度小于 0.7 时比较高，之后敏感性会明显降低。由此，可以在 FAO 推荐的作物系数的基础上针对干旱胁迫作用对作物系数进行比较合理的改进，改进的作物系数对干旱胁迫度有较好的依赖关系。用改进的作物系数估算的作物蒸散量与实际观测作物蒸散量的标准差均远比 Kumar 作物系数和 FAO 作物系数的小。这意味着，在半干旱区干旱胁迫对作物系数的修正作用是很明显的，改进的作物系数比较适合用来估算作物蒸散量。

由于影响作物系数的因素比较复杂，只考虑干旱胁迫度的作物系数修正关系并不一定能够完全刻画半干旱区作物系数的影响机制，这可能是造成改进的作物系数估算的蒸散量与实际观测值仍有一定偏差的原因，这需要在今后考虑建立多影响因子作物系数修正关系来进一步提高作物蒸散量估算的准确性。

第8章 绿洲—荒漠土壤水分特征

8.1 土壤水分变化过程

在绿洲一荒漠地区，由于受干旱环境和下垫面非均匀性的影响，土壤水分的变化比较特殊。沙漠和绿洲土壤湿度变化既有时间上的一致性，又有其明显的差异性(图 8.1)。绿洲和其邻近荒漠的表层土壤湿度都在 08—09 时出现峰值，在 17 时左右为谷值。这一点从物理上很好解释，因为表层土壤水分主要由蒸散损失和下层土壤水分向上输送补充两个过程来平衡，一般在日出约 2 h 后蒸散开始大于下层土壤的补充，此时表层土壤湿度也达到峰值，在日落前约 2 h 蒸散开始小于下层土壤的补充，此时表层土壤湿度会达到谷值。从定量上讲，沙漠的日变化要比绿洲的小得多，这是由于沙漠地表干燥导致蒸发损失极小之故。图 8.1 还表明，沙漠表层土壤水分比绿洲的小许多倍，且绿洲的表层土壤水分有明显的逐日减小趋势，而沙漠并不明显。这是因为绿洲表层土壤水分每天都有大量的蒸发损失，而沙漠土壤水分束缚较紧蒸发损失却极小。绿洲和荒漠下层土壤水分均没有 24 h 的周期波动，这一点与表层土壤有本质的区别；但都有逐日减小的趋势，且绿洲的减小要远快于沙漠，每日沙漠下层土壤水分损失远小

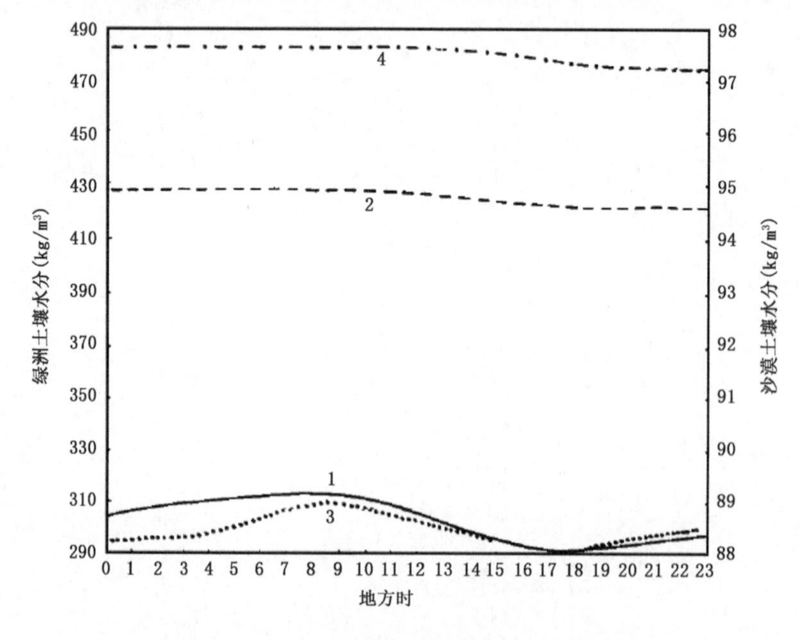

图 8.1 沙漠与绿洲土壤湿度日变化特征的比较

(1 为绿洲表层土壤湿度；2 为绿洲下层土壤湿度；3 为沙漠表层土壤湿度；4 为沙漠下层土壤湿度)

于绿洲。很显然,绿洲下层土壤每日损失的水分主要是补充给表层土壤以供蒸散。然而每日下层给表层的补充量远小于表层土壤本身的蒸散损失(张强 等,2003d)。

通过对赵鸣等(1995) 发展的陆面过程模式(Soil-Vegetation-Atmosphere, SVA) 进行改进后,利用该陆面过程模式与"中国西北干旱区陆气相互作用野外观测试验"的数据相结合(曹晓彦 等,2003),对干旱区荒漠戈壁陆面过程进行了数值模拟。结果表明(图 8.2),干旱区敦煌荒漠戈壁土壤含水量很小,上层一直在 0.64% 以下,下层比上层略大一些。上层水分含量具有较明显的日变化 ,并且在逐日减小;下层日变化很小。与观测结果一致。

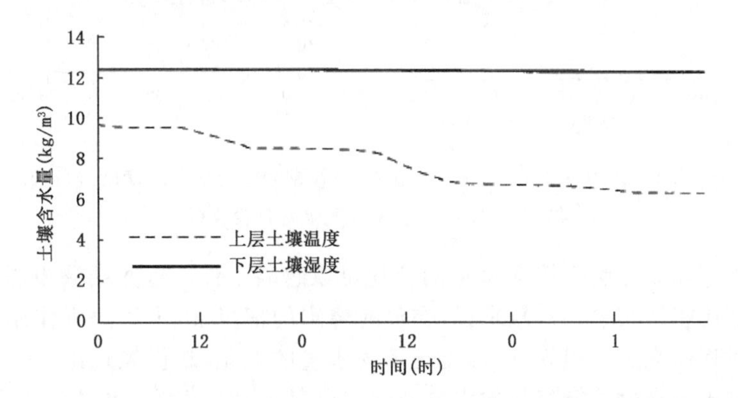

图 8.2　2000 年 6 月 14—16 日敦煌戈壁上层土壤和下层土壤含水量模拟值的变化

8.2　表层土壤水分"呼吸"过程

8.2.1　土壤逆湿与土壤水分"呼吸"特征

土壤逆湿是干旱荒漠区土壤的显著特征,但土壤逆湿又与近地层大气逆湿密切相关(张强等,2002b,2002c)。图 8.3 给出的 2000 年 8 月 22 日(典型晴天) 敦煌戈壁的湿度廓线和 22—23 日 4 层土壤空气湿度日变化。结果表明,荒漠戈壁的夜间大气逆湿可以达到地表,但白天的逆湿是脱地的,而有时夜间后半夜的逆湿不仅可贴地表,而且还可以深入浅层土壤里。值得一提的是 10 cm 以上的土壤即土壤活动层的空气湿度明显远离饱和状态,这说明该层土壤中有以气态形式存在和输送的水分。夜间特别是后半夜,地表温度降低到使该层土壤水分的蒸发很弱或不再发生,而绿洲输送的水汽又使大气逆湿增强到可以直接延伸到该层土壤内。这一结论正好证实了以往用黑河试验的大气资料分析和模拟得出的推论。在 20 cm 以下土壤湿度均超过 80%,接近饱和状态,这说明该深度以下土壤水分基本以液态形式存在和输送。所以,基本上可以断定,白天土壤水分蒸发主要发生在 10～20 cm 深度以内的浅层土壤中。土壤空气湿度日变化曲线表明,10 cm 深的土壤空气湿度有明显日变化,其他深度土壤空气没有明显的日变化信号,而且稳定维持在接近饱和的状态。这也说明了土壤气态水分主要活动在土壤表面的活动层,它受表面以上的大气的影响也最强。大气逆湿形式可以直接深入土壤活动层,直接影响到土壤水分的廓线结构。从 2000 年 8 月 22—23 日敦煌土壤含水量和大气比湿的日变化可以看到(图 8.4a)(张强 等,2004b),土壤含水量的日变化周期只出现在 5 cm 深的地方。10 cm 深度土壤含水量虽然持续下降,但幅度较小,土壤含水量的日循环不

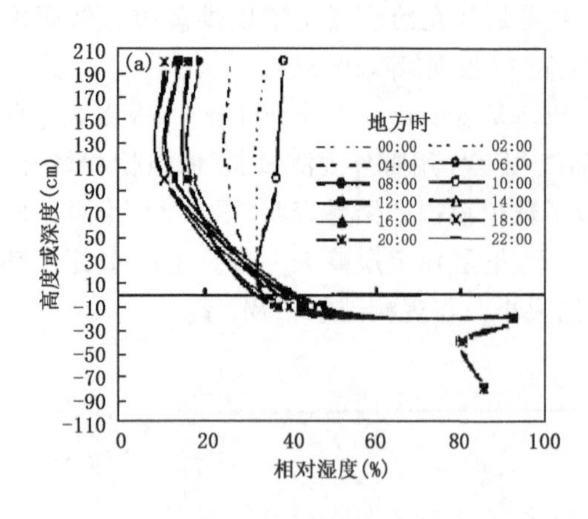

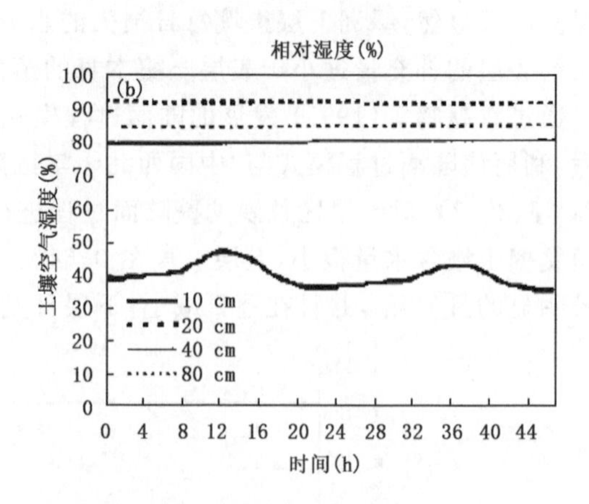

图 8.3　2000 年 8 月 22 日(典型晴天)敦煌戈壁的空气湿度廓线(a)和
22—23 日 4 层土壤空气湿度日变化(b)

明显。20 cm 及 80 cm 土层土壤含水量的变化可以忽略不计。这些结果表明,浅层土壤与其上边界层大气作用密切相关。一般来说,在没有降水的情况下,由于蒸发作用,土壤浅层的土壤含水量应逐时逐渐减少。但 5 cm 深度土壤含水量的变化,却仍表现出明显的日变化周期。这可以推测浅层土壤水分可能有其他水分来源。可以进一步推测,浅层土壤很可能会通过空气凝结或深层土壤水分向上移动而从空气中获得部分水分(张强 等,1999,2002b)。即使在浅层土壤含水量大于深层土壤时,浅层土壤水分的补充也能够维持。这一特征进一步说明,浅层补水可能主要是由于土壤上部边界大气水汽的凝结即露水来提供。10 cm 和 5 cm 层土壤含水量持续而轻微的下降趋势表明,如果没有降水补充,空气中凝结水补充作用并不能完全抵消蒸发造成的水分损失。因此,浅层土壤含水量的变化实际上会呈现一个日变化周期,幅度逐渐减小。

5 cm 深度处土壤含水量的日变化特征表明,浅层土壤水分的日变化可分为湿维持(01—06 时)、水分损失(07—11 时)、干维持(12—18 时)和水分补充(19—00 时)4 个阶段。土壤在第 1 阶段始终保持湿润状态,但在第 2 阶段则快速变干燥,第 3 阶段土壤基本保持干燥状态,

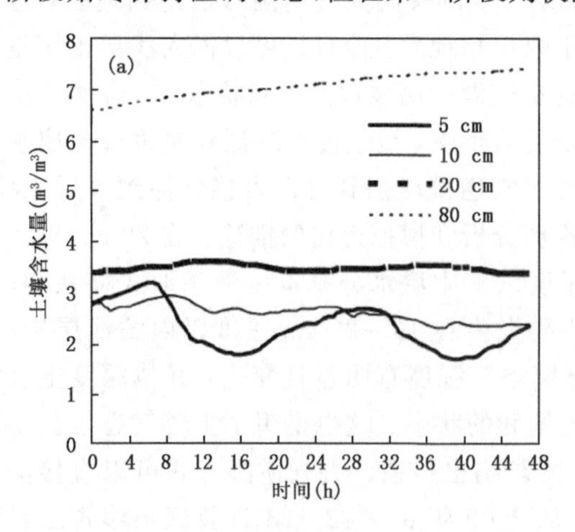

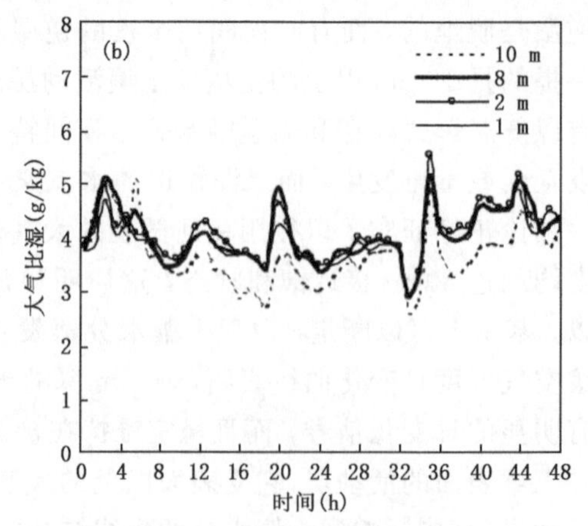

图 8.4　2000 年 8 月 22—23 日典型晴天下敦煌荒漠戈壁 4 个阶段土壤含水量和
(a)4 个阶段大气比湿(b)的日变化

第 4 阶段土壤逐渐变湿。

土壤含水量的日变化与大气比湿的日变化并不太同步(图 8.4b),其波动也较弱。这表明影响大气湿度的因素要比影响土壤水分的因素更为复杂,大气动力状态、大气热力状态、地形地貌、边界层过程等一些非明显的日循环因素都可能会影响大气比湿的变化。

干旱区敦煌戈壁的土壤湿度廓线在典型晴天(2000 年 8 月 22 日)也表现出明显的阶段性特征(图 8.5),在湿维持(01—06 时)、水分损失(07—11 时)、干维持(12—18 时)和水分补充(19—00 时)4 个阶段的土壤湿度廓线具有比较明显的区别,而且各个阶段的区别主要表现在土壤活动层内。这 4 个阶段土壤湿度廓线特征可以归纳如下:

(1)在土壤的湿维持阶段,活动层的土壤湿度相对较大,廓线状态相对稳定,特别是在该层内出现土壤湿度的逆湿,这意味着水分向下输送。出现浅层土壤湿度逆湿的原因必然是土壤从表面获得了水分即地表是土壤水分的源之一。在晴天、无灌溉和无径流的荒漠戈壁从表面获得水分的唯一可能途径是通过夜间冷却凝结吸收大气逆湿向下输送的水汽,加湿浅层土壤。

(2)在土壤的水分损失阶段,活动层土壤湿度逐渐减小,土壤逆湿也逐渐消失,土壤湿度向上递减的梯度却不断增大。该阶段是由浅层土壤逆湿和水分向下输送向浅层土壤湿度向上递减和水分向上输送的过渡阶段。这一阶段土壤水分主要受蒸发控制。

(3)在土壤的干维持阶段,活动层的土壤湿度相对较小,廓线状态基本稳定不变,在该层内土壤湿度总是向上递减,这意味着水分总是向上输送。向上输送到地表的水分必然在白天强

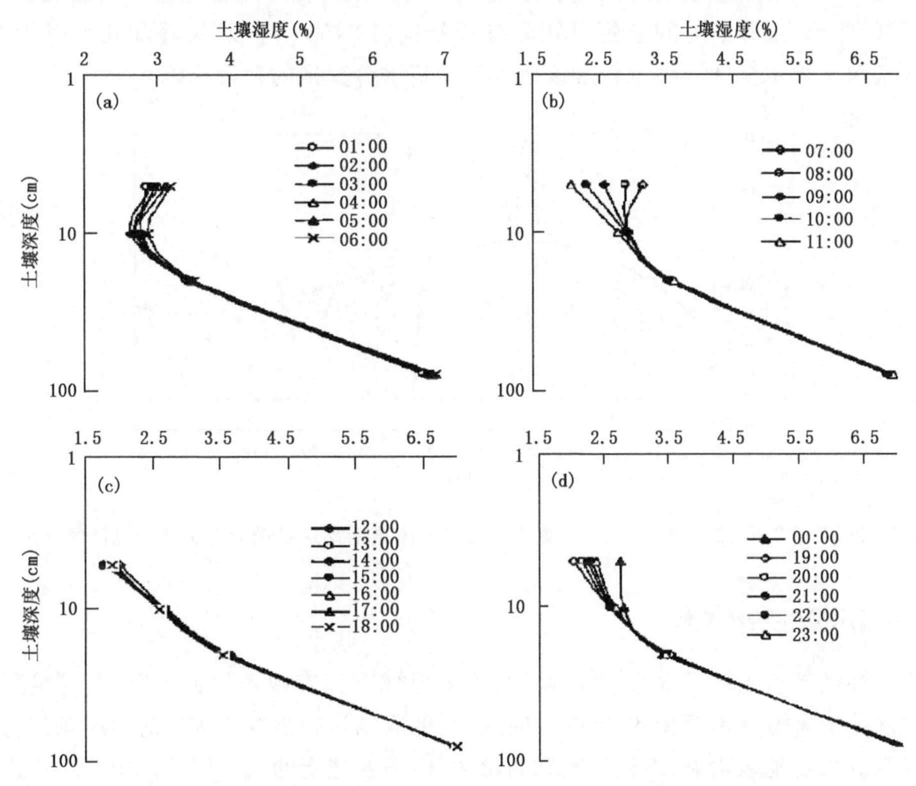

图 8.5　2000 年 8 月 20 日(典型晴天)敦煌戈壁的土壤湿度廓线在湿维持(a)、水分损失(b)、干维持(c)和水分补充(d)4 个日变化阶段的特征

加热下蒸发释放给大气，这一过程正好与湿维持阶段的作用相反。

(4)在土壤的水分补充阶段，蒸发减弱，浅层土壤开始积累底下输送的水分，活动层土壤湿度逐渐增加，该层土壤湿度向上递减的梯度也逐渐减小。该阶段是由浅层土壤湿度向上递减和水分向上输送向浅层土壤及湿度逆湿和水分向下输送的过渡阶段。该阶段浅层土壤水分可能主要受下层土壤向上的水分输送控制。

这4个阶段构成了一个完整的日循环过程。如果我们把在湿维持阶段土壤对大气水分的凝结吸收即露水称做土壤对大气水分的“吸入”，而把在干维持阶段土壤水分蒸发向大气释放水分过程称做土壤水分的“呼出”，其他两个阶段很清楚是“吸入”和“呼出”两个过程之间的过渡期。这样一个土壤水分变化的完整日循环过程就相当于土壤对大气水分的一个完整的“呼吸”过程，而且这一过程发生在土壤活动层和近地层大气之间。这也是土壤水分“呼吸”的得力证据。这种邻近绿洲的干旱荒漠土壤水分“呼吸”过程也可以使其对绿洲水平平流和扩散输送来的水汽再次有效利用，它能支撑邻近绿洲的荒漠戈壁，能够维持远远超过其自然降水维持能力的生态群落和小气候状态，形成对绿洲系统的生态保护带。所以邻近绿洲的荒漠土壤对水分的“呼吸”过程具有较显著的生态价值。

表面活动层土壤逆湿是土壤“呼吸”过程的必然结果。利用2000年8月22日到9月30日敦煌荒漠戈壁共40天的资料给出的土壤活动层日最大土壤逆湿强度的日际变化表明(图8.6)，几乎每天都在活动层出现土壤逆湿，活动层的日最强土壤逆湿强度一般在0.4%左右。这印证了夏季特征活动层土壤对大气水分的“呼吸”过程具有一定普遍性。这也说明，尽管每天“吸入”和“呼出”过程的时间长短可能会有所不同，但土壤“呼吸”过程却几乎每天会出现。在干旱区荒漠土壤水分“呼吸”过程是该地区气—地水分交换的独特现象。

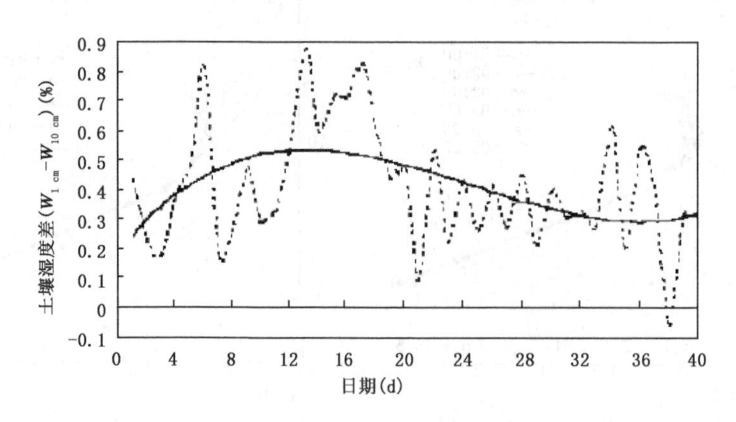

图8.6　2000年8月22日到9月30日敦煌荒漠戈壁土壤活动层日最大土壤逆湿强度的日际变化

8.2.2　土壤水分“呼吸”机制

邻近绿洲的荒漠土壤对水分的“呼吸”过程的形成有其客观条件。首先，大气逆湿作为土壤“吸入”水分的来源是不可少的；同时，“吸入”时的凝结过程需要比较低的温度条件；另外，要维持大气水分聚在地表附近，不被扩散到高层大气，需要稳定的大气层结。图8.7给出了土壤活动层逆湿与地表温度(图8.7a)、近地层温度差(图8.7b)和近地层湿度差(图8.7c)的相关性比较。很清楚，浅层土壤的逆湿与地表温度的相关最好，与近地层逆温差的相关次之，与近地层湿度梯度的相关最差。值得注意的是浅层土壤逆湿一般在地表温度小于 20 ℃时才出现，大于该临界值时土壤逆湿一般不容易出现，这一认识对大气数值模式的干旱区陆面过程参数化有重要参考意义。而大气逆湿是土壤逆湿出现的必要条件，但非充分条件，而且一般气候状态总能满足这一条件，所以它们之间相关并不强。

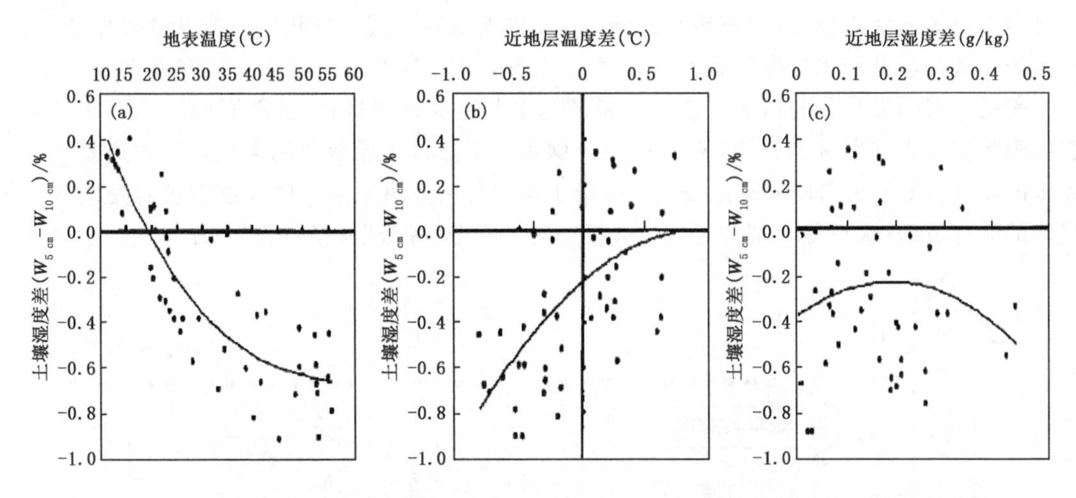

图 8.7　土壤活动层逆湿与地表温度(a)、近地层温度差(b)和近地层湿度差(c)的相关比较

图 8.8 给出了邻近敦煌绿洲的荒漠戈壁夏季 5～10 cm 土壤湿度梯度的日变化，从中可以看出，从 08—23 时浅层土壤湿度梯度为正即土壤湿度向上递减，这符合一般的土壤湿度廓线规律。但从 00—08 时浅层土壤湿度梯度为负（逆湿），这意味着浅层土壤湿度向上递增，这一现象一般地区很少出现。很显然，浅层土壤的逆湿是表层土壤获得水分的结果，但由于土壤湿度的这种逆湿结构可以大体排除毛管抽吸效应的贡献，所以主要的原因应该是因表层土壤吸收近地层大气凝结水而引起。这与近地层大气夜间出现的逆湿和向地表输送的负水汽通量相呼应。在夜间，正是由于近地层大气水汽通量向地表输送，才使地表不断获得凝结的水汽来源；正是由于表层土壤吸收了地表凝结水，才使表层土壤湿度增加；也正是由于表层土壤湿度的增加能达到相当强度，才会出现浅层土壤的逆湿结构。

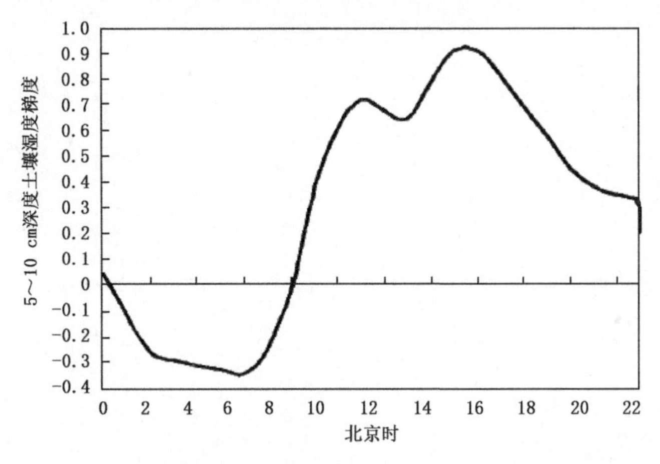

图 8.8　邻近敦煌绿洲的荒漠戈壁夏季 5～10 cm 土壤湿度梯度的日变化

分析表明，邻近绿洲的荒漠戈壁大气能够通过平流和湍流扩散获得来自绿洲的水汽，但获得的水汽在白天被强湍流混合所消耗；只有在夜间邻近绿洲的荒漠戈壁大气从绿洲获得的水汽才能够保持在近地面层，并维持大气的逆湿结构和向地表输送的负水汽通量。因为白天邻近绿洲的荒漠戈壁大气从绿洲获得的水汽会很快被湍流混合耗散和白天地表蒸发力很强，并且由于白天温度比较高，水汽很难凝结。所以白天浅层土壤水分几乎被蒸发过程控制，毛管抽吸效应从深层补充水分作用也并不显著。总体而言，白天是土壤向大气释放水分的过程，也是表层土壤损失水分的过程。夜间是表层吸收大气水分的过程，虽然有些时候不能排除毛管抽吸效应对表层水分的影响，但对表层土壤水分贡献占主导地位的无疑是对大气凝结水即露水的吸收。图 8.9 比较清楚地表明了表层土壤水分白天蒸发向大气释放而夜间凝结从大气吸收的循环过程，这也是土壤与近地层大气之间的水分“呼吸”交换过程。

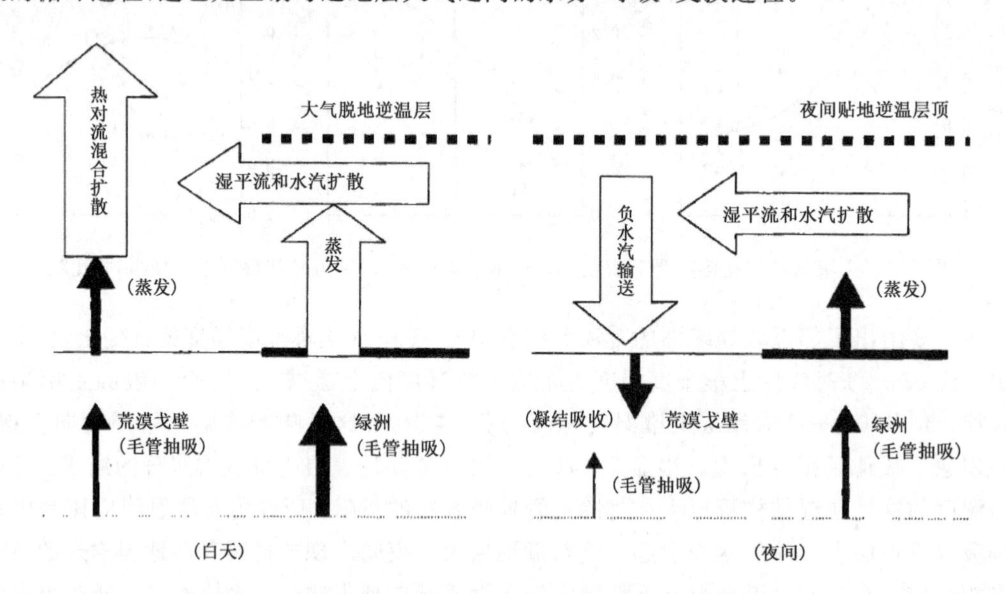

图 8.9　邻近绿洲的荒漠戈壁在白天和夜间水分循环示意

第 9 章　黄土高原土壤水分特征

9.1　土壤水分垂直分布及其干层特征

黄土高原是典型的夏季风影响过渡区，因此该区域土壤水分与降水和夏季风变化规律比较一致。不过，黄土高原定西站土壤湿度各月平均日变化分布表明(图 9.1a)，从深度上讲，仅 10 cm 和 20 cm 深的土壤湿度有比较明显的日变化，其余 3 层土壤湿度基本没有日变化，这说明土壤水分活动层厚度基本在 20 cm 左右，这与干旱区绿洲－荒漠区的观测结果基本相当。从全年来看，10、20、30、50、80 cm 深度的土壤湿度均有变化，而且表现为 1 月最干燥、6 月最湿润的年循环特征。不过，10 cm、20 cm 深度的年变化要更显著一些，其他 3 层的变化要平缓得多。比较发现，西北干旱区土壤湿度年变化趋势几乎主要受蒸发过程控制，所以与温度变化比较一致。

从陇西黄土高原定西的土壤湿度垂直廓线分布可以看出(图 9.1b)，降水和非降水性水分对土壤湿度的显著影响范围一般能达到 30 cm 左右，而蒸散对土壤湿度的影响范围要更浅一些，可能在 20 cm 左右。同时，由于作物根系的水分输送作用也会影响土壤水分的分布，这可能也是造成 30 cm 土壤湿度最大的一个影响因素。其次，6 月和 7 月的 10 cm 深度土壤湿度发生逆转，变得比下层土壤更湿，出现了浅层土壤逆湿分布现象，这主要与降水积累和非降水性水分的累积效应和蒸散作用对浅层土壤湿度的综合影响有关，当降水和非降水性水分与蒸发平衡后的剩余水分累积达到一定程度后就会逐渐改变土壤湿度廓线结构，出现浅层土壤逆湿。所以，浅层土壤逆湿现象并不一定出现在降水最强的月份，而是出现在水分平衡剩余量累积最多的月份或其后的月份(陈少勇 等，2008)

黄土高原天水地区的 0～100 cm(0～30 cm、30～70 cm、70～100 cm)土层内各层次土壤湿度表明(图 9.2)，从 3 月上旬到 11 月下旬的变化几乎表现为时间的准正弦函数，而且，随着深度的增加正弦波的振幅不断递减。耕作层(0～30 cm)土壤湿度全年最低值出现在 5 月上旬；30～70 cm 层土壤湿度全年的最低值出现在 5 月下旬；70～100 cm 层土壤湿度全年最低值出现在 6 月中旬。随着深度的增加，谷值后移，振幅越来越小，变化趋平缓(蒲金涌 等，2006)。

可用谐波分析拟合出黄土高原天水和陇东黄土高原西峰的平均土壤湿度随旬的变化关系：

$$W_i(t_i) = W_0 + \sum_{t_i=1}^{N} [A_n \times \cos(\theta \times t_i) + B_n \times \sin(\theta \times t_i)] \tag{9.1}$$

式中，W 代表土壤湿度(分别可选 0～100 cm 层土壤湿度和 0～200 cm 土壤湿度，%)；i 代表

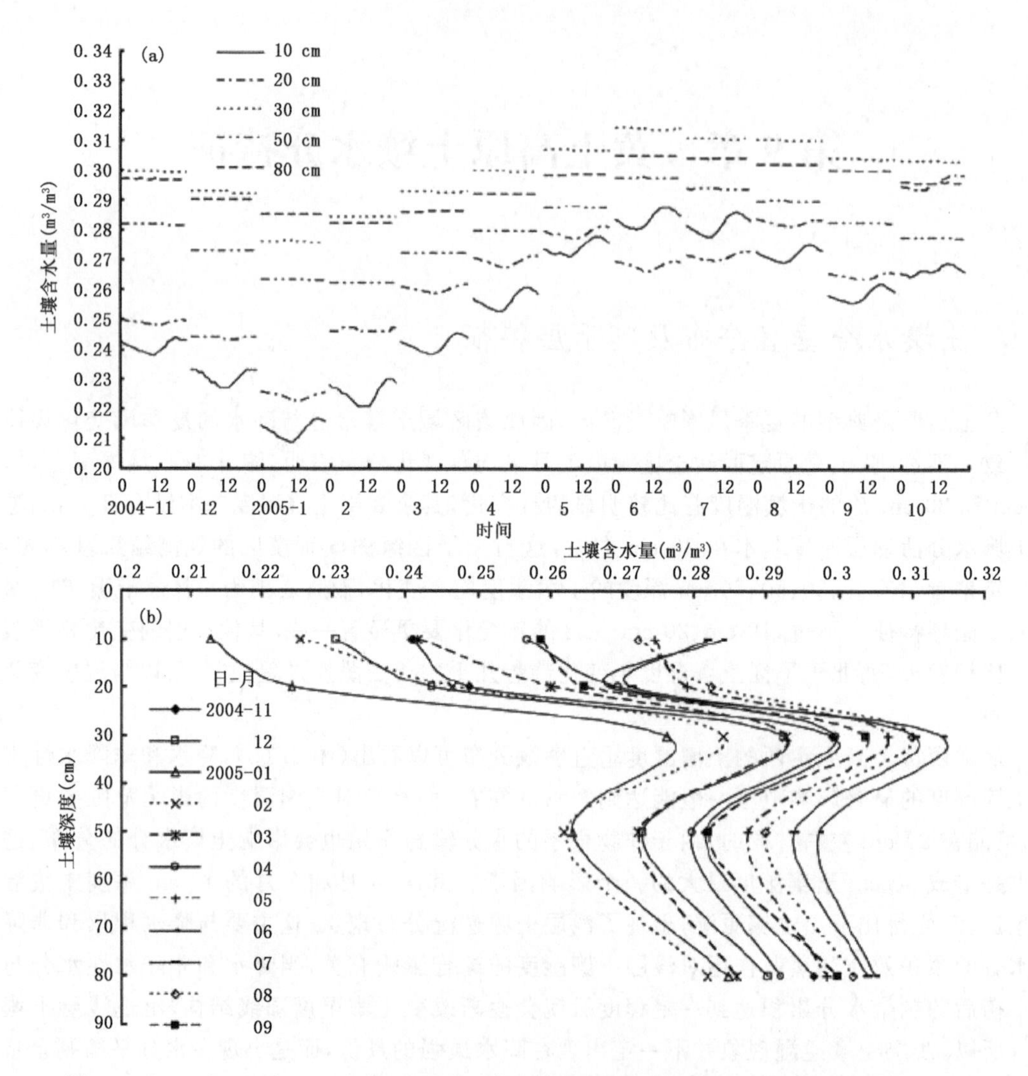

图 9.1　2004 年 11 月—2005 年 10 月黄土高原定西站土壤湿度各月平均日变化分布(a)和各月平均土壤湿度垂直廓线分布(b)

序数；t_i 代表旬数，比如，3 月上旬 $t_1=1,\cdots$，12 月上旬 $t_{28}=28$；A_n、B_n 为常数；N 为土壤湿度测量总次数；θ 为初始角度，单位：°。0～100 cm 土壤湿度测量以旬为间隔，共测定 25～28 次；0～200 cm 土壤湿度测量以月为间隔，共测定 9 次。拟合参数如表 9.1 和表 9.2 所示，均通过 $\alpha=0.01$ 检验。可见，两个层次的土壤湿度变化基本相同，只是振幅及变化的起始角有差异。同一地点各年代各层土壤湿度变化的起始角相同，无论是分层还是 100 cm 及 200 cm 整层土壤湿度变化趋势是一致的。

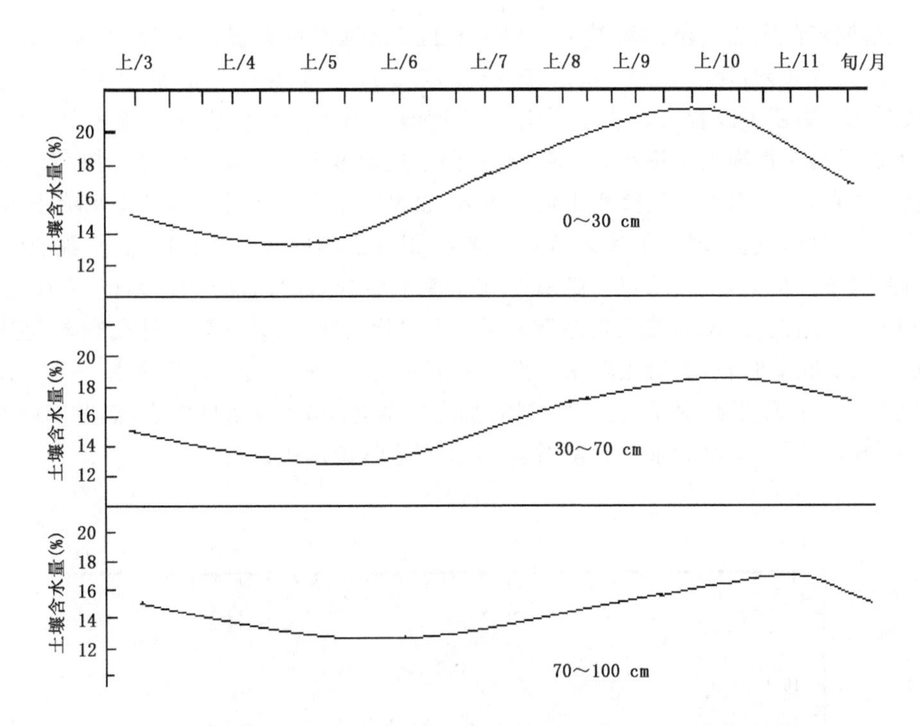

图 9.2　陇西黄土高原天水农业气象试验站(0～100 cm)土壤湿度变化

表 9.1　黄土高原地区 0～100 cm 土壤湿度谐波拟合参数

地点	年份	起始旬/月	终止旬/月	N	θ	W_0	A_n	B_n	拟合率
西峰	1981—1990	上/3	上/12	28	12°	202.1	20.5	−31.0	90%
	1991—2003	上/3	下/11	27	13°	170.3	15.8	−17.9	91%
天水	1981—1990	上/3	下/11	27	13°	193.9	17.6	−27.8	85%
	1991—2003	上/3	下/11	27	13°	188.7	21.6	−38.1	85%

表 9.2　黄土高原地区 0～200 cm 土层储水量谐波拟合参数

地点	年份	起始月份	终止月份	N	θ	W_0	A_n	B_n	拟合率
西峰	1981—1990	3	11	9	40°	370.0	43.6	−47.0	80%
	1991—2003	3	11	9	40°	307.8	22.8	−15.8	82%
天水	1981—1990	3	11	9	40°	330.2	27.7	−64.0	78%
	1991—2003	3	11	9	40°	351.6	29.4	−44.5	76%

从黄土高原地区 0～200 cm 土壤湿度在不同层次随时间的变化可以看出(图 9.3),0～70 cm 土层接纳大气降水的能力较强,水分上下交换活跃,增墒、失墒变化迅速,干湿交替明显,尤以耕作层(0～30 cm)变化最为突出,其含水量受天气、气候、作物生长及人类活动等因素的影响十分明显;70～130 cm 为土壤深层,由于小麦的根系可延伸至此,土壤湿度虽受降水影响较小,但变化仍较大;130～200 cm 土壤湿度变化相对较小。事实上,邓振镛等(2011a)的研究也

表明，黄土高原定西农业气象试验站 0～30 cm 土层土壤湿度变异系数为 30%～38%，30～100 cm 为 25%～30%，100～200 cm 为 10%～25%。可见，随深度的增加，土壤湿度是趋向稳定的。从图 9.3 中还可以看出，5 月份耕作层土壤湿度出现一低值区即土壤干层。从理论上讲，土壤干层是指在植物生长用水后，某一层次的土层湿度迅速降低，表现出同时低于上、下层土壤湿度的特点，这标志着大气降水下渗的下限，也是土壤深层水分上升的上限或土壤水分上下交换的零界面层。这在理论上尚无精确的解释，但在观测中却明显存在，这个深度的土壤水分占田间持水量总是≤40%。而后，随着时间土壤干层会渐次向深层传递，6—7 月土壤干层停留在 130 cm 左右。这说明黄土高原春末夏初干旱比较频繁，大气降水补充有限；且 6—7 月为冬小麦生长最旺盛时段，上层土壤水不敷作物需用，土壤水分向上运动明显，最深影响可达 130 cm 左右。从 8 月开始，麦田进入休闲期，加之气温逐渐降低，能量减小，蒸散减缓，上层土壤墒情迅速改善，下层土壤储水也缓慢增多，干土层会逐渐消失。

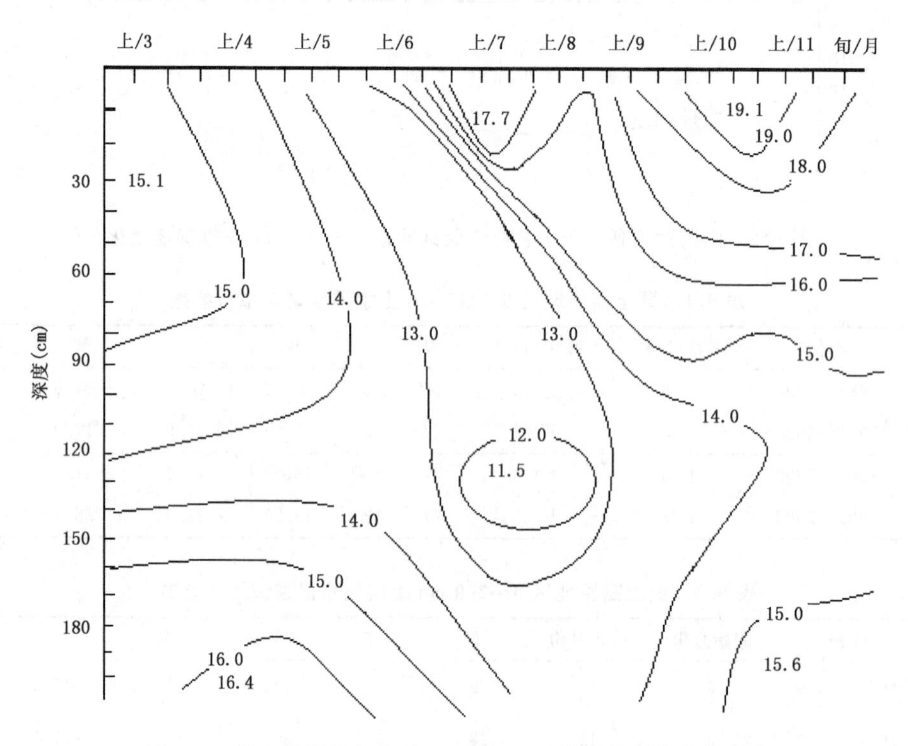

图 9.3　黄土高原天水地区 0～200 cm 土壤湿度(%)的年变化

对不同作物和不同降水年份而言，土壤干层变化是不同的。黄土高原天水农业气象试验站 2004 年的试验结果表明，由于降水偏少及前期植物的水分利用，无论是紫花苜蓿或是小麦，在植物萌发生长的 3 月上旬 60 m 和 90 cm 土壤就分别出现了土壤干层(图 9.4)。随着时间的推移，植物生长旺盛，土壤水分消耗加大，深层土壤干层迹线逐渐下延，麦田干土层基本上在 8 月初就已消失，而紫花苜蓿干土层却一直持续到年末，可见紫花苜蓿土壤干层时间及深度远大于小麦。

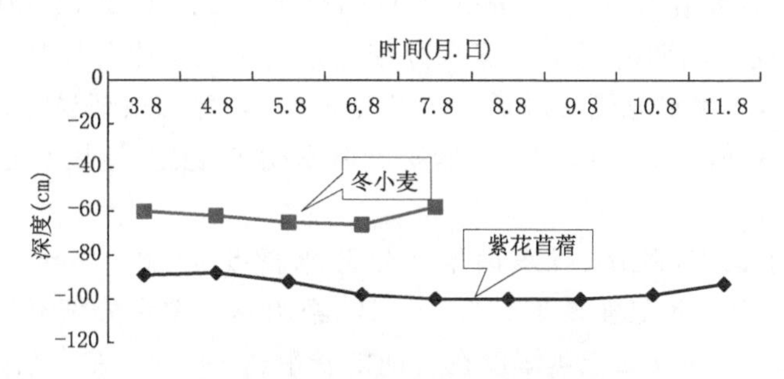

图 9.4　小麦、紫花苜蓿土壤干层迹线变化

9.2　土壤水分时空分布

黄土高原土壤湿度与降水量的空间分布有较好的一致性(图 9.5),4—10 月土壤湿度在 6%～20%变化(1990—2002 年平均),降水量在 137～707 mm 变化(1961—2002 年平均),两者都从东南向西北减少,但土壤湿度等值线和降水量等值线有一定交角,且愈向北交角愈大,这主要是蒸发量向北明显减小造成的,这与影响蒸发的重要因素温度随纬度的变化特征与降水随夏季风进退方向的变化特征不太一致有关。土壤湿度的东西向差异较小,因此土壤湿度等值线有东—西走向的趋势(陈少勇 等,2008;孙秉强 等,2005)。受六盘山和太行山阻挡东南季风影响所致,无论是降水场还是土壤湿度场,在陇中和晋中黄土高原都出现一条南北向的干舌。

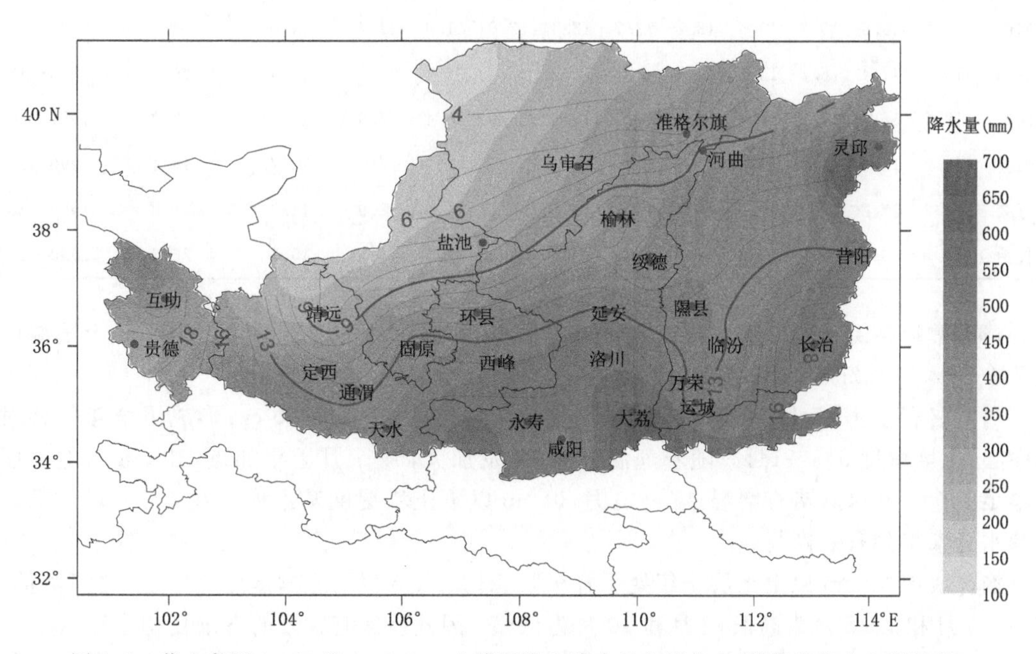

图 9.5　黄土高原 4—10 月 0～50 cm 土壤湿度和降水量空间分布(等值线代表土壤湿度)

黄土高原和年降水量在250～500 mm，CV值介于0.22～0.25，4—10月0～50 cm土壤湿度9%～18%，经夏季风期的雨季土壤水分恢复期之后，10月土壤湿度超过13%，如定西13.2%，通渭14.0%，土壤水分能够得到一定补充。尤其，青海东部受祁连山气候影响，降水量300～450 mm，CV值0.15～0.20，年际变化小，降水较稳定，土壤水分状况要好于黄土高原的天水等地。

黄土高原的晋东南部、陕南、陇东南地区年降水量500～820 mm，CV值介于0.20～0.25，作物生长期0～50 cm土壤湿度14%～18%，经雨季土壤水分恢复期之后，10月土壤湿度达到14%～20%。0～50 cm土壤湿度在晋南的长治达19.5%，在陇东的西峰达17.2%，土壤水分能够得到有效补充(表9.3)。这从代表站土壤湿度的年变化就可以看出(图9.6)：

表9.3　黄土高原10月平均土壤湿度(%)

	10 cm	20 cm	30 cm	40 cm	50 cm	60 cm	70 cm	80 cm	90 cm	100 cm	0～50 cm	田间持水量	资料时间
靖远	6.6	7.4	8.1	8.6	7.6	—	—	—	—	—	7.7	22.5	1987—2002
乌审召	4.6	4.7	4.6	5.7	7.0	—	—	—	—	—	5.3	8.2	1982—2002
河曲	7.7	6.8	6.2	6.2	6.1	6.2	6.0	6.2	6.3	6.5	6.6	12.9	1990—2002
盐池	3.7	5.1	5.5	5.7	6.9	—	—	—	—	—	5.4	11.2	1990—2002
榆林	10.5	10.8	11.3	11.3	11.3	11.3	11.2	11.1	11.1	11.1	11.0	18.1	1987—2002
环县	11.5	12.1	11.9	11.8	11.7	11.5	11.2	11.1	10.9	10.9	11.6	19.5	1983—2002
临汾	12.4	12.4	12.2	13.0	13.7	—	—	—	—	—	12.8	21.8	1990—2002
固原	14.5	15.0	14.6	15.2	15.9	16.0	15.8	15.5	15.2	14.8	15.0	23.8	1984—2002
定西	14.7	14.0	13.4	12.5	11.6	10.6	9.6	9.0	8.7	8.7	13.2	27.6	1981—2002
通渭	14.8	14.6	13.9	13.5	13.2	12.7	12.4	12.0	11.6	11.4	14.0	23.9	1981—2002
贵德	15.1	17.4	16.3	16.4	16.7	—	—	—	—	—	16.4	26.9	1983—1998
西峰	18.6	18.5	17.2	15.8	16.1	17.2	17.3	16.9	16.4	15.9	17.2	22.0	1981—2002
隰县	14.3	14.3	14.0	13.3	12.6	—	—	—	—	—	13.7	19.4	1990—2002
万荣	15.5	17.2	17.2	17.0	16.7	16.2	15.8	15.5	14.8	13.9	16.7	24.8	1985—2002
长治	19.5	19.8	19.6	19.5	19.1	18.9	18.5	18.2	17.5	16.5	19.5	26.8	1990—2002

靖远常年各层土壤湿度＜9%，皆处于重旱状态。6月份干旱最重，0～50 cm土壤湿度不足7%；进入7月份后，土壤湿度有所增加。

乌审召春季4—5月，由于解冻后深层水分向上转移，在40～50 cm形成了全年的相对高值中心，土壤湿度9%～14%；随着气温升高，蒸发加大，6—7月干旱加重，30 cm以上土层湿度不足5%；7月以后略有增湿。7—10月30 cm以下土壤湿度基本稳定在5%～7%，雨季后土壤水分未得到有效恢复。

榆林浅层20 cm以上土层全年处于轻旱状态。20 cm以下土壤湿度全年呈“两高两低”分布，4—5月和7—8月为高值，6月和10月为低值，因此该区有频繁的春末夏初旱和秋旱。

通渭4—6月，土壤湿度从浅层向深层递减，各层皆处于轻旱状态；7月下旬—8月上旬在40 cm土层形成了＜11%的低值中心；8月中旬以后，40 cm以上土壤湿度急增至14%～16%，土壤水分得到有效恢复，40 cm以下土壤水分虽然得到补充，但仍处于轻旱状态。因此，该区的伏旱明显。

万荣 4—6 月，以 40 cm 为界，上层轻旱，下层重旱；从 7 月开始，浅层土壤湿度急增，土壤水分迅速恢复并向深层传递；9—10 月 0～100 cm 整层土壤干旱解除，在 20～50 cm 形成了 15%～17%的高值中心。

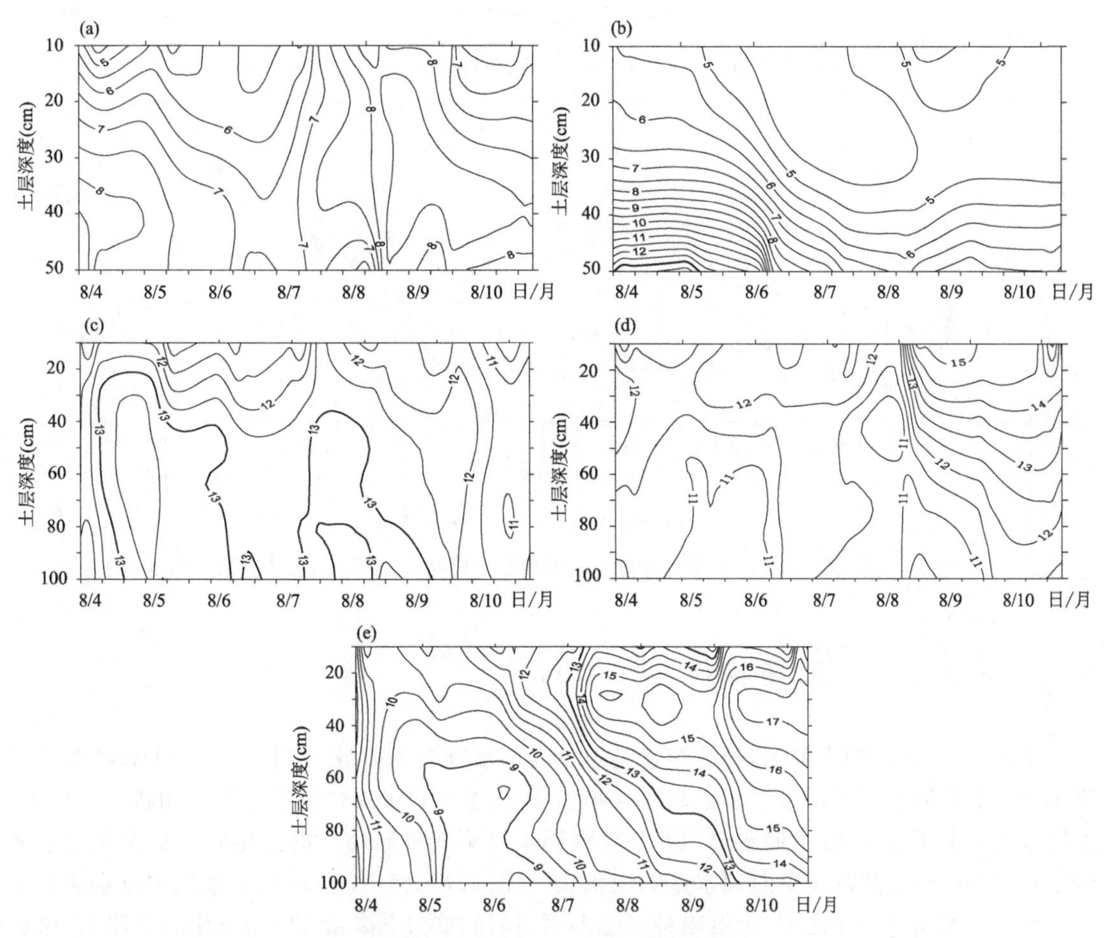

图 9.6　黄土高原代表站 0～100 cm 土壤湿度等值线图(1987—2002 年)
(a. 靖远；b. 乌审召；c. 榆林；d. 通渭；e. 万荣)

黄土高原位于中纬度地带的中国东部季风区，处于高空西风带的南部。春季由于冬季风衰退，而偏南暖湿气流还难以影响黄土高原，造成大气和土壤干旱明显，春旱现象严重。夏季受太平洋副热带高压强度与位置变化导致的东南季风推进，带来黄土高原的主要降水季节。秋季暖湿的海洋气团南退，冷空气进入到黄土高原，但因南退的暖湿气团受秦岭之阻，容易形成较多的锋面降水。以黄土高原中部的天水、延安 2 站为例(图 9.7)，可以看出，4—10 月，上层 10 cm 土壤湿度从 6 月份开始趋于增加，但月际之间的振动大。尤其 7 月后，土壤湿度月际变率增大，且偏北的延安大于偏南的天水。下层 100 cm 湿度从 7 月份开始趋于增加，月季变化小。下层土壤湿度保持相对稳定状态。

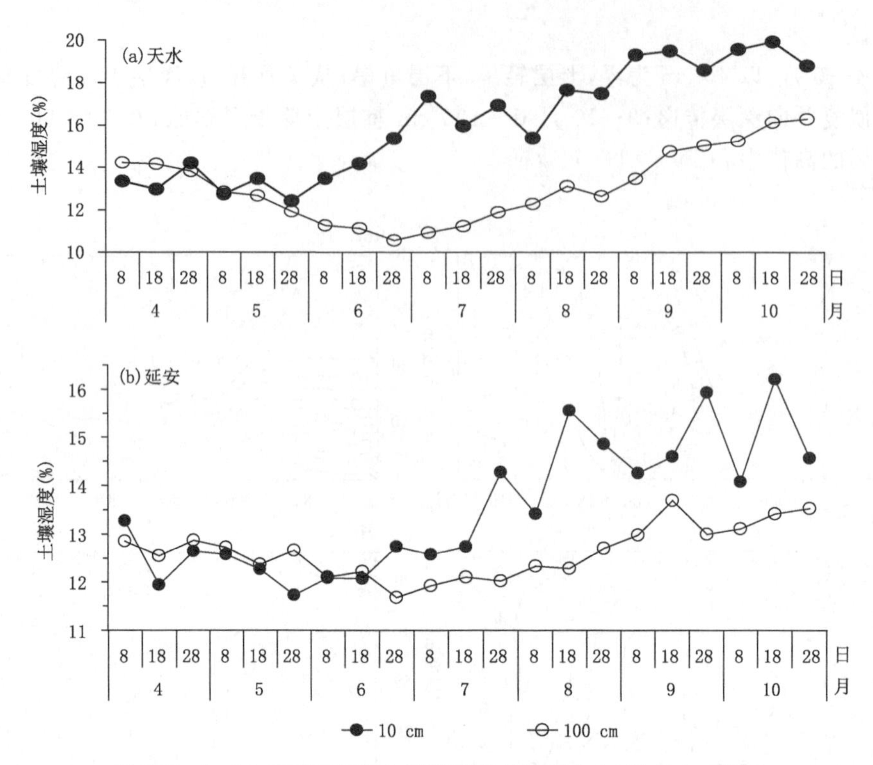

图 9.7　4—10 月不同深度土壤湿度季节性变化(a. 天水，b. 延安)

9.3　土壤水分年循环特征

土壤水分含量(即土壤水分)的变化是土壤内部水分向上蒸散、向下渗透及外部降水和非降水性水分共同作用的结果。黄土高原常年多旱，土壤储水很难达到或接近饱和状态，100 cm 土层以下水分下渗量极少，储水量主要受大气降水及蒸散量制约。黄土高原天水农业气象试验站 0～100 cm 土层的土壤总储水量的变化表明(图 9.8)，0～100 cm 层土壤储水总量均小于田间最大贮水量。一年之中，土壤因持水过多而引起的重力下渗量或渍涝是十分有限的，储水量变化主要受地表植被利用、植被引起的蒸腾及田间蒸发控制，在地表植被生长旺盛期(3—9 月)，土壤储水变化比较剧烈。应用黄土高原天水农业气象试验站土壤湿度观测资料(1982—2000 年)可以拟合出 0～100 cm 土层土壤储水总量随时间变化：

$$W(t) = a_0 + a_1 t + a_2 t^2 \tag{9.2}$$

式中，$W(t)$为 0～100 cm 土层的储水量，单位：mm；t 为 3 月上旬到 9 月下旬的旬序数，3 月上旬，$t=1$，9 月下旬，$t=21$；a_o，a_1，a_2 为常数，$a_o=238.12$，$a_1=-16.5$，$a_2=0.8088$；模式中，$F=75.86 \gg F_{0.05}=4.35$ 达到了极显著水平。如果再对式(9.2)求一阶导数，可以得出储水量随时间的变化率：

$$W(t) = a_1 + 2a_2 t \tag{9.3}$$

从式(9.3)可以看出，储水量的变化率是时间的线性函数。如令 $W(t)'=0$，得 $t_{min}=-a_1/2a_2$，这便是储水量达到极小值所需要的时间。天水地区在 6 月上旬 $t_{min}=10.2$，与实际情况基本一致。

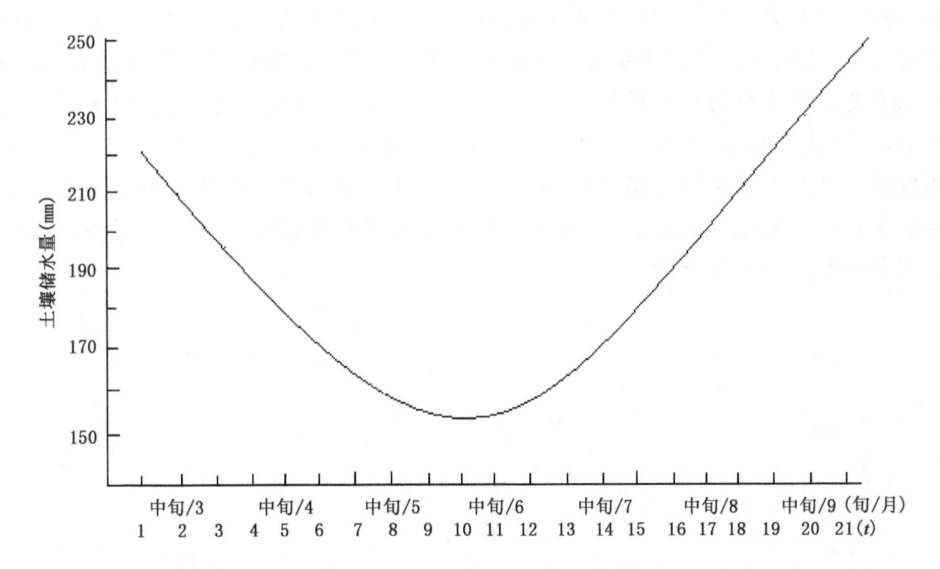

图 9.8　黄土高原天水地区 0～100 cm 土壤储水量变化曲线(1982—2000 年)

土壤水分的耗散包括向外的蒸散和下渗及植被的吸收利用,由于在干旱半干旱地区下渗量极微,可以省略,在实际工作中土壤水分耗散量则主要由蒸散及植被吸收利用两部分水分构成。蒲金涌等(2005a,2010c)研究表明,同样环境条件下,黄土高原旱作区 0～50 cm 土层在不同的土壤湿度状况下,土壤水分蒸散的速度是不一样的。在土壤湿度占田间持水量 80%以上时,土壤水分失散最快;在土壤湿度占田间持水量 60%～80%时,土壤水分失散较快;当在土壤湿度占田间持水量<40%时,水分失散最慢。散失掉同样量的水分,在土壤水分占田间持水量 40%时要比占田间持水量 60%～80%时所需时间多 10～20 倍。

利用黄土高原天水农业气象试验站 0～100 cm 土壤湿度的观测试验资料(1982—2000 年),可用简化的土壤水分平衡方程(9.4),计算得到不同时段内的土壤累积耗散量。

$$CW_{(t)} = \sum_{t=1}^{n} [W_t - W_{t+1} + P_{t-(t+1)}] \tag{9.4}$$

式中,$CW(t)$为土壤累积耗散量,单位:mm;W 为每旬测定的 100 cm 土层内含水量,单位:mm;t 为旬序数,3 月上旬 $t=1$,11 月下旬 $t=27$;n 为计算耗水量间的旬数;$P_{t-(t+1)}$ 为两旬测定时段内的降水量,单位:mm。从解冻的 3 月上旬到冻结的 11 月下旬,可以给出黄土高原土壤水分随时间逐旬累积耗散的变化曲线,并可用 logister 函数拟合出土壤水分随时间累积消耗的经验关系式:

$$CW(t) = \frac{D}{(1 + e^{a+bt})} \tag{9.5}$$

式中,a、b、D 分别为系数,$a=4.72128$、$b=-0.324078$、$D=521.44$;$F=726.3 \gg F_{0.05}=4.21$,拟合效果显著。由式(9.5)可以很容易计算出,在 100 cm 土层内,3—11 月的土壤水耗散量为 512 mm,这与该地年平均降水量基本持平。

可见,3—5 月份气温回升快,随着植被生长发育对土壤水分需求的增加,土壤水分的累积耗散量上升较快,但由于春季大气降水相对较少,补充不足,再加之春季气温不高,蒸散所需的热能不足,土壤基本处于“无水可蒸散”或只有少量水可供蒸散的状态,累积耗散量总体增速相对较缓；而6—9月是一年之中降水相对较多的月份，上层土壤水补充比较及时，气温较高，热量也相对充足，这既保证了蒸散所需水分相对充分的供给，又保证了蒸散所需要的能量，两者共同作用下使土壤水分累积耗散量快速增加；9—11月大气降水虽然仍然较多，但气温降低，能量较小，蒸散能力减弱，土壤水分累积耗散量迅速减小（图9.9）。若令 $CW(t)''=0$，便得出累积耗散量增加速度最快的时间为 $t=b/a=14.6$，此时期为该地的6月下旬至7月上旬。这证明盛夏是累积耗散量增加最快、土壤水分累积耗散速度比较稳定的一个时段。这也同多年的实际测定情况是完全吻合的。

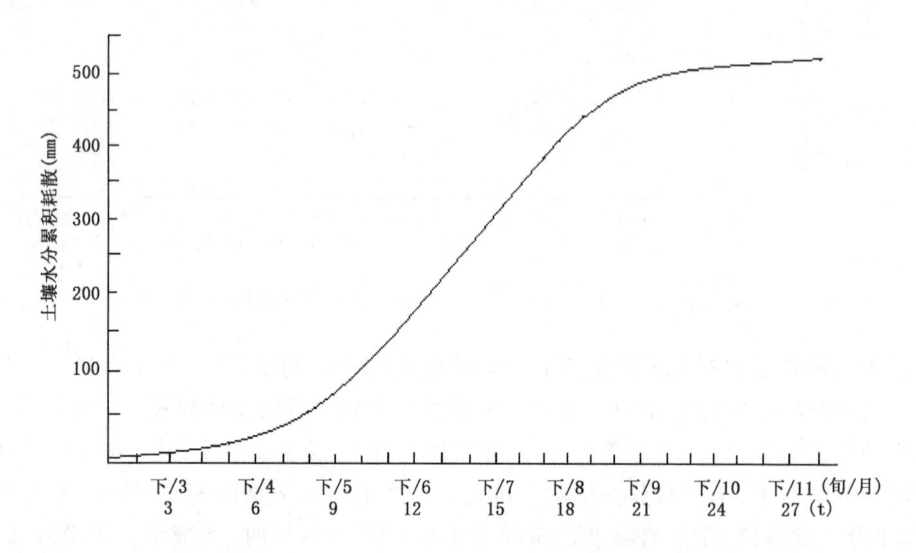

图9.9　黄土高原天水地区0～100 cm水分累计耗散量变化曲线（1982—2000年）

9.4　土壤水分年代际变化

在全球气候变暖背景下，从20世纪80年代以来，黄土高原的土壤水分发生了较大变化。表9.4表明，1991—2003年100 cm各时段平均土壤储水量均小于80年代，最大差值的绝对值在陇东黄土高原出现在春、秋两季，在陇西黄土高原出现在春末、夏初和初秋。两个地区最大差值的绝对值出现时间相差20～30 d。而它们的最小差值的绝对值均出现在夏季，并没有明显区域差异（蒲金涌 等，2005b，2006）。

表9.4　黄土高原0～100 cm土壤储水量的逐旬变化（单位：mm）

时间	陇东黄土高原			陇西黄土高原		
（旬/月）	1981—1990年	1991—2003年	差值	1981—1990年	1991—2003年	差值
上/3	214	190	−24	191	192	1
中/3	214	194	−20	188	191	3
下/3	212	192	−20	192	182	−9
上/4	211	185	−26	189	184	−5
中/4	201	190	−11	184	174	−10
下/4	196	164	−32	182	167	−15

续表

时间（旬/月）	陇东黄土高原			陇西黄土高原		
	1981—1990	1991—2003	差值	1981—1990	1991—2003	差值
上/5	174	156	－18	175	152	－23
中/5	174	146	－28	170	148	－22
下/5	165	132	－33	165	141	－24
上/6	167	136	－31	159	146	－13
中/6	143	140	－3	156	148	－8
下/6	146	132	－14	169	150	－19
上/7	166	142	－24	181	166	－15
中/7	173	153	－20	184	183	－1
下/7	184	175	－9	188	180	－8
上/8	189	178	－11	196	188	－8
中/8	217	195	－22	201	184	－17
下/8	214	191	－23	207	199	－8
上/9	226	177	－49	232	194	－38
中/9	224	190	－34	224	229	5
下 9	239	190	－49	234	201	－33
上/10	228	196	－32	228	217	－11
中/10	230	213	－17	234	234	0
下/10	231	211	－20	228	225	－3
上/11	222	200	－22	226	222	－4

由表 9.5 可见，20 世纪 80 年代到 2003 年期间 0～200 cm 平均土壤总储水量也经历了高、低、高的年变化过程，即春季较高，夏季最低，秋季最高。其中，以陇东黄土高原变化最为剧烈。1981—1990 年与 1991—2003 年土壤储水量的年变化相比，最接近的时段为最低值的 6—7 月，陇东黄土高原相差 20 mm，陇西黄土高原相差 36 mm；而相差最大时段是 10—11 月和 4—5 月，陇东黄土高原相差 90 mm；陇西黄土高原相差 40 mm。由此可见，20 世纪 80 年代以来黄土高原春、秋季的土壤保墒、收墒能力在逐渐降低，这是土壤储水量年际差值加大、土壤储水量趋小的主要原因。

表 9.5　黄土高原 0～200 cm 土壤储水量的逐月变化(单位:mm)

区域	年份	3	4	5	6	7	8	9	10	11
陇东黄土高原	1981－1990	399	358	341	291	302	348	396	422	447
	1991－2003	359	355	313	278	276	316	331	359	360
	差值	－40	－3	－28	－13	－26	－32	－65	－63	87
陇西黄土高原	1981－1990	399	369	343	331	305	377	395	423	438
	1991－2003	284	302	300	298	324	351	379	377	400
	差值	－115	－67	－43	－33	－19	－26	－16	－46	－38

从陇东黄土高原的西峰农业气象试验站可以看出(图 9.10),在 0～200 cm 各层次土壤平均储水量垂直廓线中,40 cm 土壤层以上 1991—2003 年的平均值大于 80 年代,40 cm 土壤层以下 90 年代土壤储水量开始小于 80 年代,并且随着土壤深度加深,大部分层次表现为土壤湿度减少,尤为明显的是在 90～100 cm 土壤层。

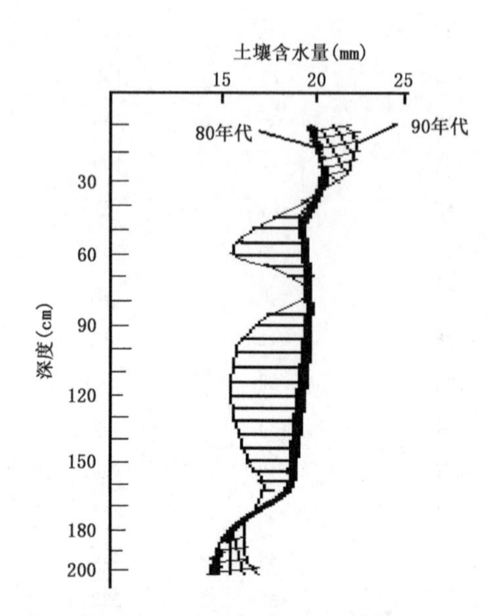

图 9.10　陇东黄土高原西峰农业气象试验站平均土壤储水量(0～200 cm)随深度的变化

陇东黄土高原西峰地区各层平均土壤储水量随深度及时间分布特征表明(图 9.11),该地区春、夏、秋季在土壤储水量丰富时段,24 mm 土壤储水量占田间持水量高达 80%;在土壤储水量较丰时段,20 mm 土壤储水量占田间持水量 60%左右;在土壤储水量匮缺时段,16 mm 土壤储水量只占田间持水量 40%左右。从 80 年代以来,春季土壤水分较丰层次由 120 cm 土层向上退缩至 30～40 cm 土层,时间从 3 月上旬—4 月中旬缩短至 3 月上旬—4 月上旬。土壤储水匮缺开始时间,120 cm 以下土层从 5 月份提前到土壤解冻的 3 月;而土壤储水匮缺的结束时间,0～50 cm 浅层土壤从 6—7 月推后到 7—8 月。

1991—2003 年,6—7 月 50～100 cm 土壤储水出现了严重缺少现象,即 10 cm 厚土层土壤储水 13 mm 以下,田间持水量<40%。秋季土壤储水恢复较丰的范围无论从时间或者土壤层次上,都有较大退缩。土壤储水丰富期出现时间从 7 月推后到 9 月,最上层深度从 10 cm 向下退至 60 cm,最下层深度从 180 cm 向上缩至 80 cm。土壤丰水层从 80 年代的 150 cm 厚度,减至累积厚度不足 50 cm 的 60～90 cm、180～200 cm 两个层次。土壤丰水层明显变薄,土壤丰水时段明显缩短。其中的原因是既包括自然降水减少影响,也有冬季气温偏高,土壤水分运动活跃导致的春秋水分散失较多、保墒能力降低等因素。

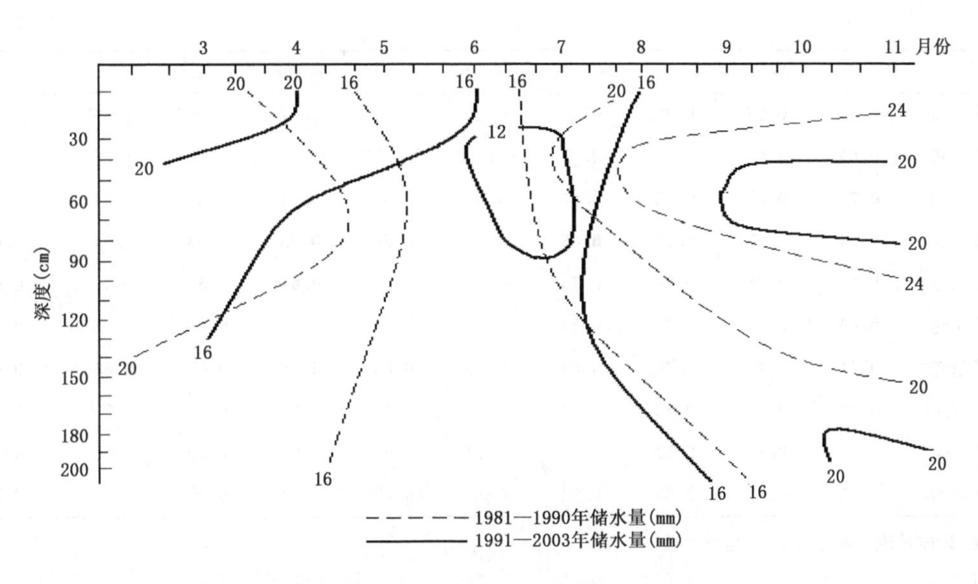

图 9.11　陇东黄土高原西峰平均土壤储水量随深度的变化(0～200 cm)(1981—2003 年)

9.5　降水量对土壤水分影响

降水是干旱半干旱区土壤水分的唯一来源。以陇东黄土高原西峰地区 0～100 cm(自上而下每隔 10 cm 为一层)土壤湿度为例,利用观测试验资料计算各层次土壤湿度与降水量的相关系数可以看到(表 9.6),各月 30 cm 以上的浅层土壤湿度与降水量关系普遍较好,较深层土壤湿度与降水量的关系则一般较差,只有 8 月中旬—9 月下旬各层的相关系数较高(陈少勇等,2008)。这说明半干旱地区一般降水量较小,降水对土壤湿度的影响深度有限;但在该地区夏季风降水发生时,降水能够影响到较深层的土壤湿度。

表 9.6　陇东黄土高原西峰地区土壤湿度与降水量的相关系数

时间	10 cm	20 cm	30 cm	40 cm	50 cm	60 cm	70 cm	80 cm	90 cm	100 cm
4 月上旬	**0.52**	0.42	0.32	0.21	0.14	0.01	0.01	−0.02	−0.05	−0.07
4 月中旬	**0.66**	**0.64**	**0.60**	**0.55**	**0.51**	**0.49**	0.44	0.38	0.22	0.17
4 月下旬	**0.72**	**0.74**	**0.57**	0.33	0.33	0.35	0.31	0.29	0.22	0.18
5 月上旬	**0.71**	**0.71**	**0.51**	0.26	0.09	−0.10	−0.18	−0.22	−0.26	−0.29
5 月中旬	**0.76**	**0.83**	**0.77**	**0.63**	0.43	0.20	0.11	0.03	0.02	−0.01
5 月下旬	**0.74**	**0.77**	**0.74**	**0.75**	**0.62**	**0.57**	**0.55**	0.41	0.18	0.13
6 月上旬	**0.66**	**0.61**	**0.41**	0.23	−0.14	−0.10	−0.08	−0.12	−0.12	−0.10
6 月中旬	**0.71**	**0.72**	**0.60**	**0.53**	0.41	0.40	0.43	0.38	0.37	0.28
6 月下旬	**0.69**	**0.69**	**0.57**	0.29	0.19	0.13	0.08	0.08	0.12	0.09
7 月上旬	**0.71**	**0.67**	**0.51**	0.37	0.02	−0.06	−0.14	−0.17	−0.14	−0.17
7 月中旬	**0.54**	**0.49**	0.34	0.12	0.30	0.20	0.15	0.09	−0.12	−0.14

续表

时间	10 cm	20 cm	30 cm	40 cm	50 cm	60 cm	70 cm	80 cm	90 cm	100 cm
7月下旬	**0.63**	**0.58**	**0.48**	0.41	0.32	0.26	0.17	−0.03	−0.07	−0.14
8月上旬	**0.65**	**0.52**	0.29	0.11	−0.02	−0.08	−0.12	−0.26	−0.30	−0.28
8月中旬	**0.77**	**0.78**	**0.72**	**0.61**	**0.50**	0.39	0.44	0.46	0.44	0.38
8月下旬	**0.64**	**0.67**	**0.65**	**0.65**	**0.62**	**0.54**	**0.53**	**0.53**	**0.52**	0.47
9月上旬	**0.72**	**0.78**	**0.76**	**0.75**	**0.72**	**0.66**	**0.61**	**0.51**	0.40	0.42
9月中旬	**0.60**	0.37	0.31	0.23	0.14	0.06	0.00	0.05	0.08	0.10
9月下旬	**0.71**	**0.73**	**0.70**	**0.69**	**0.68**	**0.68**	**0.68**	**0.68**	**0.68**	**0.69**
10月上旬	**0.58**	0.38	0.33	0.34	0.35	0.39	0.37	0.34	0.35	0.36
10月中旬	**0.67**	**0.56**	**0.52**	0.35	0.19	0.04	0.08	0.09	0.12	0.12
10月下旬	**0.63**	**0.51**	0.35	0.32	0.30	0.23	0.24	0.20	0.19	0.17

注：黑体数值表示通过 0.01 信度检验。

土壤湿度的年际和季节变化一般取决于各个时期地表水分平衡要素之间的关系变化。当土壤水分收入大于消耗时，土壤湿度增加；反之则减少。在无灌溉的半干旱区，降水量有明显的年际和季节性变化，土壤湿度也随降水量存在着年际和季节性变化。以该地区的 4 个代表站为例(图 9.12)，可以看出降水对耕作层 0～30 cm 土壤湿度年际变化的影响显著。由图 9.12 可见，陇东(1981—2007 年)和陇南(1990—2007 年)作物生长期的降水量与土壤湿度均整体呈下降趋势，而且年际振荡趋势也基本一致，降水量与土壤湿度之间的相关系数在陇东和陇南分别为 0.89 和 0.87，均通过 0.01 信度检验。而陇中西部(1988—2007 年)和东部(1984—2007 年，1995 年缺测)降水量与土壤湿度均整体上升趋势，降水量与土壤湿度之间的相关系数在陇中西部和东部分别为 0.72 和 0.84，均通过了 0.02 信度检验。

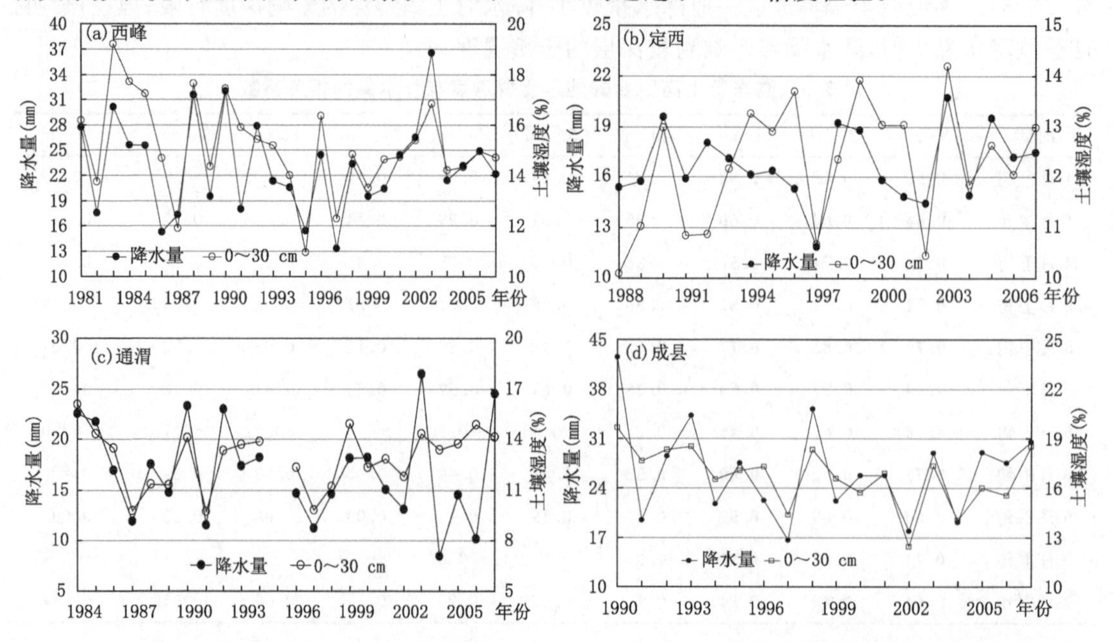

图 9.12　黄土高原半干旱区四个代表站 4—10 月降水量与 0～30 cm 土壤湿度的年际变化特征

黄土高原半干旱区四个代表站多年平均的 4—10 月各旬降水量与 0～30 cm 耕作层土壤湿度的关系表明(图 9.13),在陇南地区,春季 4—5 月土壤湿度变化幅度较小,降水从 4 月下旬开始增加,而土壤湿度从 6 月上旬才开始增加,滞后约 40 天。在陇东地区,4—5 月降水虽然已开始逐渐增多,但土壤湿度却仍在逐渐减小,这主要是由于春季降水总量少而气温回升快,导致地面蒸散消耗水分过多;而 6 月中旬开始,土壤湿度迅速增加,土壤湿度增加滞后于降水增加约 50 天。在陇中地区,东部(1995 年缺测)的情况与陇东地区的基本类似,但降水从 4 月下旬开始增加,而土壤湿度从 6 月下旬开始增加,滞后约 60 天;而西部 4—6 月土壤湿度逐渐减小,7 月中旬土壤湿度增加,滞后于降水增加约 80 天。总体上,从南向北,从东向西,受主要雨季时间分布的影响,土壤增湿时间愈来愈迟。因为各区雨季开始时间不一致,该地区春季南北降水量差异大,但各地土壤湿度开始增加的时间与出现旬降水量 20 mm 的时间基本一致,即耕作层土壤湿度的改善必须要有 20 mm 以上的稳定旬降水量。

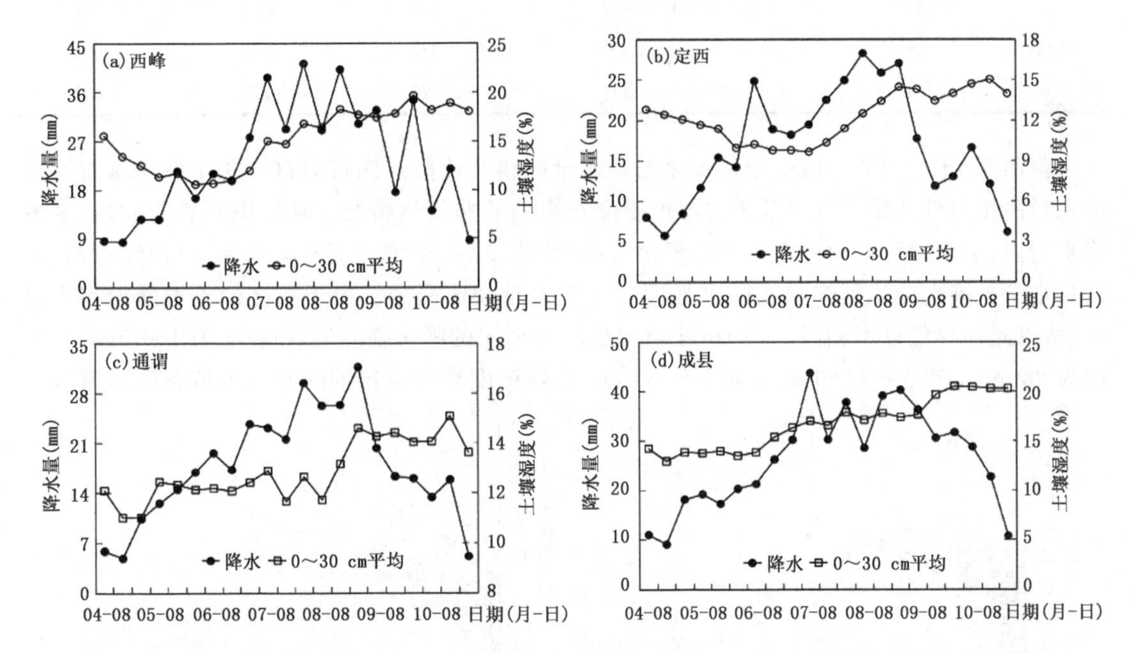

图 9.13 黄土高原半干旱区四个代表站 4—10 月降水量与 0～30 cm 土壤湿度的月际变化特征

用在黄土高原半干旱地区观测的逐旬土壤湿度与降水量资料进行回归分析,可建立土壤湿度与降水量的线性回归方程(表 9.7)。从表中可以看到如下特征:

第一,黄土高原半干旱地区 0～30 cm 耕作层内各层土壤湿度与降水量都有极显著的正相关关系;

第二,受土壤吸纳水分影响,自上而下,土壤湿度对降水量的敏感性会逐渐降低;

第三,降水量每增加 10 mm,土壤湿度的增加幅度在各层和各地均有所不同。在 10 cm 土壤层,陇中增加 1.8%～1.9%,陇东和陇南增加 1.3%;在 20 cm 土壤层,陇中东部增加 1.3%,其余各区增加 1.0%;在 30 cm 土壤层,各地均基本增加 0.5%～0.9%。可见,陇中土壤湿度对降水的敏感性大于陇东南,这与陇中降水少导致的土壤湿度对降水的依赖性大有关。

表 9.7　黄土高原半干旱地区降水量与耕作层土壤湿度的关系

地点	深度	降水量 x 与土壤湿度 y 关系	样本量	相关系数	信度 α
西峰	10 cm	$y=0.1318x+12.266$	567	0.62	0.001
	20 cm	$y=0.1061x+13.048$	567	0.55	0.001
	30 cm	$y=0.082x+12.626$	567	0.46	0.001
定西	10 cm	$y=0.1815x+9.7254$	420	0.63	0.001
	20 cm	$y=0.1025x+10.596$	420	0.45	0.001
	30 cm	$y=0.0529x+10.799$	420	0.25	0.001
通渭	10 cm	$y=0.1943x+9.5615$	439	0.66	0.001
	20 cm	$y=0.1365x+10.742$	439	0.56	0.001
	30 cm	$y=0.0873x+10.99$	439	0.39	0.001
成县	10 cm	$y=0.1312x+13.638$	378	0.58	0.001
	20 cm	$y=0.1053x+14.26$	378	0.57	0.001
	30 cm	$y=0.0796x+13.897$	378	0.50	0.001

由图 9.14 给出的 10 cm 土壤湿度与降水量的相关性散点图可以进一步了解土壤湿度对降水量的相关性和敏感性以及土壤湿度受降水影响的非线性特征。从该图很容易发现，随着降水增加，土壤湿度变化存在一个临界值，达到此值以后，土壤湿度不再增加，反而略有减少。这是由于土壤水分达到饱和或降水强度大导致大量径流所致。由于各区的土壤质地略有差异，所以此临界值也不相同。10 cm 土壤湿度转为稳定的降水临界值，在陇东为 100 mm，在陇南为 95 mm，在陇中为 80 mm；而 20～30 cm 土壤湿度转为稳定的降水临界值各区域基本在

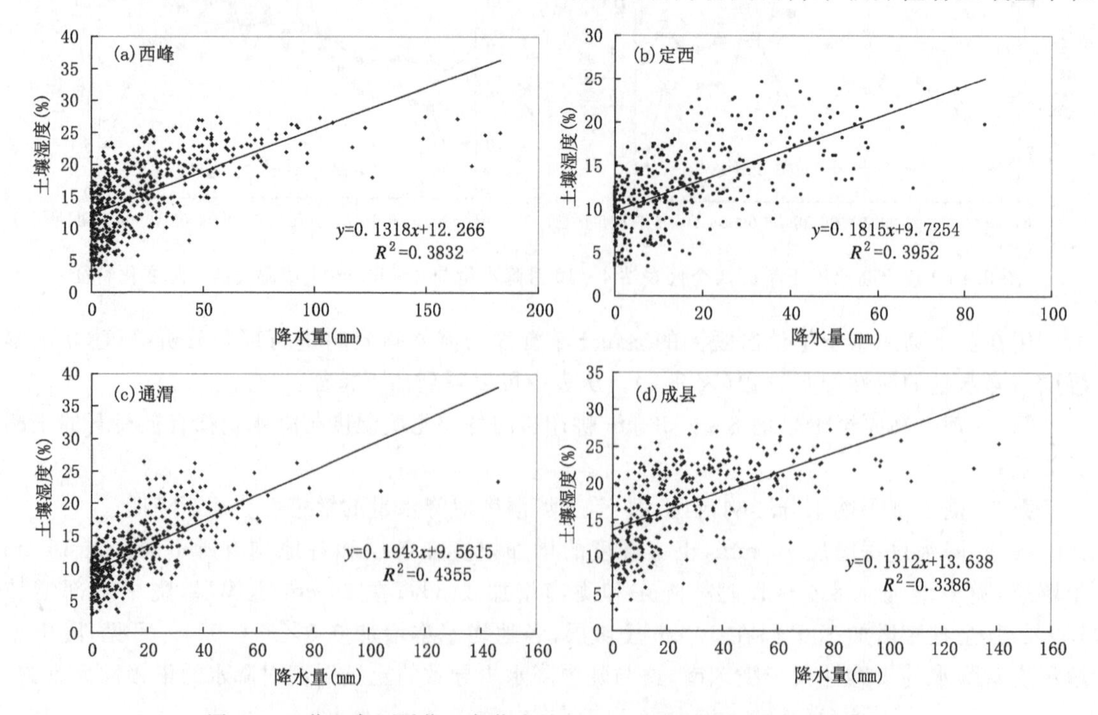

图 9.14　黄土高原旱作区各代表站 10 cm 土壤湿度与降水量的关系

140～150 mm。

从降水量的强度对各层土壤湿度的影响程度可以看出，在陇东，弱降水（≤2.8 mm）时耕作层土壤为轻旱，较弱降水（2.9～8.9 mm）时表层10 cm为轻旱，中等以上降水（≥9.0 mm）时土壤湿度适宜，强降水（≥38.5 mm）时土壤过湿；在陇中西部，较弱及以下级别降水（≤9.2 mm）时表层10 cm为重旱，较强及以下级别降水（≤28.6 mm）时耕作层土壤为轻旱，强降水（≥28.7 mm）时土壤湿度适宜；在陇中东部，弱降水（≤2.4 mm）时表层10 cm为重旱，中等及以下级别降水（≤16.0 mm）时耕作层土壤为轻旱，较强以上级别降水（≥16.1 mm）时土壤湿度适宜；陇南只有弱降水（≤6.7 mm）时耕作层土壤为轻旱，较弱降水～较强降水（6.8～42.2 mm）时土壤湿度适宜，强降水（≥42.3 mm）时土壤过湿。可见由于气候环境背景不同，土壤湿度对降水的响应特征有明显差别。

相对而言，降水级别从“弱－较弱－中－较强－强”，耕作层土壤湿度的增幅，陇南变化较小，在1.7%～2.2%，其余各区增幅均较明显。在其余各区，降水级别从“较强－强”时，土壤湿度增幅最大，陇东增幅4.3%，陇中西部增幅3.6%，陇中东部增幅2.9%；降水级别从“中－较强”时，各区土壤湿度增幅较大，基本在1.2%～2.1%；降水级别从“弱－较弱”和“较弱－中”时，土壤湿度增幅较小，一般只有0.5%～0.9%。通过统计分析各级降水量与土壤湿度的关系可以看出（表9.8），只有强降水量级普遍与湿度关系较好，其他级别的降水与湿度关系较差，仅有为数不多的几个站点，如较强降水对定西10 cm、成县20 cm、30 cm的土壤湿度影响显著，说明了降水影响土壤湿度的复杂性，降水多寡的变化与土壤水分含量多少的变化并不是同步的。另外从表中也可以看到，斜率随深度增加而减小，这显然是降水自上而下逐渐下渗、截留的结果。

表9.8　耕作层土壤湿度与不同级别降水量的斜率

地点	深度	弱降水	较弱降水	中等降水	较强降水	强降水
西峰	10 cm	0.156	0.400	0.263**	0.067	0.406***
	20 cm	−0.136	0.183	0.065	0.046	0.458***
	30 cm	−0.028	0.105	−0.008	−0.016	0.565***
定西	10 cm	0.101	0.194	0.249	0.223**	0.955***
	20 cm	−0.144	0.092	0.087	0.084	0.345***
	30 cm	−0.178	0.083	0.072	0.022	0.350***
通渭	10 cm	0.756	0.059	0.198	0.083	0.904***
	20 cm	0.465	−0.185	0.074	0.136	0.833***
	30 cm	0.102	−0.167	0.072	0.047	0.818***
成县	10 cm	0.350	0.527*	0.415**	0.106	0.335*
	20 cm	0.190	0.201	0.213	0.176**	0.355**
	30 cm	−0.030	0.212	0.086	0.140*	0.256*

注：*、**、***分别表示通过显著性水平为0.1、0.05、0.01的信度检验。

9.6　作物停止生长期土壤水分消耗

在半干旱区黄土高原，冬季土壤开始封冻，表层液态水分停止运动。但土壤水分的消长却并没有完全停止。比如，在陇东黄土高原董志塬区，冬小麦作为越冬作物，幼苗生长期和越冬期以生态耗水为主；而春季开始后，个体生长日益旺盛，棵间裸露土壤越来越少，生态耗水逐渐减少，生理耗水逐渐增大，作物耗水基本上以生理耗水为主。所以，在返青—成熟期，土壤水分对冬小麦产量的贡献较大。表 9.9 列出了冬小麦全生育期生长季节降水量和返青—成熟期降水量，并将麦田越冬期土壤有效水分消耗与这两个时期降水量进行了比较。由该表可以看出，50%的年份越冬土壤水分消耗占到了冬小麦生长季节降水量的 10%以上，最高可达 22%；64%的年份越冬土壤水分消耗占到了冬小麦返青—成熟期降水量的 10%以上，最高可达 44%。尤其，在越冬前土壤水分含量较高、越冬期土壤水分消耗较大、返青后各生长期降水量相对较少的年份，越冬土壤水分消耗占返青—成熟期降水量的比例较高（如 1992 年和 1993 年）。也正是由于这些年份降低越冬土壤水分消耗，最大限度地积蓄了土壤水于土壤水库之中，对冬小麦增产增收发挥了显著的作用（郭海英 等，2008）。

表 9.9　越冬期麦田土壤水分消耗占生长季、主要生长期降水量比例

年份	1989	1990	1991	1992	1993	1994	1995	1996	1997	1998	1999	2000	2001	2002
全生育期生长季降水量（mm）	377	406	193	250	303	77	235	178	235	196	100	230	356	281
返青—成熟降水量（mm）	297	246	168	127	214	30	162	86	229	196	61	96	298	207
越冬麦田水分消耗（mm）	21	34	19	56	−8	3	22	13	−2	41	−14	30	61	16
越冬消耗占全生育生长季降水比例（%）	5.6	8.4	9.8	22.4	—	3.9	9.4	7.3	3.8	20.9	—	13.0	17.1	5.7
越冬消耗与返青—成熟降水比例（%）	7.0	13.8	11.3	44.0	—	10.0	13.6	15.1	3.9	20.9	—	31.3	20.5	7.7

如表 9.10 所示，在黄土高原，越冬期土壤水分消耗与冬前土壤有效含水量和各种气象要素之间存在不同程度的相关性，尤其与冬前土壤有效含水量和越冬期平均气温相关比较明显，越冬期土壤水分消耗与越冬前土壤有效含水量之间的相关系数高达 0.86，信度达 0.001。由此，可以建立越冬期土壤水分消耗与越冬前（11 月 8 日）土壤有效含水量和越冬期平均气温的如下多因子拟合关系式：

$$CW = -13.72 + 0.235W + 5.422T \tag{9.6}$$

在上式中，CW 是越冬期水分消耗量，单位：mm；W 是土壤有效含水量，单位：mm；T 是和越冬期平均气温，单位：℃。这个关系模拟越冬期水分消耗量具有比较好的效果（$F=25 \gg F_{0.01}=6.93$）。

表 9.10　黄土高原越冬期麦田土壤水分消耗与各要素相关系数

11 月 8 日土壤有效含水量（mm）	气温（℃）	0 cm 地温（℃）	相对湿度（%）	降水（mm）	风速（m/s）	日照时数（h）	积雪日数（d）
0.857	0.558	0.461	−0.174	−0.314	0.019	0.433	−0.270

可见，在黄土高原半干旱地区，在冬小麦非生长季节，土壤水分无效消耗所造成的水资源浪费是不容忽视。减少越冬土壤水分消耗，提高土壤水分利用率，是土壤水分利用过程需要解决的主要问题。

9.7 土壤干旱预警

土壤干旱是农业干旱的重要指标，对监测预测农业干旱具有重要意义。在黄土高原地区，土壤储水与最适宜水分之间的差值往往比较大，一般年份的差值在夏季为 54～102 mm，春季为 30～70 mm，秋季为 15～40 mm（表 9.11）。常常由于水分不足，作物生长受干旱威胁较大，造成作物明显减产（蒲金涌 等，2010a），所以土壤干旱是黄土高原作物生长最常遭遇的气象灾害。

表 9.11 黄土高原土壤水分盈亏状态

站点	轻旱临界值		重旱临界值		最适宜水分		土壤储水量－最适宜水分		
	土壤湿度（%）	储水量（mm）	土壤湿度（%）	储水量（mm）	土壤湿度（%）	储水量（mm）	春（mm）	夏（mm）	秋（mm）
临夏	10.5	154	15.7	231	21.0	308	－33	－54	－29
榆中	11.0	130	16.4	194	21.9	258	－66	－102	－37
靖远	9.7	127	14.6	191	19.4	254	－29	－90	－28
定西	10.2	130	15.2	193	20.3	258	－50	－80	－39
通渭	9.2	104	13.9	157	18.5	209	－70	－72	－15
天水	9.2	121	13.7	181	18.3	242	－32	－69	－18
平凉	9.8	128	14.6	193	19.5	258	－48	－68	－28
西峰	9.2	114	13.8	172	18.5	229	－45	－75	－32

2006 年 9 月 2—28 日在黄土高原天水农业气象试验站进行了自然状态下土壤水分消耗试验。试验样土取自天水农业气象试验站试验田，土质为黄土高原最具有代表性的粉壤土，100 cm 土壤容重平均为 1.36 g/cm^3，100 cm 土层最大水分容纳量为 329 mm。从 10 cm 土层开始，每隔 10 cm 分层次分别重复取 2 个 130～150 g 的土样。将土样放置于半径 φ=6 cm、高 H=12 cm 的圆形容器中，并将初始土壤湿度控制在最适宜作物生长利用状态（土壤重量含水率为 80%左右）。在试验样土中栽种冬小麦，试验期间对土壤湿度不进行人为干预，每天 17 时用 JA5003 电子天平对土样称重，以此观测自然状态下的水蒸散量，观测水分的消耗过程。同时，对容器内冬小麦的物候进行观测。试验时间从作物播种到凋萎一共进行了 26 d。试验期间环境平均气温为 16.0 ℃，空气相对湿度为 82%。土壤湿度从最适宜状态（重量含水率 80%左右）到严重干旱（重量含水率 40%左右）。试验的冬小麦最终生长达到了三叶物候期。

试验结果如图 9.15 所示，在无降水及灌溉的自然状态下，土壤储水量从最适宜状态因蒸散消耗至严重干旱表现为随时间呈对数变化的曲线。不过，在不同的初始湿度状态下，土壤水分的消耗速度是不一样的。从适宜上限消退至适宜下限，大致需要 5 d 的时间。蒸散消耗水分的速度为 13.4 mm/d，是水分最容易损耗阶段。土壤湿度从轻旱上限降低至严重干旱，大致需要 20 d 的时间，蒸散消耗水分的速度为 3.9 mm/d。并且，可以用观测试验资料拟合出土

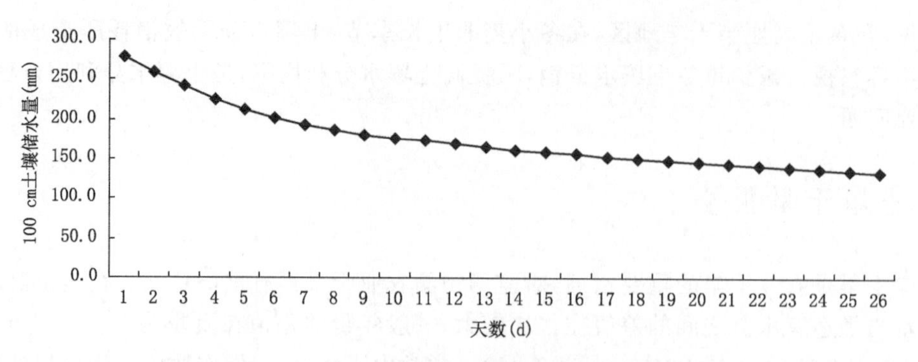

图 9.15 100 cm 土层土壤湿度随时间消耗过程

壤储水量水分随时间变化的经验公式：

$$W = -47.135\ln t + 286.9 \tag{9.7}$$

式中，W 为土壤储水量，单位：mm；t 为从最适宜土壤湿度上限算起消退的天数，单位：d。该关系式的 $R^2 = 0.994$，$P < 0.001$。还可以用幂函数拟合出土壤消耗水分随时间变化的经验公式：

$$W_s = 15.939e^{-0.1034t_1} \tag{9.8}$$

式中，W_s 为散失的土壤水分，单位：mm ；t 为从最适土壤的上限开始后的天数，$t_1 = t - 1$，单位：d；该关系式的 $R^2 = 0.910$，$P < 0.001$。从试验结果还可以看出(表 9.12)，土壤累计消耗水量随时间变化关系可以用对数函数来表示($W_c = 41.201\ \ln t_1$，$R^2 = 0.9969$，$P < 0.001$。W_c 为累计失水量，单位：mm)。在开始试验的前 10 d，消耗水量占整个试验失水过程的 70%，而后 15 d 只占整个过程耗水量的 30%。

表 9.12 自然状态下 100 cm 土层土壤湿度消耗过程

天数 (d)	重量含水率 (%)	含水量 (mm)	失水量 (mm)	累计失水量 (mm)	天数 (d)	重量含水率 (%)	含水量 (mm)	失水量 (mm)	累计失水量 (mm)
1	83	279			14	48	162	3.2	117.5
2	77	260	19.2	19.2	15	47	159	2.8	120.3
3	67	242	18.1	37.3	16	46	156	3.1	123.4
4	63	226	15.9	53.2	17	46	153	3.0	126.4
5	60	212	14.3	67.5	18	45	150	2.2	128.6
6	57	201	10.5	78.0	19	44	148	2.6	131.2
7	56	193	8.1	86.1	20	43	145	2.5	133.7
8	54	187	6.3	92.4	21	43	145	2.3	136.0
9	53	181	5.7	98.1	22	42	141	2.3	138.3
10	53	177	4.4	102.5	23	41	139	2.1	140.4
11	51	173	3.8	106.3	24	41	137	1.9	142.3
12	50	169	4.2	110.5	25	40	135	1.5	143.8
13	48	165	3.8	114.3	26	40	134	1.4	145.2

土壤水分的减少主要是由蒸散消耗和深层的渗漏造成的。在黄土高原半干旱地区，基本为无灌溉旱作雨养农业，除较大降水外，一般在 100 cm 土层深度以下没有水分渗漏。如果结合式(9.7)和式(9.8)可以给出计算某一时段农田土壤湿度的公式：

$$W_2 = W_1 - 15.939e^{-0.1034T} + P \tag{9.9}$$

式中，t_1 是初始时间，t_2 是土壤蒸散消耗掉 W_s 土壤水分量时到达的时间，单位：d；W_1 是 t_1 时的土壤水含量，W_2 是 t_2 时的土壤湿度，单位：mm；P 为相应时段的降水量，单位：mm。$T=t+q$，其中 t 为含水量从适宜状态消退至 W_1 时的天数，单位：d，可以从表 9.12 中查出；q 是从 t_1 至 t_2 之间的天数，单位：d。该关系式能够用来预测未来某个时间的土壤湿度。

在选取不同年代的土壤水分观测期(3 月上旬—11 月上旬)典型降水年型(1987 降水量：636.0 mm，距平百分比：31%；1996 降水量：311.1 mm，距平百分比：－36%；1999 降水量：439.8 mm，距平百分比：－9%；2007 年降水量：582.5 mm，距平百分比：20%。)之后，可对式(9.8)估算的典型降水年型土壤水分与实测值进行比较分析(图 9.16)。由图 9.16 可见，估算的土壤水分值的变化曲线与实测值有比较好的一致性，尤其在 7 月上旬以前的冬小麦生长阶段与实际值的差异微乎其微。

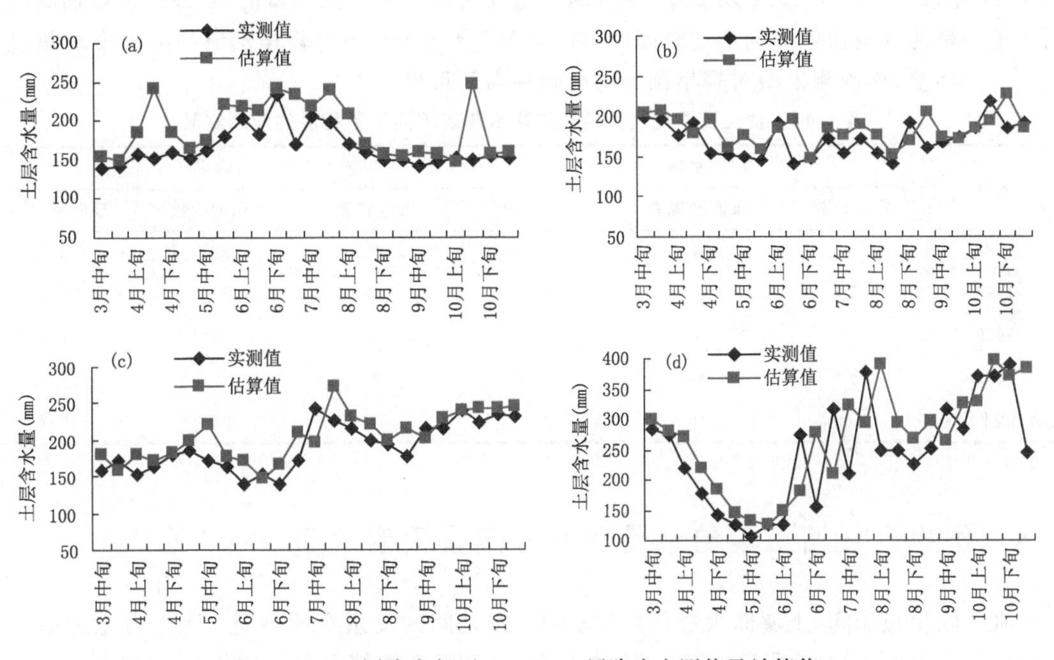

图 9.16　不同降水年型 100 cm 土层降水实测值及计算值
(a. 1987 年；b. 1996 年；c. 1999 年；d. 2007 年)

从不同典型降水年型的土壤湿度估算结果的对比可以看出(表 9.13)，估算值与实测值的相关系数均在 0.5 以上，均通过了 0.01 信度检验($F_{0.01}=7.82$)。而且，降水多的年份(1987 年)的估算效果好于降水少年的份(1996 年)。

表 9.13 不同典型降水年型土壤水分实测值与估算值的比较

项目	1987年		1996年		1999年		2007年	
	3月中旬—11月上旬	3月中旬—7月上旬	3月中旬—11月上旬	3月中旬—7月上旬	3月中旬—11月上旬	3月中旬—7月上旬	3月中旬—11月上旬	3月中旬—7月上旬
R^2	0.682	0.568	0.502	0.573	0.792	0.530	0.691	0.625
F	22.62	12.37	8.72	12.79	36.78	9.45	23.66	18.6

并且,根据式(9.9)和表 9.12 可以给出预报土壤不同干旱临界值时所需的天数:

$$T = A - e^{\frac{286.9 - W_1 - P}{47.135}} \tag{9.10}$$

式中,W_1 是初始含水量,单位:mm; T 是初始含水量 W_1 至土壤干旱临界值的天数,单位:d;P 为预测的降水量值,单位:mm;A 为从适宜土壤湿度上限降至不同干旱程度临界值所需用的天数,单位:d,轻旱 $A=5$ d,重旱 $A=22$ d。如果已知当前土壤湿度和预测的降水量 P,就可以利用该关系式预测未来出现干旱的时间,达到对干旱的预测预警效果。模型定义为当 $T_i \leqslant 0$ 时,就表明当时土壤湿度已达所要预警土壤干旱状态的临界值。从表 9.14 中给出的式(9.10)对 1987 年、1996 年、1999 年及 2007 年轻度和重度土壤干旱预测预警的结果看,发现预测模型对土壤干旱的预测预警准确率比较高(91%),1987 年、1996 年对轻旱预测的准确率均超过了 95%。总体上,该预测模型对轻旱预测的准确率高于重旱。

表 9.14 黄土高原地区不同典型降水年型不同干旱程度的预测结果

年份	重旱			轻旱		
	发生旬数	预测准确数	准确率(%)	发生旬数	预测准确数	准确率(%)
1987	4	4	100	24	23	95.8
1996	3	1	33.3	24	23	95.8
1999	4	1	25.0	19	15	78.9
2007	5	4	80.0	8	7	87.5
合计(平均)	16	10	83.3	75	68	90.7

9.8 作物生长期土壤储水量及其与产量因素关系

在作物生长期间,土壤储水量及其与不同作物之间的关系有所不同。陇东黄土高原西峰地区的冬小麦生长期(9 月至次年 7 月)的 100 cm 土层土壤储水量平均值为 185 mm,标准差为 26 mm,变异系数为 14%。最大值出现在 1990—1991 年为 253 mm,最小值出现在 1999—2000 年为 137 mm,最大值与最小值相差 116 mm(图 9.17)。总体来看,1981—2010 年全生育期土壤储水量呈波动下降趋势,存在着较显著的 11 年周期(通过 0.01 信度检验)。从冬前生长到成熟期间,土壤储水量呈下降趋势,这与冬小麦从苗期生长到成熟植株逐渐增高、叶面积增多,对水分消耗逐渐加大有关。冬前生长阶段历平均土壤储水量为 213 mm,但变化相对较大,标准差为 40 mm,变异系数为 19%。并该时段土壤储水量总体呈较弱的波动式增加趋势,11 年变化周期比较显著(通过 0.01 信度检验)。返青至拔节生长期平均土壤储水量为 190 mm,变化相对较小,标准差为 29 mm,变异系数为 15%,11 年变化周期比较显著(通过 0.05

信度检验)。孕穗至成熟期平均土壤储水量为150 mm,变化相对较大,标准差为28 mm,变异系数为19%,7年变化周期比较明显(通过0.1信度检验)(邓振镛 等,2011a,2011b;蒲金涌 等,2012)。

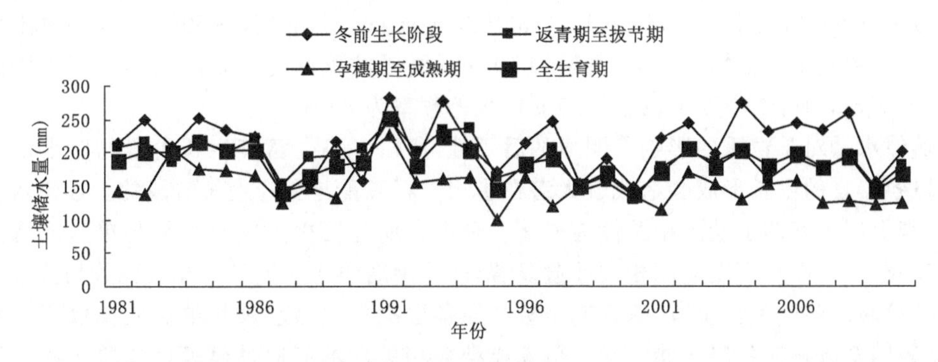

图9.17 陇东黄土高原西峰地区年冬小麦不同生长发育阶段100 cm土层平均土壤储水量变化(1981—2010年)

黄土高原地区的几种作物0~50 cm土层含水量变化特征表明(图9.18),在整个生育期间紫花苜蓿的土壤储水最小,小麦的次小,玉米的相对较大,说明紫花苜蓿对土壤水分的蒸散消耗大于粮食作物。

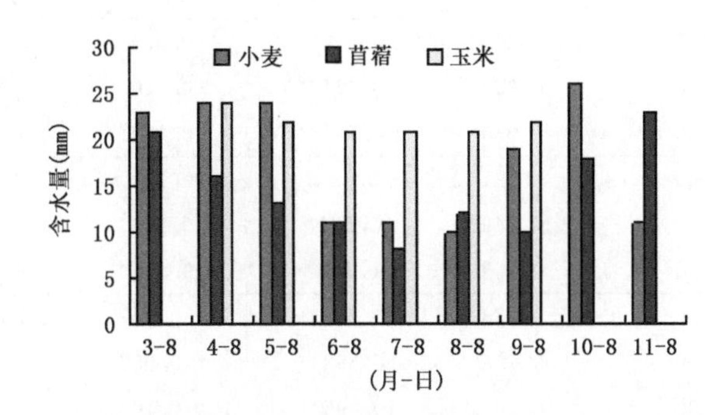

图9.18 小麦、玉米及紫花苜蓿0~50 cm土层含水量变化

不仅不同深度土壤水分对作物生长的影响有差别,而且作物不同生长时段对水分的需求也不同,例如,不同深度和不同时段的土壤储水量与冬小麦各个产量要素的相关性差异较大。如表9.15所示,不孕小穗率与各层深度土壤湿度均基本为负相关关系,而且土层深度愈深储水量与不孕小穗率的相关性愈显著。全生育期、冬前生长阶段、返青期至拔节期、孕穗期至成熟期100 cm土壤储水量与不孕小穗率的相关性均能通过0.01信度检验,而其余各层次不同时段土壤储水量与不孕小穗率相关性均不能通过显著性检验。全生育期各层次土壤储水量与千粒重呈较显著的正相关关系,随着土层深度增加,相关性愈显著。休闲期各层次土壤储水量与千粒重相关系数较大,生长前期的储水量与千粒重的相关系数大于生长后期。冬前生长阶段各层次储水量与千粒重的相关性均能通过假设检验,孕穗期至成熟期土壤储水量与千粒重的相关性较低,只有100 cm土层储水量通过假设检验。这说明冬小麦千粒重的形成需要利用较深的土壤水分供给。利用观测试验资料,可以对冬小麦拔节期2 m土层土壤储水量与千粒

重进行相关分析(邓振镛 等,2008),并且得到如下线性拟合关系:

$$Y_1 = 0.0823W_{200} + 4.2499 \tag{9.11}$$

式中,Y_1 为千粒重,单位:g;W_{200} 为拔节期 2 m 土层土壤储水量,单位:mm。该拟合关系式的相关系数为 0.63,信度水平达到 0.01。2 m 土层土壤储水量在 250～500 mm,随着土壤储水量的增加,千粒重呈明显增加趋势,每增加 10 mm 则千粒重提高 0.8 g。尤其,当土壤储水量在 320～500 mm 时,冬小麦千粒重≥30 g 出现的频率为 80%。

土壤储水量对千粒重的影响有明显的后延性,所以冬小麦营养生长阶段的储水量对生殖生长阶段各器官的生长形成会造成较大潜在影响。籽粒重与有些生长阶段的土壤储水量相关性较好,与上层土壤储水量的相关性为显著。全生育期各层次土壤储水量与单株成穗数的正相关性比较显著,而且深度愈深相关性愈显著;而休闲期的储水量与单株成穗数相关性不能通过显著性检验。冬前生长阶段、返青期至拔节期各层次土壤储水量与单株成穗数相关性最显著;而孕穗期至成熟期各层次储水量与单株成穗数相关性不能通过显著性检验。各个阶段储水量与千粒重和单株成穗数间的相关性特征比较一致。全生育期各层次土壤贮水量与地段实产也呈显著正相关,且各个生育阶段的土壤储水量相关性均能通过显著性检验,其中与返青期至拔节期土壤储水量的相关系数最高,而与休闲期各层次土壤储水量相关性均不能通过显著性检验。

表 9.15　黄土高原各层土壤贮水量与冬小麦各产量因素之间的相关系数

生育期	深度(cm)	不孕小穗率	千粒重	籽粒重	单株成穗数	地段实产
全生育期	100	−0.270*	0.402**	0.004	0.400**	0.448**
	50	0.091	0.361**	0.160	0.374*	0.464**
	30	−0.035	0.362**	0.300*	0.379**	0.537**
冬前生长阶段	100	−0.291*	0.334*	0.164	0.265*	0.314*
	50	−0.149	0.261*	0.255*	0.263*	0.343*
	30	−0.063	0.243*	0.356**	0.284*	0.305*
返青期至拔节期	100	−0.278*	0.397**	−0.047	0.546**	0.493**
	50	0.145	0.392**	0.082	0.411**	0.380**
	30	0.160	0.395**	0.103	0.567**	0.546**
孕穗期至成熟期	100	−0.296*	0.231*	−0.179	0.178	0.296*
	50	0.153	0.142	−0.007	0.155	0.318*
	30	0.106	0.133	0.152	0.061	0.301*
休闲期	100	−0.210	0.402**	0.090	0.091	0.143
	50	0.058	0.427**	0.122	0.091	0.111
	30	−0.098	0.375**	0.314*	0.079	0.154

注:*,** 分别表示通过 0.1,0.01 信度检验。

图 9.19 给出的 100 cm 土层储水量与地段冬小麦实际产量积分的回归分析表明,积分影响值 $a_j(t)$ 在冬前生长阶段(11 月下旬前)较小,每 1 mm 的土壤储水量对产量的贡献在 6 kg/hm^2 以下。返青以后,储水量对产量的影响开始加大,最大值出现在 5 月中旬,每 1 mm 的土壤储水量对产量的贡献值达到 20 kg/hm^2,5 月中旬冬小麦开花以后,土壤储水量对产量的影响又开始逐渐降低。在冬小麦生产年度中,返青后的土壤储水状况对产量的影响大于冬前生长阶段的。

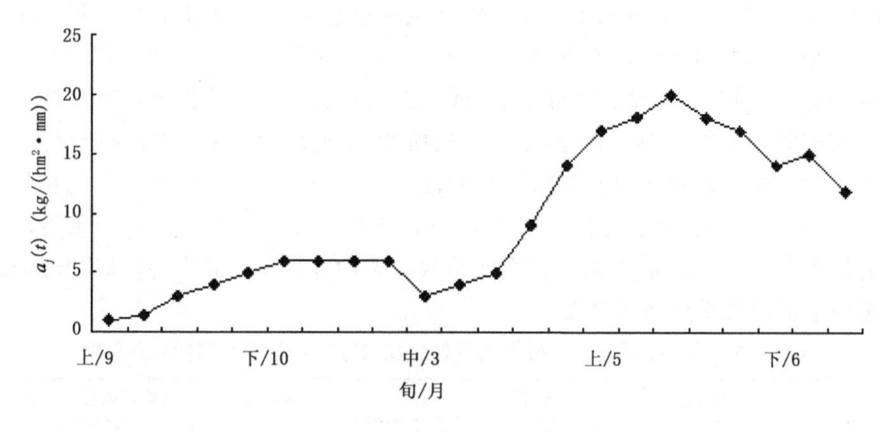

图 9.19　黄土高原各旬 100 cm 土层储水量与冬小麦地段实际产量积分回归曲线

9.9　作物生长期土壤耗水量及其与产量因素的关系

作物生长过程和产量的形成与土壤耗水量密切相关。黄土高原冬小麦全生育期平均耗水量为 432 mm(标准差为 84 mm,变异系数为 9%)。但其最大土壤耗水量为 616 mm(2003—2004 年),最小耗水量为 283 mm(1999—2000 年),其最大值与最小值相差 333 mm。并且,黄土高原近 30 年冬小麦全生育期耗水量存在着较明显的 13 年周期(通过 0.05 信度检验)(图 9.20)。冬前耗水量 140 mm(标准差为 57 mm,变异系数为 40%),占全生育期的 32%。近 30 年冬前耗水量呈波动增加趋势,存在着较明显的 13 年周期(通过 0.05 信度检验)。返青期至拔节期间平均耗水量为 77 mm(标准差为 24 mm,变异系数为 31%),占全生育期耗水量的 18%。近 30 年返青期至拔节期间耗水量呈较明显的增加趋势,12 年周期变化比较显著(通过 0.1 信度检验)。孕穗期至成熟期的耗水量为 214 mm(标准差为 57 mm,变异系数为 26%),占全生育期耗水量的 50%。近 30 年孕穗期至成熟期耗水量呈波动下降趋势,9 年变化周期比较明显(通过 0.05 信度检验)。

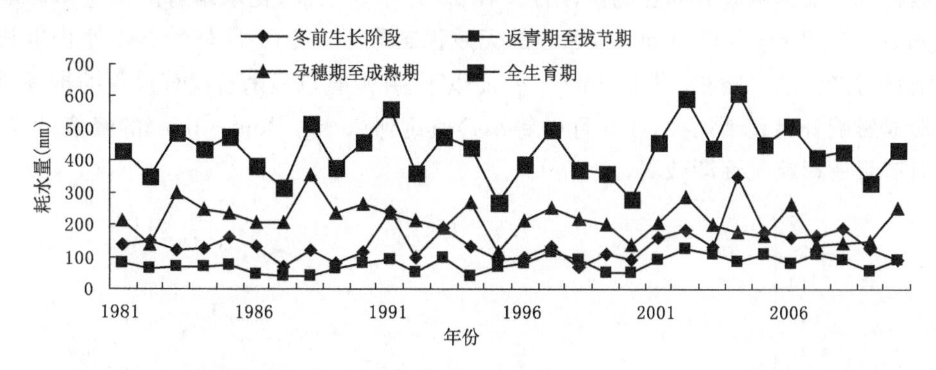

图 9.20　黄土高原冬小麦不同生长发育阶段 100 cm 耗水量变化(1981—2010 年)

不同层次、各个不同时段的耗水量与各产量因素之间的相关系数相差较大。表 9.16 给出的冬小麦不同层土壤和不同生长时段的耗水量与各产量因素之间的相关系数表明,不同层次土壤耗水量与不孕小穗率间呈较一致的负相关关系,但只有在冬前生长阶段、返青期至拔节期间100 cm土壤耗水量与不孕小穗率的相关性才能通过显著性检验，其余各时段和各深度土壤耗水量与不孕小穗率的相关性均不能通过显著性检验。全生育期各层次耗水量与千粒重间的关系均呈较显著的正相关，且随着深度增加，相关系数增大。全生育期和冬前生长阶段各层次耗水量与千粒重的相关性较为显著，其余各生长阶段和深度层土壤耗水量与千粒重间相关性不能通过显著性检验。返青期至拔节期生长阶段30 cm和50 cm土层耗水量与单株成穗数之间也呈比较显著正相关，其余各时段各层次耗水量与单株成穗数的相关性不能通过显著性检验。全生育期各层土壤耗水量与地段实产之间的相关性最显著。总之，愈到生长后期，土壤耗水量与产量因素间的相关性愈不明显。

表9.16　黄土高原地区各层次土壤耗水量与各产量因素之间的相关系数

生育期	深度 cm)	不孕小穗率	千粒重	籽粒重	单株成穗数	地段实产
全生育期	100	−0.221	0.283*	0.405**	0.217	0.477**
	50	−0.111	0.276*	0.309**	0.217	0.420**
	30	−0.113	0.243*	0.277*	0.224	0.449**
冬前生长阶段	100	−0.273*	0.379**	0.312*	0.068	0.221
	50	−0.186	0.292*	0.236*	0.106	0.188
	30	−0.229	0.242*	0.265*	0.157	0.242
返青期至拔节期	100	−0.325*	0.065	0.521**	0.097	0.219
	50	−0.160	0.138	0.427**	0.256*	0.337*
	30	−0.038	0.142	0.348*	0.320**	0.402**
孕穗期至成熟	100	0.086	0.012	0.068	0.219	0.406**
	50	0.095	0.039	0.022	0.122	0.311*
	30	0.087	0.068	0.075	0.068	0.273*

注：*，** 分别表示通过0.1，0.01信度检验。

图9.21给出的黄土高原地区100 cm土层耗水量与地段实际产量积分回归分析表明，产量受土壤耗水量的影响具有明显的阶段性。在10月中旬以前，耗水量对产量基本影响不大，积分值 $a_j(t)$ 在±2 kg/(hm^2 · mm)，水分的无效消耗较多；在10月至冬小麦停止生长阶段，水分的消耗对产量的影响在5 kg/(hm^2 · mm)以下；在返青以后随着生育过程的推进，耗水量对产量形成影响开始逐渐加大，在5月中旬 $a(t)$ 值达到25 kg/(hm^2 · mm)的峰值；以后阶段，耗水量对产量的影响又逐渐减弱。

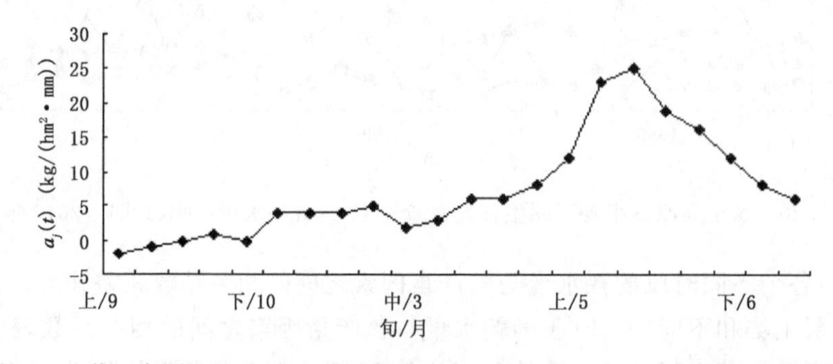

图9.21　黄土高原地区100 cm土层耗水量与冬小麦地段实际产量积分回归曲线值

紫花苜蓿由于根系发达，主根下扎深，比其他作物更能有效地利用土壤水分，所以它与冬小麦的土壤水分消耗状况差别较大。用试验资料可以给出紫花苜蓿和小麦的 100 cm 土壤累积耗水量随时间的变化关系式。

紫花苜蓿地段：　$CW = 185.31\ln x - 141.17$　　$R^2 = 0.867$　　(9.12)

小麦地段：　$CW = 145.56\ln x - 110.19$　　$R^2 = 0.852$　　(9.13)

式中，CW 是土壤累积耗水量，单位：mm；x 为旬序数，2 月下旬 $x=1$，11 月下旬 $x=31$。不过，这两种作物的土壤累积耗水量随时间变化曲线的差异却是显然易见的(图 9.22)。对 2 月下旬至 11 月下旬期间上面的紫花苜蓿与冬小麦地段累积耗水量估算函数之差进行积分，可以得到：

$$CW_d = \int_1^{31} [(185.31\ln x - 141.17) - (145.56\ln x - 110.19)]dx$$

$$= \int_1^{31} (39.75\ln x - 30.98)dx \qquad (9.14)$$

式中，CW_d 表示苜蓿地段与麦田之间的土壤水分消耗量差别。计算表明，在同样时段(2 月下旬—11 月下旬)，苜蓿地段比麦田多消耗 136.5 mm 土壤水分(实测值为 144.6 mm)，多消耗程度达 30%。就 1 m 深的土层而言，紫花苜蓿全年生长土壤累积水分透支达 128.9 mm(2004 年降水量值：496.5 mm)。如此严重的土壤水分透支通过地下水及降水很难在短期内补充恢复，最少要 1～2 年歇种时间来恢复地力和土壤水分。

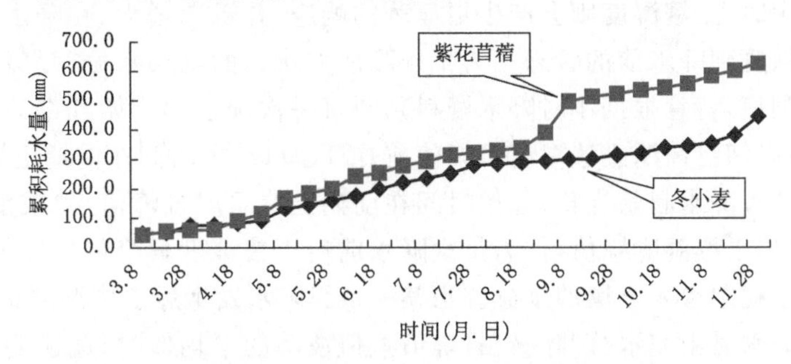

图 9.22　黄土高原地区小麦、紫花苜蓿地段累积耗水量的变化

9.10　土壤最小有效降水量及其转化率

有效降水是指自然降水中补充到植物根分布层的部分(顾均禧，1994)，它对土壤水分的补充和农作物的生长具有重要意义。一般，小量级的降水对土壤蓄水、土壤墒情改善和农作物生长没有明显作用，只有当降水达到一定强度并转化为根系层土壤水分后，才能成为有效降水。实际上，有效降水的本质首先是降水要进入土壤，其次是要被植被利用或对其他生态环节产生影响。从土壤水分变化的角度去研究有效降水能更好的理解这一概念。对土壤水分而言，最小有效降水量是指一次降水过程中能使土壤相对湿度稳定增加的最小降水量。一般认为 5 mm以上的降水大都是有效降水，而在农业上将日降水量≥10 mm 的降水称为有效降水(苑文华，2010)。一般，以有效降水的阈值来判断、评价不同等级的降水量对提高土壤墒情、解除

旱情的作用具有很好的可靠性和实用性(罗振堂 等,2009;李凤霞 等,2005)。不过,有效降水的阈值具有很大的区域差别。首先,有效降水的大小受降水特征、土壤特性、植被生长状况等因素的影响,不同时间、不同地区的最小有效降水是不同的(霍竹 等,2005);其次,由于不同植被的耕种或根系吸收水分的土壤层深度不同,因此即使降水量一样,对不同深度土壤层的水分利用效果也是不同的。因此,一概而论的有效降水阈值存在明显问题,针对不同气候区域和土壤环境确定有效降水阈值是十分必要的。

杨新民(2001)认为小于 10 mm 的降雨量可以从地表迅速蒸发掉,对土壤水分补充来讲是无效降水(刘冰,2011)。原鹏飞等(2008)认为 0～5 mm 的降雨量不能被沙区植被所利用,5～10 mm 降雨量虽属有效降水,但只能被一些浅根性草本所利用,当降雨量大于 10 mm 时才能在沙地近地表水分循环中起到非常重要的作用。魏雅芬等(2008)通过比较降水量和蒸发耗散以及实地观测,发现 5 mm 以上的降水可使表层土壤达到饱和后继续下渗,有效补充根层水分。而且,由于土壤湿度存在水分"呼吸"现象(张强,2002),即白天土壤损失水分、夜间获得水分,表现出以日为单位的周期性变化,对有效降水阈值也会有一定影响。黄土高原榆中观测的典型晴天(2006 年 7 月 16 日)5 cm、10 cm、20 cm 层土壤水分的日循环变化特征表明(图 9.23),土壤湿度存在明显的峰值和谷值,但越往深层日循环越不明显。出现这种现象的原因主要是:在没有降水的晴天浅层土壤通过吸收上边界大气水分的凝结和蒸散过程而产生的周期性变化,而深层土壤湿度由于没有水分来源而基本保持不变。这种变化表明非降水性陆面水分对浅层土壤水分变化趋势影响的重要性(张强 等,2010a)。

当有降水发生时,土壤湿度则会产生更显著的响应,并迅速增大,在降水之后由于蒸散消耗或下渗等逐渐恢复到降水前的状态。为了排除前面所说的土壤水分"呼吸"过程的影响,得到最小有效降水阈值,特意根据小时降水资料判断每一次降水的起始和结束时间。并把降水结束后当日(结束时间在前期土壤湿度日峰值前)或次日(结束时间在前期土壤湿度日峰值后)的土壤湿度峰值减去降水起始当日(起始时间在前期土壤湿度日峰值后)或前一日(在前期土壤湿度日峰值前)的土壤湿度峰值,作为每次降水前后土壤湿度日峰值的差值,以此差值变化来反映一次降水过程中渗入土壤的水分。当某一量级降水发生后土壤湿度日峰值增加量的统计平均值大于无降水时土壤水分"呼吸"日峰值差值波动的平均值时,就说明此时土壤湿度的变化不仅仅是由于土壤湿度的"呼吸"效应,更是因为降水渗入到了该层土壤,该量级的降水量可认为是该土壤层有效降水的临界值。

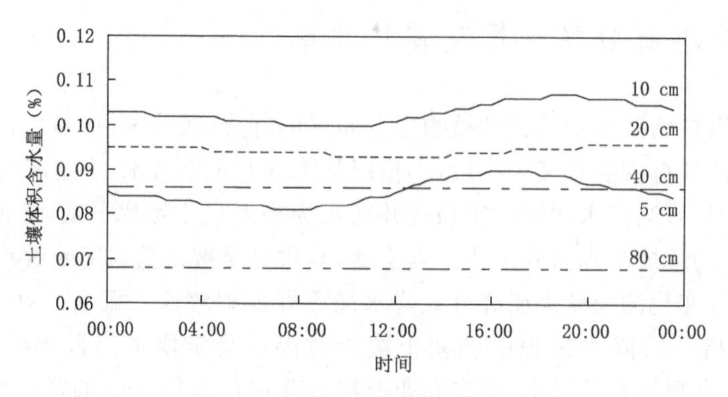

图 9.23　各层土壤湿度日变化曲线

一般,降水量与土壤湿度增量的关系可用下列函数表示:

$$\Delta W_v = a(x-b)^c \tag{9.15}$$

其中,ΔW_v 表示降水引起的土壤体积含水量增量,单位:%;x 表示次降水量,单位:mm;b 表示最小有效降水阈值,单位:mm;$(x-b)$ 表示超出最小有效降水值的降水量,即理论有效降水量,单位:mm;a 是转换系数。通过数学换算和求导,上式可以变换为:

$$\frac{d(\Delta W_v)}{d(x-b)} = \frac{ac\,e^{c\ln(x-b)}}{x-b} \tag{9.16}$$

式(9.16)反映了有效降水量转化为土壤水分的比例,因此系数 a 和 c 就间接反映了有效降水的转化率。在拟合曲线时,可将小于最小有效降水量阈值的降水视作对一定深度的土壤湿度不产生影响,即设定此时土壤湿度增量为 0。

在一次降水过程中,土壤湿度的变化可以分为增大、恢复、近平衡态三个阶段。王胜等(2004)研究指出,在降水发生后的 2～4 天为恢复阶段,土壤湿度迅速减小。当降水量比较大时,降水发生后的几天内辐射增强,温度升高,土壤蒸发量较大,在这个恢复期内即使发生小降水事件,仍可能出现小量级降水不足以抵消较大的蒸散耗水量而导致土壤湿度较降水前持续下降的情况(魏亚芬 等,2008),土壤湿度日峰值差值仍可能出现负值。黄土高原榆中的观测试验资料正好印证这种现象。

有效降水量临界值的降水量级都较小,降水历时较短,可认为不会产生地表径流,除蒸散和截流以外降水部分都渗入了土壤,因此对于有效降水临界值主要考虑每次降水的量级。

在黄土高原榆中地区,无降水时,5 cm 层和 10 cm 层土壤体积含水量日峰值增量的变化范围为 0.1%～0.8%,平均增幅分别为 0.25%和 0.22%,20 cm 土壤层体积含水量日峰值增量平均值为 0.13%。降水发生后,若土壤湿度日峰值增量大于无降水时期的统计平均值,则将该量级降水视为有效降水临界值。观测试验表明(王文玉 等,2013),5 cm 层有效降水临界值最小,为 4 mm;10 cm 层有效降水临界值稍大,为 5 mm;而 20 cm 层有效降水临界值更大,为 8 mm。可见,越深层土壤的有效降水的临界值越大。从理论上讲,土壤水分的补给和调控主要受到降水和蒸发过程的影响。当降水小于该临界值时,水分由于蒸发等因素无法下渗,只能湿润很浅的表层,且很快蒸发进入空气中,土壤湿度变化很小,甚至由于蒸发较大还出现土壤湿度减小情况。一般,这类降水发生的频率较高(Dougherty et al.,1996;Sala et al.,1982),但不能被作物有效利用,对于农业生产作用不大。而当降水大于有效降水临界值时,水分下渗,土壤湿度增大,而且降水越大所能下渗的深度越深。

5 cm、10 cm 和 20 cm 深度土壤的有效降水临界值的平均降水强度和多次降水统计的平均的最大降水强度分别为 1.4 mm/h 和 2.1 mm/h、1.2 mm/h 和 2.6 mm/h 及 0.9 mm/h 和 3.6 mm/h,降水历时的平均值依次为 3.6 h、5.6 h、8.3 h。可见,随着降水量的增大,最大降水强度和降水历时均逐渐增加,而平均降水强度由于降水时间的延长,可能会出现暂时减小的情况。如果每次降水量级达到临界值,但降水历时过长或者降水强度过小,降水大部分蒸发因而也不能成为有效降水。

从图 9.24 给出的 5 cm、10 cm 和 20 cm 土壤湿度变化与过程降水量的关系曲线以及比较其拟合关系的参数 a、c 值发现(表 9.17),5 cm 土壤层有效降水的转化率最高,随着深度增加,转化率逐渐减小,20 cm 层转化率最低。在相同的有效降水量级下,随着土壤层加深降水引起的土壤湿度增加量逐渐减小,在 20 cm 土壤层时 30～40 mm 的降水量只能引起土壤湿度增加

5%～10%。而降水转化率的变化则在 10 cm 土壤层最大，在 5 cm 层最小。

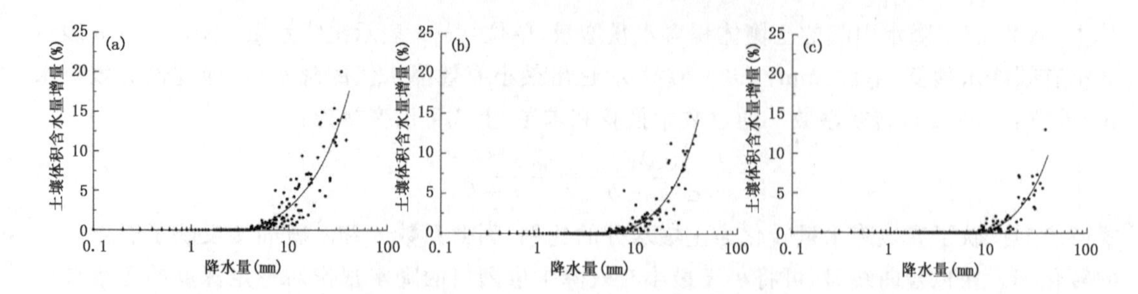

图 9.24　各层土壤(a)5 cm,(b)10 cm,(c)20 cm 层土壤湿度变化与过程降水量的关系

表 9.17　各层土壤湿度与过程降水量拟合关系的参数

土层深度	a	b	c	R^2
5 cm	0.467319	4	1.00339	0.787
10 cm	0.136050	5	1.30329	0.782
20 cm	0.121000	8	1.26527	0.726

注：模型均通过 0.001 的显著性检验。

在黄土高原半干旱地区，冬季降水量频率较小，降水量少，引起的土壤湿度变化不大(王文玉 等，2013)，且大田作物会停止生长，土壤湿度与有效降水关系实际意义也不大。而在夏季各深度土壤层的有效降水临界值均达最大，5 cm、10 cm 和 20 cm 土壤分别为 5 mm、6 mm、10 mm(图 9.25)。而春季和夏季的有效降水临界值则较小。这是由于夏季温度较高，水分蒸发也较大。降水发生后，水分更容易以水汽形式进入空气中，而不是进入土壤中，因此下渗到一定深度土壤层所需的降水量级更大。而春季和夏季则正好相反，温度较夏季低，蒸发的部分较小，有效降水临界值较小，比全年的降水临界值分别小 1 mm、1 mm、2 mm。同样比较拟合关系参数 a、c 值可以得到相似的结论(表 9.18)。除 5 cm 和 10 cm 的秋季有效降水量级较大外，都是夏季的有效降水转化率最大，春季的次之，秋季的最小。值得注意的是 5 cm 和 20 cm 土壤秋季的 c 值小于 1，这说明当降水为 40 mm 时，浅层的土壤已经逐渐趋于饱和，土壤湿度增量已经达到了最大值。

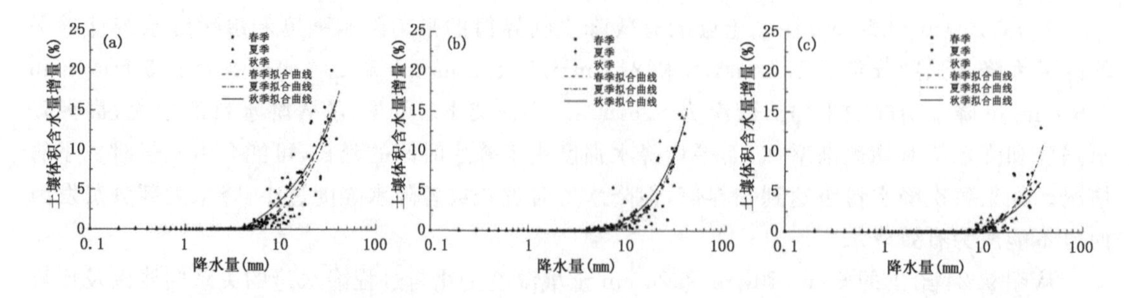

图 9.25　黄土高原榆中地区各季节(a)5 cm,(b)10 cm,(c)20 cm 土壤湿度变化与过程降水量的关系

表 9.18　黄土高原榆中地区各季节各层土壤湿度与过程降水量拟合关系的参数

土层深度	季节	a	b	c	R^2
5 cm	春季	0.32302	4	1.15397	0.787
	夏季	0.42851	5	1.03661	0.770
	秋季	0.76086	4	0.86817	0.796
10 cm	春季	0.07420	4	1.4507	0.740
	夏季	0.09353	6	1.44634	0.802
	秋季	0.14809	4	1.2836	0.780
20 cm	春季	0.16366	7	1.14707	0.658
	夏季	0.15587	10	1.24733	0.737
	秋季	0.21695	8	0.98542	0.718

注:模型均通过 0.001 信度检验。

从黄土高原榆中地区各层土壤各季节最小有效降水量的降水特征可以看出(表 9.19),不论是降水量级还是降水强度,浅层土壤的临界有效降水量都是小雨的级别,说明大于临界有效降水量的小雨对于缓解土壤旱情也有重要的作用。临界有效降水量的最大降水强度可能会达到中雨级别,但是这种强度的降水时间很短,一般为小于 1 小时。

表 9.19　黄土高原地区临界有效降水量的降水特征

土层深度	季节	最小有效降水量(mm)	平均降水强度(mm/h)	最大降水强度(mm/h)	降水历时(h)
5 cm	春季	4	1.3	2.3	3.0
	夏季	5	0.8	2.1	6.0
	秋季	4	0.6	1.2	7.5
10 cm	春季	4	1.3	2.3	3.0
	夏季	6	1.1	2.7	6.5
	秋季	4	0.6	1.2	7.5
20 cm	春季	7	0.7	2.0	7.5
	夏季	10	1.3	3.6	8.0
	秋季	8	0.9	2.9	10.0

被植被截留后到达地面的降水,一部分在雨期就已蒸发,一部分下渗到土壤中或形成地表径流。对于有效降水临界值来说,其影响因素除降水外,雨期蒸发也是主要影响因素之一,而影响蒸发的最主要气象因素是温度。

冬季降水量小,降水频次低,土壤也处于低温封冻期,温度对过程降水量与土壤湿度之间的关系影响相对很小,所以温度对过程降水量与土壤湿度之间的关系影响主要考虑非冬季(3—11 月)。黄土高原榆中站 2007—2011 年四个年份中高温年为 2008 年(11.9 ℃)、低温年为 2007 年(11.4 ℃)。5、10、20 cm 层土壤有效降水临界值在高温年分别为 5 mm、5 mm、8 mm;而在低温年要较小一些,分别为 3 mm、4 mm、7 mm(图 9.26)。高温年的各土壤层有效降水临界值均要大于低温年,这主要与高温年蒸发较大密切相关。

并且,随着土壤深度的加深,高温年和低温年的有效降水临界值差别逐渐减小(表 9.20)。这表明越深层的土壤,降水下渗到的水分就越少,土壤对降水脉动的响应也越小,此时温度引起的蒸发变化或植被引起的截留对有效降水临界值的影响相对很小。

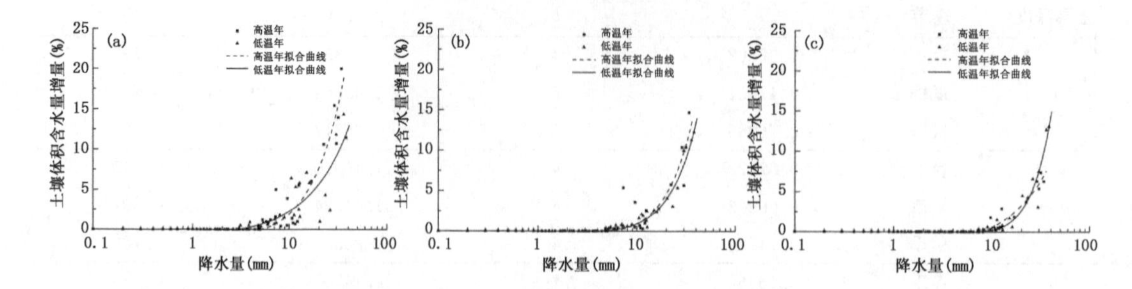

图 9.26　黄土高原榆中地区高温和低温年(a)5 cm、(b)10 cm、(c)20 cm
土壤湿度变化与过程降水量的关系

表 9.20　黄土高原榆中地区高低温年各层土壤湿度与有效降水关系拟合曲线参数

土层深度	时期	*a*	*b*	*c*	R^2
5 cm	高温年	0.26145	5	1.24784	0.885
	低温年	0.30518	3	1.0311	0.703
10 cm	高温年	0.08639	5	1.47099	0.801
	低温年	0.05991	4	1.51252	0.954
20 cm	高温年	0.2878	8	0.98241	0.905
	低温年	0.02653	7	1.80499	0.912

除蒸发外，地表植被截留也是影响有效降水临界值的一个重要因素。而植被截留与植被生长状况密切相关。所以生长季(4—9 月)和非生长季(10 月—次年 3 月)土壤湿度与过程降水量的关系是不同(表 9.21)。由图 9.27 可见，生长季各层土壤有效降水临界值分别为 4 mm、5 mm、8 mm，而非生长季有效降水临界值分别为 3 mm、4 mm、5 mm，有效降水临界值降低。这是因为生长季期间植被正处于旺盛生长阶段，枝叶较为繁盛，对降水的截留作用也大，一部分水分留在植被枝叶表面，没有落到地表土壤，更无法下渗，因此生长季的有效降水临界值较大；而非生长季植被逐渐枯萎，截留作用减小，该时期的最小有效降水量值较小(柴雯 等，2008)。

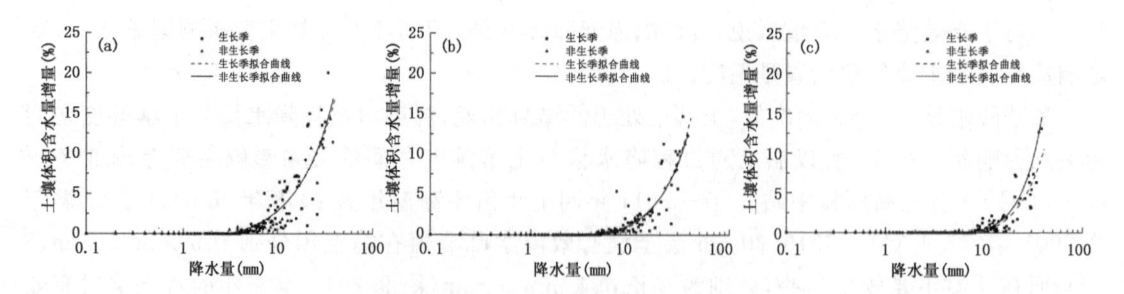

图 9.27　黄土高原榆中地区 生长季与非生长季(a)5 cm、(b)10 cm、(c)20 cm
土壤湿度变化与过程降水量的关系

表 9.21　生长季与非生长季各层土壤湿度与过程降水量拟合关系的参数

土层深度	时期	a	b	c	R^2
5 cm	生长季	0.46202	4	1.00169	0.712
	非生长季	0.32886	3	1.10348	0.935
10 cm	生长季	0.12689	5	1.32583	0.753
	非生长季	0.11634	4	1.32627	0.992
20 cm	生长季	0.08007	8	1.140307	0.712
	非生长季	0.02252	5	1.84667	0.988

注：模型均通过 0.001 信度检验。

由于雨量大、强度高、频率高的降水多发生在生长季，这期间土壤湿度较大，降水前土壤就含有较多的水分，因此生长季的降水有效性会降低。而且，与非生长季相比，生长季正处在春末至秋初温度较高、蒸发量较大的时期，会造成有效降水临界值明显较非生长季高。

在降水量大于有效降水临界值时，降雨下渗到土壤中，但由于径流、截留等影响，降水不可能 100%转化为土壤水分。一般，降水的土壤湿度转化率与降水量的关系可用指数函数表示：

$$\alpha = 65.14 - 57.50e^{-0.06497(p-5)} \tag{9.17}$$

式中，p 是过程降水量，单位：mm；α 是降水的土壤湿度转化率。而且，0～20 cm 土壤层的降水转化率与过程降水量的拟合曲线表明(图 9.28)，调整决定系数达到 0.63272，并通过了 0.001 的显著性检验。在降水较小时，被截留的降水占降水总量的比重较大，这时降水的转化率较低，只有 10%左右。截留的水分部分被植被叶表吸收或从叶表直接蒸发，可以提高空气湿度，但是不能形成土壤水分。随着降水量级的增大，被截留的降水占降水总量的比重减小，转化率会增大，可以达到 60%～70%。

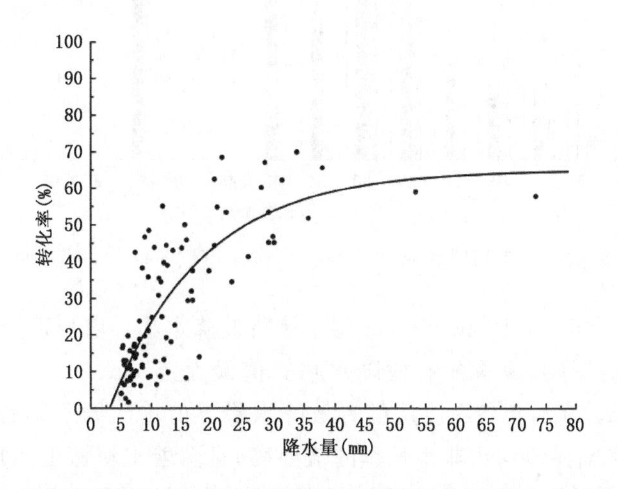

图 9.28　黄土高原榆中 0～20 cm 土壤层的降水转化率随降水量的变化曲线

降水的土壤湿度转化率的变化受降水量的影响较大，当降水量级从 5 mm 增大至 15 mm 时，转化率可以从最初的 1%增大到 50%；而当降水量级从 15 mm 增大至 25 mm 时，转化率从 30%增大到 70%；但如降水量级增至 35 mm 时，转化率的变化幅度只有 25%。降水转化率的变幅减小表明 0～20 cm 土壤层正在逐渐接近其最大储水量，即饱和状态。这个过程中一般会存在径流等损失，但在降水量不是很大时，其比例较小。当降水量级继续增大时，多余的水分只能以径流的方式流走，此时径流损失的比例增大，而且当根层土壤水分超过饱和水分含量以后，水分将继续下渗，产生深层渗漏。这部分水分虽然可以补充根系较深的植物的水分，但对于 20 cm 左右根系的植物来说已经没有直接作用。因此降水到达一定量级后转化率不会再增大，甚至还可能会减小。

所以，即使大于有效降水临界值的降水，也并不一定全部能成为有效降水，只能表明这部分降水会下渗到一定深度的土壤中。郭柯等(2000)研究指出，能正好湿润根系层土壤的降水量，其可利用率最高。

有效降水临界值和降水的转化率都存在明显的季节差异，黄土高原榆中地区各季节 0～20 cm 土壤的降水转化率随降水量的分布表明(图 9.29)，基本与 0～20 cm 土壤的降水转化率随降水量的变化曲线一致(图 9.28)，随着降水量的增大，各季降水转化率均逐渐增大。在夏季，当降水量大于 35 mm 时，降水转化率趋于不变；而在春季和秋季，在降水量小于 35 mm 时，降水转化率均呈增大的趋势。并且，在降水量小于 35 mm 时，秋季的降水转化率最大，较夏季的降水转化率高 3%～17%，较春季高出 9%～16%；而春季与夏季的降水转化率相差较小一些，只有 1%～9%。3—11 月日平均气温的标准差为 53.55 ℃，日平均风速的标准差为 0.67 m/s，因此造成季节间有效降水临界值及转化率不同的主要原因是季节之间温度差异较大。而季节内，温度对有效降水临界值的影响相对减小，但仍有一定主导性。

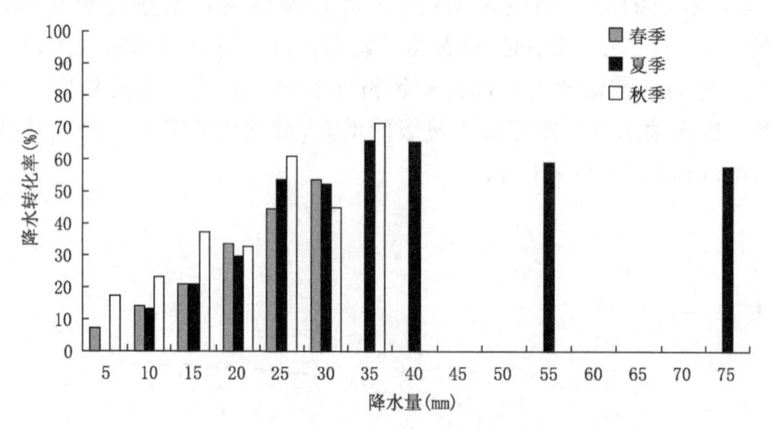

图 9.29 黄土高原榆中地区 0～20 cm 土壤层各季节的降水转化率

总之，就全年来看 5 cm、10 cm、20 cm 层土壤有效降水临界值分别为 4 mm、5 mm、8 mm。由于受温度和植被的影响，夏季的有效降水临界值最大，5 cm、10 cm、20 cm 层土壤分别为 5 mm、6 mm、10 mm。高温年各深度层的有效降水临界值均比低温年的值要高，生长季各深度土壤层的有效降水临界值均比非生长季的值要高，且随着土壤深度的增加高温年和低温年的临界值之差的相对大小减小。一般而言，小量级降水引起小的土壤湿度变化，大量级的降水会引起大的土壤湿度脉动响应。降水进入土壤后，浅层的土壤能蓄更多的水分，当浅层土壤饱和后，水分会下渗进入深层土壤，但是水分进入深层土壤的频次要明显较浅层少，因此深层土壤能蓄的水分较少。就 0～20 cm 层土壤层来讲，降水量级较小时，只有 10%～20%的降水最终转化为土壤水分，但随着降水量级增大，水分损失所占的比重较小，更多的水分进入土壤中，降水转化率能达到 70%。

这种通过土壤体积含水量变化对最小有效降水量进行测度研究，为干旱半干旱区认识小降雨事件的价值及其土壤水分效应提供了新的参考方法。

9.11　土壤水分利用率

水分是制约半干旱区雨养旱作农作物产量高低的重要因素。因此，在该地区，可以用大气降水生产力和土壤水分生产力来表示该地区某地作物生产力，其表达式分别为：

$$P_r = \frac{G}{R} \tag{9.18}$$

$$P_s = \frac{G}{CW} \tag{9.19}$$

式中，P_r 和 P_s 分别是大气降水生产力和土壤水分生产力，单位：kg/mm；G 是作物籽粒产量，单位：kg/mm；R 和 CW 分别是作物生育期降水量和土壤耗水量，单位：mm。

从表 9.22 给出的半干旱区冬小麦水分生产力看出，在正常年份，冬小麦生育期大气降水的生产力为 0.19～0.33 kg/mm，平均为 0.26 kg/mm；土壤水分生产力为 0.24～0.30 kg/mm，平均为 0.27 kg/mm。可见，土壤水分生产力比大气降水生产力低 0.01 kg/mm。而在干旱年份，水分生产力总体比正常年份低得多，大气降水生产力降低了 0.14 kg/mm，约相对少了 40%；土壤水分生产力降低了 0.06 kg/mm，约相对少 23%(邓振镛 等，2011a，2011b)。

表 9.22　半干旱区不同典型气候年型的冬小麦水分生产力(单位：kg/mm)

正常年			干旱年		
大气降水生产力	土壤水分生产力	差值	大气降水生产力	土壤水分生产力	差值
0.33	0.30	0.03	0.19	0.24	−0.05

春小麦的水分生产力与冬小麦的有所不同(表 9.23)，春小麦的水分生产力总体要明显比冬小麦的水分生产力高。在正常年份，春小麦生育期大气降水生产力为 0.30～0.91 kg/mm，平均为 0.63 kg/mm；土壤水分生产力为 0.24～1.00 kg/mm，平均为 0.67 kg/mm。而在干旱年大气降水生产力为 0.32～0.61 kg/mm，平均为 0.48 kg/mm；土壤水分生产力为 0.28～0.74 kg/mm，平均为 0.51 kg/mm。可见，干旱年份的水分生产力比正常年偏低 0.16 kg/mm，相对偏低 24%；大气降水生产力比土壤水的偏低 0.04 kg/mm 左右，相对偏低 5%左右。

表 9.23　半干旱区不同典型气候年型的春小麦水分生产力(单位：kg/mm)

项目	正常年		干旱年	
	大气降水生产力	土壤水分生产力	大气降水生产力	土壤水分生产力
干旱区	0.30	0.24	0.32	0.28
半干旱区	0.91	1.00	0.61	0.74

在半干旱地区同一区域和不同气候年型的耗水量不同，作物生物产量(水分利用率)差异很大。表 9.24 表明，在干旱地区，如果是严重干旱年的气候年型(土壤储水量偏少 30%以上)，冬小麦生育期间实际耗水量比正常水分年要少 150～200 mm，耗水系数小 65 左右，生物学量也明显偏低 3000～7000 kg/hm^2。实际耗水量与生物产量之间也呈显著正相关，相关系

数可达 0.989。当生物产量在 4000 kg/hm² 水平时，实际耗水量为 150 mm，耗水系数为 350 左右；而当产量增加到 12500 kg/hm² 时，实际耗水量为 500 mm，耗水系数为 400 左右。生物产量增加，使耗水量增大的幅度远远超过了耗水系数增大的幅度。在一般情况下，1 mm 耗水量可生产生物干物重 1.416 kg。但当生产力水平达到一定高度时，生物产量增加，其实际耗水量却相对减少，耗水系数也相应降低。

表 9.24　半干旱地区的陇东黄土高原西峰地区和天水地区不同典型气候年型的冬小麦实际耗水量、耗水系数与生物产量

地名	正常水分年			严重干旱年			差值		
	耗水量 (mm)	耗水系数 (g/g)	生物产量 (kg/hm²)	耗水量 (mm)	耗水系数 (g/g)	生物产量 (kg/hm²)	耗水量 (mm)	耗水系数 (g/g)	生物产量 (kg/hm²)
西峰	500.5	402.3	12442.5	321.6	339.5	9472.5	178.9	62.8	2970.0
天水	467.5	419.8	11137.5	142.6	355.1	4012.5	325.0	64.7	7125.0

黄土高原旱作雨养农业区土壤是一个储水和保水性能良好的天然水库，为冬小麦生长发育提供较好的水分保障环境，应予大力开发和利用。1 m 和 2 m 土层的最大储水量分别为 270～331 mm 和 561～676 mm，而 1 m 和 2 m 土层的储水量分别为 216～265 mm 和 449～541 mm，总的趋势是随空间土壤湿润度的增加而增大。但 1 m 和 2 m 土层的实际储水量却分别只有 111～269 mm 和 230～550 mm。半干旱区、半湿润区和湿润区实际储水量分别只相当于最大储水量的 41%和、61%和 81%，并且也分别只达到最适宜储水量的 51%、76%、102%。可见，愈是干旱的地区，实际储水量愈少，这与气候类型相吻合。这说明，在半干旱区，实际储水量远不能满足冬小麦生长需要，常常为严重干旱程度；在半湿润区，只能勉强维持生存需要，一般为轻度干旱，必须采取一套有效保墒耕作抗旱措施；只有在湿润区，达到了最适宜土壤实际储水量指标，能满足冬小麦需水要求。

一般，干旱半干旱区 2 m 土层最大储水量分别可达 470～617 mm；但实际储水量却只有 190～370 mm。只相当于最大储水量的 40%～60%和最适宜储水量的 50%～75%，均不能满足春小麦生长发育的基本需求，土壤水分供求矛盾非常突出。

对冬小麦而言，全生育期降水量只能满足耗水量的 65%～95%，有 5%～35%的耗水量只能从播前土壤贮水量补给。对春小麦而言，全生育期降水量只能满足实际耗水量的 80%～98%，有 2%～20%的耗水量是从播前土壤储水量补给的。

冬小麦和春小麦拔节抽穗期均是耗水高峰期，也是需水关键期。该时期冬小麦 2 m 土层营养和生殖阶段分别消耗土壤储水量的 53.4%和 62.2%，随深度增加而减少。而且，营养阶段浅层的耗水量大于生殖阶段，而生殖阶段深层的耗水量大于营养阶段。该时期春小麦 2 m 土层营养和生殖生长阶段消耗土壤储水量分别为 54.4%和 45.6%，营养阶段比生殖阶段多 8.8%。一般，愈干旱的地区依赖土壤储水量补给性愈大。

不同作物的水分利用差别较大。如不计植物的地下根茎生长，仅就其经济学产量而言，紫花苜蓿的土壤水分利用率是小麦的 2.1～2.8 倍，是玉米的 2.0～2.5 倍(表 9.25)。而且，2 年生的紫花苜蓿的土壤水分利用率要高于 1 年生紫花苜蓿，这是由于 2 年生的紫花苜蓿根系发达、分布密集、土壤水分有效利用程度较高之缘故。

表 9.25　黄土高原半干旱地区紫花苜蓿与粮食作物的土壤水分利用率(单位:g/(m² · mm))

作物	1年生紫花苜蓿	2年生紫花苜蓿	玉米	小麦
土壤水分利用率	15.8	20.5	8.1	7.3

第10章　黄土高原陆面作物水分适宜性

10.1　作物水分适宜性计算模型

作物在不同的生长发育阶段对水分的需求是不相同的，FAO曾经给出了作物需水量的估算方法：

$$W_j = \sum_{i=1}^{n} Kc_j \times \mathrm{ET}_{0(98)} \tag{10.1}$$

式中，W_j为j个生育期作物的生理需水量，单位：mm；n为生育期总的旬数，i为旬序数（如作物旺盛生长期，4月中旬—6月上旬，4月中旬$i=1$，6月上旬$i=6$）；$\mathrm{ET}_{0(98)}$为FAO1998年推荐的潜在蒸散，单位：mm，具体计算方法可依据有关文献（Allen et al.，1998）及（7.5）式；Kc_j为不同作物不同生长发育阶段的需水系数，已在表10.1中给出。

表10.1　不同作物各生育阶段的需水系数（Kc_j）

作物	项目	初始生育阶段	旺盛生育阶段	后期生育阶段
冬小麦	生育期	出苗—拔节	拔节—乳熟	乳熟—成熟
	时间（旬/月）	中/10—中/4	下/4—上/6	中/6—上/7
	Kc_j	0.3	1.2	0.6
玉米	生育期	出苗—拔节	拔节—乳熟	乳熟—成熟
	时间（旬/月）	中/4—下/5	上/6—上/9	中/9—下/10
	Kc_j	0.6	1.2	0.6
苹果	生育期	叶芽开放—开花末期	开花末期—成熟后10 d	成熟后10 d—落叶末期
	时间（旬/月）	中/4—下/5	上/6—上/9	中/9—下/10
	Kc_j	0.55	0.90	0.65
桃子	生育期	萌芽—开花	开花—果实膨大	成熟—成熟后15 d
	时间（旬/月）	下/3—中/4	中/4—上/6	上/6—下/6
	Kc_j	0.55	0.90	0.65
葡萄	生育期	叶芽开放—开花末期	蜡熟—成熟	成熟—落叶始期
	时间（旬/月）	中/4—下/5	上/6—下/8	上/9—下/9
	Kc_j	0.30	0.82	0.48

对某一具体作物而言，各旬水分适宜度可以表示为：

$$U_i = \begin{cases} 1 & R_i \geqslant W_i \\ R_i/W_i & R_i < W_i \end{cases} \tag{10.2}$$

式中，U_i 是 i 旬的水分适宜度；R_i 为旬降水量，单位：mm；W_i 为作物的生理需水量，单位：mm。当旬降水量 R_i 大于或等于生理需水量 W_i，可认为降水完全被土壤吸收；而当旬降水量 R_i 小于生理需水量 W_i，表示了水分的适宜程度。如果降水量在冬小麦全生育期[1,n]旬内的变化过程 $R=R(t)(t\in[1,n])$ 为已知时，降水适宜度随时间的变化可表示为 $S_R(t)=S[R(t)]=U(R(t)(t\in[1,n])$，其中 $S_R(t)$ 可表示冬小麦生长的适宜过程。如此，某个生长阶段的适宜度可表示为

$$U = \frac{1}{n}\sum_{i=1}^{n} U_i \tag{10.3}$$

式中，U 表示生长阶段的适宜度，n 表示该生长阶段的总旬数。

10.2　作物水分适宜性变化特征

10.2.1　农作物

10.2.1.1　冬小麦

黄土高原冬小麦种植区水分适宜度地域差别比较明显(蒲金涌 等，2008b，2011c)。如图 10.1 所示，黄土高原天水的冬小麦种植区的水分适宜度在 0.367～0.757，平均为 0.525，其中水分适宜度在 0.3～0.4 的年份有 2a，在 0.4～0.5 的年份有 11a，大于 0.5 的年份有 22a。并且，由于降水在 21 世纪初开始偏多，水分适宜度明显上升，其中 2003 年达到 0.757 的历年最高值。而陇东黄土高原西峰的冬小麦种植区则有所不同，水分适宜度在 0.242～0.525，平均为 0.386。其中水分适宜度在 0.2～0.3 的年份有 3a，在 0.3～0.4 的年份有 21a，>0.4 的年份有 11a。

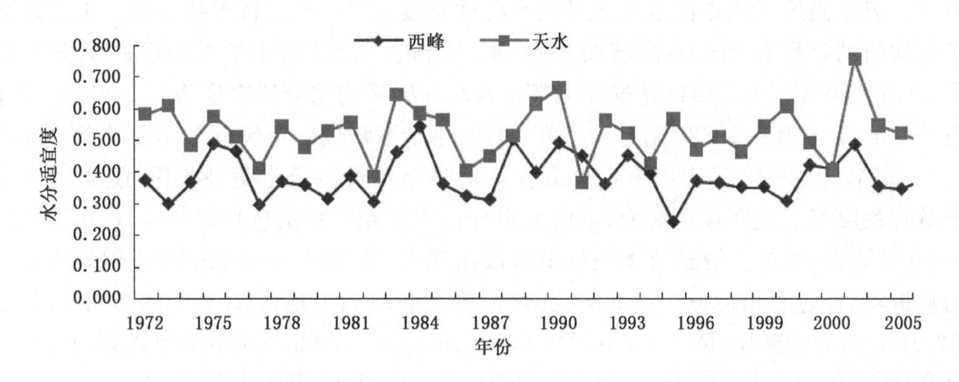

图 10.1　黄土高原不同地区冬小麦历年水分适宜度的变化对比

从黄土高原地区冬小麦在各个生长阶段的水分适宜度看(表 10.2)，地域差别比较明显，陇东黄土高原的西峰地区在冬前生长及成熟生长阶段的水分适宜度最高，越冬期水分适宜度最小。而黄土高原天水地区在越冬期及拔节生长期的水分条件最好，冬前生长期的水分适宜度最低。在冬前生长阶段，黄土高原西峰地区水分适宜度大于黄土高原天水地区。黄土高原

冬小麦水分适宜度都表现为随时间上升趋势,黄土高原西峰地区的上升速度为0.03/10 a,而天水地区的上升速度为0.02/10 a。不过,越冬期间黄土高原冬小麦水分适宜度都为下降趋势,黄土高原西峰地区的下降的速度为0.02/10 a,而天水地区的下降速度为0.01/10 a。值得注意的是,冬季水分适宜度的下降并非完全由于该时段的降水量减少所致,而是主要由于冬季气温连年升高导致的潜在蒸散加大所致。从越冬期水分适宜度变化可以看出,黄土高原天水地区水分条件优越,而黄土高原西峰地区的水分条件较差。20世纪90年代以前,陇东黄土高原西峰地区冬小麦常常因为冬季低温的冻害及水分条件的恶劣,冰冻与干旱交加,死亡率较大。这与水分适宜度所反映的情况相吻合。拔节生长阶段的水分适宜度的线性变化并不明显,黄土高原天水地区大于黄土高原西峰地区,近30年黄土高原西峰地区的春旱概率大于黄土高原天水地区。旺盛生长阶段是冬小麦水分适宜度较低的时段,黄土高原地区水分适宜度都在0.40以下。生物量主要累计期的水分适宜度偏低是制约黄土高原冬小麦产量的主要原因。成熟期黄土高原西峰地区的水分适宜度总体高于天水地区的,但两地的年代际变化基本一致,高值期出现在20世纪80年代及21世纪初,而最低值出现在20世纪90年代。

表10.2 黄土高原地区不同年代各生育期水分适宜度

年份	冬前生长		越冬		拔节		旺盛生长期		成熟	
	天水	西峰	天水	西峰	天水	西峰	天水	西峰	天水	西峰
1971—1980	0.140	0.454	0.939	0.356	0.889	0.281	0.360	0.343	0.300	0.423
1981—1990	0.194	0.465	0.934	0.318	0.851	0.428	0.379	0.386	0.338	0.452
1991—2000	0.166	0.466	0.909	0.291	0.836	0.376	0.331	0.346	0.279	0.350
2001—2006	0.251	0.638	0.840	0.306	0.857	0.338	0.379	0.277	0.355	0.444
平均	0.182	0.492	0.912	0.318	0.858	0.360	0.360	0.345	0.314	0.414

10.2.1.2 玉米

黄土高原雨养旱作农业区降水基本能够满足玉米正常生长(蒲金涌 等,2011a;姚小英 等,2010)。黄土高原天水地区玉米的平均水分适宜度为0.5958,高于冬小麦。玉米水分适宜度大于平均值的年份有11a,最高值在1984年,达到了0.8257;小于平均值的年份有17a,最小值在1995年降到了0.4784;陇东黄土高原西峰地区平均水分适宜度为0.6942,大于平均值的年份有13a,最大值在1988年,达到了0.9019;小于平均值的年份有15a,最小值在1995年,降到了0.4581。总体上,黄土高原水分适宜度负距平年份多于正距平年份,陇东黄土高原玉米水分适宜程度好于陇西黄土高原,但两地水分适宜度相关程度较高($R^2=0.676$,$P<0.05$)。

图10.2表明,玉米水分适宜度最低值时段出现在20世纪90年代,1995年是水分适宜度变化的转折点(通过置信度0.05 M-K检验)。黄土高原天水地区1981—1995年水分适宜度以0.12/10 a的趋势降低($R^2=0.252$,$P>0.1$);而1995—2008年水分适宜度以0.18/10 a的趋势升高($R^2=0.587$,$P<0.05$)。黄土高原西峰1981—1995年水分适宜度以0.11/10 a的趋势下降($R^2=0.220$,$P>0.1$);而1995—2008年水分适宜度以0.06/10 a的趋势上升($R^2=0.206$,$P>0.1$)。总体上,黄土高原天水地区水分适宜度的升高趋势要大于西峰地区。

不过,如表10.3所示,玉米的水分适宜度在各个生长阶段与整个生育期并不完全一致。水分适宜程度最好的时期是成熟期,降水量可满足玉米需水的70%以上;最差的时期是旺盛生长阶段,降水量只能满足玉米生理需水的49%~55%;初始生长阶段由于耗水较少,降水量

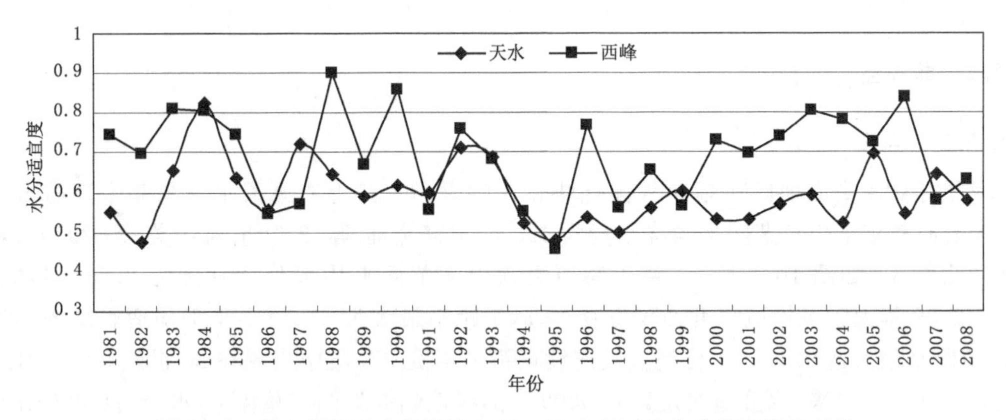

图 10.2 黄土高原天水和西峰 1981—2008 年玉米水分适宜度的变化

对需水的满足程度也在 50%以上。黄土高原西峰地区各个生长阶段的水分适宜度要比天水地区偏高约 0.1。除成熟生长阶段外,黄土高原天水地区的需水量均大于西峰地区的。

表 10.3 黄土高原天水、西峰玉米各生长阶段平均水分适宜度

地点	初始生长阶段			旺盛生长阶段			成熟期生长阶段		
	A	B	C	A	B	C	A	B	C
天水	107	57	0.5337	451	223	0.4945	44	57	0.7682
西峰	106	69	0.6462	342	189	0.5521	101	114	0.8845

注:A 为需水量(mm),B 为降水量(mm); C 为水分适宜度

而且,如表 10.4 所示,不同年代不同发育期水分适宜度的变化各不相同。在出苗期至七叶期,黄土高原水分适宜度总体上 20 世纪 80 年代较高,90 年代较低,21 世纪初又开始升高。并且,黄土高原西峰地区各年代的水分适宜度均在 0.5 以上,天水地区在 20 世纪 90 年代及 21 世纪初水分适宜度小于 0.5。在七叶期至拔节期,黄土高原水分适宜度总体有所上升。并且,除黄土高原天水地区 21 世纪初小于 0.6 外,其余各年代均在 0.6 以上。在七叶期至拔节期,黄土高原的水分适宜度在 20 世纪 80 年代至 21 世纪初基本呈下降趋势,天水地区下降了 0.157,西峰地区下降了 0.1722。在拔节期至抽雄期,由于玉米需水量显著增大,水分供需矛盾突出,天水地区水分适宜度降至 0.5 以下;而西峰地区的水分适宜度除 21 世纪初外都在 0.6 以下,水分适宜度在 20 世纪 80 年代较高,90 年代较低,21 世纪初开始升高。在抽雄期至乳熟期,水分适宜度的变化趋势表现为"高—低—高",黄土高原天水地区的最高值出现在 21 世纪初,而西峰地区的最高值出现在 20 世纪 80 年代。在乳熟期以后,玉米需水量显著降低,水分适宜性较前期显著改善,各年代的水分适宜度均在 0.6 以上,其中黄土高原西峰地区水分适宜度在 20 世纪 80 年代及 21 世纪初达到了 0.8828~1,是玉米全生育期水分适宜程度最好的时期。

表 10.4 天水、西峰不同年代各生育期玉米水分适宜度

年代	出苗期—七叶期		七叶期—拔节期		拔节期—抽雄期		抽雄期—乳熟期		乳熟期—成熟期	
	天水	西峰	天水	西峰	天水	西峰	天水	西峰	天水	西峰
1981—1990	0.6464	0.6819	0.7532	0.7996	0.4606	0.5600	0.5302	0.5979	0.8224	0.8828
1991—2000	0.4525	0.5368	0.6518	0.6759	0.4451	0.5351	0.4937	0.5131	0.6497	0.6819
2001—2008	0.4869	0.6454	0.5962	0.6274	0.4910	0.6605	0.5782	0.5170	0.8345	1

10.2.2 林果业

10.2.2.1 苹果

苹果是黄土高原地区地理及气候优势较大的果品。黄土高原天水苹果年生理需水量为745 mm，而在苹果生长期间平均降水量为452 mm(蒲金涌 等，2010b；姚小英 等，2010)，水分满足度为0.6。如图10.3所示，黄土高原天水地区苹果平均水分适宜度为0.53。其中，在1971—2009年大于平均适宜度的年份有19 a，正距平最大为0.25；小于平均适宜度的年份有20 a，负距平最大达0.16。水分适宜度连续正距平年份主要集中出现在20世纪90年代以前。不过，自1971年以来，水分适宜度以0.0009/a的线性趋势降低。总体上，水分满足度变化趋势与水分适宜度基本相同。不过，在水分适宜度为负距平的年份，适宜度与满足度差异不大；但在水分适宜度为正距平的年份，适宜度与满足度差异较大。这表明愈是降水较多、水分满足度较高的年份，降水量在时间上愈相对集中，果树对水分的充分利用更要通过土壤储备来调节。

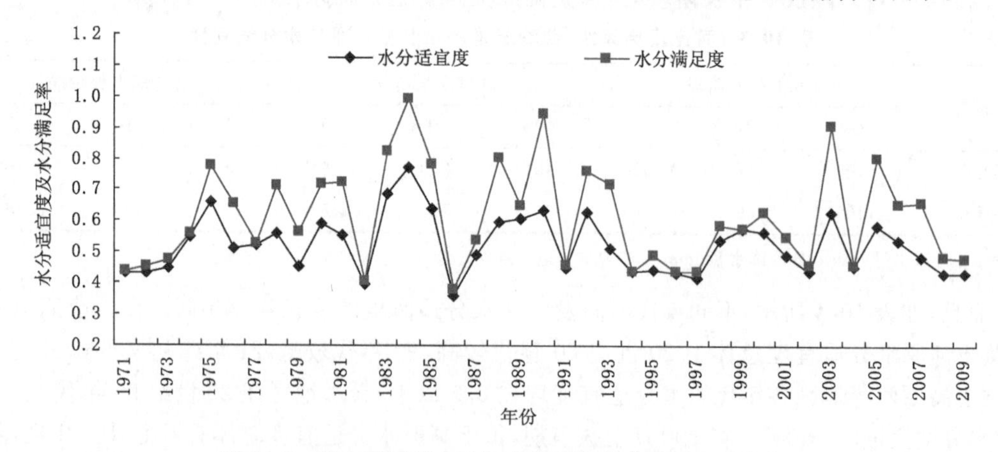

图10.3 黄土高原天水地区苹果历年年水分适宜度变化

同样，苹果在各生育期的生理需水量也各不相同。如表10.5所示，初始生育阶段的需水量占全生育阶段需水量19%，旺盛生育阶段的占68%，后期生育阶段占13%。初始生育阶段的降水量占全生育期17%，旺盛生育阶段的占63%，后期生育阶段的占20%。可见，各生育阶段需水量与降水量所占全生育期总量的比例基本一致。后期生育阶段水分供应较好，而旺盛生育阶段水分供应相对较差。

表10.5 黄土高原苹果各生育阶段平均需水量及降水量

项目	初始生育阶段		旺盛生育阶段		后期生育阶段	
	需水量	降水量	需水量	降水量	需水量	降水量
数值(mm)	142	78	504	283	100	91

从表10.6给出的黄土高原苹果各年代不同生育期需水量、降水量、水分满足度和水分适宜度对比可以看出，从20世纪70年代到21世纪初，初始生育阶段需水量呈增加趋势，降水量、水分满足度和水分适宜度都呈降低趋势；水分适宜度除20世纪80年代以外，各年代平均在0.50以下，而水分满足度除21世纪初小于0.50以外，其余各年代均大于0.50。在旺盛生

育阶段，各年代需水量随年代变化趋势不明显，20 世纪 90 年代需水量较大，20 世纪 80 年代需水量较小。在很多时候，降水量变化与需水量变化呈反位相分布，20 世纪 80 年代降水量较大，20 世纪 90 年代降水量较小，而需水量变化则正好相反。所以，20 世纪 80 年代水分适宜度和满足度均较高，而 90 年代水分适宜度和满足度均较低，水分满足度低于 0.50，水分对果树的生长胁迫较大。在后期生育阶段，需水量各年代差异较小，降水量呈逐年代增加趋势，水分满足度均在 80%以上，21 世纪初降水总量大于需水总量。该生长阶段各年代水分适宜度均在 0.5 以上，是全生育期水分供应最为充足的时段。总之，水分满足度与水分适宜度差异在后期生育阶段最大，在旺盛生育阶段次之，在初始生育阶段最小。这是因为后期生育阶段跨主汛期，降水大多时候以大(暴)雨的形式出现，土壤能够吸收利用的部分有限。

表 10.6　黄土高原苹果树不同年代各生育阶段需水量、降水量、水分满足度、水分适宜度

年份	初始生育阶段				旺盛生育阶段				后期生育阶段			
	需水量(mm)	降水量(mm)	满足度	适宜度	需水量(mm)	降水量(mm)	满足度	适宜度	需水量(mm)	降水量(mm)	满足度	适宜度
1971—1980	140	74	0.53	0.49	511	273	0.54	0.46	99	88	0.91	0.65
1981—1990	136	102	0.76	0.61	480	320	0.67	0.56	101	79	0.81	0.57
1991—2000	142	69	0.51	0.44	519	254	0.49	0.46	101	92	0.92	0.63
2001—2009	147	66	0.46	0.41	505	285	0.57	0.48	99	110	1.13	0.66

10.2.2.2　桃子

桃子是黄土高原普遍栽种的果树。它在全生育期水分适宜度较低，为 0.47，各年代水分适宜度变化不一(图 10.4)。其中，20 世纪 80 年代较高，距平值为 0.10；21 世纪 10 年代较低，距平值为−0.02。水分适宜度的变化转折年份出现在 1990 年，1971—1990 年水分适宜度以 0.087/10 a 的线性趋势增加，而 1990—2010 年则以 0.067/10 a 的线性趋势降低(蒲金涌 等，2011b)。

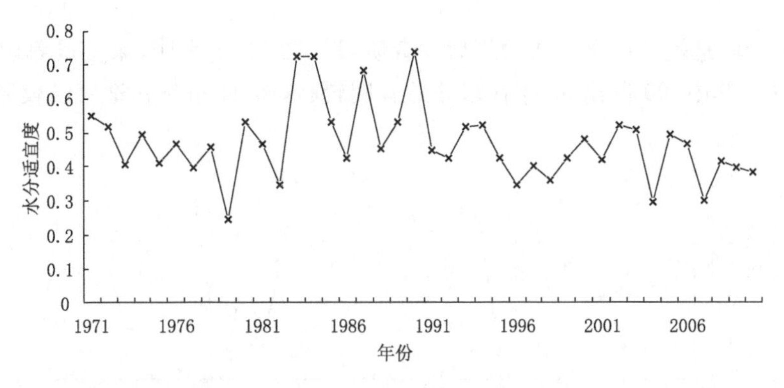

图 10.4　黄土高原桃子全生育期水分适宜度变化(1971—2010 年)

萌芽开花阶段是桃子开始生长时期，也是桃子生长的关键阶段。从图 10.5 黄土高原桃子萌芽开花阶段水分适宜度的变化表明，桃萌芽开花阶段平均水分适宜度为 0.47，水分适宜度在 20 世纪 80 年适宜度较高，在 21 世纪 10 年代较低。并且，它的水分适宜度在 20 世纪 70 年代呈线性降低，在 20 世纪 80 年代初有所上升。在 1983—2007 年水分适宜度以 0.14/10 a($R^2=0.274$，$P<0.1$)的趋势线性降低，在 2008—2010 年为线性上升趋势。

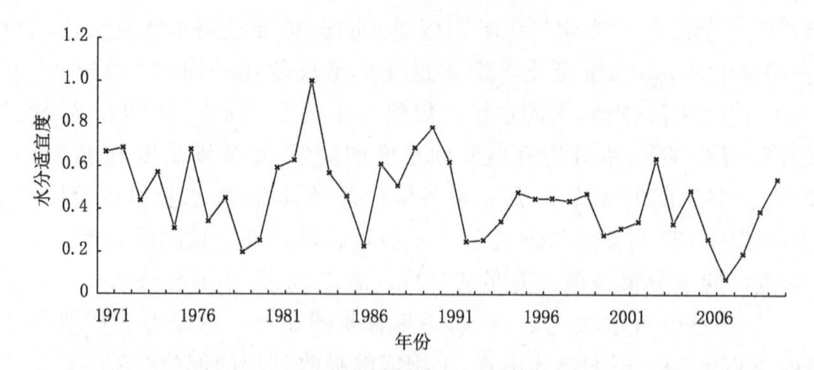

图 10.5　黄土高原桃萌芽开花阶段水分适宜度的变化(1971－2010 年)

果实膨大期是桃子产量形成的主要阶段,期间需要大量的水分及养分输送,降水是影响其气候适宜性最主要的因子。图 10.6 表明,此阶段桃子的水分适宜度为 0.44。水分适宜度的较高值出现在 20 世纪 80 年代,较低值出现在 21 世纪初。1971—1984 年水分适宜度呈线性升高,1984—2010 年以 0.069/10 a($R^2=0.252, P<0.1$)的线性趋势降低。

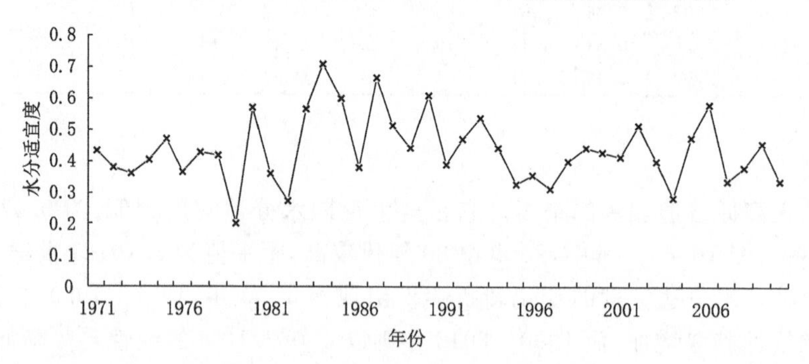

图 10.6　黄土高原桃子果实膨大阶段水分适宜度的变化(1971—2010 年)

果实成熟阶段是桃子产量形成的最后发育阶段。图 10.7 表明,果实成熟阶段,桃子水分适宜度为 0.56。其中,20 世纪 80 年代水分适宜度较高,而 21 世纪初适宜度较低。

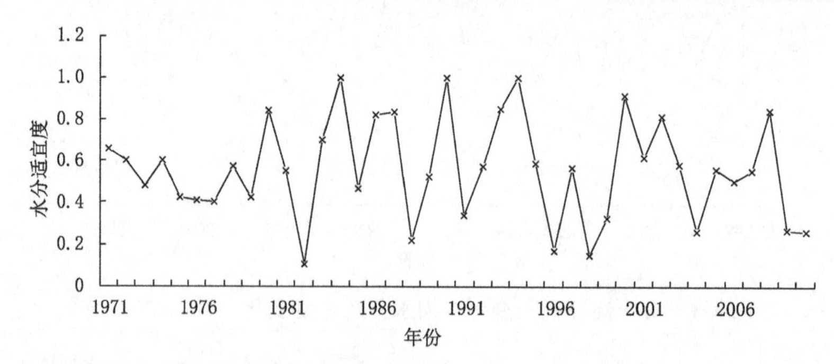

图 10.7　黄土高原桃子果实成熟阶段水分适宜度的变化(1971—2010 年)

10.2.2.3　鲜食葡萄

鲜食葡萄是黄土高原天水地区的特色果品。在该地区葡萄全生育期平均生理需水量 561 mm,而平均降水量为 405 mm。水分适宜度为 0.72。在葡萄初始生长阶段,平均需水量

57 mm，期间降水量 59 mm，水分适宜度为 1.04；在旺盛生长阶段，平均需水量 466 mm，降水量 286 mm，水分适宜度 0.61；在末期生长阶段，平均需水量为 46 mm，降水量 82 mm，水分适宜度为 1.78。虽然，葡萄全生育期水分适宜性较好，但由于降水量及需水量时间分布匹配性较差，时段性供需矛盾仍然较大。尤其，在末期生长阶段，降水量远大于葡萄的需水要求；而在旺盛生长阶段，水分供应却不能满足葡萄生长需要。

图 10.8 表明，葡萄生理需水转折年份出现在 1989 年，1971—1989 年生理需水以 33 mm/10 a($R^2=0.429, P<0.01$)的线性趋势减少，而 1989—2009 年以 7 mm/10 a($R^2=0.032, P>0.1$)的线性趋势增加。不过，降水量的转折点出现在 1990 年，1971—1990 年降水量以 88 mm/10 a($R^2=0.286, P<0.1$)的线性趋势增加，而 1990—2009 年降水量以 10 mm/10 a($R^2=0.062, P>0.1$)的线性趋势减少。水分适宜度的转折点出现在 1990 年，1971—1990 年水分适宜度以 0.19/10 a($R^2=0.249, P<0.1$)的线性趋势增加，而 1990—2009 年水分适宜度以 0.01/10 a($R^2=0.015, P>0.1$)的线性趋势减少。总体上，近年来葡萄需水量在增加，而生长期内降水量在减少，全生育期水分适宜性呈变差趋势。

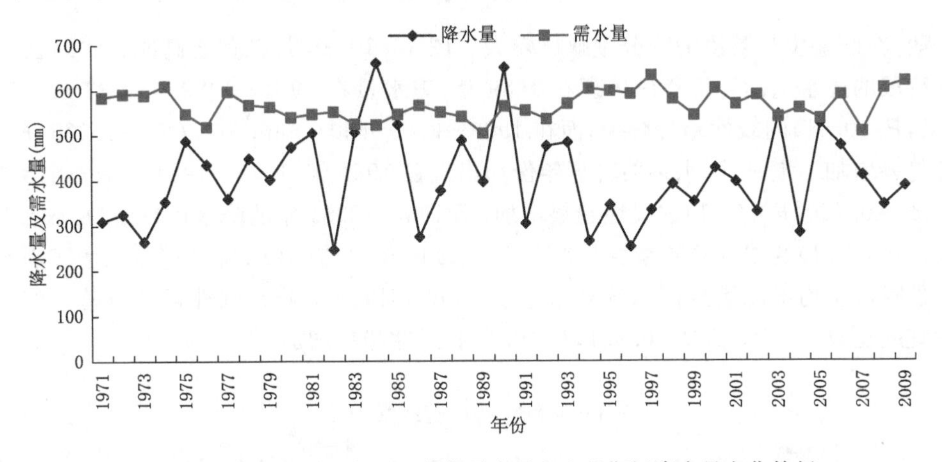

图 10.8　黄土高原天水地区葡萄需水量和生长期间降水量变化特征

生长阶段对葡萄的需水特征和水分适宜度影响也比较大。葡萄初始生长阶段占全生育期的 23%时间，而生理需水量占全生育期 10%，降水量占全生育期 14%。在该生育阶段，葡萄以营养生长为主，是果实累积的准备阶段，生理需水相对较少。图 10.9 表明，1971—2009 年生理需水呈逐年增加趋势，这主要是近 40 a 来春季升温导致参考作物蒸散加大所致。其中，1982 年是生理需水开始增加的转折年份，1982—2009 年的生理需水以 5 mm/10 a($R^2=0.403, P<0.01$)的趋势增加，但该生育阶段降水量年际线性分布不明显。总体上降水量大于生理需水量与小于生理需水量的年份持平。

同时，图 10.10 表明，近 20 年来水分适宜度呈下降趋势，1987—2009 年水分适宜度以 0.4/10 a($R^2=0.255, P<0.1$)的线性趋势下降，旺盛生长阶段是葡萄产量形成的关键生长阶段，葡萄的开花及果实形成全部在此阶段实现，也是葡萄生长时间最长时段，约占全生育期 59%的时间。此生长阶段的葡萄需水量占整个生育期需水量的 82%，降水量占整个生育期的 66%，降水与需水量的差值平均为 190 mm。其中，1982 年相差最大，达 383 mm。需水量与降水差值>300 mm 的年份有 6 a，占总年份的 15%；差值>200 mm 的年份有 20 a，占总年份的 50%；差值<100 mm 的年份仅有 7 a，占总年份的 18%。

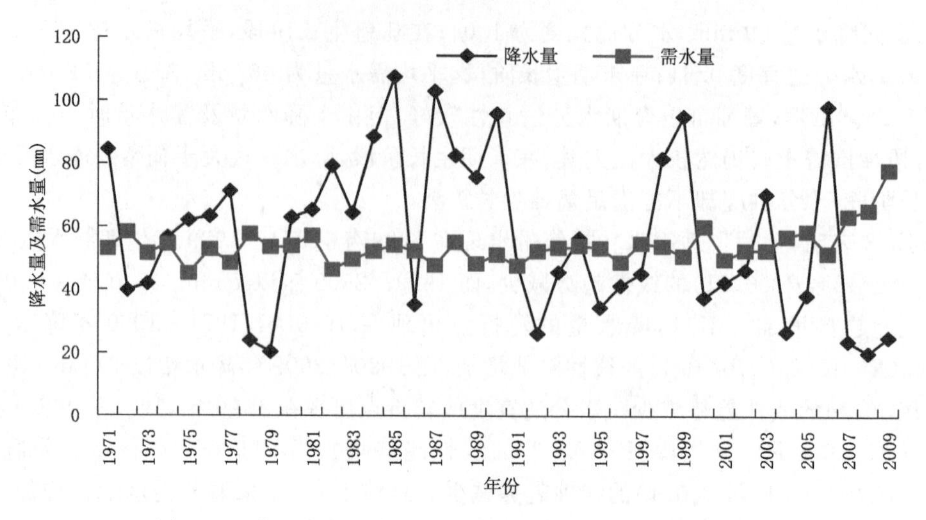

图 10.9　黄土高原天水地区葡萄初始生长期需水量及降水量

一般，在旺盛生长阶段的水分亏缺比较大。图 10.10 表明，在黄土高原天水地区，葡萄旺盛生长阶段的需水量的转折年份出现在 1989 年，需水量在 1971—1989 年以 33 mm/10 a($R^2=0.451$，$P<0.01$)的线性趋势减少，而在 1989—2009 年以 7 mm/10 a($R^2=0.025$，$P>0.1$)的线性趋势增加。不过，降水量的转折年份却出现在 1984 年，1971—1984 年的降水量在以 10 mm/a($R^2=0.220$，$P>0.1$)的线性趋势增加，而 1984—2009 年的降水量在以 16 mm/10 a($R^2=0.021$，$P>0.1$)的线性趋势减少。在 1971—2009 年，只有 1984 年的降水量大于需水量，其余各年份降水量均不能满足需水的要求。从 1996 年以后水分适宜性得到改善，1996—2009 水分适宜度在以 0.3/10 a($R=0.361$，$P<0.1$)的线性趋势增加。

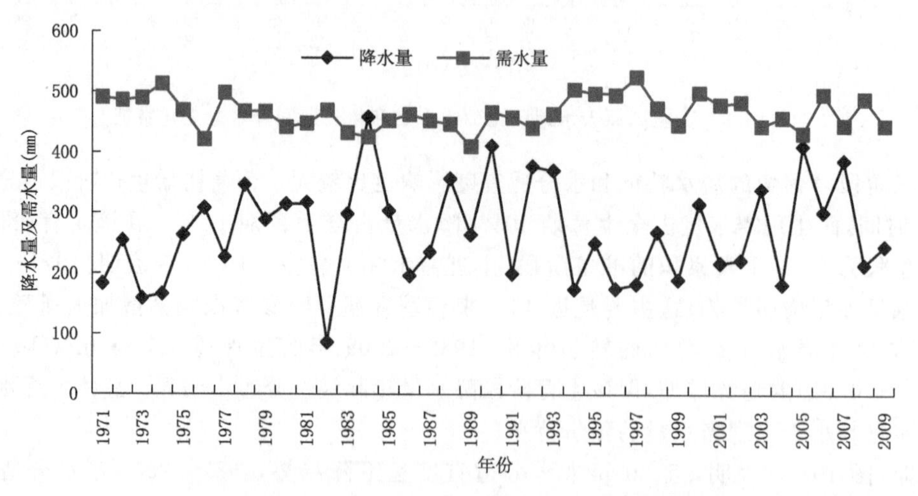

图 10.10　黄土高原天水地区葡萄旺盛生长期需水量及降水量

生长末期阶段是葡萄采摘后进入冬眠前的最后一个生长阶段，时间占全生育期的 18%。此时段果实已经采摘，水分需求急剧减少，生理需水只占全生育期 8%，而降水量仍然比较丰富，降水量占全生育期的 20%(图 10.11)。1971—2009 年只有 7 a 降水量小于生理需水量，占总年份的 18%，其余年份降水量均大于生理需水量。1971—2009 年生理需水量在以 22 mm/10 a($R^2=$

0.299,$P<0.1$)线性趋势增加,但降水量的线性变化趋势并不明显。水分适宜度基本在 1 以上。生长末期阶段的水分供需状况会影响到葡萄树的越冬及来年春季的生长。

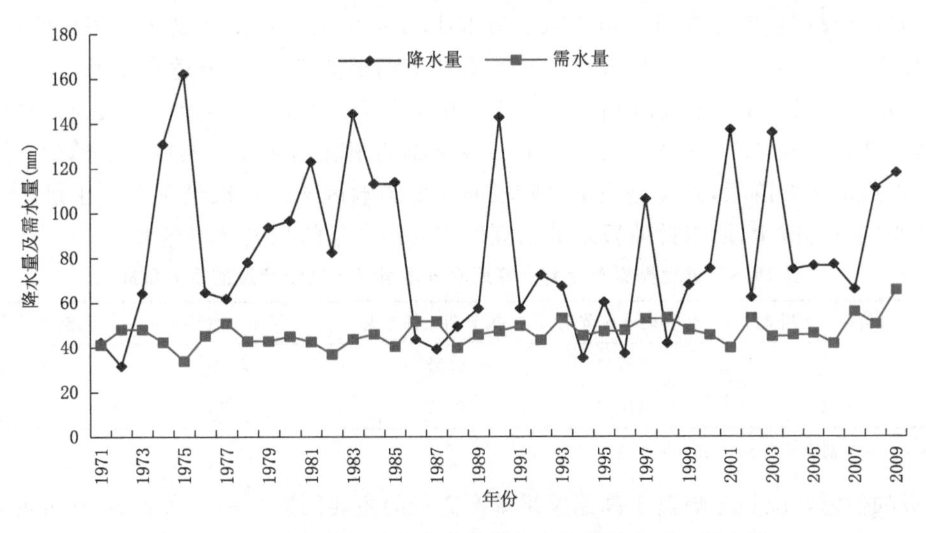

图 10.11　黄土高原天水地区葡萄生长末期需水量及降水量

10.3　作物水分适宜度与作物产量关系

水分适宜度能够较好地反映黄土高原作物产量水平。以冬小麦为例,在表 10.7 中给出了黄土高原天水地区关键生长阶段水分适宜度与小麦单产有较好的相关性。由该表可见,在各个生长阶段中,冬前生长期是冬小麦取得高产的关键时期,水分的适宜程度对产量的贡献较大(蒲金涌 等,2008b)。在越冬期,水分适宜度与产量的关系也比较显著。在拔节生长阶段,陇东南地区的水分条件较好,相关系数不能通过假设检验。旺盛生长期是冬小麦的生物量累计的主要阶段,水分适宜度与冬小麦产量相关关系比较显著。此时较低的水分适宜度对产量的限制比较大。在冬小麦生长期间,水分适宜度与产量的相关关系有一个比较明显的累积现象,整个生长期的水分适宜度与产量的相关程度均大于某单个生长阶段的。而且试验田中的实测产量更能反映出上述结果。

表 10.7　黄土高原冬小麦各生长发育期水分适宜度与产量的相关系数

生育期		冬前生长	越冬	拔节	旺盛生长	成熟	全生育期
西峰	社会产量	0.338*	0.163	0.244	0.034	0.105	0.370*
	试验产量	0.370*	0.330*	0.357*	0.286*	0.252	0.555**
天水	社会产量	0.278*	0.012	0.138	0.325*	0.103	0.283
	试验产量	0.329*	0.345*	0.206	0.370*	0.159	0.568**

注:**,* 分别表示通过 0.01,0.1 信度检验。

玉米各个生育期水分适宜度与气候产量的相关系数差异较大(表 10.8)。与冬小麦有所不同,玉米苗期需水量较少,在黄土高原旱作雨养农业区一定时间段的表层土壤水分供应不足,反而有利于玉米的扎根"蹲苗"及后期的正常生长。所以,在出苗期至七叶期发育期,虽然水分适宜度较低，但对气候产量影响并不显著。七叶期至抽雄期发育期是玉米需水的临界期，水分适宜程度对玉米产量高低影响较大。在七叶期至拔节期，水分适宜度每升高 0.1，黄土高原天水地区气候产量增加 52 kg/hm^2(R^2=0.381，P<0.05)，而陇东黄土高原西峰地区气候产量增加 71 kg/hm^2(R^2=0.410，P<0.05)；在拔节期至抽雄期，水分适宜度每升高 0.1，黄土高原天水地区气候产量增加 114 kg/hm^2(R^2=0.326，P<0.1)，陇东黄土高原西峰地区气候产量增加 52 kg/hm^2(R^2=0.325，P<0.1)。在抽雄期至乳熟期和乳熟期至成熟期，是玉米灌浆、产量形成的主要阶段，光照是该生育阶段的主要影响因子。一般情况下降水量多，降水日数增加，光照就会减少，所以此阶段水分适宜度与气候产量的相关性不显著。

表 10.8　黄土高原玉米各生育期水分适宜度与气候产量的相关系数

地点	出苗期—七叶期	七叶期—拔节期	拔节期—抽雄期	抽雄期—乳熟期	乳熟期—成熟期
天水	0.123	0.387**	0.326*	0.042	0.255
西峰	0.275	0.410**	0.325*	0.138	0.162

注：**，*分别表示通过 0.05，0.10 信度检验。

水分的供需状况是影响黄土高原苹果单产高低的主要因素之一。由表 10.9 可见，苹果水分适宜度与产量相关性最显著的时期是在初始生长期。因为该地春季降水较少，如果秋、冬季土壤储水不足，则水分供需状况对苹果开花期的影响较大，进而影响苹果的产量。旺盛生长期是苹果产量形成的关键时期，也是苹果需水最多的时期，但该地 50%以上的年降水量都集中在该时段，缓解了水分供需矛盾，因此虽然此期水分适宜度与苹果产量的相关性比较显著，但水分对产量的限制反而不及春季明显。苹果生长后期的水分适宜度与翌年苹果产量的相关关系不能通过信度为 0.1 的显著性检验，表明苹果成熟以后一直到落叶阶段的水分适宜度对翌年苹果产量的影响不是太大。

表 10.9　苹果产量与水分适宜度的相关系数(1990—2006 年)

生育阶段	初始生育阶段	旺盛生育阶段	生长后期
天水	0.282*	0.343**	0.164
西峰	0.338 **	0.282*	0.151

注：**，*分别表示通过 0.05，0.10 信度检验。

第 11 章　陆面水分的开发利用及其效益评估

11.1　露水收集利用技术

11.1.1　露水收集装置

如第 6 章所分析的那样，露水的大小和持续的时间要受到局地气候及地表和地物特征等多种因素的影响。正是基于这种认识，可以通过改善局地气候条件，改造地表和地物特性，创造更有利于露水形成的气象条件和更适宜的地表特征等方式，来人工增加露水的形成量和持续时间。而在实际生产中，露水收集方式更容易影响到露水的收集和利用效率。

11.1.1.1　开口型

最为普通的方法是通过制作开口比较宽阔、体形较小的露水收集器，由此可以获得比自然状态更多的露水量。这样的露水收集器一方面可以最大限度地提高夜间辐射冷却强度，减少露水凝结面的热惯性，使表面温度能够降到更低，可以有更多时间处于露点以下；另一方面也可以使表面水汽交换更加充分，增加露水凝结速率。这种类型的露水收集器常用以倒放的浅锥体或平板为代表。

11.1.1.2　新型材料

对露水凝结面绝热性和反照性的改进，也常用于露水收集器的设计中。这种方式可以显著改善凝结面的冷却效率，对提高露水形成效率比较明显。一般，采用热传导性低和反照率大的材质作凝结面或具有绝热层的复合型材料作凝结面，可以达到比较好的露水收集效果。目前，后者的应用相对比较普遍一些，它既能达到良好绝热效果，又可以保持较大反照率。

11.1.1.3　亲水材料

用亲水性较好的材料制作露水凝结面，可明显增加露水形成量。因为，凝结面的亲水性越强，露水的接触湿润角就越小，露水成核率和露滴增长速度就越大，形成的露水量也就更多一些。一般，聚乙烯等无机材料的亲水性比较好，也比较常用。相对而言，干净、光滑的无机材料凝结面的亲水性最好，接触湿润角可以接近 0°。相反，表面粗糙并覆盖疏水性活化膜的凝结平面的接触湿润角高达 180°，不容易产生露水。

11.1.1.4　倾角改进

在考虑材料热辐射性和亲水性的基础上，也可尝试选择凝结面的倾角来有效增加露水量。法国人 Muselli 等(2006)曾分别将凝结平面与水平面呈不同角度进行过观测试验，他们在设计中充分考虑了平板的反射率和重力等多方面的作用效果。比较发现，如果凝结平板与水平面成 30°角时，露水收集量最多。

11.1.1.5　形状改进

通过改进露水收集器凝结面的结构设计，也可以有效提高露水收集量。试验表明，网状结构是辐射冷却效果最好、凝结面积最有效的结构设计。而且，网状结构的凝结面还能够在一定程度上拦截空气中的雾水。在现实中，由金属网凝结面制作的露水收集器对露水的增强效果就很不错。为了更加有效增加露水收集量，大金属网内还可再套上小金属网，或者把细铁丝编成松针状放在金属网内，以进一步增强表面辐射和增大凝结面积。铁丝网的形状可大可小，细铁丝松树针的数量也可多可少，其结构可以根据空气含水量和风速进行调整。最近，有人还尝试利用新材料来提高露水的收集效果。比如，有人在试验用纳米尼龙纤维制成的无纺布网作为露水收集器的凝结面。目前，应该提倡和试验的做法是将辐射冷却效果好、亲水性强、具有纳米特性的材料及网状结构和空中放置等多种优势技术结合来，发展多种技术集成的高性能露水收集器。

11.1.2　收集设备放置地点

就局地气候条件而言，如将露水收集装置放置在天空少云、空气湿度较大、风速适中、近地层逆温梯度比较明显、表面温度较低的区域，产生露水的效果比较理想。试验分析已发现，如果希望获得较佳的露水量，空气相对湿度最好大于 90%，风速保持在 1～2 m/s 左右，地表温度低于露点，大气逆温梯度比较强。在地理条件上，最好选择平坦开阔的地形放置露水收集装置，以利于表面冷却和水汽输送畅通。这些方面均会显著影响降露形成量，一般在理想条件下露水能够达到每日 0.5 mm 以上，而比较差的条件下要小 1 个量级，甚至不产生露水。可见，收集设备放置的地理位置和气候背景是十分重要的。

同时，露水收集装置放置距离地面的高度也会影响露水量。在近地层，大气温度和湿度的梯度很大，不同高度处凝结面冷却效果和空气水汽条件均有很大差别，其露水量也肯定会有所不同。Giora(2005)曾将露水收集器放置在以色列沙漠的不同高度处测量露水量，发现在某些高度露水收集效果确实要更好一些。

另外，在局地气候环境条件不变的情况下，增加凝结面的反照率和减少凝结面的热传导性都有可能增加露水形成。所以发展和创新露水凝结平面设计技术是目前开发露水的主要方向，它可能要比选择局地气候环境条件要更主动，更有效一些。

11.2　土壤水开发利用技术

11.2.1　土壤水库开发

黄土高原雨养旱作农业区土壤质地良好，土层深厚，结构疏松，是持水空隙占土体约 30%的多孔体土壤，它的土壤水分具有良好的渗透性、持水性、移动性及其相对稳定性的特征，它也具有对水分和养分的良好吐纳调节功能。经测算，正常年份黄土高原 200 cm 厚的土层内可容纳 564～664 mm 的水分，这在半干旱区发挥着不可忽视的“土壤水库”作用。不过，在土壤水库中，无效储水量占整个库容量的 33%～50%。在 200 cm 土层中，即使土壤湿度全部处于作物适宜生长的上限(占持水量的 80%)，有效利用水分也只能达到 226～266 mm，在实际生产中还远远达不到这个数值。

土壤水库最大的特点就是其“库”的接受、储存和转移作用，即土壤水库发挥着重要的季节间或年际间的水分调节作用，有效缓解由于降水年际和季节间分配不均所形成的干旱，常言道“伏雨春用”“春旱秋抗”。土壤水库可以接纳 90% 以上的降水量，由于降水入渗深度能达到 2 m 甚至更深，所以 60～100 cm 以下的深层储水具有更高的稳定性和有效性。因此，深层土壤水分对旱地作物供水的调节十分有效。充分发挥土壤水库的作用，是半干旱区防旱抗旱、提高水分利用率的重要切入点。

首先，应有效发挥土壤水库的季节间调节作用，使“伏雨春用”“春旱秋抗”。尤其，深层土壤水分对半干旱地区旱作农业的供水十分重要，应发挥土壤深层储水对作物需水的季节和年际的调节作用。试验研究表明，在降水正常年份，冬、春小麦土壤水分的生产力分别高达 0.85 kg/mm 和 0.75 kg/mm，仍有很大的发挥潜力。应采取增加土壤水库库容的各种措施，避免自然降水的径流流失或无效蒸发。比如，如深耕就能起到提高土壤孔隙度和降水入渗速度，达到提高降水对土壤水分的转化效率和扩大土壤水库库容的目的。所以，在半干旱区旱作雨养农业区，秋季作物收获后应及时及早秋耕蓄纳秋雨。黄土高原旱作雨养农业区应积极推广“三耙三耱”方式，达到抑制土壤水分蒸散、提高持水能力、强化抗旱水平的效果。另外，通过兴修梯田等方式，也可以减少地表径流和水土流失，有效提高降水对土壤水分的转化效率。

11.2.2　土壤水利用技术

11.2.2.1　*农田压砂石*

砂田是把河流中冲积的卵石、砾、砂的混合体铺压在土壤表面的农田，它是以提高土壤水分利用效率为目的的传统农田建设方式。这种技术是中国西北干旱地区农民经过长期生产实践形成的智慧，是一种在世界上独有的耕作方法，具有明显的蓄水、保墒、增温、压碱和保持地力的作用。采用压砂技术，可在年降水量 200～300 mm 的干旱条件下，获得粮菜瓜果的高产和丰收。

为了提高砂田的水分利用效率，砂田的铺砂、耕作和管理如下：①铺砂。一般选择土壤肥沃，地势平坦的土地。在铺砂前，先整平地表，耕翻耙磨，压实土壤。然后施足底肥，肥料撒在土壤表面，待冬季土壤冻结以后，方可铺砂。②耕作。铺砂后，对土壤不进行直接耕作。但为了疏松砂层，清除杂草，在前茬作物收获后，后茬作物播种前进行松砂。松砂只能在砂层，不能入土，避免因砂土混合而失去保墒效果。③播种。瓜类和蔬菜多采用穴播，按一定株距扒开砂层，用手锄挖松土壤，将种子放入土内，覆土盖平后，再盖 3 cm 厚细砂。④施肥。先将砂层扒开 66 cm 左右的行，扫净细砂，将肥料均匀施入行内，或者在植株周围扒开 33 cm 见方的砂面，将肥料翻入土中，然后耙平拍实，再覆盖砂石。砂田栽培时起砂、铺砂的劳动量较大，施肥也较困难。但收获时拔除秸秆、茎蔓，不留残茬，没有一般免耕农田因残茬覆盖而产生有毒物质、地温降低和病虫害增加等弊病，故是一种特殊的免耕农田。

在压砂条件下，砂田更接近于“干燥的土壤”，能有效抑制潜热通量和土壤热量的失散。因为，砂石层相当于充当了太阳辐射与土壤的“隔离层”，避免了相对湿润的土壤受到太阳直射，砂石层却因吸收太阳短波辐射温度升高，使得砂田在梯形空间中接近于暖边。并且，高温砂石层会以感热形式释放大量能量，从而减少了土壤的蒸发。同时，砂石层的热容量弱于相对湿润的土壤，因此在太阳直射的中午，使砂田白天温度高于裸土；而夜晚砂层迅速释放热量，使砂田温度低于裸土。所以,砂田昼夜温差要明显比裸土大。另外,覆沙可以减少土壤中的毛管上升水,阻止了深层盐分随毛管水上移,以达到压碱的功效。总之,农田压砂技术可有效解决半干旱地区降雨少、蒸发强、土壤表层盐分聚集、不利于作物生长的一系列气候环境问题。

11.2.2.2 覆膜

半干地区雨养旱作地地膜带田是集增温保墒、集水调水、边行优势等农田小气候效应以及作物高低空间层带性、生长时间演替性、不同品种性状差异互补性等一系列生态气候效应于一体的高效综合丰产栽培技术。

地膜带田同时具有节水和调水两重效应。越冬期覆膜麦田 100 cm 土层内含水量比一般麦田多 28～32 mm,土壤湿度高 1.1%～3.0%。玉米带覆膜田,100 cm 土层内含水量比一般农田多 30～40 mm,土壤湿度高 1.5%～3.5%。当过程降水量达到 15 mm 以上时,覆膜地带给相邻地带的增水约 75%,而且降水量越大,其调水量越多。这种方式体现了“两带降水一带用”的科学原理。小麦一玉米套种地膜带田,比对照一般小麦和单作地膜玉米增产 41%～163%。地膜带田的水分利用率约为 1.02 kg/mm,比单作小麦田水分利用率 0.58 kg/mm 和单作玉米田水分利用率 0.99 kg/mm 分别高出 76%和 3%。

覆膜是通过塑料膜阻隔土壤水分与大气的直接接触,可以减少土壤水分的蒸发,人为迫使尽可能多的土壤水分通过植物利用和蒸腾而完成整个水分循环过程。

当然,越冬田间覆盖保墒也要分气候年型,不能一概而论。如果冬前土壤含水量充足,越冬期气温明显偏高,降水明显偏少的年份,越冬采取田间覆盖措施,可以有效弥补春季降水的不足,为冬小麦产量形成提供必要的水分保障,保墒蓄水效果更加显著。相反,秋旱年份,土壤收墒不足,越冬期总体气候特征呈现阴湿年型,越冬期土壤水分损耗较少,可以不采取覆盖措施。

11.2.2.3 免耕

免耕和少耕是对农田的保护性耕作技术。这种技术尽可能减少土壤耕作,用作物秸秆和残茬覆盖地表,用化学药物控制杂草和病虫害,减少土壤风蚀及水蚀,提高土壤肥力和抗旱能力的一项先进农业耕作技术。据仇化民等(1988)在陇东黄土高原对包括免耕等多种耕作进行的对比实验发现,免耕对降水量的接纳吸收与常规耕作措施差别不大,但相对于浅耕等田间管理措施更利于抑制冬季水分的无效消耗,以供作物的春季生长发育。

这种保护性耕作技术最明显的效益主要有三方面:一是社会效益。主要包括减少风蚀、防止水土流失及减小沙尘天气和大气污染危害等;二是生态效益。主要包括增加土壤储水量、提高水分利用效率、节约水资源、提高土壤肥力、改善土壤物理结构、增加土壤团粒结构和孔隙度等;三是经济效益。主要包括减少作业工序、增加产量、增加农民收入等。

近年来,保护性耕作技术虽然得到了重视和发展,但区域发展布局的总体规划仍不完善。尤其对于不同区域,保护性耕作技术的制度特点与区域特征不相适应,操作规程和技术标准也不够完善,限制了保护性耕作技术的大面积推广。

11.2.2.4 双垄沟播覆膜技术

全膜双垄集雨沟播技术是半干旱地区旱作农业的综合新技术。全膜双垄沟播玉米或马铃薯的技术要点是:在覆盖方式上由半膜改为全膜,在种植方式上由平铺穴播改为沟垄种植,在覆盖时间上由播种时覆膜改为秋覆膜或顶凌覆膜。这种技术先在田间起大小双垄,并用地膜进行全覆盖，既起到大面积保墒作用，又形成自然集流面，使有限的降水被沟内种植的作物有效吸收，从而形成地膜集雨、覆盖抑制蒸散和垄沟种植为一体的抗旱保墒新技术。试验结果表明，在年降水量 250～550 mm、海拔 2300 m 以下的地区，采用此项技术种植玉米比相同条件下的半膜平覆农田增产 35%以上，种植马铃薯比露地栽培农田增产 30%以上，增产效果非常显著，大大提高了旱作农业的集约化水平和土地产出率。

该项技术在黄土高原地区推广，解决了当地春旱严重情况下的保墒保苗和增产增收难题。陇东黄土高原年降水量为 300～600 mm，大多属于半干旱半湿润气候区，以雨养旱作农业为主。2014 年推广全膜双垄沟播玉米 82.093 万公顷，平均每公顷比露地玉米增加了 4500 kg，比半膜玉米增加了 2250 kg 以上。甘肃全省推广全膜垄作侧播黑膜马铃薯面积 198.2 公顷，平均每公顷产鲜薯 31460 kg，比露地平均每公顷增产 10500 kg。

11.2.2.5　膜下滴灌技术

膜下滴灌技术是滴灌技术和覆膜种植的有机结合，具有施肥、施药、灌溉一体化的技术特点，加之由于地膜覆盖，大大减少了无效蒸发，最大限度提高了水资源利用效率。该技术主要用于棉花、加工型番茄、专用型马铃薯、酿造型葡萄、制种玉米、蔬菜、瓜类等特色作物，一般每公顷可节水 3750 m^3 以上，节水率高可达 50%左右。如在稀植作物上应用，节水效果会更加明显。

该技术各地应用情况表明，在甘肃省敦煌、金塔和民勤等县的棉花种植中，平均每公顷用水仅 3645 m^3，节水率达 47%，单产增产率为 9%；在甘州、临泽的加工型番茄种植中，平均每公顷节水率约为 33%，单产增产率为 56%；在永昌的制种玉米种植中，平均每公顷节水率为 37%，单产增产率为 14%。在嘉峪关的酿造葡萄和洋葱种植中，酿造葡萄平均每公顷节水率约为 57%，单产增产率约为 1%；洋葱平均每公顷节水率为 31%，单产增产率为 10%。这种技术不仅具有节水和保温作用，而且还改变了作物的生长环境，对防止作物根部腐烂病具有明显作用。

11.2.2.6　垄膜沟灌技术

垄膜沟灌技术是通过起垄、垄上覆膜、在垄面垄侧或垄沟里种植作物进行沟内灌溉的一种农艺集成节水技术，具体分为全膜沟播沟灌和半膜垄作沟灌。

全膜沟播沟灌是将土地平面修成垄形，对田块进行全地面覆盖，防止水分无效蒸发，作物种在沟内，灌溉采用沟灌技术，水从输水沟进入灌水沟，并通过种植孔渗透湿润土壤，减少土壤水分蒸发损失，适用于玉米等宽行距种植作物。

半膜垄作沟灌是将土地平面修成垄形，用地膜覆盖垄面与垄侧，在垄上或垄侧种植作物，按照作物生长期需水规律，将水浇灌在垄沟内，通过侧渗进入作物根区，保护作物根部附近的土壤结构，防止田面板结。一般在 3 月上中旬耕作层解冻后起垄，垄和垄沟宽窄均匀，垄脊高低一致。主要应用于玉米、马铃薯、瓜菜等作物。

半膜垄作沟灌技术用在肃州、玉门、凉州、民勤和景泰的大田玉米种植中，平均每公顷节水率为 19%，单产增产率为 8%；在玉门、永昌、景泰的马铃薯种植中，平均每公顷节水率为 24.6%，单产增产率为 12.3%；在高台、临泽的加工番茄种植中，平均每公顷节水率为 20%，单产增产率为 22%。总之，从节水和增产综合效果来看，膜下滴灌效果最好，其次是全膜沟播沟灌，再次是半膜垄作沟灌，最后是麦类垄作沟灌。

11.2.2.7　设施农业技术

设施农业即塑料大棚，最早对抗干旱成功的例子出现在波斯湾的阿拉伯联合酋长国。在中国北方，温室、塑料大棚、小拱棚不仅有增加热量的功能，且具有明显的节水抗旱作用，并为现代农业发展提供了技术条件。

温室和塑料大棚节水效益非常显著。一般情况用水可以节省一半，产量提高1倍多。尤其小拱棚在北方春季多风季节可起到保护土表、减少土壤水分蒸发、防御干旱等多重作用。

11.3　地表无效降水的有效化利用

在干旱半干旱区，许多时候自然降水达不到形成农业和生态效益的临界值，并且在时间上分布也很不均。所以，把大范围无效降水集中到小范围转化有效降水以及把有些季节或时段大范围径流流失的无效降水储存起来提供特定区域有效利用是地表无效降水的有效化利用的核心思想。在半干旱区的黄土高原，冬、春、夏、秋的降水量分别为9～15 mm、84～108 mm、206～244 mm、79～133 mm，降水的季节分布不均及量级变化较大，在降水量大时土壤吸纳不及时，极易出现径流，使得相当一部分降水形成了无效而有害的水土流失，可以因势利导把这部分降水引入水库，形成有效水资源。另外，对于达不到形成农业效益的自然降水，可在广大农村农民的住宅院落及硬化路面，将这部分降水汇集起来利用，化无效降水为有效降水，增加雨水的利用率。比如，年平均200 mm的自然降水一般很难形成农业生产效益，但如把3 m^2的自然降水集中到1 m^2上使用，这就相当于转化为每平方米600 mm的降水，很自然就会成为能够产生农业效益的有效降水。

据测算，半干旱地区降雨在地面的分配比例大致是：20％～35％形成初级生产力，60％～70％为无效蒸发，10％～15％形成径流流失。采用集雨节灌技术，可以把降雨径流的1/2～1/3收集起来供灌溉利用。同时，一般情况下，100 m^2面积的硬化集流场或道路、场院、屋面等场地，在日降水量为10～25 mm(中雨)时，每10 mm降水可分别集水3～5 m^3或6～8 m^3。从不同年降水量的集水深度以及集水深度供给人畜饮水和补灌的综合研究得出，半干旱半湿润气候区在年降水量300～800 mm地域推广集雨节灌技术具有普遍意义，在年降水量400～700 mm地域推广该项技术的有效性最为显著。在半干旱半湿润地区每户确保1个面积为100～200 m^2的雨水集流场，配套修建2个蓄水窖，富集雨水50～100 m^3，在解决人畜饮水困难的同时，发展666.7 m^2(1亩地)节灌面积的庭院经济或保收田，效果非常好。截至2002年底，甘肃已建成集雨节灌水窖194.36万眼，发展集雨补灌面积30.49万 hm^2。该项技术具有强大的生命力和显著的生态、社会和经济效益。它不仅适用于中国半干旱半湿润地区，同时对全世界面临同样缺水问题的国家和地区具有重要的借鉴意义。

第 12 章　干旱半干旱区陆面与大气水分相互作用研究展望

从目前的研究进展看,总体而言专门针对陆面与大气水分相互作用过程的观测试验研究和系统性理论分析则均明显不足,对陆面与大气水分相互作用过程的认识仍然十分有限,还存在很多科学疑惑。在干旱半干旱地区,由于陆面与大气水分相互作用过程的复杂性和敏感性,面对的挑战更多。所以,在 2002 年 7 月召开的以全球变化与中国水循环前沿科学问题为主题的香山科学会议第 187 次学术讨论会上,仍然把陆面与大气水分相互作用过程列为目前几个关键科学问题之一。目前,在干旱半干旱区,陆面与大气水分相互作用研究领域需要在以下几个方面进一步加强和拓展:

第一,小尺度水分循环分量的定量估算。由于在干旱和半干旱地区干旱少雨,土壤比较干燥,人们往往更加容易忽视对陆面小尺度水分循环的研究。20 世纪 80 年代末和 90 年代初,在西北干旱地区黑河流域开展的 HEIFE 试验作为中国首个陆面过程科学试验研究开辟我国该领域研究的先河。但总体而言,至今在小尺度水分循环研究方面显得很薄弱,而且至今也未能对当时取得的很有限的陆面水分循环的观测资料进行充分分析。实事求是地讲,目前对干旱半干旱区陆面小尺度水分输送和水分循环特征的认识还明显不足,对其变化规律和一些物理机理更加缺乏深入了解,在大气数值模式中对其描述也还不够完善,特别是对表面蒸散和露水等水分相变参数化及土壤水分输送方程的确定还存在不少理论方面的困惑。

第二,复杂下垫面陆面水分过程。在目前已开展的干旱半干旱地区陆面过程和大气边界层观测试验中,绿洲、湖泊和地形等引起的复杂下垫面水分输送问题并没有得到很好的解决,这使得以往陆面过程和大气边界层的水分过程观测试验结果缺乏足够的可靠性和适用性。复杂下垫面不仅会造成特殊的陆面水分过程特征和大气边界层湿度结构的变异,而且也给大气模式中陆面水分过程和边界层水分输送的参数化造成了较大困难。这种非均匀性对陆面水分过程和大气边界层湿度结构影响十分明显,会出现显著的内边界层特征和局地大气环流。同时,起伏地形和山脉下垫面对边界层水分输送和湿度结构也有突出作用,它不仅会引起边界层特殊运动过程,产生水汽的垂直速度等问题,而且也使大气近地层水分输送的描述变得比较困难。

第三,大气数值模式中陆面水分过程参数化。至今对大气水分循环的模拟并不是十分成功,即使对降水过程都很难比较准确地模拟。困扰这一问题的原因固然很多,但陆面水分过程的复杂性无疑是影响这一问题的主要因素。正是由于陆面水分过程的复杂性,目前无论在数值模式中还是在理论分析中对其描述都还很不完善,尤其对降露、土壤水分吸附和蒸馏等一些特殊的陆面水分过程还没有充分考虑,对陆面过程中表面蒸散和土壤水分输送的计算还存在不少理论方面的困惑，许多大气数值模式中对它们的描述隐含了不少假定和猜测，模拟的土壤湿度干化速度往往要比实际迅速得多。所以，今后陆面过程研究所面对的最艰巨的任务之一可能就是如何提高对陆面水分过程的客观定量描述。

第四，陆面与大气水分相互作用过程对生态系统的影响。人类正面临全球范围的生态环境退化和水资源紧缺等问题，这一问题在干旱半干旱区尤其突出，直接影响生态维持和经济发展。但自然降水、蒸发、毛管抽吸、根系输送、渗漏、降露、蒸馏和大气扩散等陆面和大气的小尺度水分过程到底通过怎样的机制来维持和影响干旱生态系统？维持干旱生态系统的陆面水分约束条件是什么？对这些深层次问题均需要进一步的研究和探讨。

第五，陆面水分过程时空变化规律。从宏观角度讲，对干旱半干旱区陆面水分过程空间和时间变化规律的认识可以说还很模糊。迄今为止，我们仍然不能够对干旱半干旱区陆面水分过程具有怎样的时空规律和特性以及哪些水分过程对干旱半干旱区更重要等问题做出很好的回答。如何充分利用数值模式和卫星反演资料来开展陆面水分过程空间分布特征研究是今后需要进一步努力的重要方面。我们可以充分利用卫星遥感资料空间覆盖范围大、时间序列完整以及数值模拟可重复实验的特点，尝试研究土壤湿度、表面蒸散及降露和蒸馏水等干旱半干旱区陆面水分过程主要参量的空间和时间变化规律。

第六，遥感对陆面水分过程反演技术在数值模式中的应用。在大气数值模式中，对干旱半干旱区陆面水分过程的处理也还存在许多不完善的方面，许多模式中对其描述隐含了不少假定和推测。虽然，通过近 20 年的研究，已在干旱区陆面水分过程研究方面取得了部分创新性的研究结果，但如何利用卫星遥感资料来改进干旱半干旱区陆面水分过程模拟的工作也还没有取得实质性的进展。从目前科学技术的发展趋势而言，可以将卫星遥感资料反演的土壤湿度、植被指数和地表反照率等参数直接同化到陆面过程模式中，以此来提高对陆面水分过程的模拟能力。但在干旱半干旱地区，要想有效反演出土壤湿度、植被指数和地表反照率等参数还必须克服卫星资料应用和反演等方面的一些关键技术问题。

第七，陆面水—热—生耦合过程。以往对陆面生理生态过程、能量过程和水分过程等每个单独过程的特征研究相对较多。然而，在干旱半干旱地区，由于陆面水热特性变化迅速，生态环境十分脆弱，植被状态对陆面水热过程的依赖性强，不仅其陆面生理生态、能量和水分过程本身比较独特，而且它们之间的耦合作用更为突出。实际上，在该地区陆面生理生态与陆面能量和水分过程之间的耦合作用是陆—气相互作用中最复杂的部分，尤其还直接涉及干旱致灾过程、强对流灾害性天气形成和生态环境保护等一些重大现实问题。因此对陆面生理生态过程与能量和水分过程之间的耦合过程研究是陆—气相互作用研究的重点之一。如图 12.1 所示（Cho et al.，2012），在该地区下垫面植被直接影响和决定着地表的动力和热力因子特性，形成地表空气动力学阻抗（R_a）、气候阻抗（R_i）和冠层阻抗（R_s）的差异性，从而造成地表感热通量和潜热通量分配比例的差异性，影响着近地面气温的空间分布和植被的蒸散特征，并进一步影响土壤的水热特征形成，从而形成独特的水分、热力和生态特征（Yue et al.，2018）。但目前对这一问题的认识仍然比较有限。

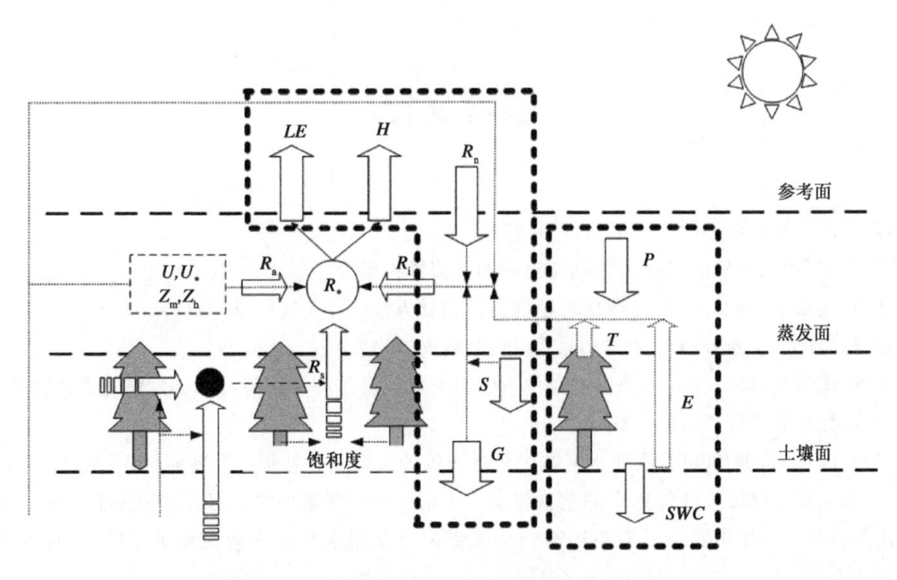

图 12.1　陆面与大气的水分、热量、生态耦合关系

（R_a 为地表空气动力学阻抗，R_i 为气候阻抗，R_s 为冠层阻抗，U 为风速，Z_m 为动量的粗糙长度，Z_h 热通量粗糙度长度，LE 为潜热通量，H 为感热通量，R_n 为净辐射通量，P 降水量，T 为冠层蒸散，E 为地表蒸发，SWC 为土壤水含量，G 为土壤热通量）

参考文献

曹文俊,1997.粗糙度长度综述[J].气象,17(3):45-47.

曹晓彦,张强,2003.西北干旱区荒漠戈壁陆面过程的数值模拟研究[J].气象学报,61(2):219-225.

陈家宜,王介民,光田宁.1993.一种处理地表粗糙度的独立方法[J].大气科学,17(2):21-26.

陈满祥,2002.陈满祥水文水资源论文集 [C].兰州:兰州大学出版社.

陈四龙,张喜英,陈素英,等,2005.不同供水条件下冬小麦冠气温差叶片水势和水分亏缺指数的变化及其相互关系[J].麦类作物学报,25(5):38-43.

陈勇航,黄建平,陈长和,等,2005. 西北地区空中云水资源的时空分布特征[J].高原气象,34(6):905-912.

柴雯,王根绪,李元寿,2008.长江源区不同植被覆盖下土壤水分对降水的响应[J].冰川冻土,30(2):329-337.

邓振镛,仇化民,1999.旱作小麦—玉米垄种沟盖地膜带田集水调水与增产效应研究 [J].自然资源学报,14(3):253-257.

邓振镛,张强,2008.西北地区农林牧业生产及农业结构调整对全球气候变暖响应的研究进展[J].冰川冻土,30(5):836-842.

邓振镛,张强,王强,等,2011a.甘肃黄土高原旱作区土壤贮水量对春小麦水分生产力的影响[J].冰川冻土,33(2):425-430.

邓振镛,张强,王强,2011b.黄土高原旱塬区土壤贮水量对冬小麦产量的影响[J].生态学报,31(18):5281-5290.

方静,丁永建,2005.荒漠绿洲边缘凝结水量及其影响因子[J].冰川冻土,27(5):755-760.

郭海英,万信,杨兴国,2008.冬小麦冬前旺长及资源损耗现象分析[J].土壤通报,39(6):1252-1255.

郭柯,董学军,刘志茂,2000.毛乌素沙地沙丘土壤含水量特点—兼论老固定沙地上油蒿衰退原因[J].植物生态学报,24(3):275-279.

黄英,王宇,2003.云南省蒸发量时空分布及年际变化分析[J].水文,23(1):38-42.

黄荣辉,周德刚,陈文,等,2013.关于中国西北干旱区陆—气相互作用及其对气候影响研究的最近进展[J].大气科学,40(2):189-210.

胡隐樵,张强,1993.论大气边界层的局地相似性[J].大气科学,17(1):10-20.

胡隐樵,高由禧,1994a.黑河实验(HEIFE) 干旱地区陆面过程的一些新认识[J].气象学报,52(3):285-291.

胡隐樵,高由禧,王介民,1994b.黑河实验(HEIFE) 的一些研究成果[J].高原气象,13(3):225-236.

胡隐樵,孙菽芬,郑元润,等,2004.稀疏植被下垫面与大气相互作用研究进展[J].高原气象,23(3),281-297.

霍竹,邵明安,2005.黄土高原水蚀风蚀交错带降水及灌木林冠截留特性研究[J].干旱地区农业研究,23(5):88-92.

贾秀领,马瑞崑,张全国,等,2005.冬小麦叶片气栓塞与叶水势日变化的关系[J].麦类作物学报,25(1):50-54.

柯晓新,林日暖,徐国昌,1994.大型称重式蒸渗计的研制[J].应用气象学报,5(2):344-353.

李凤霞,颜亮东,周秉荣,等,2005.青海省降水与旱地土壤水分关系的研究[J].青海气象(4):2-16.

李菊,刘允芬,杨晓光,等,2006.千烟洲人工林水汽通量特征及其与环境因子的关系[J].生态学报,26(8):2456-2449.

李品芳,李保国,2000.毛乌素沙地水分蒸发和草地蒸散特征的比较研究[J].水利学报,3:24-28.

李振山,陈广庭,1997.粗糙度研究的现状级展望[J].中国沙漠,17(2):99-102.

刘冰,赵文智,常学向,等,2011.黑河流域荒漠区土壤水分对降水脉动响应[J].中国沙漠,31(3):716-722.
刘波,马柱国,丁裕国,2006.中国北方近45年蒸发变化的特征及与环境的关系[J].高原气象,25(5):840-848.
刘文杰,李红梅,段文平,1998.西双版纳地区露水资源分析[J].自然资源学报,13(1):40-42.
刘文杰,张克映,张光明,等,2001.西双版纳热带雨林干季林冠雾露水资源效应研究[J].资源科学,23(2):75-80.
罗振堂,李凤霞,周秉荣,等,2009.青海省东部浅山农业区春季干旱预报方法研究[J].青海科技(5):25-30.
马金玲,周宏飞,2005.塔里木盆地西北部不同类型蒸发器水面蒸发变化趋势分析[J].干旱区地理,28(3):300-304.
马鹏里,蒲金涌,辛吉武,2007.甘肃省近20年土壤农业水文特征的变化[J].地球科学进展,特刊:76-80.
孟宪红,吕世华,张宇,2007.基于MODIS数据的金塔绿洲上空大气水汽含量反演研究[J].水科学进展,18(2):264-269.
苗曼倩,季劲钧,1993.荒漠绿洲边界层结构的数值模拟[J].高原气象,22(2):77-86.
蒲金涌,姚小英,邓振镛,2005a.甘肃省河东地区深层土壤湿度对气候变化的响应[J].地球科学进展,特刊:51-56.
蒲金涌,姚小英,贾海源,2005b.甘肃陇西黄土高原旱作区土壤水分变化规律及有效利用程度的研究[J].土壤通报,36(4):483-486.
蒲金涌,邓振镛,姚小英,等,2006.气候变化对甘肃黄土高原贮水量的影响[J].土壤通报,37(6):1086-1090.
蒲金涌,冯建英,姚晓红,等,2008a.甘肃黄土高原土壤农业水分常数分布特征[J].干旱地区农业研究,26(3):205-209.
蒲金涌,张存杰,2008b.甘肃省冬小麦水分适应性动态变化分析[J].资源科学,30(9):1397-1402.
蒲金涌,王位泰,姚小英,2008c.甘肃陇东地区季节冻土变化对气候变暖的响应[J].生态学杂志,27(9):1562-1566.
蒲金涌,姚小英,马鹏里,等,2010a.甘肃黄土高原地表湿润状况时空变化特征[J].干旱区地理,33(4):588-592.
蒲金涌,姚小英,2010b.西北旱作区苹果水分适宜性—以天水为例[J].生态学杂志,29(10):1957-1961.
蒲金涌,姚晓红,辛昌业,2010c.甘肃黄土高原土壤水分预测及干旱预警模型研究[J].干旱地区农业研究,28(3):254-258.
蒲金涌,姚小英,姚莘茹,2011a.近40年甘肃河东地区夏秋作物气候适宜性变化[J].干旱地区农业研究,29(5):253-258.
蒲金涌,乔艳君,陈薇,2011b.天水桃气候适宜性变化研究[J].中国农学通报,27(22):208-213.
蒲金涌,姚小英,王位泰,2011c.气候变化对甘肃省冬小麦适宜性的影响[J].地理研究,30(1):155-159.
蒲金涌,蒲禹君,姚小英,等,2011d.影响宝天高速公路视程障碍的天气现象分布特征[J].中国农学通报,27(35):296-300.
蒲金涌,王润元,李晓薇,2012.甘肃黄土高原土壤水分变化对冬小麦产量的影响[J].地理学报,67(5):710-718.
蒲金涌,王润元,王鹤龄,2014.甘肃陇东黄土高原陆面实际蒸散测算方法比较研究[J].土壤通报,45(1):35-40.
蒲禹君,蒲金涌,2011.西北中等城市热岛效应变化—以天水市为例[J].环境工程技术学报,17(6):376-382.
乔娟,张强,张杰,2008.非均匀下垫面陆面过程参数化问题研究进展[J].干旱气象,26(1):73-77.
仇化民,李怀德,李桂芳,1988.陇东黄土高原麦茬绿肥保水增肥效应的研究[J].资源科学(3):87-89.
沈志宝,邹基玲,1994.黑河地区沙漠和绿洲的地面辐射能收支[J].高原气象,13(3):316-323.
司建华,冯起,张小由,2005.极端干旱区胡杨水势及影响因子研究[J].中国沙漠,25(4):505-510.

孙秉强,张强,董安祥,等,2005.甘肃黄土高原土壤水分气候变化特征[J].地球科学进展,20(9):1041-1046.
孙菽芬,2005. 陆面过程的物理、生化机理和参数化模型 [M].北京:气象出版社.
王健,蔡焕杰,刘红英,2002.利用 Penman-Monteith 法和蒸发皿法计算农田蒸散量的研究[J].干旱地区农业研究,20(4):67-71.
王介民,1999.陆面过程实验和地气相互作用研究——从 HEIFE 到 MGRASS 和 GAME -Tibet/TIPEX [J].高原气象,18(3):280-294.
王胜,张强,2004.降水对荒漠土壤水热性质强迫研究[J].高原气象,23(2):253-258.
王文玉,张强,阳伏林,等,2013.半干旱榆中地区最小有效降水量及降水转化率研究[J].气象学报,71(5):952-961.
魏雅芬,郭柯,陈吉泉,2008.降雨格局对库布齐沙漠土壤水分的补充效应[J].植物生态学报,32(6):1346-1355.
阎百兴,邓伟,2004.三江平原露水资源研究[J].自然资源学报,19(6):732-737.
杨新民,2001.黄土高原灌木林地水分环境特性研究[J].干旱区研究,18(1):8-13.
杨小利,蒲金涌,马鹏里,2010. 陆面潜在蒸渗计算模型在甘肃黄土高原的适用性研究[J].水土保持通报,30(2):184-189.
姚小英,蒲金涌,姚茹莘,等,2010.甘肃黄土高原旱作玉米水分适宜性评价[J].生态学报,30(22):6242-6248.
叶有华,彭少麟,2011.露水对植物的作用效应研究进展 [J].生态学报,31(11): 3190-3196.
苑文华,张玉洁,孙茂璞,等,2010.山东省降水量与不同强度降水日数变化对干旱的影响[J].干旱气象,28(1):35-40.
原鹏飞,丁国栋,王炜炜,等,2008.毛乌素沙地降雨入渗和蒸发特征[J].中国水土保持科学,6(4):23-27.
赵建华,张强,王胜,2011.西北干旱区对流边界层发展的热力机制模拟研究[J].气象学报,69(6):1029-1037.
张斌,丁献文,张桃林,等,2001.干旱季节不同耕作制度下红壤-作物-大气连续体水流阻力变化规律[J].土壤学报,38(1):17-24.
张强,2002.邻近绿洲的荒漠表面土壤水分"呼吸"现象[J].自然杂志,24(4):821-825.
张强,2003.荒漠戈壁下垫面地表湍流通量参数化的研究[J].科学技术与工程,3(1):30-38.
张强,2005.夏季绿洲生态环境对荒漠背景地表能量过程的扰动 [J].生态学报,25(10):2459-2466.
张强,2007.极端干旱荒漠地区大气热力边界层厚度研究[J].中国沙漠,27(4):614-620.
张强,胡隐樵,王喜红,1992.黑河地区绿洲内农田微气象特征[J].高原气象,11(4):361-370.
张强,胡隐樵,1995.热平流影响下湿润地表的通量—廓线关系[J].大气科学,19(1):8-12.
张强,赵鸣,1998a.干旱区绿洲与荒漠相互作用下陆面特征的数值模拟[J].高原气象,17(4):335-346.
张强,胡隐樵,1998b.西北地区绿洲维持过程中水分的输送特征[C]//西部资源环境科学研究中心论文集.兰州:兰州大学出版社.
张强,赵鸣,1999.绿洲附近荒漠大气逆湿的外观观测和数值模拟研究[J].气象学报,23(4):729-740.
张强,胡隐樵,2001a.大气边界层物理学的研究进展和面临的科学问题[J].地球科学进展,16(4):526-532.
张强,胡隐樵,2001b.干旱区的绿洲效应[J].自然杂志,23(4):234-236.
张强,卫国安,黄荣辉,2002a.绿洲对其临近荒漠大气水分循环的影响—敦煌试验数据分析[J].自然科学进展,12(2):195-200.
张强,卫国安,王胜,2002b.干旱区戈壁土壤结构参数和热力参数的垂直变化[J].干旱区研究,20(1):44-52.
张强,卫国安,2002c.荒漠表面土壤水分"呼吸"现象[J].自然杂志,24(3):242-252.
张强,曹晓彦,2003a.敦煌地区荒漠戈壁地表热量和辐射平衡特征的研究[J].大气科学,27(2):247-254.
张强,胡隐樵,2003b.绿洲系统维持机制的非线性热力学分析[J].中国沙漠,23(2):174-181.
张强,吕世华,2003c.城市地表大气粗糙度的确定[J].高原气象,22(1):25-31.
张强,卫国安,2003d.邻近绿洲的荒漠表面土壤逆湿和对水分的"呼吸"过程分析[J].中国沙漠,23(4):

379-384.

张强,卫国安,侯平,2004a.初夏敦煌荒漠戈壁大气边界结构特征的一次观测研究[J].高原气象,23(5):587-597.

张强,卫国安,2004b.荒漠戈壁表面大气总体曳力系数和输送系数的试验研究[J].高原气象,23(3):305-312.

张强,王胜,2005. 绿洲与荒漠背景夏季近地层大气特征的对比分析[J].冰川冻土,27(2):281-288.

张强,王胜,2008.关于黄土高原陆面过程及其观测试验研究[J].地球科学进展,23(2):167-143.

张强,王胜,张杰,等,2009.干旱区陆面过程和大气边界层研究进展[J].地球科学进展,24(11):1150-1159.

张强,王胜,曾剑,2010a.论干旱区非降水性陆面液态水分分量及其与土壤水分关系[J].干旱区研究,27(3):392-400.

张强,王胜,问晓梅,等,2010b.黄土高原陆面水分的凝结现象及收支特征试验研究[J].气象学报,70(1):128-135.

张强,张之贤,问晓梅,等,2011a.陆面蒸散量观测方法比较分析及其影响因素研究[J].地球科学进展,26(5):538-547.

张强,孙昭萱,王胜,等,2011b.黄土高原定西地区陆面物理量变化规律研究[J].地球物理学报,54(7):1727-1737.

张强,王胜,2012a.关于黄土高原陆面过程及其观测试验研究[J].地球科学进展,23(2):167-172.

张强,王胜,问晓梅, 2012b.黄土高原陆面水分的凝结现象及收支特征试验研究[J].气象学报,70(1):128-135.

张强,李宏宇,张立阳,等,2013.陇中黄土高原自然植被下垫面陆面过程及其参数对降水波动的气候响应[J].物理学报,62(1):62-73.

张强,姚彤,岳平,2015.一个平坦矮植被粗糙度多因子参数化方案及其检验[J].中国科学,45(1):1-15.

张强,王胜,王闪闪,等,2016.半干旱区土壤水汽吸附的影响因素及变化特征[J].中国科学,46(11):1515-1527.

张杰,张强,赵宏,2008.定量遥感反演作物水势的原理及其应用[J].生态学杂志,27(6):916-923.

张喜英,斐冬,由懋正,2000.几种作物的生理指标对土壤水分变动的阈值反应[J].植物生态学报,24(3):280-283.

赵鸣,江静,苏炳凯,等,1995.一个引入近地层的土壤-植被-气相互作用模式[J].大气科学,19(4):405-414.

中国气象局,2003.地面气象观测规范[M].北京:气象出版社,17-66.

左洪超,李栋梁,胡隐樵,等,2005.近40 a中国气候变化趋势及其同蒸发皿观测的蒸发量变化的关系[J].科学通报,50(11):1125-1130.

ALLEN R G, PEREIRA L S, RAES D, et al, 1998. Crop evapotranspiration—Guidelines for computing crop water requirements[M]. Rome: United Nations Food and Agriculture Organization.

AGAM N, BERLINER P R, 2004. Dinurnal water content changes in the bare soil of a coastal desert[J]. J Hydrometeorol, 5: 922-933.

AGAM N, BERLINER P R, 2006. Dew formation and water vapor adsorption in semi-arid environments—A review [J]. Journal of Arid Environments, 65: 572-590.

AGAM N, 2014. Response to comment on"Microlysimeter station 1 for long term non-rainfall water input and evaporation studies"by Uclés et al (2013) J Agric Forest Meteorol, 182-183, 13-20[J]. Agric For Meteorol, 194, 257-258.

BARRADAS V L, GLEZ-MEDELLíM M G, 1999. Dew and its effect on two heliophile understorey species of a tropical dry deciduous forest in Mexico[J]. International Journal of Biometeorology, 43(1): 1-7.

BEYSENS D, MUSELLI M, FERRARI J P, et al, 2001. Water production in an ancient sarcophagus at Arles-surTech (France)[J]. Atmos Res, 57: 201-212.

BEYSENS D, OHAYON C, MUSELLI M, et al, 2006. Chemical and biological characteristics of dew and rain water in an urban coastal area (Bordeaux, France) [J]. Atmospheric Environment, 40 : 3710-3723.

BOEGH E, SOEGAARD H, THOMSEN A, 2002. Evaluating evapotranspiration rate and surface condtions using Landsat Tm to estimate atmospheric resistance and surface resistance[J]. Remote Sensing of Environment, 79:329-343.

CHO J, OKI T, YEH P J F, et al, 2012. On the relationship between the Bowen ratio and the near—surface air temperature[J]. Theor Appl Climatol, 108(1-2): 135-145.

DE VRIES D A, 1958. Simultaneous transfer of heat and moisture in porous media[J]. Eos Trans Am Geophys Un, 39:909-916.

DEARDORFF J W, 1970. A numerical study of three-dimensional turbulent channel flow at large Reynolds numbers[J]. Journal of Fluid Mechanics Digital Archive, 41(2): 453.

DOUGHERTY R L , LAUENROTH W K, SINGH J S, 1996. Response of a grassland cactus to frequency and size rainfall events in a North American shortgrass steppe[J]. Journal of Ecology, 84:177-183.

DYER A J, 1974. A review of flux-profile relationships[J]. Bound-Layer Meteor, 7: 363-372.

GAO Z, CHEN G T, HU Y, 2007. Impact of soil vertical water movement on the energy balance of different land surfaces[J]. Int J Biometeoro, 51: 565-573.

GARRATT J R, 1992. The atmospheric boundary layer[M]. Cambridge: Cambridge University Press.

GIORA J K, 2005. Angle and aspect dew and fog precipitation in the Negev Desert, Israel[J]. Journal of Hydrology, 301: 66-74.

GROH J, PüTZ T, GERKE H H, et al, 2019. Quantification and prediction of nighttime evalpotranspiration for two distinct grassland ecosystems[J]. Water Resources Research, https://doi. org/10. 1029/2018wr024072.

HANNES M, WOLLSCHLÄGER U, SCHRADER F, et al, 2015. A comprehensive filtering scheme for high-resolution estimation of the water balance components from high-precision lysimeters[J]. Hydrology and Earth System Sciences, 19(8): 3405-3418.

HUANG J, GUAN X, JI F, 2012. Enhanced cold-season warming in semi-arid regions[J]. Atmos Chem Phys, 12: 4627-4653.

HUANG J P, ZHANG W, ZUO J Q, et al, 2008. An overview of the semi-arid climate and environment research observatory over the Loess Plateau[J]. Adv Atmos Sci, 25:906-921.

HU Y Q, YANG X L, ZHANG Q, et al, 1992. The characters of energy budget on the Gobi and desert surface in Hexi Region[J]. ACTA Meteor Sinica, 6(1):82-91.

JACOBS A F G, HEUSINKVELD B G, BERKOWICZ S M, 2000. Dew measurements along a longitudinal sand dune transect, Negev Desert, Israel[J]. Int J Biometeorol, 43: 184-190.

JACOBS A F G, HEUSINKVEL D B G, WICHINK K R J, et al, 2006. Contribution of dew to the water budget of a grassland area in the Netherlands[J]. Water Resour Res, 42: 446-455.

KABELA E D, HORNBUCKLE B K, COSH M H, et al, 2009. Dew frequency, duration, amount, and distribution in corn and soybean during SMEX05[J]. Agric For Meteorol, 149:11-24.

KASEKE K F, WANG L, SEELY M K, 2017. Nonrainfall water origins and formation mechanisms[J]. Sci Adv 3, e1603131, DOI: 10. 1126/sciadv. 1603131.

KHARITONOVA G V, VITYAZEV V G, LAPEKINA S I, 2010. A mathematical model for the adsorption of water vapor by soils[J]. Soil Science, 43: 177-186.

KIDRON G J , 2000. Analysis of dew precipitation in three habitats within a small arid drainage basin, Negev Highlands, Israel[J]. Atmos Res, 55: 257-270.

KIDRON G J, BARZILAY E, SACHS E, 2000. Microclimate control upon sand microbiotic crust, western

Negev Desert, Israel[J]. Geomorphology, 36: 1-18.

KIM K, LEE X, 2011. Transition of stable isotope ratios of leaf water under simulated dew formation[J]. Plant Cell Environ, 34: 1790-1801.

KOSMAS C, DANALATOS N G, POESEN J, et al, 1998. The effect of water vapour adsorption on soil moisture content under Mediterranean climatic conditions. [J]. Agr Water Manage, 36: 157-168.

KOSMAS C, MARATHIANOU M, GERONTIDIS St, 2001. Parameters affecting water vapor adsorption by the soil under semi-arid climatic conditions[J]. Agr Water Manage, 48: 61-78.

LI X, LI X W, LI Z Y, et al, 2009. Watershed allied telemetry experimental research[J]. Journal of Geophysical Research, 114(D22103).

LI X, CHENG G D, LIU S M, et al, 2013. Heihe Watershed Allied Telemetry Experimental Research (HiWATER): Scientific objectives and experimental design[J]. Bulletin of the American Meteorological Society, 94(8): 1145-1160.

LUO W H, GOUDRIAAN J, 2000. Dew formation on rice under varying durations of nocturnal radiative loss [J]. Agricultural & Forest Meteorology, 104(4): 303-313.

MADEIRA A C, KIM K S, TAYLOR S E, et al, 2002. A simple cloud—based energy balance model to estimate dew[J]. Agricultural and Forest Meteorology, 111(1): 0-63.

MALEK E, MCCURDY G D, GILES B, 1999. Dew contribution to the annual water balance in semi-arid desert valleys[J]. J Arid Environ, 42: 71-80.

MONTEITH J L, 1957. Dew[J]. Q J Royal Meteorol Soc, 83: 322-341.

MONTEITH J L, UNSWORTH M H, 1990. Principles of environmental physics[M]. London: Second Arnold.

MONIN A S, OBUKHOV A M, 1954. Basic laws of turbulence mixing in the surface layer of the atmosphere, Tr Akad Nauk SSSR Inst Teort Geofis, 24(151): 163-187.

MUSELLI M, BEYSENS D, 2002. Dew water collector for potable water in Ajaccio (Corsica Island, France) [J]. Atmospheric Research, 64: 297-312.

MUSELLI M, BEYSENS D, MILIMOUK I, 2006. A comparative study of two large radiative dew water condensers[J]. Journal of A rid Environments, 64: 54-76.

OKE T R, 1978. Boundary Layer Climate[M]. New York: London Methuen and CO LTD.

OKE T R, 1987. Boundary Layer Climates[M]. London: Routledge.

ORCHISTON H D, 1953. Adsorption of water vapor: Ⅰ. Soils at 25℃[J]. Soil Sci, 76: 453-465.

PAULSON C A, 1970. The mathematical representation of wind speed and temperature profiles in the unstable atmospheric surface layer[J]. J Appl Meteorol, 9: 857-861.

PANOFSKY H A, TENNEKES H, LENSCHOW D H, et al, 1977. The characteristics of turbulent velocity components in the surface layer under convective conditions[J]. Boundary-Layer Meteorology, 11(3): 355-361.

PETERS A J, GROH F, SCHRADER W, et al, 2017. Towards an unbiased filter routine to determine precipitation and evapotranspiration from high precision lysimeter measurements[J]. J Hydrol, 549: 731-740.

RICHARDS K, 2004. Observation and simulation of dew in rural and urban environments[J]. Progress in Physical Geography, 28 (1): 76- 94.

RIDLEY J, STRAWBRIDGE F, CARD R, et al, 1996. Radar backscatter characteristics of a desert surface [J]. Remote Sensing of Environment, 57(2): 63-78.

ROHITASHW K, VIJAY S, MAHESH K, 2011. Development of crop coefficients for precise estimation of evapotranspiration for mustard in mid hill zone- India[J]. Universal Journal of Environmental Research and Technology, 4(1): 531-538.

SALA O E, LAUENROTH W K, 1982. Small rainfall events: an ecological role in semiarid regions[J]. Oecologia, 53(3):301-304.

SHACHAK M, STEINBERGER Y, 1980. An algae-desert snail food chain: Energy flow and soil turnover [J]. Oecologia, 46:402-411.

SINGH S P, KHARE P, MAHARAJ K K, et al, 2006. Chemical characterization of dew at a regional representative site of North-Central India[J]. Atmospheric Research, 80:239-249.

TOLK J A, HOWELL A T, EVETT R S, 2006. Nighttime evapotranspiration from alfalfa and cotton in a semiarid climate[J]. Agron J, 98(3):730-736.

UCLÉS O, VILLAGARCÍA L, CANTÓN Y, et al, 2013. Microlysimeter station for long term non-rainfall water input and evaporation studies[J]. Agric For Meteorol, 182: 13-20.

VAN DE GRIEND A A, OWE M, 1994. Bare soil surface resistance to evaporation by vapor diffusion under semiarid conditions[J]. Water Resour Res, 30: 181-188.

VERHOEF A, DIAZ-ESPEJO A, KNIGHT J R, et al, 2006. Adsorption of Water Vapor by Bare Soil in an Olive Grove in Southern Spain[J]. J Hydrometeor, 7: 1011-1027.

WANG S, ZHANG Q, 2011. Atmospheric physical characteristics of dew formation in semi-arid in Loess Plateau[J]. Acta Phys Sin, 60(5):059203.

WELLS W H, 1814. An essay on dew and several appearances connected with it[M]. London: Taylor and Hessey.

WIGNERON J P, CALVET J C, KERR Y, 1996. Monitoring water interception by crop fields from passive microwave observations[J]. Agricultural and Forest Meteorology, 80 (2-4): 177-194.

WILSON T B, BLAND W L, NORMAN J M, 1999. Measurement and simulation of dew accumulation and drying in a potato canopy[J]. Agricultural and Forest Meteorology, 93(2):111-119.

WRIGHT J L, 1982. New evapotranspiration crop coefficients[J]. Journal of Irrigation and Drainage Division, 108(IRI): 57-74.

WYNGAARD J C, COTé O R, IZUMI Y, 1971. Local free convection, similarity, and the budgets of shear stress and heat flux[J]. Journal of the Atmospheric Sciences, 28(7): 1171-1182.

YE Y H, ZHOU K, SONG L Y, et al, 2007. Dew amounts and its correlations with meteorological factors in urban landscapes of Guangzhou[J]. Atmospheric Research (China), 86: 21-29.

YUE P, ZHANG Q, YANG Y, 2018. Seasonal and inter-annual variability of the Bowen smith ratio over a semiaridarid grassland in the Chinese Loess Plateau[J]. Agricultural and Forest meteorology, 252:99-108.

ZHANG Q, WEI G A, CAO X Y, et al, 2002. Observation and study of land surface parameters over gobi in typical arid region[J]. Advance in Atmospheric Science, 19(1):121-135.

ZHANG Q, WANG S, SUN Z X, 2009. A study on atmospheric boundary layer structure on a clear day in the Arid Regions in Northwest China[J]. ACTA Meteorological, Sinica, 23(1):107-118.

ZHANG Q, WANG S, WEN X M, et al, 2011. Experimental study of the imbalance of water budget over the Loess Plateau of China[J]. Acta Meteorologica Sinica, 25(6):756-773.

ZHANG Q, WANG S, YANG F L, 2014. Characteristics of dew formation and distribution and its contribution to the surface water budget over a semi-arid region in China[J]. Bound-Layer Meteor, 154(2): 317-331.

ZHANG Q, WANG S, YANG F L, et al, 2015. The Characteristics of dew formation/distribution and its contribution to the surface water budget over a semi-arid region in China[J]. Boundary-Layer Meteorology, 154(2):317-331.

ZHANG Q, WANG S, WANG S S, 2016. Influence factors and variation characteristics of water vapor absorption by soil in semi-arid region[J]. Science China: Earth Sci, 59:2240-2251.

ZHANG Q, WANG S, YUE P, et al, 2019a. Variation characteristics of non-rainfall water and its contribution to crop water requirements in China's summer monsoon transition zone[J]. Journal of hydrology, 578.